CRÔNICAS
RUMO À ÚLTIMA FRONTEIRA
ESPACIAIS

Neil deGrasse Tyson

CRÔNICAS ESPACIAIS

RUMO À ÚLTIMA FRONTEIRA

Editado por
Avis Lang

Tradução
Rosaura Eichenberg

Copyright © Neil deGrasse Tyson, 2012
Copyright © Editora Planeta do Brasil, 2019
Todos os direitos reservados.
Título original: *Space Chronicles: Facing the Ultimate Frontier*

Preparação: Ana Clemente
Revisão: Juliana Rodrigues e Fernanda Guerriero Antunes
Revisão técnica: Cassio Barbosa
Diagramação: Futura
Capa: Rafael Brum
Imagem de capa: Sergey Nivens / Shutterstock

DADOS INTERNACIONAIS DE CATALOGAÇÃO NA PUBLICAÇÃO (CIP)
ANGÉLICA ILACQUA CRB-8/7057

Tyson, Neil DeGrasse
  Crônicas espaciais: rumo à última fronteira / Neil DeGrasse Tyson; tradução de Rosaura Eichenberg. – São Paulo: Planeta do Brasil, 2019.
  384 p.

ISBN: 978-85-422-1660-8
Título original: Space chronicles

1. Estados Unidos. National Aeronautics and Space Administration - Crônicas 2. Espaço exterior 3. Vôo espacial tripulado 4. Astronáutica e Estado I. Título II. Eichenberg, Rosaura

19-1000   CDD 629.40973

2019
Todos os direitos desta edição reservados à
EDITORA PLANETA DO BRASIL LTDA.
Bela Cintra, 986 – 4º andar
Consolação – 01415-002 – São Paulo-SP
www.planetadelivros.com.br
faleconosco@editoraplaneta.com.br

*Para todos aqueles que não se esqueceram
de como sonhar com o amanhã*

SUMÁRIO

NOTA DO EDITOR 9

PRÓLOGO 13

PARTE I – POR QUÊ? 31
O fascínio do espaço 33
O exoplaneta Terra 38
A vida extraterrestre 46
Alienígenas malignos 56
Asteroides assassinos 59
Destinados às estrelas 70
Por que explorar 78
A anatomia da maravilha 79
Feliz aniversário, Nasa 81
Os próximos cinquenta anos no espaço 84
Opções espaciais 90
Caminhos para a descoberta 100

PARTE II – COMO? 121
Voar 123
Movimento balístico 129
A corrida para o espaço 137
2001 – Fatos *versus* ficção 144
O lançamento do material adequado 146
As coisas estão melhorando 154
Por amor ao Hubble 156
Feliz aniversário, *Apollo 11* 160
Como alcançar o céu 168
Os últimos dias do ônibus espacial 176

Propulsão para o espaço profundo 180
Uma proeza de equilíbrio 190
Feliz aniversário, *Star Trek* 196
Como provar que você foi abduzido por alienígenas 200
O futuro da viagem espacial americana 204

PARTE III – POR QUE NÃO? 209
Dificuldades da viagem espacial 211
O sonho de alcançar as estrelas 220
Os Estados Unidos e as potências espaciais emergentes 224
Delírios dos entusiastas do espaço 235
Talvez sonhar 243
Segundo os números 254
Ode ao *Challenger*, 1986 265
O mau desempenho de uma nave espacial 268
O que a Nasa significa para o futuro dos Estados Unidos 277

EPÍLOGO 279

APÊNDICE A 287

APÊNDICE B 317

APÊNDICE C 357

APÊNDICE D 359

APÊNDICE E 360

APÊNDICE F 361

APÊNDICE G 362

APÊNDICE H 363

AGRADECIMENTOS 365

ÍNDICE 367

NOTA DO EDITOR

Em meados dos anos 1990, Neil deGrasse Tyson começou a escrever sua muito apreciada coluna "Universo" na revista *Natural History*, a qual, àquela época, estava sediada financeira e fisicamente no Museu Americano de História Natural, que também abriga o Planetário Hayden. No verão de 2002, quando Tyson já era o diretor do Hayden, o encolhimento do orçamento e uma mudança de visão fizeram com que o periódico passasse para mãos privadas. Foi então que me tornei editora sênior na *Natural History* e, mais especificamente, editora de Tyson – uma relação ainda em vigor, embora nós dois, em separado, tenhamos deixado a revista para seguir outros caminhos.

Ninguém imaginaria que uma antiga historiadora e curadora de artes seria a editora ideal para Tyson. Mas esses são os fatos: ele dá valor à comunicação, faz questão de promover a compreensão científica, e se, juntos, conseguimos produzir algo que eu compreenda e que soe bem para ele, então nós dois somos bem-sucedidos.

Faz mais de meio século que a União Soviética colocou uma pequena esfera metálica a bipar na órbita da Terra, e pouco menos de meio século que os Estados Unidos enviaram seus primeiros astronautas para dar um passeio na Lua. Um indivíduo rico pode agora agendar uma viagem pessoal para o espaço por 20 ou 30 milhões de dólares. As companhias aeroespaciais privadas dos Estados Unidos estão testando veículos adequados para transportar tripulações e carga em viagens de ida e volta até a Estação Espacial Internacional. Os satélites estão se tornando tão numerosos que a órbita geossíncrona está quase toda lotada. Os números de entulhos orbitais erráticos maiores que um centímetro já chegam a centenas de milhares. Fala-se em minerar asteroides, e há a preocupação com a militarização do espaço.

Durante a década de abertura do presente século nos Estados Unidos, as comissões e os relatórios independentes alimentaram inicialmente muitos sonhos, como o de um rápido retorno americano tripulado à Lua e também de viagens espaciais humanas mais distantes. Mas os orçamentos da Nasa não têm correspondido a seus programas, e, assim, suas realizações recentes além da atmosfera da Terra envolveram atividades humanas somente dentro da órbita terrestre baixa e atividades robóticas em distâncias maiores. No início de 2011, a Nasa avisou ao Congresso que nem os projetos de sistemas de lançamento prevalentes, nem os níveis de financiamento costumeiros seriam capazes de colocar os Estados Unidos de volta ao espaço até 2016.

Enquanto isso, outras nações não dormiram no ponto. A China enviou seu primeiro astronauta ao espaço em 2003; a Índia planejava fazer o mesmo em 2015. A União Europeia enviou sua primeira sonda à Lua em 2004; o Japão mandou a sua primeira em 2007; a Índia enviou a sua primeira em 2008. Em 1º de outubro de 2010, o 61º Dia Nacional da República do Povo, a China realizou um lançamento impecável de sua segunda sonda não tripulada à Lua, cuja tarefa é fazer um levantamento dos possíveis sítios de pouso para a terceira sonda lunar da China. A Rússia também está planejando uma nova visita. Brasil, Israel, Irã, Coreia do Sul e Ucrânia, bem como Canadá, França, Alemanha, Itália e Reino Unido, todos têm estabelecido com solidez agências espaciais ativas. Umas quatro dúzias de países operam satélites. A África do Sul formou em 2009 uma agência espacial nacional; algum dia, no futuro, haverá uma agência espacial pan-arábica. A colaboração multinacional está se tornando imprescindível. A maioria dos cientistas do mundo reconhece que o espaço é um campo em comum – um domínio apropriado apenas para a coletividade – e espera que o progresso coletivo continue, apesar das limitações de crises e reveses.

Neil deGrasse Tyson tem pensado, escrito e falado sobre todos esses assuntos. Neste livro, reunimos quinze anos de seus comentários sobre a exploração do espaço, organizando-os dentro do que nos pareceu uma estrutura orgânica: Parte I – "Por quê?", Parte II – "Como?" e Parte III – "Por que não?". Por que o animal humano se pergunta sobre o espaço e por que devemos explorá-lo? Como conseguimos chegar ao espaço até agora e como poderíamos alcançá-lo no futuro? Quais obstáculos impedem a realização dos sonhos ousados dos entusiastas do espaço? Uma dissecação da política do espaço abre a antologia; uma deliberação sobre o significado do espaço a completa. Bem no final aparecem os apêndices indispensáveis: o texto da Lei do Espaço e da Aeronáutica Nacional de 1958; trechos de legislação relacionada; diagramas mostrando os orçamentos espaciais de múltiplas agências governamentais dos Estados Unidos e de múltiplos países, bem como a trajetória dos gastos da Nasa ao longo de meio século em relação aos gastos federais totais e à economia americana global.

Por fim, se não como astronautas, pelo menos como átomos, seremos todos apanhados na tempestade de poeira gelada, na radiação eletromagnética, na ausência de som e no perigo que constituem o espaço. No momento, Tyson está no palco, disposto a nos guiar em meio a catástrofes num minuto e a nos enlouquecer no próximo. Escutem, porque viver fora do planeta talvez faça parte do futuro à nossa frente.

AVIS LANG

PRÓLOGO

A POLÍTICA DO ESPAÇO

> *Você adquire uma consciência global instantânea, um foco concentrado nas pessoas, uma insatisfação intensa com o estado do mundo e uma compulsão para fazer alguma coisa a respeito. Lá de longe, sobre a superfície da Lua, a política internacional parece tão mesquinha. Você quer agarrar um político pelo cangote e arrastá-lo por quase 400 mil quilômetros para lhe dizer: "Olhe para isto!".*

– Edgar Mitchell, astronauta da *Apollo 14*, 1974

Algumas pessoas pensam em termos emocionais com muito mais frequência do que em termos políticos. Outras, mais em termos políticos do que racionais. Há aquelas, porém, que jamais pensam racionalmente sobre qualquer coisa.

Nenhum julgamento está subentendido. Apenas uma observação.

Alguns dos saltos mais criativos já dados pela mente humana são definitivamente irracionais, até primais. As forças emotivas impulsionam as maiores expressões artísticas e inventivas de nossa espécie. De que outro modo se poderia compreender a frase "Ele é ou louco ou gênio"?

Tudo bem ser inteiramente racional, desde que todos os demais também o sejam. Mas, ao que parece, esse estado de existência tem sido realizado apenas na ficção, como no caso dos Houyhnhnms, a comunidade de cavalos inteligentes com que Lemuel Gulliver se depara durante suas viagens no início do século XVIII (o nome Houyhnhnm significa, na linguagem local, "perfeição da natureza"). Encontramos igualmente uma sociedade racional entre a raça dos vulcanos na série de ficção científica *Star Trek*, que se mantém popular por anos a fio. Nos dois mundos, as decisões sociais são tomadas com eficiência e presteza, sem pompa, paixão e presunção.

Para governar uma sociedade compartilhada por pessoas de emoção, pessoas de razão e todas as demais possibilidades entre esses dois tipos – bem como por aqueles que pensam realizar ações moldadas pela lógica, quando são na verdade moldadas por sentimentos ou filosofias não empíricas –, você precisa de política. Em sua melhor forma, a política navega todos esses estados de espírito pelo bem maior, atenta às restingas rochosas da comunidade, identidade e economia. Em sua pior forma, a política prospera na exposição incompleta e na representação errônea de dados exigidos pelo eleitorado para que possa tomar decisões bem informadas, quer sejam alcançadas pela lógica ou pela emoção.

Nessa paisagem encontramos visões políticas refratariamente diversas, sem nenhuma esperança óbvia de consenso ou até de convergência. Algumas das questões polêmicas mais quentes incluem o aborto, a pena capital, os gastos com a defesa, a regulamentação financeira, o controle de armas e as leis tributárias. A posição de alguém a respeito dessas polêmicas tem uma forte correlação com o conjunto de crenças de seu partido político. Em alguns casos é mais que correlação, é o fundamento de uma identidade política.

Tudo isso pode levá-lo a conjeturar como algo produtivo chega a acontecer sob um governo politicamente recalcitrante. Que se dê ao comediante Gallagher, em seu filme de 1985, *The Bookkeeper*, o crédito de observar que se *con* [contra] é o oposto de *pro* [a favor], então o Congresso deve ser o oposto de progresso.

Até pouco tempo, a exploração do espaço pairava acima da política partidária. A Nasa era mais que bipartidária; era apartidária. Especificamente, o apoio de um indivíduo à agência espacial não tinha correlação com o fato de ele ser progressista ou conservador, democrata ou republicano, urbano ou rural, pobre ou rico.

A posição da Nasa na cultura americana confirma ainda mais essa característica. Os 10 centros da agência espacial estão distribuídos geograficamente por 8 estados. Depois da eleição federal de 2008, eles eram representados na Câmara dos Deputados por 6 democratas e 4 republicanos; na eleição de 2010, essa distribuição foi invertida. Os senadores desses estados apresentam um equilíbrio semelhante, com 8 republicanos e 8 democratas. Essa representação "esquerda-direita" tem sido um traço persistente do apoio à Nasa ao longo dos anos. A Lei do Espaço e da Aeronáutica Nacional de 1958 se tornou lei sob o presidente republicano Dwight D. Eisenhower. O presidente democrata John F. Kennedy lançou o programa *Apollo* em 1961. A assinatura do presidente republicano Richard M. Nixon está na placa deixada na Lua em 1969 pelos astronautas da *Apollo 11*.

Talvez seja apenas coincidência, mas 24 astronautas são do estado-pêndulo de Ohio – mais que de qualquer outro estado –, inclusive John Glenn (o primeiro americano a orbitar a Terra) e Neil Armstrong (o primeiro humano a caminhar na Lua).

Se a política partidária chegou a se infiltrar alguma vez nas atividades da Nasa, sua tendência foi aparecer nas franjas das operações. Por exemplo, o presidente Nixon poderia, em princípio, ter enviado o recém-comissionado porta-aviões *USS John F. Kennedy* para retirar o módulo de comando da *Apollo 11* do oceano Pacífico. Teria sido um gesto delicado. Mas ele enviou o *USS Hornet* em seu lugar, uma opção mais expediente à época. *Kennedy* nunca viu o Pacífico e estava na doca seca em Portsmouth, Virginia, quando do pouso do módulo no mar em julho de 1969. Considere outro exemplo. Com uma cobertura especial do presidente republicano Ronald Reagan, amigo da indústria, o Congresso aprovou a Lei dos Lançamentos Espaciais Comerciais de 1984, que permitia e estimulava o acesso civil às inovações financiadas pela Nasa relativas a veículos de lançamento e hardware espacial, abrindo com isso a fronteira espacial para o setor privado. Um democrata poderia ter pensado nessa legislação ou não, mas um Senado republicano e uma Câmara dos Deputados democrata a aprovaram, e o conceito é tão americano quanto uma caminhada na Lua.

Seria ainda possível argumentar que as realizações da Nasa transcendem as nações. Imagens assombrosas do cosmos obtidas pelo Telescópio Espacial Hubble têm focalizado o universo distante para qualquer um que disponha de uma conexão com a internet. Os astronautas da *Apollo* têm aparecido em selos de outros países, inclusive Dubai e Qatar. E no documentário de 2006, *In the Shadow of the Moon* [Na sombra da Lua], o astronauta da *Apollo 12*, Alan Bean, a quarta pessoa a caminhar na Lua, comenta que durante suas viagens internacionais as pessoas declaravam com júbilo "Chegamos lá!". Elas não diziam "Você chegou lá!" ou "Os

Estados Unidos chegaram lá!". Os astronautas que caminharam na Lua, apesar de serem 83% militares e 100% americanos do sexo masculino, foram emissários de nossa espécie, e não de uma nação ou ideologia política.

Embora a Nasa tenha sido historicamente isenta de compromissos partidários, ela foi tudo menos independente da própria política, impulsionada por forças internacionais muito maiores que as passíveis de serem reunidas por quaisquer iniciativas puramente domésticas. Com o lançamento soviético do *Sputnik 1* em 1957, o primeiro satélite artificial do mundo, os Estados Unidos levaram um susto que os obrigou a entrar na corrida espacial. Um ano mais tarde, a própria Nasa foi criada no clima de medo da Guerra Fria. Poucas semanas depois de os soviéticos colocarem a primeira pessoa em órbita, os Estados Unidos foram levados a criar o programa *Apollo* para a Lua. Durante esse tempo, a União Soviética nos venceu em praticamente todo cotejo importante de realização espacial: a primeira caminhada no espaço, a caminhada mais longa no espaço, a primeira mulher no espaço, o primeiro acoplamento no espaço, a primeira estação espacial, o mais longo tempo registrado no espaço. Ao declarar que a corrida era chegar até a Lua e nada mais, os Estados Unidos se permitiram ignorar as competições perdidas ao longo do caminho.

Tendo vencido os russos na corrida à Lua, declaramos vitória e – sem nenhuma chance de eles colocarem uma pessoa sobre a superfície lunar – paramos completamente de viajar para o nosso satélite. O que acontece a seguir? Os russos "ameaçam" construir grandes plataformas espaciais equipadas para observar tudo o que acontece sobre a Terra. Esse empenho de décadas, que começa em 1971 com uma série de módulos espaciais Salyut (o termo russo para "saudação"), culmina na estação espacial Mir (o termo russo para "paz"), a primeira plataforma espacial permanentemente habitada do mundo, cuja montagem começou em 1986. Mais uma vez, sendo mais reativos que proativos às forças geopolíticas, os Estados Unidos concluem que também precisamos de uma dessas plataformas. Em seu discurso do Estado da União de 1984, o presidente Reagan anuncia planos um tanto urgentes para projetar e construir a Estação Espacial Liberdade, com as nações favoráveis à nossa política juntando-se ao empenho. Embora aprovado pelo Congresso, o escopo e os gastos do projeto não sobrevivem a 1989, ano em que a paz irrompe na Europa com a Guerra Fria chegando ao fim. O presidente Clinton reúne os pedaços subfinanciados e, em 1993, coloca em jogo uma plataforma com uma nova concepção – a Estação Espacial

Internacional (uma reunião necessária) –, que solicita a participação do antigo arqui-inimigo, a Rússia. Esse lance estratégico oferece aos cientistas e engenheiros nucleares russos rebeldes algo interessante para fazer além de fabricar armas de destruição em massa para nossos adversários emergentes ao redor do globo. Aquele mesmo ano presenciaria o cancelamento do Supercolisor Supercondutor, um experimento de física dispendioso que havia sido aprovado nos anos 1980 durante um Congresso da Guerra Fria. Custos excessivos inviáveis são a razão citada para o cancelamento, mas não se pode ignorar o fato politicamente abrasivo de que a estação espacial e o colisor seriam ambos administrados no Texas, importando em mais verbas para emendas parlamentares que qualquer estado merece num único ciclo orçamentário. A história oferece, entretanto, uma razão ainda mais profunda. Em tempos de paz, o colisor não tinha o mesmo valor estratégico para a segurança nacional americana que a estação espacial. Mais uma vez, a política e a guerra derrotaram o impulso da descoberta.

Com outras alianças que não militares, a Estação Espacial Internacional continua a ser uma das colaborações mais bem-sucedidas de alguns países. Além da Rússia, os membros participantes incluem o Canadá, o Japão, o Brasil, e 11 nações membros da Agência Espacial Europeia: Bélgica, Dinamarca, França, Alemanha, Itália, Holanda, Noruega, Espanha, Suécia, Suíça e Reino Unido.* Por causa das violações aos direitos humanos, excluímos a China dessa colaboração. Mas isso não basta para deter um país ambicioso. Destemida, a China gera um programa espacial tripulado independente, lançando Yang Liwei como o primeiro taikonauta em 2003. A exemplo dos primeiros astronautas americanos, Yang era um piloto de caça. A escolha dele, junto com outras atitudes tomadas pelo programa espacial da China, como a destruição cinética de um satélite defunto, mas ainda em órbita, por um míssil balístico de alcance médio, faz com que alguns analistas americanos vejam a China como um adversário, com capacidade de ameaçar o acesso americano ao espaço, bem como os ativos americanos que ali existem.

Não seria uma guinada curiosa dos acontecimentos se a resposta vigorosa da China para nossa recusa à sua participação na Estação Espacial Internacional se tornar a própria força para incitar outra série de reali-

---

* Em 2007, o Brasil foi expulso do projeto da Estação Espacial Internacional após quase dez anos de participação. (N.E.)

zações espaciais competitivas nos Estados Unidos, culminando desta vez numa viagem tripulada a Marte?

Desde sua fundação, a Nasa gasta em média cerca de 100 bilhões (pelo valor do dólar atual) a cada cinco ou seis anos. Em quase nenhum ponto nesse fluxo de dinheiro, as iniciativas mais caras da agência espacial (incluindo os programas *Apollo*, *Gemini* e *Mercúrio*, a pesquisa sobre propulsão, o ônibus espacial e a estação espacial) foram impulsionadas pela ciência, descobertas ou aperfeiçoamento da vida sobre a Terra. Quando a ciência realmente avança, quando as descobertas de fato se revelam, quando a vida sobre a Terra com efeito melhora, isso acontece como um benefício auxiliar, e não como uma meta principal da missão geopolítica da Nasa.

O fracasso em considerar essas realidades simples tem levado a infindáveis análises delirantes sobre o que é a Nasa, onde tem atuado e para onde provavelmente irá.

Em 20 de julho de 1989, passados vinte anos desde o dia seguinte ao pouso da *Apollo 11* na Lua, o presidente George Bush proferiu um discurso no Museu Nacional do Ar e do Espaço, usando a data comemorativa auspiciosa para anunciar a Iniciativa de Exploração Espacial. Reafirmou a necessidade da existência da Estação Espacial Liberdade, mas também demandou uma presença permanente na Lua e uma viagem tripulada a Marte. Ao invocar Colombo, o presidente equiparou seu plano a episódios épicos de descoberta na história das nações. Disse todas as coisas adequadas no momento e no lugar adequados. E por que então a retórica arrebatadora não funcionou? Funcionou para o presidente Kennedy, em 12 de setembro de 1962, no Estádio da Universidade Rice, em Houston. Foi naquele momento e naquele lugar que ele descreveu o que viria a ser o programa *Apollo*, declarando, com sinceridade fiscal politicamente incomum: "Sem dúvida, tudo isso vai nos custar muito dinheiro. O orçamento espacial deste ano é o triplo do que era em janeiro de 1961, e maior do que o orçamento espacial dos oito anos anteriores juntos".

Talvez tudo o que Bush precisasse fosse um pouco daquele famoso carisma que Kennedy exalava. Ou talvez ele precisasse de algo mais.

Pouco depois do discurso de Bush, um grupo liderado pelo diretor do Centro Espacial Johnson da Nasa apresentou uma análise de custo para o plano inteiro de 500 bilhões de dólares, um montante de encolher o tesouro e engasgar o Congresso, ao longo de vinte a trinta anos. A Iniciativa de Exploração Espacial morreu ao ser anunciada. Era mais dispendiosa que o montante requisitado e obtido por Kennedy? Não. Custava menos. Não só isso, pois como 100 bilhões de dólares ao longo de cinco ou seis anos representam a linha de base dos financiamentos da Nasa, trinta anos desse nível de gasto chega à marca de 500 bilhões de dólares, sem que se tenha de acrescentar mais nada ao orçamento.

Os resultados opostos desses dois discursos não tiveram nada a ver com a vontade política, o sentimento público, o potencial de persuasão dos argumentos, ou até o custo. O presidente Kennedy estava em guerra com a União Soviética, enquanto o presidente Bush não estava em guerra com ninguém. Quando em guerra, o dinheiro flui como da torneira de um barril, tornando irrelevante a existência ou a ausência de outras variáveis, inclusive o carisma.

Enquanto isso, os fanáticos pelo espaço que não calculam de modo adequado o papel da guerra no cenário de gastos estão delirantemente certos de que hoje só precisamos de visionários que aceitam correr riscos como JFK. Junte-se a isso a dose correta de vontade política, afirmam, e já estaríamos havia muito tempo em Marte, com centenas, se não milhares, de pessoas vivendo e trabalhando em colônias espaciais. O visionário espacial de Princeton, Gerard K. O'Neill, entre outros, imaginava que tudo isso estaria ocorrendo no ano 2000.

O oposto dos fanáticos pelo espaço – os rabugentos em relação ao espaço – são aqueles que estão certos de que a Nasa é um desperdício de dinheiro dos contribuintes e que os fundos alocados via centros da agência espacial são os equivalentes a gastos com emendas parlamentares. A emenda parlamentar genuína, claro, é a verba buscada pelos parlamentares para o benefício exclusivo de seus próprios distritos, sem nenhum ganho tangível para qualquer outro. A Nasa, de um modo geral, é o oposto disso. A nação e o mundo prosperam com as inovações regionais da agência espacial, as quais têm transformado o modo como vivemos.

Eis um experimento que vale a pena ser executado. Entre sorrateiramente na casa de um cético da Nasa na calada da noite e retire de lá, e de seus arredores, todas as tecnologias que sejam direta ou indiretamente influenciadas por inovações espaciais: microeletrônica, GPS, lentes resistentes a arranhões, ferramentas elétricas sem fio, colchões e travesseiros de espuma de memória (viscoelasticidade), termômetros de ouvido, filtros de água domésticos, palmilhas, dispositivos de telecomunicação a longa distância, detectores de fumaça ajustáveis, ranhuras de segurança em pavimentos, para citar apenas algumas. Durante sua incursão noturna, não se esqueça de reverter a cirurgia oftalmológica do cético. Ao acordar, ele embarca numa existência recém-desprovida de recursos e num estado de penúria tecnológica insustentável. Pior ainda, com a visão prejudicada. E por estar sem guarda-chuva, acaba encharcado porque não sabe a previsão do tempo informada por satélite para aquele dia.

Quando as missões tripuladas da Nasa não estão cruzando uma fronteira espacial, as atividades científicas da agência tendem a dominar as manchetes espaciais da nação, que atualmente emanam de quatro divisões: a Ciência da Terra, a Heliofísica, a Ciência Planetária e a Astrofísica. A maior porção do orçamento da Nasa já gasta nessas atividades atingiu por um curto período 40%, em 2005. Durante a era *Apollo 9*, a porcentagem anual pairava entre os 13 e 19. Em média, ao longo do meio século de existência da Nasa, a porcentagem anual dos gastos em ciência se mantém em 20 e pouco. Dito de forma simples, a ciência não é uma prioridade de financiamento nem para a Nasa nem para nenhum dos membros do Congresso que votam para garantir o orçamento da agência espacial.

No entanto, a palavra ciência nunca está longe do acrônimo Nasa em qualquer discussão sobre por que a agência espacial importa. Como resultado, ainda que as forças geopolíticas impulsionem os gastos em exploração espacial, explorar o espaço em nome da ciência soa melhor no discurso público. Esse descompasso entre a verdade e a verdade percebida leva a duas consequências. Em discursos e testemunhos, os legisladores se veem superestimando o retorno científico real nas missões e nos programas tripulados da Nasa. O senador John Glenn, por exemplo, foi rápido em celebrar o potencial científico da gravidade zero na Estação Espacial Internacional. Mas, com seu orçamento de 3 bilhões de dólares por ano, seria assim que uma comunidade de pesquisadores optaria por gastar o dinheiro? Enquanto isso, na comunidade acadêmica, cientistas de peso criticam seriamente a Nasa sempre que se gasta dinheiro em exploração com um retorno científico marginal ou inexistente. Entre outros que partilham esse sentimento, o físico de partículas e laureado pelo Nobel Steven Weinberg é notadamente rude em suas opiniões, expressas, por exemplo, em 2007 a um repórter de Space.com durante uma conferência científica no Instituto de Ciência do Telescópio Espacial em Baltimore:

A Estação Espacial Internacional é um fracasso orbital [...] Não produziu nenhum resultado científico importante. Eu poderia quase dizer que não produziu nenhum resultado científico. Eu iria ainda além e declararia que todo o programa de voos espaciais tripulados, tão tremendamente dispendioso, não realizou nada que tenha valor científico.

[...] o orçamento da Nasa está aumentando, e esse aumento é impulsionado pelo que vejo, da parte do presidente e dos administradores da Nasa, como uma fixação infantil em colocar as pessoas no espaço, o que tem pouco ou nenhum valor científico.

Apenas aqueles que acreditam, de fato, que a Nasa é (ou deveria ser) uma agência de cientistas com financiamento privado exclusivo poderiam dar tal declaração. Eis outro exemplo: um trecho da carta de demissão de Donald U. Wise, principal cientista lunar da Nasa. Embora menos acerba que a declaração de Weinberg, ela partilha um espírito semelhante:

> Observei várias decisões administrativas básicas serem tomadas, transferindo prioridades, fundos e potencial humano, da maximização das capacidades de exploração... para o desenvolvimento de novos e grandes sistemas espaciais tripulados.
> Enquanto [a Nasa] não determinar que a ciência é uma função principal do voo espacial tripulado e deve ser sustentada com fundos e potencial humano adequados, qualquer outro cientista na vaga de minha posição vai provavelmente desperdiçar seu tempo com futilidades.

Com esses comentários apresentados como evidência, seria possível supor que o interesse da agência espacial pela ciência tivesse refluído desde os velhos tempos. Mas a carta de Wise pertence aos velhos tempos: 24 de agosto de 1969, 35 dias depois que pisamos pela primeira vez na Lua.*

É um luxo de torre de marfim lamentar que a Nasa esteja gastando tão pouco em ciência. O que não é aventado nessas queixas é o fato de que sem impulsos geopolíticos não haveria absolutamente nenhuma ciência na agência espacial.

---

* Carta de Donald Wise, principal cientista e subdiretor, Divisão de Exploração Lunar da *Apollo*, Nasa, a Homer Newell, administrador associado, Nasa, 24 de agosto de 1969. Reimpressa em John M. Logsdon et al., eds., *Exploring the Unknown: Selected Documents in the History of the U.S. Civil Space Program*, vol. 5: *Exploring the Cosmos*, Nasa SP--2001-4407 (Washington,D.C.: Government Printing Office, 2001, 185-186).

O programa espacial americano, especialmente a era dourada da *Apollo* e sua influência sobre os sonhos de uma nação, gera retórica fértil para quase qualquer ocasião. Entretanto, a mensagem mais profunda nele contida é frequentemente negligenciada, mal aplicada ou esquecida por completo. Num discurso proferido na Academia Nacional de Ciências em 27 de abril de 2009, o presidente Barack Obama tornou-se poético sobre o papel da Nasa em impulsionar inovação americana:

> O presidente Eisenhower assinou a legislação para criar a Nasa e investir na educação científica e matemática, desde a escola primária até a pós-graduação. E apenas uns poucos anos mais tarde, um mês depois de seu discurso para o Encontro Anual da Academia Nacional de Ciências de 1961, o presidente Kennedy declarou audaciosamente perante uma sessão conjunta do Congresso que os Estados Unidos enviariam um homem à Lua e o trariam de volta à Terra são e salvo.
>
> A comunidade científica se uniu por trás dessa meta e pôs mãos à obra para realizá-la. E esse esforço levaria àqueles primeiros passos na Lua e a saltos gigantescos em nossa compreensão aqui na Terra. Esse programa *Apollo* produziu tecnologias que melhoraram os sistemas de purificação da água e hemodiálise; sensores para testar gases perigosos; materiais de construção que poupam energia; tecidos resistentes ao fogo usados por bombeiros e soldados. De uma forma mais ampla, o investimento naquela era – em ciência e tecnologia, em financiamento de educação e pesquisa – produziu uma grande efusão de curiosidade e criatividade, cujos benefícios têm sido incalculáveis.

O espantoso na mensagem de Obama é que o teor de seu discurso era alertar a academia para a proposta da Lei de Reinvestimento e Recuperação Americana – legislação que levaria os orçamentos da Fundação Nacional da Ciência, da Divisão de Ciência do Departamento de Energia e do Instituto Nacional de Padrões e Tecnologia a serem duplicados nos anos seguintes. O orçamento da Nasa seria também duplicado, não? Nada disso. Tudo o que a agência espacial ganhou foi a alocação de 1 bilhão de dólares por um único ano. Dado que a exploração espacial formava a alma retórica do discurso do presidente, esse lance desafia uma análise racional, política e até emocional.

Em seu segundo Discurso do Estado da União, proferido em 27 de janeiro de 2011, o presidente Obama mais uma vez citou a corrida espacial como um catalisador para a inovação científica e tecnológica. Aquele "momento Sputnik" original – cristalizado no discurso de Kennedy a uma sessão conjunta do Congresso em 1961 – é o que nos levou à Lua e estabeleceu o mais elevado dos parâmetros para a visão de mundo e liderança dos Estados Unidos no século XX. Como o presidente recontou com acerto: "Desencadeamos uma onda de inovação que criou indústrias e milhões de empregos". Ao citar o investimento pesado que outros países estavam fazendo em seu futuro tecnológico, e no concomitante fracasso do sistema educacional americano em competir no palco mundial, Obama declarou que o desequilíbrio perturbador é o momento Sputnik desta geração. Ele então nos desafiou a apresentar até 2005 as seguintes condições: (1) ter 1 milhão de veículos elétricos na estrada e (2) disponibilizar a próxima geração de conexões sem fio de alta velocidade para 98% de todos os americanos. E até 2035 (1) obter 80% da eletricidade dos Estados Unidos com energia limpa e (2) providenciar acesso a redes ferroviárias de alta velocidade para 80% dos americanos.

Metas louváveis, todas elas. Mas pensar nessa lista como fruto de um momento Sputnik desanima o entusiasta espacial. Revela uma mudança de visão do futuro ao longo de décadas, dos sonhos do amanhã para os sonhos de tecnologias que já deveriam existir entre nós.

Depois de 1º de fevereiro de 2003, com a perda do ônibus espacial *Columbia* e sua tripulação de 7 pessoas, o público e a imprensa, bem como os principais legisladores, exigiram uma nova visão do programa da Nasa – que mantivesse seu foco além da órbita terrestre baixa. Qual melhor momento para reavaliar um programa do que depois de um desastre? É de se perguntar, entretanto, por que o desastre do *Challenger* em 1986, que também resultou na perda de uma tripulação de 7 pessoas, não desencadeou um pedido semelhante de uma renovada visão da missão da Nasa. Por quê? Em 1986, não estavam acontecendo muitas coisas na comunidade espacial chinesa. Em contraste, em 15 de outubro de 2003, a China lançou seu primeiro taikonauta na órbita da Terra, tornando-se a terceira nação a ingressar no clube dos viajantes espaciais.

Apenas três meses mais tarde, em 15 de janeiro de 2004, a Casa Branca de Bush anunciou uma visão nova em folha para a exploração espacial. Chegara finalmente a hora de os Estados Unidos deixarem mais uma vez a órbita terrestre baixa.

A visão do programa espacial era um plano basicamente sensato, que também pedia a conclusão da Estação Espacial Internacional e a retirada do ônibus espacial, burro de carga da Nasa, até o fim da década, com os fundos recuperados sendo usados para criar uma arquitetura de lançamento, que nos levaria de volta à Lua e a lugares mais distantes. Mas começando em fevereiro de 2004 (com minha nomeação pelo presidente Bush para a Comissão de 9 membros sobre Implementação da Política de Exploração Espacial dos Estados Unidos, cuja missão era traçar um curso de ação viável e sustentável), passei a notar uma mortalha partidária descendo sobre a Nasa e sobre a política espacial da nação. Alianças partidárias fortes estavam toldando, distorcendo e até cegando as sensibilidades espaciais das pessoas em todo o espectro político.

Alguns democratas hostis a Bush, predispostos a pensar antes em termos políticos que racionais, apressaram-se a criticar o plano alegando que a nação não poderia custeá-lo, ainda que nossa comissão estivesse explicitamente encarregada de manter os custos sob controle. Outros democratas argumentavam que o plano espacial não oferecia detalhes a respeito de sua implementação. Mas documentos de suporte técnico estavam sendo gratuitamente disponibilizados pela Casa Branca e pela Nasa. Considere-se também que o presidente Bush proferiu seu discurso sobre o plano na sede da agência espacial em Washington, D.C. Nenhum presidente efetivo jamais fizera tal coisa. Para abranger a Costa Oeste, Bush enviou o vice-presidente Cheney para falar nos Laboratórios de Propulsão a Jato da Nasa, em Pasadena, Califórnia, no mesmo dia. (Como comparação, o discurso do presidente Kennedy a uma sessão conjunta do Congresso em 25 de maio de 1961 contém apenas alguns parágrafos instando que seja financiada uma missão à Lua.) Outros democratas desgostosos, ainda indignados com a eleição controversa de 2000 e sentindo profunda insatisfação com o primeiro mandato de Bush, gracejavam em geral que deveríamos enviar Bush a Marte.

Tudo considerado, as críticas eram pouco fundamentadas e traíam um viés partidário que eu jamais havia encontrado durante os anos em que fiquei exposto à política espacial – embora eu tenha o prazer de afirmar que, depois de todas as reações instintivas seguirem seu curso, a Visão para a Exploração Espacial de 2004 conseguiu um forte apoio bipartidário.

Com a posse de Barack Obama em 2009, o nível de crítica feroz dos extremistas republicanos superou até o dos extremistas democratas que não achavam nada de louvável em qualquer coisa que o presidente Bush falasse, pensasse ou fizesse. Em 5 de abril de 2010, Obama proferiu um discurso sobre a política espacial no Centro Espacial Kennedy na Flórida, um evento a que compareci. Sem levar em conta o carisma kennediano de Obama e seu inegável talento oratório, posso dizer objetivamente que ele passou uma mensagem poderosa de esperança para o futuro da exploração espacial americana – uma visão que nos levaria a múltiplos lugares além da órbita terrestre baixa, inclusive a asteroides. Reafirmou também a necessidade de aposentar o ônibus espacial e expressou o desejo de chegar a Marte. O presidente Obama deu até mais um passo ao sugerir que, já que estivemos na Lua, para que retornar para lá? Estivemos na Lua, está feito. Com um veículo de lançamento avançado – um modelo que pula tecnologias de foguete anteriores, mas levaria muitos anos para ser desenvolvido – poderíamos nos desviar da Lua e rumar direto para Marte em meados de 2030, quando Obama espera que 80% dos americanos abandonem carros e aviões e passem a viajar por meio de redes ferroviárias de alta velocidade.

Eu estava lá. Senti a energia da sala. Ressoou em mim o entusiasmo de Obama pela Nasa e seu papel de modelar o *zeitgeist* americano. Quanto à cobertura do discurso, uma manchete típica na imprensa que apoia o presidente foi "OBAMA MIRA MARTE". A imprensa descontente com ele, entretanto, declarou: "OBAMA MATA O PROGRAMA ESPACIAL". Não é possível ser mais partidário que isso.

Algumas vintenas de manifestantes enchiam as estradas que circundam o Centro Espacial Kennedy naquele dia, brandindo cartazes que pediam ao presidente que não destruísse a Nasa. Nas semanas seguintes, muitas pessoas – inclusive astronautas extremamente populares – sentiram-se obrigadas a escolher um lado. Dois caminhantes na Lua, muito críticos ao plano de Obama de cancelar o retorno a esse satélite, prestaram depoimento no Congresso: Neil Armstrong da *Apollo 11* e Eugene Cernan da *Apollo 17*, apresentados como o primeiro e o último homem a pisar na Lua. O parceiro de Neil Armstrong no módulo de comando, Buzz Aldrin, porém, deu forte apoio ao plano de Obama e acompanhou o presidente na viagem até a Flórida a bordo do Air Force One.

Ou Obama havia feito dois discursos diferentes no Centro Espacial Kennedy naquela manhã e eu tinha escutado apenas um deles, ou todo mundo na sala (inclusive eu, talvez) estava com um grave caso de escuta seletiva.

O presidente fez mais de um discurso naquele dia – ou melhor, seu único plano coerente teve consequências diferentes para pessoas diferentes.

Como acadêmico com uma visão de longo prazo, meu foco foi o plano de trinta anos para a Nasa apresentado por Obama, e por isso comemorei. Mas para alguém que deseja acesso ininterrupto ao espaço, no veículo de lançamento de seu próprio país, controlado por astronautas de seu próprio país, qualquer parada em nosso acesso espacial é simplesmente inaceitável. Durante a interrupção dos lançamentos de ônibus espaciais que se seguiu à tragédia do *Columbia*, os russos se prontificaram a transportar nossos astronautas "ida e volta" até a Estação Espacial Internacional a bordo de sua segura cápsula Soyuz. Assim, a regra de que o acesso americano à órbita deve ser sempre e para sempre feito num veículo de fabricação nacional talvez seja um exemplo de o orgulho prevalecer sobre a praticidade. E, por sinal, não se escutou quase nenhum pio em 2004, quando o presidente Bush propôs pela primeira vez acabar com o ônibus espacial. O presidente Obama estava simplesmente seguindo o plano de Bush.

Consideradas em seu valor nominal, as reações opostas às palavras de Obama não refletem necessariamente uma linha divisória partidária. Elas poderiam ser apenas diferenças honestas de opinião. Mas não eram. As visões e as atitudes se dividiram ao longo das linhas partidárias, requerendo compromissos de ramo de oliveira no Congresso antes que qualquer novo orçamento para a Nasa pudesse ser acordado e aprovado. Uma carta que fui convidado a submeter aos legisladores – reafirmando o valor da Nasa para a identidade e o futuro dos Estados Unidos e insistindo numa rápida solução para o impasse – tornou-se um galhinho num daqueles ramos de oliveira. Um grupo bipartidário de congressistas à procura de uma solução tentou alterar a proposta do presidente e o orçamento associado para a Nasa de um modo que apaziguasse a resistência liderada fundamentalmente por republicanos. Eles procuravam acelerar o projeto e a construção de uma arquitetura de lançamento de carga pesada que possibilitasse a primeira missão tripulada além da órbita terrestre baixa desde o foguete *Saturno V* da era *Apollo*. Esse ajuste enganosamente simples do plano ajudaria a fechar a lacuna entre o crepúsculo dos lançamentos de ônibus espaciais americanos e a aurora de uma nova era de capacidade de lançamentos – e, como consequência, preservaria os empregos aeroespaciais que o plano de Obama teria desestabilizado.

Empregos? É disso que se trata? Agora tudo fazia sentido. Eu havia pensado que a questão real era o imperativo cultural de um acesso contínuo ao espaço e o destino de curto prazo do programa tripulado. Era esse o significado de todos os cartazes de protesto, bem como da retórica anti-Obama associada. Mas se os empregos são o que realmente importa para todo mundo, por que não diziam? Se eu fosse um trabalhador num ônibus espacial em qualquer nível – se eu fosse um empreiteiro que desse suporte às operações de lançamento da Nasa –, a lacuna entre o fim do ônibus espacial e o próximo foguete de lançamento além da Terra seria só o que eu teria escutado no discurso do presidente. E se novas tecnologias de lançamento incertas e originais fossem requeridas para realizar o plano, o tempo ocioso para o voo espacial tripulado seria também incerto, o que significa que a única certeza diante dessas incertezas é que eu perderia meu emprego.

Como o ônibus espacial é uma parte principal das operações da Nasa, e os parceiros industriais da agência espacial estão espalhados por todo o território americano, uma pequena onda de desemprego se faz sentir em muitos outros lugares além das estradas da Costa Espacial da Flórida. O discurso do presidente Obama incluía a menção de financiar programas de novos treinamentos para trabalhadores cujos empregos seriam eliminados. Ele também observava que seu plano eliminaria menos empregos do que a Visão para a Exploração Espacial que seu predecessor teria feito – se tivesse sido implementado –, embora ele tivesse dourado a pílula ao afirmar: "Apesar de alguns relatórios em contrário, meu plano acrescentará mais de 2.500 empregos ao longo da Costa Espacial nos próximos dois anos em comparação com o plano do governo anterior".

Essa frase recebeu aplausos imediatos. Eu me pergunto qual teria sido a reação na sala se a declaração de Obama fosse matematicamente equivalente, porém mais contundente: "O plano de Bush teria destruído 10 mil empregos; meu plano destruiria apenas 7.500".

Apesar dos aplausos, a mensagem de Obama não caiu bem nos corações e nas mentes de todo o corpo de tecnólogos qualificados que havia forjado suas carreiras de muitas décadas fazendo o que fosse necessário para colocar o ônibus espacial em órbita. Assim, quem não gostava do presidente Obama antes do discurso no Centro Espacial Kennedy tinha agora razões extras para lhe atribuir o rótulo de vilão. Em 1962, havia duas nações a explorar o espaço. Cinquenta anos mais tarde, em 2012, ainda haveria duas nações explorando o espaço, mas os Estados Unidos não seriam uma delas.

Retrospectivamente, é óbvio, agora, por que nenhuma menção a empregos aparecia nos mantras de protesto contra Obama: ninguém, absolutamente ninguém, sobretudo um republicano, queria ser tomado por alguém que vê a Nasa como um programa de empregos do governo, embora esse comentário tivesse sido feito antes – não por um político, mas por uma comediante. A sempre sincera e ocasionalmente cáustica Wanda Sykes dedica duas páginas desdenhosas de seu livro de 2004, *Yeah, I Said It* [Sim, eu disse isso], às proezas da Nasa. Sobre o tema dos empregos: "A Nasa é um programa de bem-estar social de 1 bilhão de dólares para babacas espertos. Em que outro lugar eles iriam trabalhar? São inteligentes demais para fazer qualquer outra coisa".

Entre as razões pelas quais alguém poderia contestar o plano espacial de Obama, há um motivo muito mais profundo que o fluxo e o refluxo dos empregos. Numa democracia eleitoral, um presidente que articula qualquer meta cuja realização ultrapassa o tempo de seu mandato não pode garantir que ela será atingida. De fato, ele só pode garantir que realizará qualquer meta dentro do período de seu mandato. Quanto às metas que ativam sensibilidades partidárias, um presidente de dois mandatos enfrenta o risco adicional de múltiplas mudanças bienais nos partidos dominantes do Congresso.

Kennedy sabia muito bem o que estava fazendo em 1961, quando estabeleceu a meta de enviar um astronauta à Lua "antes que esta década chegue ao fim". Se tivesse vivido e sido eleito para um segundo mandato, teria sido presidente até 19 de janeiro de 1969. E se o incêndio na plataforma de lançamento da *Apollo 1*, que matou três astronautas, não tivesse atrasado o programa, teríamos chegado à Lua durante sua presidência.

Agora imagine se, em vez disso, Kennedy tivesse falado em atingir a meta "antes que este século chegue ao fim". Com essa declaração como plano, não é claro se teríamos saído da Terra. Quando promete algo além de seu mandato, um presidente é fundamentalmente incapaz de responder pelo que prometeu. Não é seu orçamento que deve terminar a tarefa. Torna-se problema herdado de outro presidente – uma bola facilmente jogada ao chão, um plano abandonado de maneira simples, um sonho prontamente adiado. Assim, embora a retórica do discurso sobre o espaço de Obama fosse brilhante e visionária, a política de seu discurso era, de forma empírica, um desastre. A única coisa que aconteceria em seu período era a interrupção do acesso dos Estados Unidos ao espaço.

De vários em vários anos nas últimas décadas, a Nasa recebe uma "nova direção". Facções diferentes dentro do eleitorado acreditam saber o que é adequado para a agência, enquanto lutam entre si sobre o seu futuro.

A única boa coisa a respeito dessas batalhas, permitindo que a esperança desponte eterna, é que quase ninguém está discutindo se a Nasa deveria realmente existir – um lembrete de que todos somos partes interessadas no futuro incerto de nossa agência espacial.

De forma coletiva, os textos selecionados deste livro investigam o que a Nasa significa para os Estados Unidos e o que a exploração espacial significa para a nossa espécie. Embora o caminho para o espaço seja cientificamente claro, é ainda assim tecnologicamente desafiador e, em inúmeras ocasiões, politicamente intratável. Existem soluções. Mas, para alcançá-las, devemos abandonar o pensamento delirante e empregar ferramentas de navegação cultural que ligam a exploração espacial com o conhecimento científico, a segurança nacional e a prosperidade econômica. Assim equipados, podemos revigorar a missão nacional de competir em âmbito internacional, alimentando ao mesmo tempo o impulso eterno de descobrir o que existe além dos lugares que já conhecemos.

PARTE I

POR QUÊ?

CAPÍTULO UM

O fascínio do espaço*

Por milênios, as pessoas têm levantado os olhos para o céu noturno e conjecturado sobre nosso lugar no universo. Mas foi só a partir do século XVII que se pensou seriamente na perspectiva de explorá-lo. Na Proposição 14 de um livro encantador publicado em 1640, *The Discovery of a World in the Moone* [A descoberta de um mundo na Lua], o clérigo e entusiasta da ciência John Wilkins especula sobre o que seria preciso para viajar no espaço:

> Afirmo seriamente, e com boas razões, que é possível construir uma carruagem voadora, a que um homem nela sentado possa imprimir um movimento que o transportará pelo ar; e ela talvez possa ser construída grande o bastante para carregar vários homens ao mesmo tempo [...] Vemos um grande navio flutuar tão bem quanto uma pequena rolha; e uma águia voa tão bem quanto um pequeno mosquito [...] Assim, apesar de todas as aparentes impossibilidades, é bastante provável que se possa inventar um meio de viajar para a Lua; e como ficarão felizes os primeiros a terem sucesso nessa tentativa.

Trezentos e vinte e nove anos mais tarde, os humanos pousariam na Lua, a bordo de uma carruagem chamada *Apollo 11*, como parte de um investimento sem precedentes em ciência e tecnologia realizado por um país relativamente jovem chamado Estados Unidos da América. Esse empreen-

---

* Adaptação do texto "Why America Needs to Explore Space" [Por que os Estados Unidos precisam explorar o espaço], publicado originalmente na revista *Parade*, em 5 de agosto de 2007.

dimento impulsionou meio século de riqueza e prosperidade sem precedentes, que hoje achamos natural. Agora, quando nosso interesse pela ciência declina, os Estados Unidos estão prestes a ficar para trás em relação ao restante do mundo industrializado em todo e qualquer cotejo de proficiência tecnológica.

Em décadas recentes, a maioria dos estudantes nas escolas de pós-graduação em ciência e engenharia dos Estados Unidos nasceu no exterior. Até e durante a década de 1990, a maior parte vinha aos Estados Unidos, conquistava seus diplomas e permanecia alegremente no país, empregada em nossa força de trabalho de alta tecnologia. Agora, com as oportunidades econômicas emergentes na Índia, na China e na Europa Oriental – as regiões mais bem representadas em programas acadêmicos avançados de ciência e engenharia –, muitos pós-graduados optam por retornar para casa.

Não é uma drenagem de cérebros – porque os Estados Unidos nunca reivindicaram esses estudantes em primeiro lugar –, mas uma espécie de regressão de cérebros. O lento declínio dessa visão de excelência dos Estados Unidos, possibilitada por nossos investimentos em ciência e tecnologia ao longo do século XX, tem sido mascarado durante todos esses anos pelo talento autoimportado. Na próxima fase dessa regressão, começaremos a perder o talento que treina o talento. É um desastre à nossa espera; a ciência e a tecnologia são os maiores motores do crescimento econômico que o mundo já conheceu. Sem regenerar o interesse nativo nessas áreas, o confortável estilo de vida a que os americanos se acostumaram chegará rapidamente ao fim.

Antes de visitar a China em 2002, eu tinha imaginado uma Pequim de bulevares largos, cheios de bicicletas como principal meio de transporte. O que eu vi foi muito diferente. Claro que os bulevares estavam lá, mas cheios de carros de luxo do último tipo; guindastes teciam um novo horizonte de arranha-céus até perder de vista. A China concluiu a construção da controversa Hidrelétrica das Três Gargantas no rio Yang-Tsé, o maior projeto de engenharia do mundo – gerando 20 vezes mais energia que a Barragem Hoover. Construiu também o maior aeroporto do mundo e, em 2010, tinha suplantado o Japão, tornando-se a segunda maior economia do planeta. Agora, é líder mundial em exportações e emissões de CO_2.

Em outubro de 2003, depois de colocar seu primeiro taikonauta em órbita, a China tornou-se a terceira nação a explorar o espaço (depois dos Estados Unidos e da Rússia). Próxima etapa: a Lua. Essas ambições não requerem apenas dinheiro, mas também indivíduos suficientemente inteligentes para conceber como torná-las realidade e líderes visionários para fazer que essas pessoas sejam capazes de ação.

Na China, com uma população que se aproxima de 1,5 bilhão, se você é suficientemente inteligente para ser 1 em 1 milhão, então há 1.500 outras pessoas exatamente como você.

Enquanto isso, a Europa e a Índia reduplicam seus esforços para realizar ciência robótica em plataformas montadas no espaço, e há um crescente interesse pela exploração espacial em mais de uma dúzia de outros países ao redor do mundo, inclusive Israel, Irã, Brasil e Nigéria. A China está construindo uma nova área de lançamento espacial, e sua localização, apenas 19 graus ao norte do equador, faz com que seja geograficamente melhor para a maioria dos lançamentos espaciais que o Cabo Canaveral nos Estados Unidos. Essa crescente comunidade de nações interessadas pelo espaço está ávida por sua fatia do universo aeroespacial. Nos Estados Unidos, em oposição à nossa autoimagem, já não somos líderes, mas simplesmente jogadores. Recuamos para nos manter apenas imóveis.

> Tweet Espacial #1
> 100 mil: é a altitude em metros acima da superfície da Terra onde a Federação Internacional de Aeronáutica define o começo do espaço
> 23 de janeiro de 2011, às 9h47

Mas ainda há esperança para nós. É possível aprender algo profundo sobre uma nação quando se observa o que ela realiza como cultura. Você sabe qual é o museu mais popular do mundo nesta última década? Não é o Metropolitan em Nova York, também conhecido como Met. Não é a Galleria degli Uffizi em Florença. Não é o Louvre em Paris. Com média atual de 9 milhões de visitantes por ano, é o Museu Nacional do Ar e do Espaço em Washington, D.C., que contém desde o aeroplano original dos Irmãos Wright de 1903 até o módulo lunar da *Apollo 11*, e muito, muito mais. Os visitantes internacionais querem ver os artefatos do ar e do espaço abrigados nesse museu, porque são um legado americano para o mundo. Mais importante, o NASM [acrônimo inglês do museu] representa o impulso de sonhar e a vontade de realizar o sonho. Essas características são fundamentais para o ser humano, e têm coincidido fortuitamente com o que significa ser americano.

Quando visitamos países que não nutrem esses tipos de ambição, sentimos a ausência de esperança. Devido a toda sorte de política, economia e geografia, as pessoas reduzem suas preocupações para de que forma vão se abrigar naquele dia ou o que vão comer no dia seguinte. É uma vergonha, até uma tragédia, a quantidade daqueles que não chegam a pensar no futuro. A tecnologia de mãos dadas com uma liderança sábia resolve esses problemas e ainda realiza os sonhos do amanhã.

Ao longo de gerações, os americanos têm esperado algo novo e melhor a cada dia que passa – algo que tornará a vida um pouco mais divertida de experimentar e um pouco mais luminosa de contemplar. A exploração realiza essa expectativa com naturalidade. A única coisa que precisamos fazer é acordar para esse fato.

O maior explorador de décadas recentes nem é humano. É o Telescópio Espacial Hubble, que tem oferecido a todos sobre a Terra uma janela para o cosmos a fim de expandir a mente. Mas nem sempre foi assim. Quando foi lançado em 1990, um erro crasso na fabricação da ótica gerou imagens irremediavelmente indistintas, para grande desapontamento de muita gente. Três anos se passariam antes que a ótica corretiva fosse instalada, possibilitando as imagens nítidas que agora achamos ser algo comum.

O que fazer durante os três anos de imagens vagas? Trata-se de um telescópio grande e caro. Não é sensato deixá-lo orbitar sem fazer nada. Por isso continuamos a anotar os dados, esperando que pudessem gerar ainda assim alguma ciência útil. Os astrofísicos ansiosos no Instituto de Ciência do Telescópio Espacial em Baltimore, o quartel-general da pesquisa para o Hubble, não ficaram ociosos; escreveram uma série de softwares avançados de processamento de imagens para ajudar a identificar e isolar as estrelas que estavam amontoadas, fora de foco, que o telescópio lhes apresentava. Essas novas técnicas permitiram que alguma ciência fosse realizada, enquanto a missão de reparo estava sendo planejada.

Nesse meio-tempo, em colaboração com os cientistas do Hubble, pesquisadores médicos do Centro Lombardi de Compreensão do Câncer, que pertence à Universidade de Georgetown, em Washington, D.C., reconheceram que o desafio enfrentado pelos astrofísicos era semelhante ao enfrentado pelos médicos em sua busca visual de tumores em mamografias. Com a ajuda de financiamento da Fundação Nacional da Ciência (NSF, na sigla em inglês), a comunidade médica adotou essas novas técnicas para a detecção precoce do câncer de mama. Isso significa que inúmeras mulheres estão vivas hoje graças a ideias estimuladas por uma falha de projeto no Telescópio Espacial Hubble.

Não é possível planejar esses resultados, mas eles ocorrem todos os dias. A polinização cruzada de disciplinas quase sempre cria cenários de inovação e descoberta. E nada faz isso tão bem quanto a exploração espacial, que recorre às legiões de astrofísicos, biólogos, químicos, engenheiros e geólogos planetários, cujo empenho coletivo tem a capacidade de melhorar e intensificar tudo o que passamos a valorizar como sociedade moderna.

Quantas vezes não escutamos o mantra "Por que estamos gastando bilhões de dólares no espaço quando temos problemas prementes aqui na Terra?". Aparentemente, o restante do mundo não tem dificuldade em dar boas respostas a essa pergunta – ainda que nós não sejamos capazes. Vamos tornar a fazer a pergunta de forma esclarecedora: "Como fração de 1 dólar do imposto, qual é o custo total de todos os telescópios instalados no espaço, as sondas planetárias, os robôs exploradores em Marte, a Estação Espacial Internacional, o ônibus espacial, os telescópios que ainda serão colocados em órbita e as missões que ainda serão lançadas?". Resposta: metade de 1% de cada dólar do imposto. Metade de 1 centavo. Eu gostaria que fosse mais: talvez 2 centavos de cada dólar do imposto. Mesmo durante a era *Apollo*, que fez história, o pico dos gastos da Nasa importou em pouco mais de 4 centavos de dólar do imposto. Nesse nível, a Visão para a Exploração Espacial estaria avançando a toda velocidade, com o financiamento num patamar que poderia reivindicar nossa preeminência numa fronteira em que fomos pioneiros. Em vez disso, a visão do programa está simplesmente caminhando a passos curtos, com um financiamento que mal lhe permite continuar no jogo e que se mostra insuficiente para que assuma a liderança.

Assim, com mais de 99 desses 100 centavos financiando todo o resto das prioridades de nossa nação, o programa espacial não impede (nem jamais impediu) que outras coisas aconteçam. Ao contrário, os investimentos americanos anteriores no aeroespaço têm modelado nossa cultura inspirada em descobertas, algo evidente para o restante do mundo, quer nós próprios o reconheçamos, quer não. Mas somos uma nação suficientemente rica para adotar esse investimento em nosso próprio amanhã – para incentivar nossa economia, nossas ambições e, acima de tudo, nossos sonhos.

CAPÍTULO DOIS

O exoplaneta Terra*

Quer prefira engatinhar, correr a toda velocidade, nadar ou caminhar de um lugar a outro, você pode ver de perto todo o estoque inesgotável de coisas que a Terra tem a oferecer. Você pode ver um veio de calcário cor-de-rosa na parede de um cânion, uma joaninha comendo um pulgão no caule de uma rosa, a concha de um marisco despontando na areia. Só o que você tem de fazer é olhar.

Embarque num avião a jato que cruza um continente, entretanto, e esses detalhes da superfície logo desaparecem. Da janela da Estação Espacial Internacional, que orbita aproximadamente 362 quilômetros acima da superfície da Terra, você poderia descobrir Londres, Los Angeles, Nova York ou Paris durante o dia, não porque possa ver as cidades, mas porque aprendeu onde é que elas estão na aula de geografia. À noite, as megalópoles brilhantemente iluminadas se apresentam como manchas incandescentes. À luz do dia, ao contrário da sabedoria popular, você não verá a olho nu as pirâmides de Gizé e não avistará a Grande Muralha da China. A obscuridade dos monumentos é, em parte, o resultado de terem sido construídos com o solo e as pedras da paisagem circundante. E embora a Grande Muralha tenha milhares de quilômetros de comprimento, possui apenas 6 metros de largura – muito mais estreita que as rodovias interestaduais dos Estados Unidos, as quais mal são perceptíveis a partir de um jato transcontinental.

---

* Adaptação do texto "The Exoplanet Earth" [O exoplaneta Terra], publicado originalmente na revista *Natural History*, em fevereiro de 2006.

> Tweet Espacial #2
> Se a Terra fosse do tamanho de um globo
> de sala de aula, você encontraria o
> ônibus espacial e a Estação Espacial
> orbitando a 9,5 milímetros acima de sua superfície
> 19 de abril de 2010, às 5h53

A partir da órbita da Terra – salvo as plumas de fumaça que se elevavam das fogueiras dos campos de óleo no Kuwait no final da primeira Guerra do Golfo em 1991, e as orlas verde e marrom entre as faixas de terra irrigada e árida – não podemos ver a olho nu muito mais daquilo que foi obra do homem. Mas grande parte da paisagem natural é visível: furacões no Golfo do México, banquisas no Atlântico Norte, erupções vulcânicas onde quer que ocorram.

A partir da Lua, a uma distância de quase 400 mil quilômetros, Nova York, Paris e o restante do brilho urbano da Terra nem sequer aparecem como uma cintilação. Mas a partir de nossa posição lunar favorável ainda podemos ver as principais frentes climáticas se deslocarem pelo planeta. Vistos da área de maior aproximação em Marte, a uma distância de 56 milhões de quilômetros, as grandes cadeias de montanhas com seus picos cobertos de neve e os contornos dos continentes da Terra seriam visíveis por meio de um bom telescópio de quintal. Viaje até Netuno, a uma distância de 4,3 bilhões de quilômetros – apenas um quarteirão numa escala cósmica –, e o próprio Sol se torna desconcertantemente indistinto, ocupando 1 milésimo da área que ele ocupa no céu à luz do dia, quando visto a partir da Terra. E que dizer da própria Terra? Um pontinho não mais brilhante que uma vaga estrela, quase perdido no clarão do Sol.

Uma célebre fotografia tirada em 1990 a partir da borda do sistema solar pela espaçonave *Voyager 1* mostra o quanto a Terra é pouco notável quando vista a partir do espaço profundo: um "pálido ponto azul", como a chamou o astrônomo americano Carl Sagan. E ele foi generoso. Sem a ajuda de uma legenda, talvez não a encontrássemos de modo algum.

O que aconteceria se alguns alienígenas de cérebro grande escaneassem o céu a partir do vasto além, com seus órgãos visuais naturalmente extraordinários, auxiliados por acessórios óticos alienígenas de tecnologia de ponta? Quais características visíveis do planeta Terra poderiam detectar?

O azul seria a primeira e a principal. A água cobre mais de dois terços da superfície da Terra; o Oceano Pacífico sozinho forma um lado inteiro do planeta. Quaisquer seres com equipamento e conhecimento suficientes para detectar a cor de nosso planeta inferiram a presença da água, a terceira molécula mais abundante no universo.

Se a resolução de seu equipamento fosse bastante alta, os alienígenas veriam mais que um pálido ponto azul. Veriam contornos de costa intrincados, sugerindo que a água é líquida. E alienígenas inteligentes saberiam, é claro, que se um planeta tem água líquida, a temperatura e a pressão atmosférica estão dentro de uma gama bem determinada.

As calotas glaciais polares bem características da Terra, que aumentam e diminuem com as variações da temperatura sazonal, poderiam ser vistas oticamente. E também a rotação de 24 horas de nosso planeta, porque massas de terra reconhecíveis rodam e aparecem a intervalos previsíveis. Os alienígenas veriam igualmente os principais sistemas climáticos se deslocarem de um lado para o outro; com um estudo cuidadoso, logo poderiam distinguir características relativas a nuvens na atmosfera com base em traços relativos à superfície da própria Terra.

Hora de checar a realidade. Vivemos a menos de 10 anos-luz do mais próximo exoplaneta conhecido – um planeta que orbita uma estrela que não seja o Sol. A maioria dos exoplanetas catalogados está a mais de 100 anos-luz de distância. O brilho da Terra é menos de 1 bilionésimo do apresentado pelo Sol, e a proximidade de nosso planeta ao Sol aumentaria em grande escala a dificuldade de alguém ver a Terra diretamente com um telescópio ótico. Assim, se os alienígenas nos descobriram, é provável que estejam pesquisando comprimentos de onda que não a luz visível – ou que seus engenheiros estejam adaptando alguma estratégia completamente diferente.

Talvez façam o que nossos caçadores de planetas em geral fazem: monitorar as estrelas para verificar se elas se agitam levemente a intervalos regulares. O bamboleio periódico de uma estrela trai a existência de um planeta em órbita ao seu redor, que talvez seja indistinto demais para ser visto diretamente. O planeta e a estrela anfitriã giram ambos ao redor de seu centro de massa comum. Quanto mais massa tem o planeta, maior deve ser a órbita da estrela ao redor do centro de massa, e mais aparente o bamboleio quando se analisa a luz da estrela. Infelizmente para os alienígenas caçadores de planetas, a Terra é muito pequena, e assim o Sol mal se move, propondo mais um desafio para os engenheiros alienígenas.

As ondas de rádio poderiam funcionar, entretanto. Talvez nossos alienígenas à escuta tenham algo parecido com o Observatório de Arecibo em Porto Rico, casa do maior radiotelescópio de único prato do mundo* – que você talvez tenha visto nas primeiras fotos do local no filme de 1997 *Contato*, baseado num romance de Carl Sagan. Se tiverem algo parecido, e se sintonizarem as frequências corretas, eles vão perceber a Terra, uma das fontes de rádio "mais ruidosas" no céu. É só considerar tudo o que na Terra gera ondas de rádio: não só o próprio rádio, mas também a transmissão de televisão, os telefones celulares, os fornos de micro-ondas, os dispositivos para abrir garagens, o controle remoto para destrancar a porta dos carros, o radar comercial, o radar militar e os satélites de comunicação. Estamos apenas resplandecendo – uma evidência espetacular de que algo inusitado está acontecendo por aqui, porque em seu estado natural, os pequenos planetas rochosos não emitem nenhuma onda de rádio.

Assim, se esses alienígenas à escuta virarem sua versão de um radiotelescópio em nossa direção, poderiam inferir que nosso planeta possui tecnologia. Uma complicação, porém: outras interpretações são possíveis. Talvez não fossem capazes de distinguir o sinal da Terra entre aqueles emitidos pelos planetas maiores de nosso sistema solar, todos fontes bastante grandes de ondas de rádio. Talvez pensassem que somos um novo tipo de planeta bizarro, com emissões intensivas de rádio. Talvez não fossem capazes de distinguir as emissões de rádio da Terra das emitidas pelo Sol, o que os forçaria a concluir que o Sol é um novo tipo de estrela bizarra, com emissões intensivas de rádio.

Os astrofísicos aqui na Terra, na Universidade de Cambridge na Inglaterra, experimentaram perplexidade semelhante em 1967. Enquanto escrutinavam o céu com um radiotelescópio à procura de qualquer fonte de fortes ondas de rádio, Antony Hewish e sua equipe descobriram algo extremamente estranho: um objeto pulsando a intervalos precisos e repetidos de pouco mais de um segundo. Jocelyn Bell, uma estudante de pós-graduação de Hewish à época, foi a primeira a percebê-lo.

Logo os colegas de Bell estabeleceram que as pulsações vinham de uma grande distância. O pensamento de que o sinal fosse tecnológico

---

* Hoje, o maior rádio telescópio de prato único do mundo é o FAST, da China. (N.E.)

– outra cultura irradiando uma evidência de suas atividades através do espaço – era irresistível. Como Bell recontou num discurso depois de um jantar em 1976:

> Não tínhamos prova de que fosse uma emissão de rádio inteiramente natural... Ali estava eu tentando obter um Ph.D. com a elaboração de uma nova técnica, e um bando de estúpidos homenzinhos verdes tinha de escolher logo a minha antena e a minha frequência para se comunicar conosco.

Dentro de alguns dias, entretanto, ela descobriu outros sinais repetidos vindo de outros lugares em nossa galáxia. Bell e seus colegas compreenderam que haviam descoberto uma nova classe de objeto cósmico – estrelas pulsantes – que inteligente e sensatamente chamaram de pulsares.

Veio a se revelar que interceptar ondas de rádio não é a única maneira de ser intrometido. Há também a cosmoquímica. A análise química de atmosferas planetárias tem se tornado uma área animada da astrofísica moderna. A cosmoquímica depende da espectroscopia – a análise da luz por meio de um espectrômetro, que rompe a luz, à maneira do arco-íris, em suas componentes coloridas. Explorando as ferramentas e táticas dos espectroscopistas, os cosmoquímicos podem inferir a presença de vida num exoplaneta, independentemente de essa vida ter senciência, inteligência ou tecnologia.

O método funciona porque cada elemento, cada molécula – não importa onde exista no universo – absorve, emite, reflete e espalha luz de um modo único. Ao passar essa luz por um espectrômetro, é possível encontrar características que podem ser chamadas com razão de impressões digitais químicas. As impressões digitais mais visíveis são aquelas feitas por elementos químicos mais excitados pela pressão e temperatura de seu meio ambiente. As atmosferas planetárias estão apinhadas dessas características. E se um planeta está cheio de flora e fauna, sua atmosfera se mostrará apinhada de biomarcadores – a evidência espectral da vida. Se biogênica (produzida por qualquer uma ou todas as formas de vida), antropogênica (produzida pela espécie muito difundida *Homo sapiens*) ou tecnogênica (gerada apenas pela tecnologia), essa evidência desenfreada será difícil de ocultar.

A menos que tenham nascido com sensores espectroscópicos embutidos, os alienígenas bisbilhoteiros do espaço precisariam construir um espectrômetro para ler nossas impressões digitais. Mas, acima de tudo, a

Terra teria de eclipsar sua estrela anfitriã (ou alguma outra fonte de luz), permitindo que a luz passasse através de nossa atmosfera e continuasse sua trajetória até os alienígenas. Dessa maneira, os elementos químicos na atmosfera da Terra poderiam interagir com a luz, deixando suas marcas visíveis a todos.

Algumas moléculas – amônia, dióxido de carbono, água – aparecem em todo lugar no universo, quer a vida esteja presente, quer não. Mas outras surgem especialmente na presença da própria vida. Entre os biomarcadores na atmosfera da Terra estão os clorofluorcarbonetos dos aerossóis que destroem o ozônio, o vapor de solventes minerais, os fluidos refrigerantes que vazam dos refrigeradores e aparelhos de ar-condicionado, e o nevoeiro fumacento da queima de combustíveis fósseis. Outro biomarcador logo detectado é o nível substancial e sustentado da molécula metano na Terra – mais da metade de sua quantidade total é produzida por atividades relacionadas aos humanos como a produção de óleo combustível, o cultivo de arroz, o esgoto e os flatos do gado domesticado.

Se os alienígenas rastrearem nosso lado noturno enquanto orbitamos nossa estrela anfitriã, talvez percebam uma onda de sódio vinda das luminárias urbanas com lâmpadas de vapor de sódio que se acendem ao crepúsculo. Mais evidente, entretanto, seria todo o nosso oxigênio a flutuar livremente, que constitui um quinto inteiro de nossa atmosfera.

O oxigênio – o terceiro elemento mais abundante no cosmos depois do hidrogênio e do hélio – é quimicamente ativo, ligando-se com presteza aos átomos de hidrogênio, carbono, nitrogênio, silício, enxofre, ferro e assim por diante. Então, para que exista num estado estacionário, algo deve liberar oxigênio tão rapidamente quanto está sendo consumido. Aqui na Terra, a liberação pode ser atribuída à vida. A fotossíntese, executada por plantas e bactérias seletas, cria o oxigênio livre nos oceanos e na atmosfera. O oxigênio livre possibilita a existência de criaturas que metabolizam oxigênio, inclusive nós mesmos e praticamente toda criatura no reino animal.

Nós, terráqueos, já sabemos o significado das impressões digitais químicas características da Terra. Mas os alienígenas distantes que se depararem conosco terão de interpretar seus achados e testar suas pressuposições. O surgimento periódico do sódio deve ser tecnogênico? O oxigênio livre é certamente biogênico. E que dizer do metano? Ele é também quimicamente instável, e, sim, parte do metano é antropogênico. O resto provém de bactérias, vacas, pergelissolo, solos, cupins, pantanais e outros agentes vivos e não vivos. Neste exato momento, os astrobiólogos estão discutindo sobre a origem precisa dos vestígios de metano em Marte e das quantidades copiosas de metano detectadas na lua de Saturno, Titã, onde (presumimos) as vacas e os cupins não moram.

Se os alienígenas decidirem que as características químicas da Terra são uma forte evidência de vida, talvez se perguntem se a vida é inteligente. É de presumir que os alienígenas se comuniquem uns com os outros, e talvez suponham que outras formas de vida inteligente também se comuniquem. É talvez nesse momento que vão tomar a decisão de realizar escutas na Terra com seus radiotelescópios, para verificar que parte do espectro eletromagnético os habitantes do planeta dominam. Assim, explorando com a química ou com as ondas de rádio, os alienígenas poderiam chegar à mesma conclusão: um planeta onde há tecnologia avançada deve ser povoado com formas de vida inteligentes, que talvez se ocupem em descobrir como o universo funciona e como aplicar suas leis para proveito público ou pessoal.

O nosso catálogo de exoplanetas está crescendo com rapidez. Afinal, o universo conhecido abriga 100 bilhões de galáxias, cada uma com centenas de bilhões de estrelas.

A busca de vida impele a busca de exoplanetas, alguns dos quais se parecem provavelmente com a Terra – não em detalhes, claro, mas nas propriedades globais. Esses são os planetas que nossos descendentes talvez queiram visitar algum dia, por escolha ou por necessidade. Até agora, entretanto, quase todos os exoplanetas detectados pelos caçadores de planetas são muito maiores que a Terra. A maioria é ao menos tão massiva quanto Júpiter, que tem mais de 300 vezes a massa da Terra. Ainda assim, como os astrofísicos estão projetando hardware capaz de detectar bamboleios cada vez menores no brilho de uma estrela anfitriã, a capacidade de encontrar planetas cada vez menores vai aumentar.

Apesar de nosso número impressionante, a caçada de planetas pelos terráqueos ainda está em seu estágio incipiente, e apenas as perguntas mais básicas podem ser respondidas. O objeto é um planeta? Qual é a sua massa? Quanto tempo leva para orbitar sua estrela anfitriã? Ninguém sabe ao certo de que são feitos todos esses exoplanetas, e apenas alguns eclipsam suas estrelas anfitriãs, permitindo que os cosmoquímicos espiem em suas atmosferas.

Mas as medições abstratas de propriedades químicas não nutrem a imaginação dos poetas, nem a dos cientistas. Apenas pelas imagens que captam os detalhes da superfície é que nossas mentes transformam os exoplanetas em "mundos". Esses corpos celestes devem ocupar mais que alguns pixels no retrato de família para serem aprovados, e um navegador da web não deveria precisar de uma legenda para encontrar o planeta na foto. Temos de superar o pálido ponto azul.

Só então seremos capazes de conjurar a forma de um planeta distante, quando visto da extremidade de seu próprio sistema estelar – ou talvez da própria superfície do planeta. Para isso, vamos precisar de telescópios baseados no espaço com uma potência estupenda para captar luz.

Não. Ainda não chegamos lá. Mas talvez os alienígenas tenham chegado.

CAPÍTULO TRÊS

A vida extraterrestre*

As primeiras das mais de 6 descobertas confirmadas de planetas ao redor de estrelas que não sejam o Sol – datando do fim dos anos 1980 e início dos anos 1990 – desencadearam um tremendo interesse público. A atenção foi provocada não tanto pela descoberta de exoplanetas, mas pela perspectiva de abrigarem vida inteligente. Em todo caso, o frenesi que se seguiu na mídia foi um tanto desproporcional aos eventos.

Por quê? Porque os planetas não podem ser assim tão raros no universo, se o Sol tem 8 deles. Além disso, o primeiro grupo de planetas recém-descobertos era composto de gigantes gasosos de tamanho descomunal, semelhantes a Júpiter, o que significa que não têm superfície conveniente para que a vida como a conhecemos pudesse existir. E mesmo que os planetas estivessem fervilhando com alienígenas animados, as chances de essas formas de vida não serem inteligentes são astronômicas.

Em geral, não há passo mais arriscado que um cientista (ou qualquer pessoa) possa tomar do que fazer uma generalização abrangente a partir de apenas um exemplo. No momento, a vida sobre a Terra é a única vida conhecida no universo, mas argumentos convincentes sugerem que não estamos sozinhos. Quase todos os astrofísicos aceitam a alta probabilidade

---

* Adaptação do texto "Is Anybody (Like Us) Out There?" [Existe alguém (como nós) lá fora?], publicado originalmente na revista *Natural History*, em setembro de 1996, e de "The Search for Life in the Universe: An Overview of the Scientific and Cultural Implications of Finding Life in the Cosmos" [A busca pela vida no universo: um panorama das implicações científicas e culturais de encontrar vida no cosmos], um depoimento feito no Congresso perante o Comitê sobre Ciência, Subcomitê sobre Espaço e Aeronáutica, da Câmara dos Deputados, em 12 de julho de 2001, Washington, D.C.

de vida em outro lugar. O raciocínio é fácil: se nosso sistema solar não é incomum, o número de planetas no universo ultrapassaria, por exemplo, a soma de todos os sons e palavras pronunciados por todo ser humano que já viveu. Declarar que a Terra deve ser o único planeta no universo com vida seria uma atitude indesculpavelmente arrogante de nossa parte.

Muitas gerações de pensadores, tanto religiosos como científicos, têm sido desorientadas por pressuposições antropocêntricas e pela simples ignorância. Na ausência de dogmas e dados, é mais seguro ser guiado pela noção de que não somos especiais, algo geralmente conhecido como o princípio copernicano. Foi o astrônomo polonês Nicolau Copérnico que, em meados dos anos 1500, pôs o Sol de volta ao seu lugar no meio do sistema solar. Apesar de uma descrição do terceiro século a.C. apresentar o universo centrado no Sol (proposta pelo filósofo grego Aristarco de Samos), o universo centrado na Terra foi de longe a visão mais popular durante a maior parte dos últimos 2 mil anos. No Ocidente, foi codificada pelos ensinamentos de Aristóteles e Ptolomeu e mais tarde pelas pregações da Igreja Católica Romana. Que a Terra fosse o centro de todo o movimento era autoevidente: não só parecia assim, mas Deus criou o mundo dessa maneira.

O princípio copernicano não oferece nenhuma garantia de que nos guiará corretamente a todas as descobertas científicas ainda por acontecer. Mas tem se manifestado em nossa humilde compreensão de que a Terra não é o centro do sistema solar, o sistema solar não é o centro da galáxia da Via Láctea, e a galáxia da Via Láctea não é o centro do universo. E caso você seja uma daquelas pessoas para quem a margem pode ser um lugar especial, tampouco estamos na margem de alguma coisa.

Uma postura contemporânea sábia seria pressupor que a vida na Terra não é imune ao princípio copernicano. Como, então, a aparência ou a química da vida na Terra pode fornecer pistas para como seria a vida em outras partes do universo?

Não sei se os biólogos têm o costume de andar por aí deslumbrados com a diversidade da vida. Isso acontece comigo. Em nosso planeta, coexistem (entre outras incontáveis formas de vida) algas, besouros, esponjas, águas-vivas, serpentes, condores e sequoias gigantes. Imagine esses 7 organismos vivos alinhados um ao lado do outro por ordem de tamanho. Se você não os conhecesse, teria muita dificuldade em acreditar que todos provêm do mesmo universo, ainda mais do mesmo planeta. E, por sinal, tente descrever uma serpente para alguém que nunca viu uma cobra. "Você tem que acreditar! Existe na Terra este animal que (1) consegue encurralar e paralisar sua presa com detectores infravermelhos, (2) engolir animais inteiros muito maiores que a sua cabeça, (3) não tem braços, nem pernas, nem outros apêndices, mas (4) rasteja no chão a uma velocidade de 60 centímetros por segundo!"

Quase todo filme de Hollywood sobre o espaço inclui algum encontro entre os humanos e as formas de vida alienígenas, sejam de Marte ou de um planeta desconhecido numa galáxia distante. A astrofísica nesses filmes serve de escada para o que realmente interessa às pessoas: saber se estamos sozinhos no universo. Se a pessoa sentada ao meu lado num longo voo descobre que sou astrofísico, 9 em 10 vezes ela vai me perguntar sobre a vida no universo. Não sei de nenhuma outra disciplina que provoque um entusiasmo tão consistente no público.

Dada a diversidade da vida sobre a Terra, pode-se esperar diversidade entre os alienígenas de Hollywood. Mas fico constantemente perplexo com a falta de criatividade da indústria cinematográfica. Com algumas exceções notáveis – como as formas de vida em *A bolha assassina* (1958) e *2001: uma odisseia no espaço* (1968) –, os alienígenas de Hollywood parecem extraordinariamente humanoides. Não importa quão feios (ou fofos) sejam, quase todos têm dois olhos, um nariz, uma boca, duas orelhas, um pescoço, ombros, braços, mãos, dedos, um torso, duas pernas, dois pés – e caminham. Anatomicamente, essas criaturas são praticamente indistinguíveis dos humanos, mas vieram supostamente de outro planeta. Se existe alguma certeza é que a vida em outros lugares no universo, inteligente ou não, vai parecer ao menos tão exótica para nós quanto algumas formas de vida da própria Terra.

> Tweet Espacial #3 & #4
> Acabei de passar de carro pelas imensas letras L-A-X, 9 m de altura, perto do aeroporto – certamente visíveis da órbita.
> LA é um porto espacial alienígena?
> 23 de janeiro de 2010, às 9h06
>
> Último dia em Los Angeles. Como as grandes letras LAX no aeroporto, o letreiro HOLLYWOOD é enorme.
> Visível do espaço? Deve ser onde os alienígenas pousam
> 28 de janeiro de 2010, às 14h16

A composição química da vida sobre a Terra é principalmente derivada de alguns ingredientes seletos. Os elementos hidrogênio, oxigênio e carbono respondem por mais de 95% dos átomos no corpo humano e em toda outra vida conhecida. Dos 3, é o carbono que contém uma estrutura química que lhe permite ligar-se muito rápida e fortemente com ele mesmo e com outros elementos de maneiras diferentes – razão pela qual dizemos que a vida sobre a Terra é baseada no carbono, e motivo por que o estudo das moléculas que contêm carbono é conhecido como química "orgânica". Curiosamente, o estudo da vida em outros lugares no universo é conhecido como exobiologia, uma das poucas disciplinas que tentam funcionar, ao menos por enquanto, na total ausência de dados de primeira mão.

A vida é quimicamente especial? O princípio copernicano sugere que provavelmente não. Os alienígenas não precisam ter uma aparência semelhante à nossa para se parecerem conosco de maneiras mais fundamentais. Considere-se que os 4 elementos mais comuns no universo são o hidrogênio, o hélio, o carbono e o oxigênio. O hélio é inerte. Assim, os 3 ingredientes quimicamente ativos mais abundantes no cosmos são também os 3 principais ingredientes da vida na Terra. Por essa razão, podemos apostar que se for encontrada em outro planeta, a vida será composta de uma mistura semelhante de elementos. Inversamente, se a vida na Terra fosse composta principalmente de manganês e molibdênio, teríamos excelentes razões para suspeitar que somos algo especial no universo.

Ao apelarmos mais uma vez para o princípio copernicano, podemos supor que um organismo alienígena não seja ridiculamente grande em comparação com a vida como a conhecemos. Há razões estruturais convincentes para não se encontrar uma forma de vida do tamanho do Empire State Building pavoneando-se ao redor do planeta. Mesmo ignorando as limitações de engenharia da matéria biológica, percebemos outro limite mais fundamental. Se pressupomos que um alienígena tenha controle sobre seus apêndices, ou se pressupomos que o organismo funcione coerentemente como um sistema, podemos imaginar que seu tamanho seria em última análise restringido por sua capacidade de enviar sinais dentro de si mesmo à velocidade da luz – a velocidade máxima permitida no universo. Para apresentar um exemplo reconhecidamente extremo, se um organismo fosse tão grande quanto a órbita de Netuno (cerca de 10 horas-luz de extensão), e se ele quisesse coçar a cabeça, esse simples ato não levaria menos que 10 horas para ser realizado. Um comportamento preguiçoso como esse seria evolutivamente autolimitante, porque o tempo desde o início do universo talvez fosse insuficiente para que a criatura tivesse evoluído a partir de formas menores.

E que dizer da inteligência? Quando os alienígenas de Hollywood chegam a visitar a Terra, seria de esperar que fossem extraordinariamente espertos. Mas conheço alguns que deveriam se envergonhar de sua estupidez. Fazendo correr o dial de FM durante uma viagem de carro de Boston a Nova York há alguns anos, encontrei por acaso um drama radiofônico em andamento que, pelo que consegui determinar, era sobre alienígenas malvados que estavam aterrorizando os terráqueos. Aparentemente, eles precisavam de átomos de hidrogênio para sobreviver, por isso viviam atacando a Terra para sugar seus oceanos e extrair o hidrogênio de todas as moléculas H_2O. Ora, eram uns alienígenas muito burros. Não deviam ter examinado outros planetas em sua trajetória até a Terra, porque Júpiter, por exemplo, contém mais de 200 vezes toda a massa da Terra em hidrogênio puro. Imagino que ninguém lhes disse que mais de 90% de todos os átomos no universo são hidrogênio.

E que dizer dos alienígenas que conseguem atravessar milhares de anos-luz pelo espaço interestelar, mas estragam sua chegada espatifando-se ao aterrissar na Terra?

Depois há os alienígenas no filme de 1977 *Contatos imediatos de terceiro grau*, que, antes de sua chegada, irradiam para a Terra uma misteriosa sequência de números que acabam sendo decodificados pelos terráqueos como a latitude e a longitude de seu futuro local de pouso. Mas a longitude da Terra tem um ponto de partida completamente arbitrário – o meridiano principal –, que passa por Greenwich, Inglaterra, por acordo internacional. E tanto a longitude como a latitude são medidas em unidades inaturais a que damos o nome de graus, 360 dos quais estão num círculo. Parece-me que, possuindo esse tanto de conhecimento da cultura humana, os alienígenas bem que poderiam ter aprendido inglês e irradiado a mensagem: "Vamos pousar perto do Monumento Nacional Torre do Diabo em Wyoming. E como estamos chegando num disco voador, não precisaremos de luzes na pista".

> Tweet Espacial #5
> Por que os alienígenas sempre desembarcam por uma rampa? Eles têm problemas com escadas? Ou os discos voadores facilitam o acesso aos deficientes?
> 21 de agosto de 2010, às 12h

O prêmio para o alienígena cinematográfico mais burro de todos os tempos deve ir para a entidade que se chamava V'ger, de *Star Trek: o filme*, lançado em 1983. Uma antiga sonda espacial mecânica, V'ger, tinha sido resgatada por uma civilização de alienígenas mecânicos e reconfigurada para que pudesse cumprir sua missão de descoberta através de todo o cosmos. A coisa cresceu e cresceu, adquirindo todo o conhecimento do universo, e acabou atingindo a consciência. No filme, a tripulação da nave espacial *Enterprise* encontra por acaso esse monte então imenso de informações e artefatos cósmicos numa época em que o V'ger estava procurando seu criador. Auxiliado pela pista das letras "oya" muito maculadas na sonda original, o capitão Kirk compreende que V'ger é na verdade *Voyager 6*, lançada pelos terráqueos no final do século XX. O que me incomoda é como V'ger adquiriu um conhecimento total do cosmos mas continuou sem saber que seu verdadeiro nome era Voyager.

E não me deixe começar a falar do grande sucesso de 1996 *Independence Day*. Não acho nada particularmente ofensivo em alienígenas do mal. A indústria cinematográfica de ficção científica não existiria sem eles. Os alienígenas em *Independence Day* são claramente malignos. Parecem um cruzamento genético entre uma caravela, um tubarão-martelo e um ser humano. Mas embora sejam concebidos com mais criatividade que a maioria dos alienígenas de Hollywood, por que seus discos voadores são equipados com cadeiras de espaldar alto e descanso para os braços?

Fiquei feliz com a vitória dos humanos no final do filme. Conquistamos os alienígenas de *Independence Day* fazendo com que um laptop Macintosh carregasse um vírus de software no computador da nave espacial alienígena (que possui um quinto da massa da Lua), desarmando desse modo seu campo de força protetor. Não sei se isso acontece com você, mas em 1996 eu tinha dificuldade em mandar arquivos para outros computadores dentro de meu próprio departamento, especialmente quando os sistemas operacionais eram diferentes. Há apenas uma solução: todo o sistema de defesa da nave espacial alienígena devia ser acionado por uma versão de software do sistema da Apple Computer igual à do laptop que enviou o vírus.

Vamos supor, para fins de argumentação, que os humanos sejam a única espécie na Terra que evoluiu para ter inteligência de alto nível. (Não tenho a intenção de desrespeitar outros mamíferos de cérebro grande. Embora a maioria deles não saiba astrofísica, as minhas conclusões não são substancialmente alteradas, se você quiser incluí-los.) Se a vida na Terra oferece alguma medida da vida em outros lugares no universo, a inteligência deve ser rara. Por algumas estimativas, há mais de 10 bilhões de espécies na história da vida na Terra. Entre todas as formas de vida extraterrestres, não poderíamos esperar que mais que 1 em 10 bilhões seja tão inteligente quanto somos – sem falar nas chances de a vida inteligente não ter uma tecnologia avançada e o desejo de se comunicar através das vastas distâncias do espaço interestelar.

> Tweet Espacial #6
> Os vermes não sabem que os humanos que passam por eles são inteligentes, por isso não há razões para pensar que os humanos saberiam se uma super-raça alienígena fizesse o mesmo
> 3 de junho de 2010, às 21h18

Caso exista uma civilização dessas, as ondas de rádio seriam a faixa de comunicação escolhida por causa de sua capacidade de atravessar a galáxia sem serem impedidas por nuvens de poeira e gás interestelares. Mas nós humanos dominamos o espectro eletromagnético por menos de um século. Para dizer isso de modo mais deprimente: se os alienígenas tivessem tentado enviar sinais de rádio aos terráqueos durante a maior parte da história humana, teríamos sido incapazes de recebê-los. Ao que se saiba, os alienígenas podem ter tentado entrar em contato séculos atrás e concluído que não há vida inteligente na Terra. Estariam agora procurando em outro lugar. Uma possibilidade mais humilhante é que tomaram conhecimento da espécie tecnologicamente proficiente que agora habita a Terra e tiraram a mesma conclusão.

Nossa perspectiva copernicana em relação à vida na Terra, inteligente ou não, requer a pressuposição de que a água líquida seja um pré-requisito para a vida em outros lugares. Para sustentar a vida, um planeta não pode orbitar sua estrela anfitriã demasiadamente perto, senão a temperatura seria alta demais e a água contida nele evaporaria. Além disso, a órbita não deveria ser demasiadamente longe, senão a temperatura seria baixa demais e a água contida no planeta congelaria. Em outras palavras, as condições no planeta devem permitir que a temperatura permaneça dentro da faixa de 100 °C, que comporta água líquida. Como na cena das 3 tigelas de mingau em *Cachinhos dourados e os três ursos*, a temperatura tem de ser exatamente adequada. (Certa vez, quando falei sobre esse assunto num programa de entrevistas radiofônico transmitido em várias estações, o âncora comentou: "Sem dúvida, o que você deveria procurar é um planeta feito de mingau!".)

Embora a distância da estrela anfitriã seja um fator importante para a existência de vida como a conhecemos, a capacidade de um planeta captar a radiação estelar também importa. Vênus é um exemplo didático desse fenômeno "estufa". Qualquer luz solar visível que consiga passar através de sua espessa atmosfera de dióxido de carbono é absorvida pela superfície de Vênus e depois irradiada novamente na parte infravermelha do espectro. O infravermelho é apanhado pela atmosfera. A consequência desagradável é que a temperatura do ar paira por volta de 482 °C, muito mais quente do que esperaríamos, dada a distância entre Vênus e o Sol. A essa temperatura, o chumbo rapidamente se funde.

A descoberta de formas de vida simples, não inteligentes em outros lugares no universo (ou evidência de que existiram no passado), seria muito mais provável – e para mim só um pouquinho menos emocionante – que a descoberta de vida inteligente. Dois excelentes lugares próximos a ser examinados são o solo abaixo dos leitos secos de rios em Marte (onde talvez haja evidência fóssil da vida que prosperou, quando as águas antigamente fluíam) e os oceanos abaixo da superfície, que teoricamente existem sob as camadas de gelo congelado, na lua Europa, um dos quatro satélites naturais de Júpiter, cujo interior é mantido aquecido pelas pressões gravitacionais do sistema joviano. Mais uma vez, a promessa de água líquida guia nossa pesquisa.

Outros pré-requisitos comuns para a evolução da vida no universo envolvem um planeta numa órbita estável, quase circular ao redor de uma única estrela. Com sistemas estelares binários e múltiplos, que formam mais da metade de todas as estrelas na galáxia, as órbitas tendem a ser fortemente elongadas e caóticas, o que induz oscilações de temperatura extremas que solapariam a evolução de formas de vida estáveis. É também exigido tempo suficiente para que a evolução siga seu curso. As estrelas de alta massa têm uma vida tão curta (alguns milhões de anos) que a vida em planetas semelhantes à Terra orbitando ao redor delas nunca teria chance de evoluir.

O conjunto de condições necessárias para sustentar a vida como a conhecemos é aproximadamente quantificada pelo que é conhecido como a equação de Drake, nomeada em referência ao astrônomo americano Frank Drake. Mais acuradamente, a equação de Drake é vista antes como uma ideia fértil do que como uma afirmação rigorosa de como o universo físico funciona. Ela separa a probabilidade global de encontrar vida na galáxia num conjunto de probabilidades mais simples que correspondem a nossas noções preconcebidas de condições cósmicas adequadas. No final, depois de discutir com os colegas sobre o valor de cada termo de probabilidade na equação, ficamos com uma estimativa para o número total de civilizações inteligentes e tecnologicamente proficientes na galáxia. Dependendo do nível de viés – e do conhecimento de biologia, química, mecânica celeste e astrofísica –, a estimativa pode ir de ao menos 1 (a nossa) até milhões de civilizações somente na Via Láctea.

Se considerarmos a possibilidade de que podemos ser classificados como primitivos entre as formas de vida tecnologicamente competentes do universo – por mais raras que possam ser –, o melhor que temos a fazer é nos manter alertas a sinais enviados por outros, porque é muito mais caro enviar que receber sinais. Presumivelmente, uma civilização avançada teria fácil acesso a uma fonte abundante de energia, como a sua estrela anfitriã. Essas são as civilizações com mais probabilidade de enviar sinais.

A busca de inteligência extraterrestre (afetuosamente conhecida por seu acrônimo, SETI) tem assumido muitas formas. Os esforços há muito estabelecidos têm se fiado no monitoramento de bilhões de canais de rádio em busca de um sinal de rádio ou micro-onda que se eleve acima do ruído cósmico. O protetor de tela de SETI@home – baixado por milhões de pessoas ao redor do mundo – capacitou um computador pessoal a analisar pequenas porções das imensas quantidades de dados coletadas pelo radiotelescópio no Observatório de Arecibo, em Porto Rico. Esse gigantesco projeto de "computação distribuída" (o maior do mundo) aproveitou ativamente a capacidade de processamento de PCs conectados pela internet que do contrário se manteriam ociosos, enquanto seus donos fossem ao banheiro. Mais recentemente, melhoramentos na tecnologia laser têm tornado legítimo pesquisar a parte ótica do espectro eletromagnético em busca de pulsações de luz laser com alguns nanossegundos de duração. Durante esses nanossegundos, um raio intenso e direcionado de luz visível pode suplantar a luz de estrelas próximas, permitindo que seja detectado desde muito longe. Outra nova abordagem, inspirada pela versão ótica de SETI, é manter uma vigilância através da galáxia, não em busca de sinais sustentados, mas à procura de breves rajadas de micro-ondas, que, por outro lado, seriam relativamente econômicas de produzir.

A descoberta de inteligência extraterrestre, se e quando acontecer, vai provocar uma mudança na autopercepção humana que talvez seja impossível de antecipar. Minha única esperança é que todas as outras civilizações não estejam fazendo exatamente o que estamos fazendo – porque então todo mundo estaria escutando, ninguém estaria enviando sinais, e concluiríamos coletivamente que não existe nenhuma outra vida inteligente no universo.

Ainda que não encontremos vida de imediato, vamos continuar a procurar, porque somos nômades intelectuais – seres curiosos que colhem quase tanta satisfação na procura quanto na descoberta.

CAPÍTULO QUATRO

Alienígenas malignos*

Sanjay Gupta – Você acredita em Óvnis? Em caso positivo, você está em companhia de pessoas bem impressionantes. O astrofísico britânico Stephen Hawking, indiscutivelmente uma das pessoas mais inteligentes do planeta, pensa que há uma boa chance de haver vida alienígena – e não exatamente do tipo amistoso como o E.T. Hawking imagina uma possibilidade muito mais sombria, mais na linha do filme *Guerra dos mundos*. Num documentário para o Discovery Channel, Hawking diz que os alienígenas devem ser grandes, malvados e muito ocupados em conquistar planeta após planeta. Diz que poderiam viver em naves enormes, e ele os chama de nômades que viajam pelo universo conquistando outros povos e coletando energia por meio de espelhos. Espelhos, naves enormes, alienígenas gigantes e malvados, é tudo possível? Vamos conversar com Neil deGrasse Tyson, diretor do Planetário Hayden em Nova York e, como Hawking, um astrofísico.

Sempre fui fascinado por esse tema desde criança, dado o fato de que há centenas de bilhões de galáxias, com centenas de milhões de estrelas em cada galáxia.

Neil deGrasse Tyson – Centenas de *bilhões* em cada galáxia.

SG – Centenas de bilhões de estrelas –, até mais. E isso provavelmente significa que há vida lá fora em algum lugar.

---

* Adaptação de uma entrevista feita por Sanjay Gupta que foi ao ar no programa *Anderson Cooper 360°*, da CNN, em 26 de abril de 2010.

NDT – Certamente.

SG – Mas essa ideia de que os alienígenas sejam maus – Hawking pinta um quadro que é muito menos *E.T.* e muito mais *Independence Day* – é especulação?

NDT – Sim, mas não é especulação cega. Diz mais sobre o que tememos em relação a nós mesmos do que sobre quaisquer expectativas reais de como seria um alienígena. Acho que nosso maior temor é que os alienígenas que nos visitarem nos tratem como nos tratamos uns aos outros aqui na Terra. Assim, as histórias do medo apocalíptico de Hawking são um espelho erguido à nossa frente.

SG – Essa é uma perspectiva muito diferente da que Carl Sagan colocou no espaço. Ele estava literalmente revelando a localização da Terra.

NDT – Exatamente. Sagan forneceu o endereço do remetente numa placa da nave espacial *Voyager*. Ele queria dizer: "Aqui é onde estamos!".

SG – Então por que os alienígenas fariam o que Hawking propõe que eles farão? Uma espécie de vingança?

NDT – Como disse, ninguém sabe como os alienígenas se comportarão. Eles terão uma química diferente, motivos diferentes, intenções diferentes. Como podemos generalizar sobre eles com base em nós mesmos? Qualquer suspeita de que sejam maus é mais um reflexo de nosso medo sobre como trataríamos uma espécie alienígena, se a encontrássemos, do que qualquer conhecimento real sobre como uma espécie alienígena *nos* trataria.

> Tweet Espacial #7
> Como blindar espirros no espaço, você pergunta. O capacete bloqueia todas as 40 mil gotinhas de muco cuspidas.
> Assim, os alienígenas estão a salvo
> 15 de janeiro de 2011, às 14h57

SG – Estamos à escuta de sinais alienígenas. Minha compreensão é que já estamos à escuta por muito tempo – em busca de qualquer sinal – e ainda não escutamos nem um pio vindo do espaço. Você acha que eles estão nos escutando neste momento?

NDT – Possivelmente. O grande temor, assim me parece, é anunciarmos nossa presença, e depois os alienígenas chegarem, nos escravizarem e nos colocarem num zoo. Algumas histórias divertidas de ficção científica têm captado exatamente esses temas.

SG – Nunca nos imaginei vivendo num zoo alienígena.

NDT – Esse é o fator medo. Mas o que *nós* estamos fazendo? Estamos principalmente escutando. Temos radiotelescópios gigantes apontando em direções diferentes, com circuitos bastante sofisticados que escutam simultaneamente bilhões de frequências de rádio, para ver se alguém está sussurrando em qualquer uma delas num lugar qualquer no universo. Isso é diferente de enviar sinais. Não estamos enviando sinais intencionalmente; nós os enviamos por acidente. A beirada expansiva de nossa bolha de rádio está no momento a uma distância de 70 anos-luz, e nessa fronteira você encontrará programas de televisão como *I love Lucy* e *The honeymooners* – os primeiros emissários da cultura humana que os alienígenas decodificariam. Não há muita razão para que os alienígenas tenham medo de nós, mas um monte de razões para que questionem nossa inteligência. E, na contramão dos rumores, ainda não escutamos nada dos alienígenas, nem mesmo acidentalmente. Assim confrontamos um vácuo, pronto a ser preenchido com muitos temores que mantemos em segredo.

CAPÍTULO CINCO

Asteroides assassinos*

As chances de ler numa lápide "MORTO POR UM ASTEROIDE" são aproximadamente as mesmas de ler "MORTO NUM ACIDENTE DE AVIÃO". Somente umas duas dúzias de pessoas foram atingidas pela queda de um asteroide nos últimos 400 anos, enquanto milhares morreram em acidentes aéreos durante a história relativamente breve das viagens aéreas comerciais. Então, como pode ser verdade essa estatística comparativa? Simples.

O registro de impactos mostra que ao final de 10 milhões de anos, quando a soma de todos os acidentes de avião tiver matado 1 bilhão de pessoas (pressupondo-se uma taxa de 100 mortes em acidentes aéreos por ano), um asteroide grande o suficiente para matar o mesmo número de pessoas terá atingido a Terra. A diferença consiste no seguinte: enquanto os aeroplanos matam continuamente poucas pessoas de cada vez, o asteroide poderia não matar ninguém por milhões de anos. Mas quando vier a atingir a Terra, ele matará 1 bilhão de pessoas: algumas instantaneamente e o restante pelas consequências da alteração climática global.

A taxa de impacto combinada para asteroides e cometas no sistema solar primitivo era assustadoramente elevada. As teorias da formação dos planetas mostram que um gás quimicamente rico esfriou e condensou para formar moléculas, depois partículas de poeira, depois rochas e gelo. Desse ponto em diante, tornou-se uma barraca de tiro ao alvo. As colisões

---

* Adaptação do texto "Coming Attractions" [Futuras atrações], publicado originalmente na revista *Natural History*, em setembro de 1997.

serviam como meio para que as forças químicas e gravitacionais unissem objetos menores, transformando-os em objetos maiores. Aqueles objetos que, por acaso, tivessem acrescido um pouco mais de massa do que a média tinham uma gravidade um pouco mais elevada, atraindo ainda mais outros objetos. Enquanto o acréscimo continuava, a gravidade passava a modelar bolhas formando esferas, e os planetas nasciam. Os planetas mais massivos tinham gravidade suficiente para reter o envelope gasoso que chamamos de atmosfera.

Todo planeta continua a acrescer, a cada dia, embora numa taxa significativamente menor que no primeiro período de sua formação. Mesmo hoje em dia, a poeira interplanetária cai em chuva sobre a Terra em enormes quantidades – tipicamente 100 toneladas por dia –, embora apenas uma pequena fração chegue à superfície da Terra. O restante se volatiliza inofensivamente na atmosfera da Terra como estrelas cadentes. Mais arriscados são os bilhões, provavelmente trilhões, de restos de rochas – cometas e asteroides – que têm orbitado o Sol desde os primeiros anos de nosso sistema solar, mas sem ainda conseguir agrupar-se para formar um objeto maior.

Os cometas de longo período – vagabundos gelados vindos dos confins extremos do sistema solar (uma distância que chega a mil vezes o raio da órbita de Netuno) – são suscetíveis a cotoveladas gravitacionais de estrelas de passagem e nuvens interestelares, que podem direcioná-los numa longa viagem ao interior do Sol, e, portanto, rumo à nossa vizinhança. Sabe-se que várias dúzias de cometas de período curto, vindos dos limites mais próximos do sistema solar, cruzam a órbita da Terra.

Quanto aos asteroides, a maioria é feita de rocha. O restante é composto de metal, em especial o ferro. Alguns são pilhas de entulho – conjuntos gravitacionalmente ligados de nacos e pedaços. A maioria dos asteroides vive entre as órbitas de Marte e Júpiter e nunca chegarão perto da Terra.

Mas alguns chegam. Alguns chegarão. São conhecidos cerca de 10 mil asteroides próximos à Terra, e há muitos mais a ser descobertos. Os mais ameaçadores chegam a mais de mil, e esse número aumenta à medida que os observadores do espaço fazem levantamentos contínuos do céu à sua procura. Esses são "os asteroides potencialmente perigosos", todos com mais de 150 metros de extensão e órbitas que os trazem para áreas dentro de, aproximadamente, 20 vezes a distância entre a Terra e a Lua. Ninguém está dizendo que eles vão nos atingir amanhã. Mas vale a pena observar todos, porque uma pequena cotovelada cósmica aqui ou ali poderia enviá-los para um pouco mais perto de nós.

Nesse jogo de gravidade, os objetos impactantes mais assustadores são de longe os cometas de longo período – aqueles cujas órbitas ao redor do Sol levam mais de duzentos anos. Por representar aproximadamente um quarto do risco total de impactos na Terra, esses cometas caem desde distâncias gigantescas em direção ao sistema solar interior e atingem velocidades de mais de 161 mil quilômetros por hora quando chegam à Terra. Os cometas de longo período geram uma energia de impacto mais assombrosa para o seu tamanho que o asteroide comum. Eles são demasiadamente distantes, e obscuros, durante a maior parte de sua órbita para ser confiavelmente rastreados. Quando descobrimos que um cometa de longo período está vindo em nossa direção, é possível que tenhamos apenas alguns anos – ou alguns meses – para financiar, projetar, construir e lançar uma nave que o intercepte. Em 1996, por exemplo, o cometa Hyakutake foi descoberto apenas quatro meses antes de sua maior aproximação ao Sol, porque sua órbita foi inclinada fortemente para fora do plano de nosso sistema solar, bem numa área para onde ninguém estava olhando. Em sua rota, ele chegou a uma distância de 16 milhões de quilômetros da Terra: por um triz não acertou em cheio.

O vocábulo "acreção" é mais insípido que "impacto destruidor de ecossistemas, matador de espécies", mas do ponto de vista da história do sistema solar os termos são iguais. Os impactos nos tornaram o que somos hoje. Assim, não podemos ser ao mesmo tempo felizes por vivermos num planeta, felizes pelo fato de a Terra ser quimicamente rica, felizes porque os dinossauros não a dominaram, mas lamentar o risco de uma catástrofe que atinja todo o planeta.

Numa colisão com a Terra, parte da energia do objeto impactante fica depositada em nossa atmosfera por meio do atrito e de uma explosão de ondas de choque no ar. Os estrondos sônicos são também ondas de choque, mas são tipicamente produzidos por aeroplanos com velocidades entre 1 e 3 vezes a velocidade do som. O pior estrago que poderiam fazer seria sacudir os pratos no aparador cheio de louça. Mas a velocidades de mais de mais de 72 mil quilômetros por hora – quase 70 vezes a velocidade do som –, as ondas de choque da colisão média entre um asteroide e a Terra podem ser devastadoras.

Se o asteroide ou cometa for bastante grande para sobreviver às suas próprias ondas de choque, o resto de sua energia é depositado sobre a Terra. O impacto abre uma cratera com 20 vezes o diâmetro do objeto original e derrete o chão embaixo. Se muitos objetos impactantes nos atingirem um após o outro, com pouco tempo entre cada golpe, a superfície da Terra não terá tempo suficiente para esfriar entre os impactos. Concluímos do registro de crateras primitivas na superfície de nossa vizinha mais próxima, a Lua, que o nosso planeta passou por uma era de bombardeio pesado entre 4,6 bilhões e 4 bilhões de anos atrás.

A evidência fóssil mais antiga de vida na Terra data de aproximadamente 3,8 bilhões atrás. Antes disso, a superfície terrestre estava sendo implacavelmente esterilizada. A formação de moléculas complexas e, dessa forma, a vida, estavam inibidas, embora todos os ingredientes básicos estivessem sendo produzidos. Isso significaria que a vida levou 800 milhões de anos para aparecer aqui (4,6 bilhões – 3,8 bilhões = 800 milhões). Mas para sermos justos com a química orgânica, temos de subtrair primeiro todo o tempo em que a superfície da Terra era proibitivamente quente. Isso deixa meros 200 milhões de anos para o surgimento da vida a partir de uma sopa química rica – que, como todas as boas sopas, incluía água líquida.

Os cometas trouxeram grande parte da água para o nosso planeta há mais de quatro bilhões de anos. Mas nem todos os destroços do espaço são restos do início do sistema solar. A Terra foi atingida ao menos uma dúzia de vezes por rochas ejetadas de Marte, e temos sido atingidos inúmeras mais vezes por rochas ejetadas da Lua.

As ejeções ocorrem quando os objetos impactantes portam tanta energia que, no momento do impacto, rochas menores são lançadas para cima com velocidade suficiente para escapar da garra gravitacional do planeta. Mais tarde, essas rochas realizam seu próprio movimento balístico em órbita ao redor do Sol, até baterem em alguma coisa. A mais famosa das rochas de Marte é o primeiro meteorito encontrado perto da seção Allan Hills, na Antártida, em 1984 – oficialmente conhecida por sua abreviatura codificada (mas sensata), ALH-84001. Esse meteorito contém evidências tantalizantes, embora circunstanciais, de que uma vida simples prosperou sobre o planeta vermelho há 1 bilhão de anos.

Marte tem evidências "geo"lógicas abundantes – leitos de rio secos, deltas de rio, planícies aluviais, crateras erodidas, sulcos em declives íngremes – de água corrente. Hoje, ainda existe água no planeta em forma congelada (calotas polares glaciais e uma grande quantidade de gelo na subsuperfície) bem como minerais (sílica, argila, "mirtilos" de hematita) que se formam na água estagnada. Como a água líquida é crucial para a sobrevivência da vida como a conhecemos, a possibilidade de vida em Marte não é exagero de credulidade científica. A parte divertida surge com a especulação de que as formas de vida apareceram primeiro em Marte e foram expelidas da superfície do planeta em meio a explosões, tornando-se assim os primeiros astronautas microbianos do sistema solar, que chegaram à Terra para dar um impulso vigoroso à evolução. Existe até uma palavra para esse processo: panspermia. Talvez sejamos todos marcianos.

É muito mais provável que a matéria viaje de Marte para a Terra que vice-versa. Escapar da gravidade terrestre requer mais de 2 vezes e meia a energia requisitada para deixar Marte. E como a nossa atmosfera é cerca de 100 vezes mais densa, a resistência do ar por aqui (em relação a Marte) é formidável. As bactérias que viajassem num asteroide teriam de ser realmente resistentes para sobreviver a vários milhões de anos de percursos errantes antes de mergulhar rumo à Terra. Felizmente, não há escassez de água líquida, nem de química rica em nosso planeta, por isso, embora ainda não possamos explicar definitivamente a origem da vida, não precisamos de teorias de panspermia para esse fim.

Claro, é fácil pensar que os impactos são ruins para a vida. Podemos culpá-los, e realmente os culpamos, por importantes episódios de extinção no registro fóssil. O registro não mostra o fim de formas de vida extintas que prosperaram por muito mais tempo que o atual período do *Homo sapiens* na Terra. Os dinossauros estão entre elas. Mas quais são os riscos atuais para a vida e a sociedade?

Objetos impactantes do tamanho de uma casa colidem com a Terra, em média, a intervalos de algumas décadas. Eles tipicamente explodem na atmosfera, não deixando nenhum vestígio de cratera. Mas até os pequenos impactos poderiam se tornar bombas-relógios políticas. Se uma dessas explosões atmosféricas ocorresse sobre a Índia e o Paquistão durante um dos muitos episódios de tensão exacerbada entre as duas nações, o risco de alguém interpretar erroneamente o evento como um primeiro ataque nuclear, e reagir da mesma forma, é elevado. Na outra ponta da escala do objeto impactante, uma vez em cerca de cem milhões de anos recebemos a visita de um objeto impactante capaz de aniquilar todas as formas de vida maiores que uma mala de mão. Em casos assim, não seria preciso haver uma resposta política.

> **Tweet Espacial #8**
> Para algumas pessoas, o espaço é irrelevante, mas quando vier o asteroide, aposto que elas vão pensar diferente
> 13 de abril de 2011, às 20h40

O que segue é uma tabela relacionada com as taxas médias de colisão em nosso planeta para o tamanho do objeto impactante e a energia equivalente em milhões de toneladas de TNT. Está baseada numa análise detalhada da história das crateras de impacto na Terra, no registro de crateras sem erosão na superfície da Lua, e nos números conhecidos de asteroides e cometas cujas órbitas cruzam a nossa. Esses dados são adaptados de um estudo realizado a mando do Congresso com o título de *The Spaceguard Survey: Report of the Nasa International Near-Object Detection Workshop* [Levantamento para a salvaguarda do espaço: relatório da oficina de detecção internacional de objeto próximo da Nasa]. Para fins de comparação, a tabela inclui a energia de impacto em unidades da bomba atômica atirada pela Força Aérea Americana sobre Hiroshima em 1945.

RISCO DE IMPACTOS NA TERRA

Uma vez por	Diâmetro do asteroide (metros)	Energia do impacto (megatons de TNT)	Energia do impacto (equivalente a bomba atômica)
Mês	3	0,001	0,05
Ano	6	0,01	0,5
Década	15	0,2	10
Século	30	2	100
Milênio	100	50	2.500
10.000 anos	200	1.000	50.000
1.000.000 anos	2.000	1.000.000	50.0000.000
100.000.000 anos	10.000	100.000.000	5.000.000.000

A energia de alguns impactos famosos pode ser localizada na tabela. Por exemplo, uma explosão em 1908 perto do rio Tunguska, na Sibéria, derrubou milhares de quilômetros quadrados de árvores e incinerou os 300 quilômetros quadrados que rodeavam o ponto central do impacto. Acredita-se que o culpado foi um meteorito de pedra com 60 metros (aproximadamente o tamanho de um edifício de 20 andares) que explodiu no ar, assim não abrindo nenhuma cratera. A tabela indica que colisões dessa magnitude acontecem, em média, a cada dois séculos. Um tipo muito mais raro de evento gerou a cratera de Chicxulub de quase 200 quilômetros de largura na península do Yucatán, no México, que se acredita ter sido criada por um asteroide que tinha talvez 10 quilômetros de largura, com uma energia de impacto 5 bilhões de vezes maior que as bombas atômicas que explodiram na Segunda Guerra Mundial. Essa é uma daquelas colisões que ocorrem uma vez em cem milhões de anos. A cratera data de aproximadamente 65 milhões de anos atrás, e não houve nenhum outro impacto de magnitude similar desde então. Coincidentemente, mais ou menos na mesma época, o *Tyrannosaurus rex* e seus amigos foram extintos, permitindo que os mamíferos evoluíssem para algo mais ambicioso que os musaranhos das árvores.

É útil considerar como os golpes de cometas e asteroides impactam o ecossistema da Terra. É o que vários cientistas planetários fazem num calhamaço intitulado *Hazards Due to Comets and Asteroids* [Riscos devidos a cometas e asteroides] a respeito desses depósitos indesejados de energia. Eis um pouco do que eles esboçaram:

- A maioria dos objetos impactantes com menos de, aproximadamente, 10 megatons de energia vai explodir na atmosfera, não deixando vestígio de cratera. Os poucos que sobrevivem inteiros são baseados provavelmente em ferro.
- Uma explosão de 10 a 100 megatons de um asteroide de ferro criará uma cratera, ao passo que seu equivalente de pedra vai se desintegrar, produzindo principalmente explosões no ar. No solo, o objeto impactante de ferro vai destruir uma área equivalente a Washington, D.C.
- Um impacto terrestre de 1 mil a 10 mil megatons vai abrir uma cratera e destruir uma área do tamanho de Delaware. Um impacto oceânico dessa magnitude vai produzir ondas de maré significativas.
- Uma explosão de 100 mil a 1 milhão megatons resultará na destruição global do ozônio. Um impacto oceânico vai gerar ondas de maré num hemisfério inteiro, enquanto um impacto terrestre vai erguer na atmosfera uma quantidade suficiente de poeira para alterar o clima da Terra e congelar as safras. Um impacto terrestre vai destruir uma área do tamanho da França.

- Uma explosão de 10 milhões a 100 milhões megatons resultará em mudança climática prolongada e conflagração mundial. Um impacto terrestre vai destruir uma área equivalente aos Estados Unidos continental.
- Uma explosão de 100 milhões a 1 bilhão megatons, na terra ou no mar, provocará uma extinção em massa na escala do impacto de Chicxulub, quando três quartos das espécies da Terra foram aniquiladas.

A Terra não é, claro, o único planeta rochoso que corre o risco de impacto. Mercúrio tem uma face cheia de crateras que, a um observador casual, se parece exatamente com a da Lua. A topografia de Vênus escondida por nuvens, quando revelada por meio de rádio, não mostra escassez de crateras. E Marte, com sua geologia historicamente ativa, revela grandes crateras recentemente formadas.

Com mais de 300 vezes a massa da Terra, e mais de 10 vezes o seu diâmetro, a capacidade de Júpiter de atrair objetos impactantes não tem rival entre os planetas de nosso sistema solar. Em 1994, durante a semana de comemorações pelo 25º aniversário do pouso da *Apollo 11* na Lua, o cometa Shoemaker-Levy 9, depois de ter se quebrado em algumas dúzias de pedaços durante um prévio encontro com Júpiter, bateu – um pedaço após o outro, a uma velocidade de mais de 200 mil quilômetros por hora – na atmosfera joviana. Aqui na Terra os telescópios de quintal detectaram facilmente as cicatrizes gasosas. Como Júpiter gira rapidamente (uma vez a cada dez horas), cada pedaço do cometa mergulhou numa localização diferente, à medida que a atmosfera se deslocava.

Caso você esteja se perguntando, cada pedaço do Shoemaker-Levy 9 bateu com a energia equivalente à do impacto Chicxulub. Assim, não importa o que mais seja verdade a respeito de Júpiter, uma coisa é certa: o planeta já não tem nenhum dinossauro.

Você ficará contente de saber que em anos recentes um número cada vez maior de cientistas planetários ao redor do mundo tem trabalhado à procura de vagabundos do espaço que poderiam estar vindo em nossa direção. É incompleta a lista de objetos impactantes que são assassinos em potencial, e nossa capacidade de predizer o comportamento de objetos em milhões de órbitas no futuro fica gravemente comprometida pela investida do caos. Mas podemos focar no que acontecerá nas próximas décadas ou séculos.

Entre a população dos asteroides que cruza a órbita da Terra, temos uma chance de catalogar tudo o que tiver mais de 1 quilômetro de largura – o tamanho que começa a produzir a catástrofe global. Um sistema de defesa e aviso precoce para proteger a espécie humana contra esses objetos impactantes é uma meta atingível. Infelizmente, os objetos muito menores que 1 quilômetro, que são numerosos, refletem muito menos luz e são muito mais difíceis de detectar e rastrear. Por ser indistintos, eles podem nos atingir sem aviso prévio – ou com um aviso de tão pouca antecedência que não podemos fazer algo a respeito. Em janeiro de 2002, por exemplo, um asteroide do tamanho de um estádio passou por nós a uma distância que era o dobro da que existe entre a Terra e a Lua – e foi descoberto apenas doze dias antes de sua aproximação máxima. Com mais algumas décadas de coleta de dados e aperfeiçoamentos de detecção, talvez seja possível catalogar quase todos os asteroides até os que têm aproximadamente 140 metros de extensão. Embora o pequeno objeto carregue bastante energia para incinerar nações inteiras, ele não colocará a espécie humana em risco de extinção.

Devemos nos preocupar com qualquer um desses objetos impactantes? Ao menos com um deles. Numa sexta-feira, 13 de abril de 2029, um asteroide grande o suficiente para encher o Rose Bowl, o estádio em Pasadena, Los Angeles, como se ele fosse um copinho de ovo, vai voar tão perto da Terra que mergulhará abaixo da altitude de nossos satélites de comunicações. Não chamamos esse asteroide de Bambi. Ao contrário, nós o chamamos de Apófis, em referência ao deus egípcio da escuridão e morte. Se a trajetória de Apófis em sua aproximação máxima passar dentro de uma faixa estreita de altitudes chamada "fechadura", a influência da gravidade da Terra sobre sua órbita garantirá que sete anos mais tarde, em 2036, em sua próxima viagem orbital, o asteroide atinja a Terra em cheio, batendo com grande probabilidade no oceano Pacífico entre a Califórnia e o Havaí. O tsunami de 5 andares que criar vai acabar com toda a Costa Oeste da América do Norte, ensopar as cidades havaianas, e devastar todas as massas de terra do círculo do Pacífico. Se Apófis não acertar a fechadura em 2029, não teremos nada com que nos preocupar em 2036.

Depois de marcar nossos calendários para 2029, podemos passar o tempo bebericando coquetéis na praia e planejando como nos esconder do impacto, ou podemos ser proativos.

O grito de guerra daqueles ansiosos por travar uma guerra nuclear é "Arranquem-no do céu com uma explosão!". O pacote mais eficiente de energia destrutiva jamais concebido por humanos é a energia nuclear. Um golpe direto num asteroide em rota de colisão com a Terra poderia explodi-lo em pequenos pedaços, o suficiente para reduzir o perigo do impacto a uma chuva de meteoros inofensiva, ainda que espetacular. Observe que no espaço vazio, onde não existe ar, não pode haver ondas de choque, e assim uma ogiva nuclear deve fazer contato com o asteroide para causar dano.

Outro método seria empregar uma bomba de nêutrons, isto é, uma bomba de radiação aumentada (essa é a bomba da era da Guerra Fria, que mata as pessoas mas deixa intactos os edifícios). O banho de nêutrons de alta energia da bomba aqueceria um lado do asteroide, fazendo com que algum material fosse cuspido para fora, e assim o asteroide seria induzido a recuar. Isso alteraria a órbita do asteroide, retirando-o da rota de colisão.

Um método mais brando e mais suave seria cutucar o asteroide para longe de possíveis danos com foguetes lentos mas constantes, que teriam sido afixados num de seus lados. Sem levar em conta a incerteza de como afixar foguetes num material não familiar, se isso fosse feito bem cedo, bastaria um pequeno empurrão usando combustíveis químicos convencionais. Ou talvez fosse afixada uma vela solar, que utiliza a pressão da luz solar para sua propulsão, e nesse caso nem seria preciso nenhum combustível.

A provável solução, entretanto, e a favorita, é o trator gravitacional, que envolve estacionar uma sonda no espaço perto do asteroide assassino. Quando a gravidade mútua atrair a sonda para o asteroide, os retrofoguetes vão disparar fazendo com que o asteroide seja atraído para a sonda e saia da rota de colisão com a Terra.

A tarefa de salvar o planeta requer comprometimento. Devemos primeiro catalogar todo objeto cuja órbita intersecta a da Terra. Depois devemos realizar cálculos computacionais precisos que nos capacitem a predizer uma colisão catastrófica em centenas ou milhares de órbitas no futuro. Nesse meio-tempo, devemos executar nossas missões espaciais para determinar com grande detalhe a estrutura e a composição química de cometas e asteroides assassinos. Os estrategistas militares compreendem a necessidade de conhecer o inimigo. Mas agora, pela primeira vez, estaríamos envolvidos numa missão espacial concebida não para vencer um rival em viagens espaciais, mas para proteger a vida de toda a nossa espécie em nosso lar planetário coletivo.

Seja qual for a opção escolhida, precisamos primeiro desse inventário detalhado de órbitas para todos os objetos que representam um risco para a vida sobre a Terra. Em todo o mundo, o número de pessoas envolvidas nessa busca chega a algumas dúzias. Eu me sentiria mais confortável se esse número fosse maior. A decisão depende de saber até quando no futuro estaremos dispostos a proteger a vida de nossa própria espécie sobre a Terra. Se os humanos algum dia forem extintos devido a uma colisão catastrófica, não será por falta de capacidade intelectual para nos proteger, mas por falta de previsão e determinação. A espécie dominante que nos substituir na Terra pós-apocalíptica talvez se pergunte admirada por que não tivemos melhor sorte do que os dinossauros dotados de cérebros proverbialmente do tamanho de uma ervilha.

CAPÍTULO SEIS

Destinados às estrelas*
(Entrevista em vídeo com Calvin Sims para *The New York Times*)

A CONVERSAÇÃO

Neil deGrasse Tyson – Precisamos voltar à Lua. Muitas pessoas dizem: "Nós já estivemos lá, está feito, não há um novo lugar para visitar?". Mas a Lua oferece vantagens tecnológicas importantes. Uma viagem a Marte leva aproximadamente nove meses. Como não saímos da órbita terrestre baixa por quarenta anos, enviarmos pessoas pela primeira vez a Marte é um avanço além da conta e bem difícil de realizar. Um grande impulso da nova visão espacial é retomar o programa de naves tripuladas de maneira que não foram realizadas durante a última década e recuperar a emoção que impulsionou uma parte tão grande do programa espacial nos anos 1960.

Calvin Sims – As razões para viajar ao espaço seriam para provar que podemos fazer de novo, já que não fomos ao espaço por um período tão longo, e também para criar um consenso a respeito?

NDT – Não saímos da órbita terrestre baixa nos últimos anos. Temos de nos lembrar como se faz: como se faz bem, como se faz com eficiência. Temos de calcular também como estabelecer um acampamento base e manter a vida num lugar que não seja a Terra ou a órbita terrestre baixa. A Lua é um lugar ao qual é relativamente fácil chegar e no qual será possível testar tudo isso.

---

* Adaptado de *The conversation: Neil Tyson* [A conversação: Neil Tyson], vídeo do jornal *The New York Times*, realizado em 23 de junho de 2006 por Calvin Sims, produzido por Matt Orr e colocado on-line em 20 de julho de 2006, em <http://www.nytimes.com/ref/multimedia/conversation.html>.

CS – A Nasa tem avaliado que ir à Lua custaria, em cálculos conservadores, 100 bilhões de dólares. Você acha prudente financiar esse empenho, especialmente num ponto de nossa história em que temos uma guerra no Iraque e muitas demandas domésticas?

NDT – Esse número, 100 bilhões de dólares, precisa ser desmembrado. O custo não vem todo ao mesmo tempo, é espalhado ao longo de vários anos. E 100 bilhões de dólares são apenas seis anos do financiamento total da Nasa.
Os Estados Unidos são uma nação rica. Vamos fazer a pergunta: "Qual valor você atribui para viajar ao espaço?". Quanto de seu dólar-tributo você está disposto a gastar para o empenho que a Nasa representa em nosso coração, em nossas mentes, em nossas almas? O orçamento da Nasa importa em metade de 1% de seu imposto. Por isso, não acho que seja o primeiro lugar que as pessoas devem examinar, se querem poupar dinheiro no orçamento federal. A Nasa vale, sem dúvida, 1% inteiro – pessoalmente, acho que vale mais que isso –, mas se os contribuintes vão nos dar apenas 1%, podemos fazer muito bom proveito da quantia.

DESTINADOS ÀS ESTRELAS

NDT – Em toda cultura ao longo dos tempos, sempre houve alguém se perguntando sobre nosso lugar no universo e tentando compreender o que é a Terra. Esse não é um interesse recente, é algo profundamente herdado no que é ser humano. Como americanos do século XXI, temos sorte de poder atuar naquilo que nos fascina. A maioria das pessoas apenas se deixava estar ali, olhando para cima, inventando mitologias para conseguir explicar o que viam maravilhadas. Nós chegamos a construir naves espaciais e viajar para o espaço. Esse é um privilégio gerado pelo sucesso de nossa economia e pela visão de nossos líderes, combinados com o impulso de realizar a proeza em primeiro lugar.

CS – Você está dizendo que a principal razão para se aventurar no espaço é a busca de conhecimento e que os humanos são programados pela natureza para satisfazer a curiosidade e participar da pura emoção da descoberta. Por que o fascínio é tão grande a ponto de arriscarmos vidas humanas para chegar lá?

NDT – Nem todo mundo arriscaria sua vida. Mas para alguns membros de nossa espécie, a descoberta é fundamental para seu caráter e identidade. E esses dentre nós que nutrem esse sentimento carregam a nação, o mundo, para o futuro.

Os robôs são também importantes. Se assumo meu papel de cientista puro, eu diria para enviar apenas robôs, e ficaria aqui embaixo para receber os dados. Mas ninguém jamais fez um desfile nas ruas para um robô. Ninguém jamais nomeou uma escola em homenagem a um robô. Assim, quando assumo meu papel de educador público, tenho de reconhecer os elementos da exploração que emocionam as pessoas. Não são apenas as descobertas e as belas fotos que nos chegam dos céus, é a participação vicária na própria descoberta.

CS – Quão longe estamos de uma exploração espacial em massa e da experiência individual para a colonização do espaço? Esse foi um sonho por um longo tempo. A vinte anos de distância? Trinta anos?

NDT – Todas as vezes que leio sobre a história do comportamento humano, vejo que as pessoas estão sempre procurando uma razão para lutar e se matar. É deprimente. Por isso, não sei se confio nos seres humanos para colonizar outro planeta e impedir que essas colônias se tornem zonas de violência e conflito. O futuro tem sido exaltado um pouco além da conta. Veja apenas o que as pessoas diziam na década de 1960: "Em 1985, já haverá milhares de pessoas vivendo e trabalhando no espaço". Não. Estamos em 2006, e temos 3 pessoas vivendo e trabalhando no espaço. Surgem delírios, porque as pessoas perdem a noção das forças que nos levaram ao espaço em primeiro lugar.

CS – Você mesmo tem algum desejo de se aventurar e explorar o espaço?

NDT – Não, nunca tive. Parte da definição popular da palavra "espaço" é, por exemplo, entrar na órbita da Terra. E a órbita da Terra pode ser tão baixa quanto 300 e poucos quilômetros acima da superfície da Terra. Essa é a distância entre Nova York e Boston. Meu interesse pelo espaço vai muito além – até as galáxias, buracos negros, o Big Bang. Se tivéssemos meios de viajar para tão longe, aí sim colocaria meu nome na lista. Visitar a galáxia de Andrômeda? Estou pronto para partir amanhã. Mas ainda não temos meios de realizar essas viagens, por isso eu não faço nada à espera de que essas possibilidades venham a se concretizar.

O SOL GIRA AO REDOR DA TERRA?

CS – Os americanos, em geral, sabem muito menos sobre ciência e tecnologia do que seus colegas estrangeiros. Você disse que se não tomarmos iniciativas para melhorar o conhecimento científico nos Estados Unidos, estaremos a caminho de uma crise.

NDT – A crise já está acontecendo. Mas tenho o prazer de relatar que há em nosso meio pessoas com entendimento e visão do futuro, algumas das quais têm trabalhado em comunidades que produzem documentos. "A Nation at Risk" [Uma nação em risco], relatório de 1983 redigido pela Comissão Nacional sobre Excelência em Educação, por exemplo, comentou que se uma potência inimiga tentasse impor aos Estados Unidos o sistema educacional abaixo dos padrões que existe hoje em dia, consideraríamos sua atitude como um ato de guerra. De fato, o relatório chegava a dizer que os Estados Unidos estavam essencialmente "cometendo um ato de desarmamento educacional unilateral e impensável".

CS – Alguns estudos mostraram que apenas 20 a 25% da população adulta podem ser considerados cientificamente alfabetizados. E um estudo descobriu que 1 em 5 adultos americanos pensa que o Sol gira ao redor da Terra, uma noção que foi abandonada no século XVI. Isso o surpreende?

NDT – Você não acabou de me perguntar se estamos em crise? Sim, estamos. E sim, isso me preocupa profundamente. Há um conhecimento fundamental sobre o mundo físico que o público em geral ignora. E, por sinal, a alfabetização científica não se resume apenas a quantas fórmulas químicas você é capaz de recitar, nem se você sabe como funciona seu forno de micro-ondas. A alfabetização científica é estar conectado com as forças que impulsionam o universo. Não há desculpa para pensar que o Sol, que tem milhões de vezes o tamanho da Terra, orbita a Terra.

CS – Isso é particularmente preocupante porque grande parte do debate político tem base na ciência: aquecimento global, pesquisa em células-tronco. O que fazer a esse respeito?

NDT – Só posso lhe dizer o que *eu* faço a respeito. Odeio declarar tal coisa, mas desisti dos adultos. Eles formaram seus caminhos, são o produto do que quer que tenha acontecido em suas vidas, não posso fazer nada por eles. Mas posso exercer alguma influência sobre aqueles que ainda estão na escola. Esse é o lugar em que eu, como cientista e educador, posso dar alguma contribuição para ensiná-los a pensar, a avaliar uma reivindicação, a julgar o que uma pessoa diz *versus* o que outra diz, a estabelecer um nível de ceticismo. O ceticismo é saudável. Não é algo ruim, é uma coisa boa. Assim, meu trabalho é com a próxima geração que está surgindo. Não sei o que fazer com o restante. Não sei o que fazer com esses 80% de adultos.

CS – De que forma podemos mudar a maneira como a ciência é ensinada?

NDT – Pergunte a qualquer pessoa quantos professores tiveram real importância em sua vida e nunca vai conseguir mais que os dedos de uma das mãos. Você lembra seus nomes, lembra o que fizeram, lembra como se moviam na frente da sala de aula. Sabe por que você se lembra deles? Porque eram apaixonados pelo tema de sua disciplina. Você se lembra deles porque acenderam uma chama dentro de você. Eles despertaram seu entusiasmo a respeito de um tema ao qual antes você nem dava bola, porque eles próprios vibravam com o assunto. É isso que leva as pessoas a engrenarem carreiras na ciência, engenharia e matemática. É isso que precisamos promover. Coloque esse entusiasmo em toda sala de aula e ele mudará o mundo.

CHINA: O NOVO *SPUTNIK*

NDT – É triste, mas a verdade é que um dos maiores incentivos a nutrir o programa espacial na década de 1960 foi a Guerra Fria. Não recordamos a exploração espacial dessa maneira, lembramos o programa como: "Somos americanos e somos exploradores". O que aconteceu foi que o *Sputnik* nos pressionou a agir e dizer: "Isso não é bom. A União Soviética é nosso inimigo e temos de vencê-lo".

CS – Agora, a China é o rival. Você diria que a nova e ambiciosa iniciativa espacial dos Estados Unidos está sendo impulsionada por metas econômicas e militares, especialmente desde que a China colocou um homem em órbita em 2003 e está perto de chegar à Lua?

NDT – Há uma proximidade temporal entre o lançamento do primeiro taikonauta chinês em órbita, que ocorreu em outubro de 2003, e uma avalanche de documentos americanos articulando uma "visão espacial", que incluíam a Visão para Exploração Espacial do governo Bush em janeiro de 2004, e um decreto naquele mesmo mês estabelecendo a Comissão Presidencial para a Implementação da Política de Exploração Espacial dos Estados Unidos, seguido pela Visão para a Exploração Espacial da Nasa em fevereiro. A visão espacial não afirma: "Estamos preocupados com os chineses, vamos colocar nosso pessoal de novo em órbita", mas seria imprudente não refletir sobre o clima político em que esses documentos foram emitidos. Não tenho dúvida de que estamos preocupados com nossa capacidade de competir. Não vamos esquecer que a visão do programa espacial foi anunciada menos de um ano após a perda do ônibus espacial *Columbia*. Foi na esteira dessa perda que as pessoas começaram a questionar: O que a Nasa está fazendo com seu programa espacial tripulado? Por que estamos arriscando nossas vidas apenas para dar a volta no quarteirão, viajando audaciosamente para um lugar que centenas já visitaram? Se vamos arriscar nossa vida, que seja para ir a algum lugar aonde ninguém jamais esteve. Não se trata de ser avesso ao risco, queremos que o risco corresponda à meta.

CS – Qual é o grau de desenvolvimento dos chineses? Podemos derrotá-los no retorno à Lua?

NDT – Das muitas estatísticas comparativas entre os Estados Unidos e as outras nações, uma das minhas favoritas é que há mais pessoas cientificamente alfabetizadas na China do que pós-graduados aqui nos Estados Unidos. Quando eu estava na comissão presidencial do aeroespaço, viajamos ao redor do mundo para estudar o clima econômico em que nossa indústria aeroespacial estava competindo. Uma dessas viagens foi para a China. Conversamos com funcionários do governo e líderes industriais em 2002 – por sinal, todos tinham anéis de escolas de engenharia americanas – e eles nos disseram: "Vamos colocar um homem no espaço em alguns anos". Não havia dúvida de que isso aconteceria, porque víamos a canalização de seus recursos para essa aposta. Víamos como eles a valorizavam por ter orgulho nacional. Víamos como eles a valorizavam como motor econômico. O que é novo para eles é algo a que um número grande de americanos não dá o devido valor.

CS – A militarização do espaço ou a colonização do espaço por países diferentes é inevitável como consequência de nossa exploração espacial?

NDT – Temos muitos ativos espaciais: satélites de comunicações, satélites do clima, GPS. Fala-se em protegê-los. É a isso que as pessoas se referem como militarização do espaço? Talvez estejam se referindo a lasers e bombas. Se fosse essa a tendência, não seria bom. A militarização contaminaria a pureza da visão do programa. A visão é explorar. Não há nada mais puro no espírito humano.

PERDA DA VANTAGEM CIENTÍFICA

CS – Os Estados Unidos continuam a ser a potência científica e tecnológica dominante no mundo, mas os concorrentes estrangeiros estão ganhando terreno, não?

NDT – Não é que estejamos perdendo nossa vantagem, é que todos estão nos alcançando. Os Estados Unidos mantiveram investimentos nas fronteiras tecnológicas nas décadas de 1950, 1960 e 1970. Poderíamos ter permanecido à frente do mundo, como estávamos durante aqueles anos. Sim, todo mundo nos alcançou e se manteve em condições de igualdade – mas não tinha de ser assim. E não tem de ser assim agora. É hora de voltar a investir em nós mesmos. A nossa nação tem a maior economia do mundo, não está fora de nosso alcance recuperar a liderança que tínhamos no passado.

CS – Mas cada vez menos estudantes estão se especializando em ciência e engenharia, e, de fato, uma porção substancial de nossa força-tarefa científica e tecnológica tem origem estrangeira. Isso é preocupante?

NDT – Não me preocupo, *per se*, com o fato de que estudantes estrangeiros preencham uma parte substancial de nossa canalização educacional em ciência e engenharia. Tem sido assim por várias décadas. Os Estados Unidos perderão se esses estudantes voltarem para casa.

CS – Isso está acontecendo?

NDT – Sim, está. Antes, os estudantes estrangeiros vinham e ficavam no país, e assim o que investíamos neles como estudantes produzia um retorno em sua criatividade e inovação como trabalhadores. Eles se tornavam parte da economia americana.

CS – Por que estão voltando para casa agora?

NDT – Porque o restante do mundo está avançando, e agora há oportunidades em seus países de origem, as quais suplantam enormemente o que é oferecido aqui.

CS – O aumento, a infusão, de capacidade científica não é bom para a ciência? Não é o que você deseja que aconteça?

NDT – Depende do dia em que você me fizer essa pergunta e do papel que eu estiver assumindo. É fácil falar em termos de querer manter os Estados Unidos fortes, saudáveis e ricos. Mas como cientista só me interesso pela fronteira da ciência, onde quer que essa fronteira apareça. Sim, queremos estar nós mesmos nessa fronteira, mas a ciência sempre foi internacional. Em certa medida a ciência transcende a nacionalidade, porque todos os cientistas falam a mesma língua. As equações são as mesmas, não importa em que lado do oceano você esteja ou quando as escreveu. Em última análise, sim, é bom que mais pessoas estejam fazendo ciência e que mais países adotem investimentos na ciência. Ainda assim, vou lamentar o dia em que os americanos se tornarem espectadores em vez de líderes na fronteira do espaço.

CAPÍTULO SETE

Por que explorar*

Ao contrário dos outros animais, os humanos se sentem confortáveis dormindo de costas. Esse simples fato nos proporciona uma visão do ilimitado céu noturno quando adormecemos, permitindo-nos sonhar sobre nosso lugar no cosmos e perguntar admirados o que existe de desconhecido em mundos além. Ou talvez opere dentro de nós um gene que nos leva a aprender sozinhos o que nos aguarda no outro lado do vale, nos mares além ou através do vácuo do espaço. Independentemente da causa, o efeito é nos deixar inquietos por falta de um plano para descobrir. Sabemos em nossas mentes, mas especialmente em nossos corações, o quanto valem para a nossa cultura as novas viagens e as novas vistas que elas descortinam. Porque sem elas nossa cultura se paralisa e nossa espécie definha. E também poderíamos adormecer de bruços.

---

* Adaptação do texto "Why Explore?" [Por que explorar?] em Lonnie Jones Schorer (com prefácio de Buzz Aldrin), *Kids to Space: A Space Traveler's Guide* [Crianças para o espaço: um guia de viajantes espaciais] (Burlington, Ontário: Collector's Guide Publishing, 2006).

CAPÍTULO OITO

A anatomia da maravilha*

Nos dias de hoje nós nos perguntamos sobre muitas coisas. Queremos saber se vamos chegar ao trabalho na hora. Queremos saber se a receita de broinhas de fubá que pegamos na internet vai dar certo. Queremos saber se vamos ficar sem gasolina antes de chegar ao próximo posto. Como verbo intransitivo, *wonder* [perguntar-se, querer saber] é apenas outra palavra numa frase. Mas como substantivo (à exceção de "Boy Wonder" ["Garoto Prodígio"], o apelido do companheiro de Batman), a palavra expressa uma das capacidades mais elevadas da emoção humana.

A maioria de nós sentiu admiração em um ou em outro momento da vida. Encontramos por acaso um lugar, uma coisa ou uma ideia que desafia explicação. Contemplamos um nível de beleza e majestade que nos deixa sem palavras, uma admiração reverente nos induz a um estado de estupor silencioso. O extraordinário não é que os humanos sejam dotados dessa capacidade de sentir, mas que muitas forças diferentes possam estimular essas mesmas emoções dentro de todos nós.

As meditações reverentes de um cientista no limite entre o que é conhecido e o que é desconhecido no universo – à beira da descoberta cósmica – lembram muito os pensamentos expressos por uma pessoa impregnada de reverência religiosa. E (como é o objetivo da maioria dos artistas) algumas obras criativas deixam o espectador sem palavras – apenas com sentimentos que pairam nos limites do espectro emocional. O encontro

---

* Adaptação do texto "Wonder" [Admiração], postado em <abc.com>, em 30 de outubro de 2006.

é em grande parte espiritual e não pode ser absorvido de imediato, requer reflexão sobre seu significado e sobre nossas relações com esse sentido.

Cada componente dessa trindade do empenho humano – ciência, religião e arte – exige muito de nossos sentimentos de admiração, que derivam de um abraçar o misterioso. Onde o mistério está ausente, não pode haver admiração.

Ver uma grande obra de engenharia ou arquitetura pode nos forçar a fazer uma pausa em respeito à sublime intersecção de ciência e arte. Projetos dessa escala têm o poder de transformar a paisagem humana, anunciando em voz bem alta, tanto para nós mesmos como para o universo, que dominamos as forças da natureza que antigamente nos obrigavam a uma vida itinerante em busca de alimento, abrigo, e nada mais.

Inevitavelmente, novas maravilhas podem suplantar antigos encantos, induzidas por mistérios modernos no lugar de outros mais antigos. Devemos assegurar que isso continue assim para sempre, se não quisermos que nossa cultura fique estagnada no tempo e no espaço. Há dois mil anos, muito antes de compreendermos como e por que os planetas se movem de certa maneira no céu noturno, o matemático e astrônomo alexandrino Claudio Ptolomeu não conseguia conter sua reverência ao contemplá-los. No *Almagesto*, ele escreve: "Quando sigo, para meu prazer, os meandros dos corpos celestes, já não toco a Terra com meus pés. Estou na presença do próprio Zeus e tomo minha cota de ambrosia".

As pessoas já não se tornam poéticas a respeito dos caminhos orbitais dos planetas. Isaac Newton resolveu esse mistério no século XVII com sua lei da gravitação universal. Que a lei de Newton seja agora ensinada nas aulas de física da escola secundária é um simples lembrete de que na fronteira da descoberta em perpétua expansão, sobre a Terra e nos céus, as maravilhas da natureza e da criatividade humana não conhecem limites, forçando-nos periodicamente a reavaliar o que consideramos ser o mais admirável.

CAPÍTULO NOVE

Feliz aniversário, Nasa*

Prezada Nasa,

Feliz aniversário! Talvez você não saiba, mas temos a mesma idade. Na primeira semana de outubro de 1958, você nascia da Lei do Espaço e da Aeronáutica Nacional como uma agência espacial civil, enquanto eu nascia de minha mãe no East Bronx. Assim, a comemoração de nossos jubileus de ouro, prevista para durar o ano inteiro, e iniciada um dia depois que ambos fizemos 49 anos, me proporciona uma ocasião única para refletir sobre nosso passado, presente e futuro.

Eu tinha 3 anos quando John Glenn orbitou pela primeira vez a Terra. Eu tinha 8 anos quando você perdeu os astronautas Chaffee, Grissom e White naquele trágico incêndio da cápsula da *Apollo 1* na plataforma de lançamento. Eu tinha 10 anos quando você pousou Armstrong e Aldrin na Lua. Eu tinha 14 anos, quando você parou de vez com as viagens à Lua. Ao longo desse tempo, vibrei com você e com os Estados Unidos. Mas a emoção vicária da viagem, tão prevalente nos corações e nas mentes de outros, não estava entre os meus sentimentos. Eu era obviamente jovem demais para ser astronauta. Mas sabia também que minha cor de pele era escura demais para que você me imaginasse fazendo parte da aventura épica. E ainda que você seja uma agência civil, seus astronautas mais célebres eram pilotos militares, numa época em que a guerra estava se tornando cada vez menos popular.

---

* Texto publicado originalmente em *Nasa 50th Magazine: 50 Years of Exploration and Discovery* [Revista cinquentenário da Nasa: 50 anos de exploração e descoberta], em 2008.

Durante a década de 1960, o movimento dos direitos civis foi mais real para mim do que para você. Foi necessária uma ordem do vice-presidente Johnson em 1963 para forçá-la a contratar engenheiros negros em seu prestigiado Centro de Voos Espaciais Marshall, em Huntsville, Alabama. Encontrei a correspondência em seus arquivos. Você se lembra? James Webb, então administrador da Nasa, escreveu ao alemão pioneiro dos foguetes Wernher von Braun, que dirigia o centro e era o engenheiro-chefe de todo o programa espacial tripulado. De forma audaz e grosseira, a carta mandava Von Braun lidar com a "falta de igual oportunidade de empregos para os negros" na região e colaborar com as faculdades locais Alabama A&M e Tuskegee para identificar, treinar e recrutar engenheiros negros qualificados para a família Huntsville da Nasa.

Em 1964, você e eu ainda não tínhamos 6 anos quando vi piqueteiros fora do recém-construído complexo de apartamentos de nossa escolha, na seção Riverdale do Bronx. Eles protestavam para impedir que famílias de negros, inclusive a minha, se mudassem para lá. Alegro-me por terem fracassado. Esses edifícios eram chamados, talvez proféticamente, Apartamentos Skyview [Visão do Céu], em cujo telhado, 22 andares acima do Bronx, eu treinaria mais tarde a apontar meu telescópio para o universo.

Meu pai era ativo no movimento dos direitos civis, trabalhando sob as ordens do prefeito Lindsay de Nova York num programa que criava oportunidades de emprego para os jovens no gueto, como era então chamado o "centro da cidade". Ano após ano, as forças que operavam contra esse trabalho eram imensas: escolas pobres, maus professores, recursos magros, racismo abjeto e líderes assassinados. Assim, enquanto você estava celebrando seus avanços mensais na exploração espacial de *Mercury* a *Gemini* e a *Apollo*, eu via os Estados Unidos fazerem todo o possível para marginalizar quem eu era e o que eu queria ser na vida.

Procurei em você uma orientação, a declaração de uma visão espacial que eu pudesse adotar e que alimentaria minhas ambições. Mas você não estava à minha disposição. Claro, eu não deveria culpar você pelos sofrimentos da sociedade. Sua conduta era um sintoma dos hábitos americanos, não uma causa. Eu sabia disso. Mas ainda assim você deveria saber que, entre meus colegas, eu fui o único da minha geração a se tornar astrofísico, *apesar dos* progressos no espaço realizados por você, e não *por causa* deles. Para minha inspiração, eu me voltei às bibliotecas, a saldos de livros sobre o cosmos nas livrarias, ao meu telescópio no telhado, e ao Planetário Hayden. Numa trajetória por vezes acidentada durante meus anos escolares, quando chegar a ser um astrofísico parecia em certas ocasiões o caminho com mais obstáculos numa sociedade hostil, eu me tornei um cientista profissional. Eu me tornei um astrofísico.

Ao longo das décadas que se seguiram, você avançou muito – inclusive, muito recentemente, com a declaração de uma visão do programa espacial, proposta pelo presidente, endossada pelo Congresso, que finalmente nos recoloca além da órbita terrestre baixa. Todos aqueles que ainda não reconhecem o valor dessa aventura para o futuro de nossa nação logo mudarão de ideia, enquanto o restante do mundo desenvolvido e em desenvolvimento nos ultrapassa em poder econômico e tecnológico. Hoje você se parece muito mais com os Estados Unidos – desde seus administradores sêniores a seus astronautas mais condecorados. Parabéns. Você agora pertence a todos os cidadãos. Os exemplos são abundantes, mas lembro especialmente que, em 2004, o público se uniu em apoio ao telescópio Hubble, sua missão não tripulada mais apreciada. Todos falaram em voz bem alta, na tentativa de reverter a ameaça de que a vida do telescópio pudesse não se estender por mais uma década. As imagens transcendentes do cosmos enviadas pelo Hubble falaram ao coração de todos nós, assim como os perfis pessoais dos astronautas do ônibus espacial que implantaram o telescópio e prestaram serviços de manutenção, e dos cientistas que aproveitaram o fluxo de dados recebido.

Até ingressei nas fileiras daqueles em quem você mais confia, quando trabalhei diligentemente em seu conselho consultivo. Vim a reconhecer que, nas melhores circunstâncias, nada deste mundo pode inspirar os sonhos de uma nação como você – sonhos carregados por um desfile de estudantes ambiciosos, ansiosos por se tornarem cientistas, engenheiros e tecnólogos a serviço da maior pesquisa que já houve. Você veio a representar uma parte fundamental da identidade dos Estados Unidos, não só para si mesmos, mas para o mundo.

Agora que ambos temos 49 anos e já estamos bem adiantados em nossa quinquagésima órbita ao redor do Sol, quero que saiba que sinto suas dores e partilho suas alegrias. E estou ansioso para ver você de volta na Lua. Mas não pare ali. Marte acena, assim como outros destinos mais além.

Feliz aniversário, companheira, ainda que eu nem sempre tenha sido, sou agora seu humilde servo.

Neil deGrasse Tyson
Astrofísico, Museu Americano de História Natural

CAPÍTULO DEZ

Os próximos cinquenta anos no espaço*

Seria difícil discutir os próximos cinquenta anos no espaço sem alguma reflexão sobre os cinquenta anteriores. Eu, por acaso, nasci na mesma semana em que a Nasa foi fundada, no início de outubro de 1958. Isso significa que minhas primeiras percepções do mundo ocorreram na década de 1960, durante a era da *Apollo*. Foram também anos internacionalmente turbulentos, e os Estados Unidos não constituíram exceção. Estávamos em guerra no sudeste da Ásia, o movimento dos direitos civis em andamento, assassinatos acontecendo, e a Nasa rumando para a Lua.

Na época, parecia claro que os astronautas, quaisquer que fossem os critérios usados para selecioná-los, nunca teriam me incluído em seu grupo. Os astronautas eram escolhidos entre os militares – todos à exceção de 2. Um foi Neil Armstrong, um piloto de teste civil e engenheiro aeronáutico – o comandante da *Apollo 11* e o primeiro humano a pôr o pé na Lua. O outro foi Harrison Schmitt, um geólogo, o único cientista a ir à Lua. Schmitt foi o piloto do módulo lunar da *Apollo 17*, a última missão dos Estados Unidos à Lua.

Talvez o ano mais turbulento dessa turbulenta década tenha sido 1968, apesar de ser o ano em que a *Apollo 8* se tornou a primeira nave a deixar a órbita terrestre baixa e rumar para a Lua. A viagem ocorreu em dezembro, ao final de um ano intenso e sangrento. Durante a órbita da *Apollo 8*, seus astronautas tiraram a fotografia mais reconhecida na história do mundo.

---

* Adaptação do principal discurso de encerramento de "50 Years of the Space Age" [50 anos da era espacial], uma celebração patrocinada pela Federação Aeronáutica Internacional, realizada na sede da Unesco, Paris, em 21 de março de 2007.

Quando a nave emergiu de sua passagem atrás do lado distante da Lua, eles pegaram a câmera, olharam pela janela do módulo de comando, e captaram a Terra elevando-se sobre a paisagem lunar. Essa imagem, amplamente publicada, intitulada *O nascer da Terra*, apresentava a Terra como um objeto cósmico no alto do céu de outro objeto cósmico. Era simultaneamente emocionante e humilhante, bela e um pouco assustadora.

O título *O nascer da Terra* é um pouco equivocado. A Terra bloqueia a Lua pelas marés, o que significa que a Lua nos mostra eternamente apenas uma de suas faces. É forte o impulso de presumir que o nosso planeta nasce e se põe para os observadores sobre a Lua, assim como esta nasce e se põe para os observadores sobre a Terra. Mas, vista do lado mais próximo da Lua, a Terra nunca nasce. Está sempre no mesmo lugar, flutuando no céu.

Todo mundo se lembra da década de 1960 como a era dos eleitos, mas ela teve igualmente sua cota de missões robóticas. Os primeiros jipes na Lua foram russos: *Luna 9* e *Luna 13*. O *Ranger 7* dos Estados Unidos foi a primeira nave espacial americana a fotografar a superfície da Lua. Mas esses não deixam lembranças no público, apesar de terem sido nossos antepassados no espaço, porque havia uma história muito mais empolgante sendo contada: apenas quando emissários humanos começaram a explorar o espaço, as pessoas sentiram uma ligação vicária com o drama que se desenrolava na fronteira espacial.

Como cresci nos Estados Unidos, sempre aceitei ser algo comum todo mundo pensar sobre o amanhã, o próximo ano, daqui a cinco anos, daqui a dez anos. É um passatempo popular. Se você diz para alguém: "O que anda fazendo?", ele não vai lhe contar o que está fazendo hoje. Não, ele vai dizer o que planeja fazer: "Estou economizando para uma viagem ao Caribe", ou "Vamos comprar uma casa maior", ou "Vamos ter mais dois filhos". As pessoas vivem conjeturando o futuro.

Os americanos não estão sozinhos nessa maneira de ser, claro. Mas em alguns países que visito, falo com pessoas que não pensam sobre o futuro. E qualquer país onde as pessoas não pensam sobre o futuro é um país sem um programa espacial. O espaço, aprendi, é uma fronteira que mantém você sonhando sobre o que poderia ser descoberto amanhã – uma característica fundamental de ser humano.

Ao redor do mundo e ao longo do tempo, todo povo e toda cultura – mesmo aqueles sem linguagem escrita – têm alguma espécie de história que explica, por meio de mitos ou de outra maneira, sua existência e sua relação com o universo conhecido. Essas não são novas questões. Essas são questões antigas. Essa é uma busca antiga.

Os humanos são um dos raros animais que se sentem perfeitamente felizes dormindo de costas. Além disso, dormimos à noite. O que acontece se você acorda à noite deitado de costas? Você enxerga as estrelas. É possível que, entre todos os animais na história da vida na Terra, sejamos os únicos curiosos sobre o céu, e, por essa razão, não deve nos surpreender nosso desejo de conhecer nosso lugar no cosmos.

> Tweet Espacial #9
> A noite é o nosso dia. Case com um astrônomo e você sempre saberá onde ele está à noite
> 14 de julho de 2000, às 6h08

Hoje, quando pensamos em objetos distantes no espaço, fazemos planos para chegar até lá. Já fomos à Lua. Falamos sobre a possibilidade de ir a Marte. O século XX, claro, foi o primeiro no qual os métodos e as ferramentas da ciência – e particularmente os métodos e as ferramentas da exploração espacial – nos tornaram capazes de responder a perguntas milenares sem recorrer a fontes mitológicas. De onde viemos? Para onde vamos? Qual é o nosso lugar no universo? Muitas de nossas respostas não surgem simplesmente porque fomos à Lua ou a algum outro objeto celeste, mas porque o espaço nos oferece lugares a partir dos quais é possível ter acesso ao restante do cosmos.

A maior parte do que o universo quer nos dizer não chega à superfície da Terra. Não saberíamos nada sobre os buracos negros se não fosse pelos telescópios lançados ao espaço. Não saberíamos nada sobre várias explosões no universo que são ricas em raios X, raios gama ou ultravioleta. Antes que tivéssemos mirantes no universo – telescópios, satélites, sondas espaciais – que nos capacitaram a realizar estudos astrofísicos sem interferência da atmosfera, que normalmente julgamos ser transparente, éramos quase cegos para o universo.

Quando penso na exploração espacial do futuro, não penso na órbita terrestre baixa – altitudes menores que 2 mil quilômetros. Na década de 1960, essa era uma fronteira. Mas agora a órbita terrestre baixa é rotina. Ainda pode ser perigosa, mas não é uma fronteira espacial. Levem-me a algum lugar novo. Façam algo mais do que dar a volta na quadra.

A Lua é um destino. Marte é um destino. Mas os pontos lagrangianos também são destinos. São aqueles pontos nos quais as forças gravitacionais e centrífugas se equilibram num sistema rotativo como a Terra e a Lua ou a Terra e o Sol. Em destinos como esses, podemos construir alguma coisa. Já temos alguma experiência, adquirida por construir a Estação Espacial Internacional, maior do que a maioria das coisas já concebidas ou construídas na Terra.

Se você me perguntasse, o que é cultura, eu diria que são todas as coisas que fazemos como nação, grupo ou habitantes de uma cidade, mas às quais já não prestamos atenção. São as coisas que aceitamos como naturais. Sou nova-iorquino, e assim já não me impressiono quando passo por um edifício de 70 andares. Mas todo turista, vindo de qualquer lugar do mundo, que visita Nova York está sempre olhando para o alto. Por isso pergunto a mim mesmo: o que as pessoas em outros lugares aceitam como naturais em suas culturas?

Às vezes são as coisas simples. Na última vez que visitei a Itália, fui a um supermercado e vi uma ala inteira de massas. Nunca tinha visto nada parecido antes. Havia tipos de massa que jamais chegam aos Estados Unidos. Por isso perguntei a meus amigos italianos: "Vocês se dão conta disso?". E eles disseram que não, que era simplesmente a ala das massas. No Extremo Oriente, há alas inteiras de arroz, com variedades inimagináveis nos Estados Unidos. Por isso perguntei a uma amiga que não nasceu nos Estados Unidos: "Qual produto em nossos supermercados você acha que eu já nem percebo?" E ela disse: "Vocês têm uma ala inteira de cereais já prontos para o café da manhã". Para mim, claro, essa é apenas a ala dos cereais. Temos alas inteiras cheias de refrigerantes, Coca-Cola, Pepsi-Cola e todos os seus derivados. Mas, para mim, essa é apenas a ala dos refrigerantes.

O que quero dizer com esses exemplos? Nos Estados Unidos, os produtos da vida cotidiana incorporam ícones do programa espacial. É possível comprar ímã de geladeira com o formato do Telescópio Espacial Hubble. Você pode comprar caixas de Band-Aid decoradas com o Homem-Aranha, o Super-Homem e a Barbie, e também com estrelas, luas e planetas que brilham no escuro. Você pode comprar fatias de abacaxi cortadas em formas divertidas do cosmos. E quanto aos nomes de carro, o cosmos só perde para as localizações geográficas. Esse é o componente espacial da cultura que as pessoas já não percebem.

> **Tweet Espacial #10**
> Sabores do cosmos: barra de chocolate Marte, barra de chocolate Via Láctea, biscoito MoonPie [Torta da Lua], chiclete Eclipse, chiclete Órbita, Sunkist [arca do Sol, refrigerante de laranja], Temperos Celestes.
> Nenhum alimento chamado Urano
> 10 de julho de 2010, às 11h28

Há vários anos trabalhei numa comissão cuja tarefa era analisar o futuro da indústria aeroespacial americana – que andara enfrentando tempos difíceis, em parte por causa do sucesso do Airbus na Europa e da Embraer no Brasil. Andamos ao redor do mundo para investigar o clima econômico em que as indústrias americanas operam, para que pudéssemos aconselhar o Congresso e a indústria aeroespacial sobre como recuperar a liderança, ou ao menos a competitividade, que eles (e nós todos) talvez considerássemos líquida e certa no passado.

Assim, visitamos vários países na Europa Ocidental e fomos avançando para o Leste. Nossa última parada foi Moscou. Um dos lugares que visitamos foi a Cidade das Estrelas, um centro de treinamento para cosmonautas no qual se encontra um impressionante monumento em honra a Yuri Gagarin. Depois dos habituais lugares-comuns de praxe e uma dose matinal de vodca, o diretor da Cidade das Estrelas recostou na cadeira, afrouxou a gravata e falou com saudades do espaço. Seus olhos cintilavam, como os meus, e senti uma ligação que não me foi dada sentir na Inglaterra, França, Bélgica, Itália ou Espanha.

Essa ligação existe, é claro, porque nossas duas nações, por um breve momento na história, canalizaram grandes recursos para colocar as pessoas no espaço. O compromisso com esse empenho se infiltrou tanto na cultura russa como na americana, de modo que não concebemos a vida sem ele. Minha camaradagem com o diretor da Cidade das Estrelas me fez pensar sobre como seria o mundo se todo país estivesse empenhado nesse empreendimento. Imaginei que estaríamos todos ligados uns aos outros num plano mais elevado – além dos conflitos econômicos e militares, totalmente além da guerra. E me perguntei como duas nações partilhando sonhos tão profundos sobre a presença humana no espaço poderiam ter continuado a ser adversárias tão duradouras na era pós-Segunda Guerra Mundial.

Tenho um outro exemplo de o espaço tornar-se parte da cultura. Há três anos, quando a Nasa anunciou que uma futura missão de manutenção para consertar o Telescópio Espacial Hubble poderia ser cancelada, esse problema gerou manchetes nos Estados Unidos. Sabe quem desempenhou o papel mais importante em anular a decisão? Não foram os astrofísicos. Foi o público em geral. Por quê? Todos tinham embelezado suas paredes, as telas de seus computadores, as capas dos CDs, as guitarras e os vestidos de alta-costura com imagens do Hubble, e assim, à sua maneira, tinham se tornado participantes vicários da descoberta cósmica. O público se apropriou do Telescópio Espacial Hubble, e por fim, depois de uma enorme quantidade de editoriais, cartas para o editor, discussões em programas de entrevistas e debates no Congresso, o financiamento foi retomado. Não sei de nenhum outro momento na história da ciência em que o público tenha se apropriado de um instrumento científico. Mas aconteceu naquele momento e naquele lugar, marcando a ascensão do Hubble na cultura americana.

Não me esquecerei tão cedo do profundo sentimento de comunhão que experimentei na Cidade das Estrelas, sentado em torno de um bate-papo com os membros da comunidade espacial russa. Se o mundo inteiro partilhasse essas experiências, teríamos sonhos em comum e todo mundo poderia começar a pensar sobre o amanhã. E se todo mundo pensa sobre o amanhã, algum dia podemos todos visitar o céu juntos.

> Tweet Espacial #11
> Um reality show da Nasa, *Lunar Shore* [Costa lunar], seria mais popular que *Jersey Shore* [Costa de Jersey]?
> O futuro da civilização depende dessa resposta
> 16 de maio de 2001, às 8h18

CAPÍTULO ONZE

Opções espaciais
(Entrevista com Julia Galef e Massimo Pigliucci para o podcast *Rationally Speaking*)*

Julia Galef – Nosso convidado de hoje é Neil deGrasse Tyson, astrofísico e diretor do Planetário Hayden. Neil está aqui para falar sobre o *status* do programa espacial. Quais são as metas atuais e que benefício prático o programa espacial tem para a nossa sociedade? Se não tiver benefícios práticos, quais são as justificativas para gastar dinheiro dos contribuintes com esse programa, ou com qualquer outra ciência sem benefício prático?

Neil deGrasse Tyson – Deixe-me lembrar a alguns ouvintes, ou alertá-los talvez pela primeira vez, sobre o que estamos falando. O governo Obama, no novo orçamento da Nasa, fez algumas mudanças fundamentais no portfólio das ambições da agência espacial. Algumas são boas, algumas são neutras, outras têm sido alvo de pesadas críticas. Aquela que não encontrou resistência, amplamente elogiada, foi o estímulo para levar a Nasa além da órbita terrestre baixa e transferir essa atividade para a iniciativa privada.

Tipicamente, a maneira como o governo tem criado indústrias é fazer os investimentos iniciais, antes que os mercados de capital possam

---

* Adaptação de "Neil deGrasse Tyson and the Need for a Space Program" [Neil deGrasse Tyson e a necessidade de um programa espacial], entrevista feita por Massimo Pigliucci e Julia Galef para *Rationally Speaking: Exploring the Borderlands between Reason and Nonsense* [Racionalmente falando: explorando as terras fronteiriças entre a razão e o disparate], divulgada em 28 de março de 2010, em <http://www.rationallyspeakingpodcast.org>.

valorizá-las. É a fase de alto risco. Ideias inovadoras se tornam invenções. Invenções se tornam patentes. Patentes rendem dinheiro. Só quando os riscos são administrados e compreendidos é que os mercados de capital tomam conhecimento. No momento, há muitos negócios em andamento na órbita terrestre baixa – todos os produtos de consumo que prosperam com o GPS, a TV via satélite, outras comunicações por satélite. Esses são todos mercados comerciais. Assim, a ideia é colocar a Nasa de volta à fronteira, onde é o seu lugar.

Massimo Pigliucci – Por falar em órbita terrestre baixa, o que exatamente a estação espacial está fazendo lá no alto?

NDT – A Estação Espacial Internacional, mais que a pesquisa na Antártica, é o principal exemplo de cooperação internacional, o maior na história humana, à exceção do embate de guerras mundiais.

Vários países foram à Antártica realizar pesquisas científicas colaborativas. E ninguém está se apropriando de terras, talvez porque ninguém queira viver lá. Isso talvez ajude à colaboração: ninguém quer ser o rei do nada. A Antártica é um belo lugar e também uma localização única para realizar certos tipos de ciência – em parte porque faz frio, por isso a umidade do ar é baixa. Acontece que o Polo Sul está numa elevação alta, e os pesquisadores se acham acima de camadas da atmosfera, que do contrário interfeririam na visão do céu noturno. Como resultado, a astrofísica prospera no Polo Sul.

O ponto é o seguinte: a Antártica é uma área de considerável colaboração internacional e o mesmo acontece com a Estação Espacial Internacional. Ela também demonstra que podemos construir grandes coisas no espaço. Pensávamos, primeiro, que um telescópio ou qualquer outro hardware precisasse de uma superfície sobre a qual pudesse ser construído. Mas onde há superfície, há gravidade – o que significa que o peso do sistema requer apoio estrutural. Mas em órbita nada tem peso, permitindo a construção de estruturas imensas que seriam inerentemente instáveis na superfície da Terra.

MP – Mas você faria uma exceção para a Estação Espacial Internacional, em termos dessa questão de privatização em oposição ao financiamento governamental de pesquisa?

NDT – No momento, não se privatizaria necessariamente a própria estação espacial, mas se privatizaria, sem dúvida, o acesso à estação. Seriam vendidas viagens até lá. Por que não? Esse é o campo em que a privatização aconteceria primeiro, de acordo com o novo plano. E ninguém está reclamando disso. O ponto em que Obama entrou em áreas de turbulência foi seu cancelamento do plano da Nasa de retornar à Lua.

A Lua é um alvo interessante. Primeiro, ela fica perto. E já tendo chegado lá, podemos voltar com maior confiança de sucesso, enquanto uma viagem de ida e volta até Marte implica perigos conhecidos e desconhecidos. Enviar astronautas para fora do cobertor protetor do campo magnético da Terra os deixaria vulneráveis à radiação ionizante das explosões solares, que geram partículas carregadas de alta energia que podem entrar no corpo e ionizar seus átomos.

MP – Você veria uma possível estação na Lua como um degrau para uma missão a Marte?

NDT – Não, porque se vamos até Marte, não queremos ir primeiro a algum outro lugar, porque custa energia desacelerar, pousar e decolar de novo. Desacelerar requer combustível. Se a Lua tivesse uma atmosfera, seria possível usá-la para desacelerar, assim como faz o ônibus espacial quando retorna à Terra. É por isso que ele precisa daqueles famosos ladrilhos que dissipam o calor da reentrada. Se não tivéssemos como nos desvencilhar da energia do movimento, o ônibus espacial seria incapaz de parar.

> Tweet Espacial #12
> Apenas como informação: se você aquece um ladrilho do ônibus espacial com maçarico até ele ficar em brasa, você leva um baita tempo para apagar o maçarico, o bastante para o ladrilho voltar à temperatura ambiente
> 9 de março de 2011, às 11h34

Você leva todas as coisas de que necessita em uma viagem? Se está indo de carro até a Califórnia, por exemplo, carrega um supermercado junto? Não, você conta com o fato de haver uma série de Quik Marts [rede de lojas de conveniência] entre seu ponto de partida e a Califórnia, para que possa reabastecer o carro e comprar alimentos.

Uma meta de longo prazo para viver e trabalhar no espaço seria explorar os recursos que lá existem: a Política Espacial Nacional de Obama diz que deveríamos continuar a fazer pesquisas sobre tecnologias de foguetes e veículos de lançamento que um dia nos levarão até Marte, mas não está especificado quando esse dia chegará. Isso é que deixa os entusiastas do espaço inquietos.

Se estivéssemos decidindo se vamos à Lua ou a Marte, a maioria dos cientistas – algumas exceções importantes se fazem ouvir, mas estou falando da maioria dos cientistas, eu inclusive – escolheria Marte. O planeta tem muitas evidências de uma história de água corrente e sinais sedutores de água líquida formando trilhas dentro dos solos. Marte tem metano, gás que emana de penhascos. O que leva os cientistas a escolher Marte não é apenas sua geologia fascinante, embora talvez devêssemos dizer martelogia, pois "geo" significa Terra. Bem no âmago de nossa procura de conhecer essas superfícies planetárias está a busca contínua de vida, porque na Terra onde há água, há vida.

JG – Você pode falar sobre a vantagem de colocar um homem em Marte, em oposição à exploração robótica de Marte?

NDT – Não há vantagem. Essa é a resposta curta e seca. Mas deixe-me acrescentar uma nuança. Custa de 20 a 50 vezes mais caro enviar um homem a um destino espacial que enviar um robô. Digamos que você seja geólogo, e eu lhe diga: "Eu poderia mandar você a Marte com seu martelo de rochas e talvez algumas máquinas para fazer medições. Posso fazer isso uma vez, *ou* posso financiar 30 jipes diferentes que podem ser colocados em qualquer lugar que você escolher sobre a superfície marciana, e eles vão levar as máquinas que eu estaria lhe passando". O que você escolheria?

MP – Não me parece que haja o que discutir.

NDT – Cientificamente, não há o que discutir. Essa é a questão. É por causa da diferença de preço que qualquer cientista interessado em resultados científicos não escolheria, não poderia escolher, em sã consciência, enviar um homem até lá. Isso deixa duas opções. Ou se baixa o custo de enviar humanos, de modo que se torne competitivo em relação ao envio de robôs, ou se manda uma pessoa independentemente do custo, porque uma pessoa pode fazer em poucos minutos o que 1 jipe levaria um dia inteiro para fazer. E isso porque o cérebro humano é mais intuitivo a respeito do que observa do que o robô que você programou. Um programa representa um subconjunto do que você é, mas ainda não é você. E, sendo o programador, você pode fazer um computador mais intuitivo do que você é? Deixo essa questão para os filósofos.

MP – Antes de o programa ir ao ar estávamos falando sobre algo muito pertinente a este tópico: como projetos extremamente extensos e caros foram financiados ao longo da história.

NDT – Há apenas 3 justificativas para gastar uma grande porção da riqueza do Estado; 3 motivações. Uma delas é o elogio da realeza e divindade: atividades empreendidas em parte pelo profundo respeito e em parte pelo profundo medo do poder para o qual o monumento está sendo construído.

MP – Poderíamos pedir ao papa que financiasse as missões a Marte.

NDT – Em princípio, sim. Entretanto, vivemos numa época em que os estados-nações não empreendem comumente essas atividades. Restam as outras 2 motivações que encontrei. Uma é a promessa de rendimento econômico; a outra, claro, é a guerra. Penso nas 2 como o impulso não--quero-morrer e o impulso não-quero-morrer-pobre.

Nós todos nos lembramos de o presidente Kennedy dizer: "Acredito que esta nação deve se comprometer em atingir a meta, antes do fim desta década, de pousar um homem na Lua e trazê-lo de volta, são e salvo, para a Terra". Essas são palavras poderosas: galvanizaram as ambições de uma nação. Mas esse foi um discurso proferido numa sessão conjunta do Congresso em 25 de maio de 1961, algumas semanas antes de a União Soviética lançar Yuri Gagarin com sucesso à órbita da Terra – a primeira pessoa a chegar lá. O discurso de Kennedy foi uma reação ao fato de que os Estados Unidos ainda não tinham um foguete "válido para humanos", o que significa um foguete suficientemente seguro para o voo espacial humano. Para colocar um satélite no espaço, você tem que estar disposto a fazer experimentações com os componentes ou os projetos mais baratos do que aqueles que usaria para colocar uma pessoa lá no alto.

Alguns parágrafos acima, nesse mesmo discurso, Kennedy diz:

As realizações dramáticas no espaço que ocorreram nas últimas semanas devem ter deixado claro, assim como o *Sputnik* deixou claro em 1957, qual é o impacto dessa aventura sobre a mente dos homens, aqueles que estão tentando determinar a estrada que devem tomar. Isso se quisermos vencer a batalha que está acontecendo ao redor do mundo entre a liberdade e a tirania.

Era um grito de guerra contra o comunismo.

MP – Foi uma declaração política.

NDT – Ponto final. Ele poderia ter dito: "Vamos à Lua: um lugar maravilhoso para explorar!". Mas isso não é o suficiente para conseguir que o Congresso assine o cheque. Em algum momento, alguém tem de assinar um cheque.

JG – A União Soviética foi o catalisador então, e a China é o catalisador atual. O programa espacial da China está se desenvolvendo. E nos próximos dez ou quinze anos, a China pode estar em posição de competir conosco como uma superpotência do mundo. Assim, poderia desencadear potencialmente outro influxo e interesse em financiar a exploração espacial.

NDT – Um momento "Sputnik".

JG – É um bom nome para a situação. Mas o tipo de pesquisa que poderia ser justificada por essa espécie de razão talvez não seja o melhor tipo de pesquisa científica.

NDT – Sozinha, a ciência nunca foi estímulo para projetos caros. Abaixo de um certo nível, dependendo da riqueza de uma nação, pode-se gastar dinheiro em ciência sem muitos debates. Por exemplo, o preço do Telescópio Espacial Hubble, ao longo de todos os seus anos de existência, é de 10 a 12 bilhões de dólares – menos de 1 bilhão de dólares por ano. Isso está confortavelmente abaixo do radar de críticas a um projeto científico ou a um projeto não baseado na economia ou na guerra. Eleve o custo de um projeto acima de 20 bilhões ou 30 bilhões de dólares, e se não houver uma arma na outra ponta do experimento, ou se não se vislumbrar a face de Deus, ou se poços de petróleo não forem encontrados, corre-se o risco de não ver o projeto financiado. Foi o que aconteceu com o Supercolisor Supercondutor. Os Estados Unidos iriam ter o mais potente acelerador de partículas do mundo; foi concebido no final da década de 1970 e financiado em meados da década de 1980. E então se chega a 1989. E o que acontece? Irrompe a paz.

MP – Odeio quando isso acontece!

JG – Tão inconveniente!

NDT – Quando se está em guerra, o dinheiro flui. Em 1945, os físicos venceram basicamente a guerra no Pacífico com o Projeto Manhattan. Muito antes da bomba, e continuando por toda a Guerra Fria, os Estados Unidos sustentaram um programa de física de partículas plenamente financiado. Depois o Muro de Berlim vem abaixo em 1989, e em quatro anos todo o orçamento para o Supercolisor é cancelado.

O que acontece, então? A Europa diz: "Vamos assumir a empreitada". Eles começam a construir o Grande Colisor de Hádrons [LHC na sigla em inglês] na Organização Europeia para a Pesquisa Nuclear [CERN, em inglês], e nós estamos na margem olhando para o outro lado do lago e gritando: "Podemos participar? Podemos ajudar?".

MP – Lembro-me de um diálogo interessante numa dessas audiências de que você está falando. Um senador que avaliava a despesa continuada para o Supercolisor disse a Steven Weinberg, um físico que estava depondo no Congresso: "Infelizmente, um dos problemas é a minha dificuldade em justificar esses gastos para os meus eleitores, porque, afinal, ninguém come quarks". E então Weinberg, como de costume, fingiu fazer um pequeno cálculo num pedaço de papel diante do senador e, pelo que me lembro, disse alguma coisa na seguinte linha: "Na verdade, senador, pelos meus cálculos, o senhor acabou de comer bilhões de bilhões de bilhões de quarks hoje no café da manhã". Em todo caso, o ponto-chave é que grandes projetos de pesquisa básica só conseguem financiamento quando amparados, como você disse, pelos 3 grandes motivos.

NDT – Eles precisam ter pelo menos um dos motivos, ou entrar abaixo do limiar de escrutínio dos financiamentos.

MP – Alguém pode perguntar sensatamente: "Deve ser de outra maneira?". Em algum sentido, o senador formulou uma boa pergunta: como justifico este gasto para os meus eleitores?

NDT – Afirmo que mesmo se Weinberg tivesse dito: "Ao final do projeto, você vai obter grandes subprodutos derivados", ele ainda teria sido cancelado. Ele deveria ter dito: "Ao final do projeto, você terá uma arma que protege o país". Há uma resposta famosa, não lembro quem a disse ou a quem, mas teria funcionado bem nesse caso. O senador diz para o cientista: "Que aspectos deste projeto vão ajudar na defesa dos Estados Unidos?". Aí está, formulada de maneira bem clara, a questão da guerra. E o cientista responde: "Senador, não sei como poderá ajudar na defesa dos Estados Unidos, a não ser garantindo que os Estados Unidos sejam um país que vale a pena ser defendido".

MP – E esse, como você sabe, é um grande argumento que não cola.

NDT – Sim, dá uma boa manchete, mas não ganha o financiamento. A não ser que passemos a acreditar que somos um tipo de população e cultura fundamentalmente diferente daquelas que nos precederam nos últimos cinco mil anos. Vou seguir o conselho da história dos principais projetos financiados e dizer que se quisermos ir a Marte, é melhor encontrarmos uma motivação econômica ou militar para o caso. Às vezes, eu brinco sobre isso e digo: "Vamos conseguir que a China deixe vazar um memorando declarando que eles querem construir bases militares em Marte. Estaríamos em Marte em doze meses".

JG – Você acha que ajudaria na argumentação o fato de que tantas descobertas científicas, que acabam sendo incrivelmente úteis e práticas, foram descobertas por acaso, no curso de uma pesquisa exploratória ou de uma pesquisa sem relação com o tema investigado – algo que os descobridores encontraram por sorte? Podemos usar esse argumento para a exploração espacial?

NDT – Essa é uma pergunta excelente. Mas não, porque o intervalo entre uma bela descoberta científica realizada por acaso e o produto plenamente desenvolvido pela engenharia, design e marketing é tipicamente maior que os ciclos de reeleição daqueles que alocam o dinheiro. Portanto, esse achado não sobrevive. Não se consegue induzir os políticos a investir por meio desse argumento, porque é irrelevante para as necessidades de seu eleitorado. Não acho que conseguiremos ir a Marte sem encontrar uma razão econômica e militar para o empreendimento.

Por sinal, sei como justificar os 100 bilhões de dólares. Mas minha conversa leva mais tempo do que a chamada "conversação de elevador" com o membro do Congresso, quando dispomos apenas de 30 segundos para defender a ideia, e é a nossa única chance – pra já! Preciso talvez de 3 minutos.

JG – Você poderia parar o elevador.

MP – Ou, se quisesse defender a questão para o público em geral, e não para o congressista, você poderia dizer: "Aqui estão boas razões para financiar a exploração espacial ou a pesquisa científica básica em astrofísica. Não se trata apenas da minha curiosidade ou da minha vontade de ser pago pelas coisas de que gosto!".

NDT – De fato, *estamos* financiando pesquisa básica em astrofísica. Mas minha conversa com vocês é sobre o programa espacial tripulado. É nesse ponto que os gastos entram em consideração. É nesse ponto que todas as opções de orçamento entram acima do limiar de financiamento passível de escrutínio pesado, e você não tem outra escolha senão apelar para aqueles grandes motivadores da história da cultura. No que diz respeito à pesquisa básica, temos o telescópio Hubble; vamos ter um laboratório em Marte em alguns anos,[*] temos a nave espacial *Cassini* em órbita ao redor de Saturno no momento,[**] observando o planeta, suas luas e seus sistemas de anéis. Temos outra nave espacial a caminho de Plutão.[***] Estão sendo projetados e construídos telescópios que observarão mais partes do espectro eletromagnético. A ciência está sendo desenvolvida. Eu gostaria que muito mais estivesse sendo feito, mas a ciência básica está em andamento.

MP – Mas não o Grande Colisor de Hádrons, que está sendo realizado pelos europeus.[****]

---

[*] O jipe Curiosity está em Marte desde agosto de 2012. (N.E.)
[**] Em setembro de 2017, a *Cassini* foi jogada contra Saturno para encerrar a missão. (N.E)
[***] A nave passou por Plutão em 2015. (N.E.)
[****] O Grande Colisor de Hádrons já foi finalizado e está em constante upgrade. (N.E.)

JG – Há outro argumento potencial em favor da viagem espacial que ainda não comentamos. Mais cedo, você aludiu à ideia de que se nos tornássemos um povo viajante do espaço, poderíamos usar a Lua e Marte como uma espécie de loja de conveniência. Você acha que poderíamos empregar o argumento prático de que precisamos nos aventurar no espaço porque a Terra se tornará em algum momento inabitável?

NDT – Muitas pessoas fazem uso desse argumento. Stephen Hawking está entre eles. J. Richard Gott em Princeton é outro. Mas se adquirirmos *know-how* suficiente para terraformar Marte e enviar 1 bilhão de pessoas para lá, esse *know-how* certamente incluiria a capacidade de arrumar os rios, os oceanos e a atmosfera da Terra, bem como desviar os asteroides. Por isso, não acho que fugir para outros planetas seja necessariamente a solução mais conveniente para proteger a vida na Terra.

CAPÍTULO DOZE

Caminhos para a descoberta*

DA DESCOBERTA DE LUGARES PARA A DESCOBERTA DE IDEIAS

De quantas maneiras a sociedade atual difere da existente no último ano, no último século, no último milênio? A lista de realizações médicas e científicas convenceria qualquer pessoa de que vivemos em tempos especiais. É fácil notar o que é diferente: o desafio é ver o que permaneceu igual.

Por trás de toda a tecnologia ainda somos seres humanos, nem mais nem menos do que os participantes em todo o restante da história registrada. Algumas das forças básicas da sociedade organizada mudam lentamente, se é que mudam; os humanos contemporâneos ainda exibem comportamentos básicos. Escalamos montanhas, travamos guerra, competimos por sexo, procuramos divertimento e desejamos poder político e econômico. Queixas sobre a morte da sociedade e a "juventude de hoje" também tendem a ser eternas. Considerem este pronunciamento, inscrito numa tabuinha assíria em 2800 a.C.:

> A nossa terra está degenerada nos dias de hoje [...] suborno e corrupção são abundantes, as crianças já não obedecem aos pais, todo homem quer escrever um livro, e o fim do mundo está evidentemente se aproximando.

O impulso de escalar uma montanha talvez não seja partilhado por todo mundo, mas o impulso de descobrir – que poderia levar algumas

---

* Adaptação do capítulo 19, "Parts to Discovery" [Caminhos para a descoberta], em Richard W. Bulliet, ed., *The Columbia History of the 20th Century* [A história de Columbia do século XX] (Nova York: Columbia University Press, 1998).

pessoas a escalar montanhas e outras a inventar métodos de cozinhar – parece ser partilhado, e essa tendência tem sido a única responsável por mudanças na sociedade através dos séculos. A descoberta é o único empreendimento que constrói sobre si mesmo, persiste de geração em geração, e expande a compreensão humana do universo. Isso é verdade, quer a fronteira do mundo conhecido seja o outro lado do oceano, quer o outro lado da galáxia.

A descoberta provoca comparações entre o que já se sabe que existe e o que acaba de se descobrir. As bem-sucedidas descobertas anteriores ajudam frequentemente a determinar como as descobertas subsequentes se desenrolam. Encontrar algo que não tem analogia com a própria experiência constitui uma descoberta pessoal. Encontrar algo que não tem analogia com a soma dos objetos conhecidos do mundo, formas de vida, práticas e processos físicos constitui uma descoberta para toda a humanidade.

O ato da descoberta pode assumir muitas formas além de "olha o que encontrei!". Historicamente, os descobridores eram pessoas que embarcavam em longas viagens oceânicas para lugares desconhecidos. Quando chegavam a um destino, eles podiam ver, escutar. Perceber as fragrâncias, sentir e saborear de perto o que era inacessível de muito longe. Assim foi a Era da Exploração ao longo do século XVI. Mas quando o mundo tinha sido explorado e os continentes mapeados, a descoberta humana começou a ter outro foco: em vez das viagens, os conceitos.

O amanhecer do século XVII viu a invenção quase simultânea do que são defensavelmente os dois instrumentos científicos mais importantes já concebidos: o microscópio e o telescópio. (Não que isso deva ser uma medida de sua importância, mas entre as 88 constelações há padrões estelares nomeados em referência a cada um dos instrumentos: Microscopium e Telescopium.) Mais tarde, o ótico holandês Anton van Leeuwenhoek introduziu o microscópio no mundo da biologia, enquanto o físico e astrônomo italiano Galileu Galilei apontou um telescópio de sua autoria para o céu. Juntos, eles anunciaram uma nova era de descobertas ajudada pela tecnologia, na qual as capacidades dos sentidos humanos podiam ser expandidas, revelando o mundo natural de maneiras inéditas, até heréticas. As bactérias e outros organismos simples, cuja existência só pôde ser revelada por meio de um microscópio, produziram um conhecimento que transcendia os limites anteriores da experiência humana. O fato de Galileu ter revelado que o Sol tem manchas, que o planeta Júpiter tem satélites e que a Terra não é o centro de todo o movimento celeste foi o bastante para abalar séculos de ensinamentos aristotélicos ministrados pela Igreja Católica e para Galileu ser colocado em prisão domiciliar.

As descobertas telescópicas e microscópicas desafiavam o "senso comum". Elas alteraram para sempre a natureza da descoberta e os caminhos tomados para atingi-la; o senso comum já não era aceito como uma ferramenta efetiva de investigação intelectual. Demonstrou-se que nossos 5 sentidos eram não só insuficientes como pouco confiáveis. A compreensão do mundo exigia medições confiáveis – que talvez não concordassem com nossas percepções –, derivadas de experimentos realizados com cuidado e precisão. O método científico da hipótese, dos testes sem viés e dos testes repetidos adquiriu importância e continuou sem esmorecer desde então, impedindo inevitavelmente a presença do leigo mal equipado na pesquisa e descoberta modernas.

INCENTIVOS PARA A DESCOBERTA

A viagem era o método preferido da maioria dos exploradores históricos, porque a tecnologia ainda não havia progredido o suficiente para permitir a descoberta por outros meios. Aparentemente era tão importante para os exploradores europeus descobrir alguma coisa que os lugares que encontravam eram declarados "descobertos" – e cerimoniosamente ornados com bandeiras –, mesmo quando havia povos indígenas em grandes números para saudá-los nas costas.

O que nos impele a explorar? Em 1969, quando os astronautas da *Apollo 11* Neil Armstrong e Buzz Aldrin Jr. pousaram, caminharam e brincaram na Lua, foi a primeira vez na história que os humanos pousaram na superfície de outro mundo. Sendo ocidentais bem como descobridores, nós imediatamente voltamos a nossas antigas maneiras imperialistas – os emissários-astronautas plantaram uma bandeira –, mas desta vez não apareceram nativos para nos cumprimentar. E foi preciso que uma vara fosse inserida na borda superior da bandeira para simular os efeitos de uma brisa solidária e amiga naquele mundo árido e sem ar.

As missões lunares são geralmente consideradas as maiores realizações tecnológicas da humanidade. Mas eu proporia algumas modificações para nossas primeiras palavras e ações na Lua. Depois de pisar na superfície lunar, Neil Armstrong disse: "Esse é um pequeno passo para um homem, um salto gigantesco para a humanidade", e depois passou a plantar a bandeira americana no solo da Lua. Se na verdade seu salto gigantesco fosse para a "humanidade", a bandeira deveria ter sido talvez a das Nações Unidas. Se ele tivesse sido politicamente honesto, teria se referido a "um gigantesco salto para os Estados Unidos da América".

O fluxo de receita que alimentou a era americana das descobertas do ciclo espacial derivava dos contribuintes e era motivado pela perspectiva do conflito militar com a União Soviética. Os grandes projetos financiados requerem grande motivação. A guerra é uma motivação preeminente, e foi em grande parte responsável por projetos como a Grande Muralha da China, a bomba atômica e os programas espaciais soviético e americano. Como resultado de 2 guerras mundiais dentro de um período de trinta anos e a prolongada Guerra Fria que se seguiu, a descoberta científica e tecnológica foi acelerada no Ocidente no século XX.

Um segundo motivo para incentivos a grandes projetos financiados é a perspectiva de alto ganho econômico. Entre os exemplos mais notáveis estão as viagens de Colombo, cujo nível de financiamento era uma fração não trivial do produto nacional bruto da Espanha, e o Canal do Panamá, que tornou possível no século XX o que Colombo não conseguira encontrar no século XV – uma rota de comércio mais curta para o Extremo Oriente.

> Tweet Espacial #13
> Colombo levou três meses para cruzar o Atlântico em 1492.
> O ônibus espacial leva quinze minutos
> 16 de maio de 2011, às 9h30

Quando importantes projetos são impulsionados principalmente pela busca da descoberta, têm chance maior de promover grandes avanços – foram projetados para isso –, mas chance menor de ser adequadamente financiados. A construção de um supercolisor supercondutor nos Estados Unidos – um enorme (e enormemente caro) acelerador de partículas subterrâneo que expandiria a compreensão humana sobre as forças fundamentais da natureza e as condições do universo primitivo – nunca foi além de um grande buraco no solo. Talvez não devêssemos nos surpreender. Com um valor de mais de 20 bilhões de dólares, seu custo era muito desproporcional aos esperados lucros econômicos de tecnologias derivadas, e não havia nenhum benefício militar óbvio.

Quando grandes projetos financiados são motivados em especial pelo ego ou pela autopromoção, as realizações raramente se estendem além da arquitetura *per se*, como no Castelo Hearst na Califórnia, o Taj Mahal na

Índia e o Palácio de Versalhes na França. Esses monumentos extravagantes a indivíduos, que sempre foram um luxo de sociedades bem-sucedidas ou exploradoras, produzem atrações turísticas insuperáveis, mas não atingem o nível da descoberta.

A maioria dos indivíduos não pode pagar para construir pirâmides; alguns de nós conseguem ser os primeiros na Lua ou os primeiros em qualquer lugar. Mas isso não parece acabar com o desejo de deixar uma marca pessoal. Como os animais que delineiam seu território com rosnados ou urina, quando não há bandeiras à mão os comuns dos mortais deixam o nome entalhado ou pintado – não importa quão sagrado ou reverenciado possa ser o local descoberto. Se a *Apollo 11* não tivesse levado a bandeira, os astronautas poderiam ter talhado numa pedra próxima "NEIL & BUZZ ESTIVERAM AQUI – 20/7/69". Em todo caso, o programa espacial deixou muitas evidências em cada visita: toda sorte de hardware e outras cargas abandonadas, desde bolas de golfe a automóveis, está espalhada sobre a superfície da Lua como testamento das seis missões *Apollo*. O solo lunar juncado de lixo representa simultaneamente a prova e as consequências da descoberta.

Astrônomos amadores, que monitoram o céu de maneira muito mais minuciosa e que qualquer outra pessoa, são especialmente bons em descobrir cometas. A perspectiva de conseguir que algo venha a receber seu nome é uma motivação forte: descobrir um cometa brilhante significa que o mundo será forçado a identificá-lo com o nome de quem o revelou. Exemplos bem conhecidos incluem o cometa Halley, que não precisa de apresentação; o cometa Ikeya-Seki, talvez o mais belo cometa do século XX, com sua cauda longa e graciosa; e o cometa Shoemaker-Levy 9, que mergulhou na atmosfera de Júpiter em julho de 1994, a poucos dias do 25º aniversário do pouso da *Apollo 11* na Lua. Embora entre os mais famosos corpos celestes de nossos tempos, esses cometas não sofreram nem a implantação de bandeiras, nem o entalhe de iniciais.

Se dinheiro é o prêmio mais amplamente reconhecido para realizações, então o século XX começou com o pé direito. Uma lista das maiores e mais influentes descobertas científicas do mundo pode ser encontrada entre os ganhadores do Prêmio Nobel, dotado para sempre pelo químico sueco Alfred Bernhard Nobel, a partir da riqueza acumulada pela manufatura de armamentos e a invenção da dinamite. O tamanho impressionante do prêmio – atualmente, quase 1,5 milhão de dólares – serve como chamariz para muitos cientistas que trabalham no campo da física, medicina e química. Os prêmios começaram em 1901, cinco anos depois da morte de Nobel – o que é afortunado, porque a descoberta científica estava atingindo um ritmo proporcional a um prêmio anual. Mas se o volume de pesquisa publicada em, digamos, astrofísica pode ser usado como barômetro, descobriu-se nos últimos quinze anos tanto quanto em toda a história anterior dessa área. Chegará talvez o dia em que os prêmios Nobel em ciência serão concedidos mensalmente.

A DESCOBERTA E A EXPANSÃO DOS SENTIDOS HUMANOS

Se a tecnologia expande nossa potência cerebral e muscular, a ciência expande a potência de nossos sentidos além dos limites inatos. Um modo primitivo de melhorar nosso desempenho é chegar mais perto para obter uma visão melhor; as árvores não podem caminhar, tampouco têm globos oculares. Entre os humanos, o olho é frequentemente considerado um órgão impressionante. Sua capacidade de focar perto e longe, ajustar-se a uma gama ampla de níveis de luz e distinguir cores o coloca no topo da lista de características desejáveis formulada pela maioria das pessoas. Mas, quando tomamos conhecimento das muitas faixas de luz que nos são invisíveis, somos forçados a declarar que os humanos são praticamente cegos – mesmo depois de chegarmos mais perto para obter uma visão melhor. Quão impressionante é nossa audição? Os morcegos voam em círculos ao nosso redor, dada sua sensibilidade à altura do som que suplanta a nossa por uma ordem de magnitude. E se o sentido humano do olfato fosse tão bom quanto o dos cachorros, então Fred, e não Fido, é que estaria farejando em busca de drogas e bombas.

A história da descoberta humana é uma história do desejo ilimitado de expandir os sentidos, e graças a esse desejo é que temos aberto novas janelas para o universo. A começar da década de 1960 com as primeiras missões soviéticas e da Nasa para a Lua e os planetas do sistema solar, as sondas espaciais controladas por computadores – que podem ser chamadas corretamente de robôs – tornaram-se (e ainda são) a ferramenta padrão para a exploração espacial. Os robôs no espaço têm vantagens evidentes sobre os astronautas: custa menos lançá-los ao espaço; podem ser projetados para realizar experimentos de precisão muito alta sem interferência de um traje pressurizado incômodo; como não são vivos em nenhum sentido tradicional da palavra, não podem ser mortos num acidente espacial. Ainda assim, enquanto os computadores não puderem simular a curiosidade e as centelhas de compreensão humanas, e enquanto não conseguirem sintetizar as informações e reconhecer uma bela descoberta fortuita quando ela estiver bem na cara deles, os robôs continuarão a ser ferramentas projetadas para descobrir o que já esperamos encontrar. Infelizmente, as compreensões profundas da natureza se ocultam por trás de perguntas que ainda temos de formular.

O melhoramento mais significativo de nossos sentidos frágeis é a expansão de nossa vista para as faixas invisíveis do que é coletivamente conhecido como espectro eletromagnético. No final do século XIX, o físico alemão Heinrich Hertz realizou experimentos que ajudaram a unificar conceitualmente o que antes havia sido considerado formas não relacionadas de radiação. Revelou-se que as ondas de rádio, o infravermelho, a luz visível e o ultravioleta eram primos numa família de luz cujos membros diferiam simplesmente quanto à energia. O espectro total, incluindo todas as partes descobertas depois do trabalho de Hertz, vai da parte de energia baixa, chamada ondas de rádio, e se estende, em ordem de energia crescente, para micro-ondas, infravermelho, faixa visível (compreendendo as 7 cores do arco-íris: vermelho, laranja, amarelo, verde, azul, índigo e violeta), ultravioleta, raios X e raios gama.

O Super-Homem, com sua visão de raio X, tem poucas vantagens sobre os cientistas modernos. Ele é um tanto mais forte que o astrofísico comum, mas os astrofísicos podem agora "ver" em toda parte importante do espectro eletromagnético. Sem essa visão ampliada, estaríamos cegos e ignorantes, porque muitos fenômenos astrofísicos se revelam apenas em certas "janelas" dentro do espectro.

Vamos espiar algumas descobertas feitas através de cada janela sobre o universo, começando com as ondas de rádio, que requerem detectores diferentes dos encontrados na retina humana.

Em 1931, Karl Jansky, então empregado por Bell Telephones Laboratories e equipado com uma antena de rádio construída por ele próprio, tornou-se o primeiro humano a "ver" sinais de rádio emanando de algum lugar que não a Terra. Ele tinha, de fato, descoberto o centro da galáxia da Via Láctea. O sinal de rádio era tão intenso que se o olho humano fosse sensível apenas a ondas de rádio, o centro galáctico seria uma das fontes mais brilhantes no céu.

Com a ajuda de um recurso eletrônico inteligentemente projetado, é possível transmitir ondas de rádio codificadas que podem ser transformadas em som por meio de um aparelho engenhoso conhecido como rádio. Assim, por expandir nosso sentido da visão, conseguimos expandir nosso sentido da audição. Qualquer fonte de ondas de rádio – praticamente qualquer fonte de energia – pode ser canalizada para fazer vibrar o cone de um alto-falante, um fato simples por vezes mal compreendido pelos jornalistas. Quando as emissões de rádio vindas de Saturno foram descobertas, por exemplo, foi bem simples para os astrônomos conectar um receptor de rádio equipado com um alto-falante; o sinal foi depois convertido em ondas sonoras audíveis, o que levou mais de um jornalista a relatar que "sons" estavam vindo de Saturno, e que a vida em Saturno estava tentando nos dizer alguma coisa.

Com detectores de rádio muito mais sensíveis e sofisticados do que aqueles à disposição de Karl Jansky, os astrofísicos agora exploram a Via Láctea e também o universo inteiro. Como um testemunho do viés humano em relação a ver é crer, as primeiras detecções de fontes de rádio no universo eram frequentemente consideradas não fidedignas até serem confirmadas pelas observações com um telescópio convencional. Felizmente, a maioria das classes de objetos emissores de rádio emite algum nível de luz visível, por isso a fé cega nem sempre foi requisitada. Por fim, os radiotelescópios produziram um rico desfile de descobertas, inclusive os quasares (o acrônimo formado sem muito rigor a partir de *quasi-stellar radio source* [fonte de rádio quase estelar]), que estão entre os objetos mais distantes e energéticos no universo conhecido.

As galáxias ricas em gás emitem ondas de rádio a partir de seus abundantes átomos de hidrogênio (mais de 90% de todos os átomos no cosmos são hidrogênio). Grandes arranjos de radiotelescópios eletronicamente conectados podem gerar imagens do conteúdo de gás de uma galáxia com resolução muito alta, revelando características intrincadas como curvas torcidas, bolhas, buracos e filamentos. De muitas maneiras, a tarefa de mapear as galáxias não é diferente daquela que desafiava os cartógrafos dos séculos XV e XVI, cujas interpretações dos continentes – por mais distorcidas que fossem – representavam uma nobre tentativa humana de descrever mundos além do alcance físico.

As micro-ondas têm comprimentos de onda mais curtos e também mais energia que as ondas de rádio. Se o olho humano fosse sensível às micro-ondas, poderíamos ver o radar emitido pela pistola de controle da velocidade de um oficial da patrulha rodoviária escondido entre os arbustos, e as torres de transmissão de telefonia que emitem micro-ondas ficariam flamejantes de luz. O interior do forno de micro-ondas, entretanto, não pareceria diferente do que vemos agora, porque a malha embutida na porta reflete as micro-ondas de volta à cavidade para impedir que escapem. O humor vítreo dos globos oculares é assim protegido, deixando de ser cozinhado junto com a comida.

Os telescópios de micro-ondas, que só foram ativamente empregados para estudar o universo no final da década de 1960, permitem que espiemos dentro de nuvens frias e densas do gás interestelar que acabam colapsando para formar estrelas e planetas. Os elementos pesados nessas nuvens se agrupam prontamente em moléculas complexas, cuja assinatura na parte micro-onda do espectro é inequívoca por causa de sua correspondência com moléculas idênticas que existem na Terra. Algumas dessas moléculas cósmicas, como NH_3 (amônia) e H_2O (água), estão sempre à mão nos domicílios. Outras, como os mortais CO (monóxido de carbono) e HCN (cianeto de hidrogênio), devem ser evitadas a todo custo. Algumas nos lembram hospitais – H_2CO (formaldeído) e C_2H_5OH (álcool etílico) – e algumas não nos lembram nada: N_2H+ (íon mono-hidrido de dinitrogênio) e HC_4CN (cianodiacetileno). Mais de 150 moléculas foram detectadas, incluindo a glicina, um aminoácido que é um tijolo para a proteína e para a vida como a conhecemos. Somos, na verdade, feitos de poeira das estrelas. Anton van Leeuwenhoek ficaria orgulhoso dessa constatação.

Sem dúvida, a descoberta singular mais importante em astrofísica foi feita com um telescópio de micro-onda: o calor residual da origem do universo. Em 1964, esse calor remanescente foi medido numa observação, que ganhou um Prêmio Nobel, realizada em Bell Telephone Laboratories pelos físicos Arno Penzias e Robert Wilson. O sinal desse calor é um oceano de luz onipresente e onidirecional – frequentemente chamado de radiação cósmica de fundo em micro-ondas – que hoje registra 2,7 graus na escala de temperatura "absoluta" e está dominado pelas micro-ondas (embora irradie em todos os comprimentos de onda). Essa descoberta foi um acaso feliz do mais alto grau. Penzias e Wilson tinham se proposto humildemente a encontrar fontes terrestres de interferência com as comunicações por micro-onda; o que descobriram foi uma evidência convincente para a teoria do Big Bang. É como fisgar uma baleia-azul tentando pescar um peixinho.

Ao avançarmos ao longo do espectro eletromagnético, chegamos à luz infravermelha. Invisível para os humanos, ela é muito familiar aos fanáticos por *fast-food*, cujas batatas fritas são mantidas mornas por muitas horas sob lâmpadas infravermelhas, antes de serem vendidas. As lâmpadas infravermelhas também emitem luz visível, mas seu ingrediente ativo é uma abundância de fótons infravermelhos invisíveis, que são prontamente absorvidos pelo alimento. Se a retina humana fosse sensível ao infravermelho, uma olhadela à meia-noite numa cena familiar comum, com todas as luzes apagadas, revelaria todos os objetos que sustentam uma temperatura mais alta que a do ambiente: o metal que rodeia as luzes piloto de um fogão a gás, os canos de água quente, o ferro que alguém se esqueceu de desligar depois de passar colarinhos de camisas amassados, e a pele exposta de qualquer humano que cruze a cena. É claro que essa imagem não é mais esclarecedora do que a cena que se veria com a luz visível, mas é fácil imaginar um ou dois empregos criativos dessa visão amplificada, como examinar a casa no inverno à procura de frestas nas vidraças ou no telhado por onde o calor poderia vazar.

Quando criança, eu sabia que, à noite, a visão infravermelha só revelaria monstros escondidos no armário do quarto de dormir se eles fossem de sangue quente. Mas todo mundo sabe que o monstro comum do quarto de dormir é um réptil de sangue frio. Assim, a visão infravermelha não lograria descobrir um monstro no quarto de dormir, porque ele simplesmente se misturaria com as paredes e a porta.

No universo, a janela infravermelha é particularmente útil para sondar nuvens densas que contêm berçários de estrelas, dentro dos quais as estrelas jovens estão frequentemente envoltas em gás e poeira residuais. Essas nuvens absorvem a maior parte da luz visível vinda das estrelas nelas incrustadas e a irradiam novamente em infravermelho, tornando nossa janela da luz visível inútil. Isso torna o infravermelho proveitoso para estudar o plano da Via Láctea, porque é ali que o obscurecimento da luz visível vinda das estrelas de nossa galáxia atinge seu grau máximo. Aqui no nosso mundo, as fotografias da superfície da Terra obtidas em infravermelho via satélites revelam, entre outras coisas, os caminhos das águas oceânicas quentes, como a Corrente de Deriva do Atlântico Norte, que redemoinha a oeste das Ilhas Britânicas impedindo que se tornem um importante resort de esqui.

A parte visível do espectro é a que os humanos conhecem melhor. A energia emitida pelo Sol, cuja temperatura na superfície é aproximamente de 6 mil graus acima do zero absoluto, atinge seu ponto máximo na parte visível do espectro, assim como se dá com a sensibilidade da retina humana, razão pela qual nossa visão é tão útil durante o dia. Se não fosse por essa correspondência, poderíamos nos queixar com razão de que parte da sensibilidade de nossa retina estava sendo desperdiçada.

Não pensamos normalmente na luz visível como penetrante, mas a luz passa quase sem empecilhos através do vidro e do ar. O ultravioleta, entretanto, é absorvido pelo vidro comum. Assim, se nossos olhos fossem sensíveis apenas ao ultravioleta, as janelas feitas de vidro não seriam muito diferentes das janelas feitas de tijolos. As estrelas que são apenas 4 vezes mais quentes que o Sol constituem fontes prodigiosas de luz ultravioleta. Felizmente, essas estrelas são também brilhantes na parte visível do espectro, o que significa que sua descoberta não depende de um acesso a telescópios em ultravioleta. Como a camada de ozônio de nossa atmosfera absorve a maior parte do ultravioleta e dos raios X que a invadem, uma análise detalhada de estrelas muito quentes pode ser mais bem obtida a partir da órbita da Terra ou ainda além, o que somente se tornou possível a partir da década de 1960.

Como se para anunciar um novo século de visão ampliada, o primeiro Prêmio Nobel a ser concedido na área de física foi para o físico alemão Wilhelm Röntgen, em 1901, pela sua descoberta dos raios X. Cosmicamente, tanto os raios X como o ultravioleta podem indicar a presença de buracos negros – que estão entre os mais exóticos objetos do universo. Os buracos negros são goelas vorazes que não emitem luz – sua gravidade é demasiado forte até para a luz escapar –, mas sua existência pode ser rastreada pela energia emitida a partir do gás aquecido e em redemoinho na sua vizinhança. O ultravioleta e os raios X são a forma predominante de energia liberada pelo material pouco antes de descer para dentro do buraco negro.

Vale lembrar que o ato da descoberta não requer que se compreenda, seja de antemão, seja depois do fato, o que se descobriu. Foi o que aconteceu com a radiação cósmica de fundo em micro-ondas. Aconteceu também com as explosões de raios gama. Dispersas pelo céu, explosões misteriosas, aparentemente aleatórias, de raios gama de alta energia foram detectadas pela primeira vez na década de 1960 por satélites que buscavam a radiação de testes soviéticos clandestinos de armas nucleares. Somente décadas mais tarde é que telescópios mantidos no espaço, em conjunto com observações de acompanhamento com base na Terra, mostraram que as ditas explosões eram a assinatura de catástrofes estelares distantes.

A descoberta por meio de detecção pode cobrir muito território, incluindo partículas subatômicas. Mas uma partícula em especial quase desafia a detecção: o elusivo neutrino. Sempre que um nêutron decai num próton comum e num elétron, um membro do clã neutrino passa a existir. Dentro do núcleo do Sol, por exemplo, 200 trilhões de trilhões de trilhões de neutrinos são produzidos a cada segundo, e depois seguem diretamente para fora do Sol, como se ele não estivesse ali. Os neutrinos são bastante difíceis de capturar, porque têm uma massa excessivamente minúscula e quase nunca interagem com a matéria. Construir um telescópio de neutrino eficiente e efetivo permanece um desafio extraordinário.

A detecção de ondas gravitacionais, outra janela elusiva para o universo, revelaria eventos cósmicos catastróficos. Mas no momento em que escrevo, essas ondas, preditas em 1916 na teoria da relatividade geral de Einstein como "ondulações" no espaço e tempo, ainda não foram detectadas a partir de qualquer fonte.* Um bom telescópio de onda gravitacional seria capaz de detectar buracos negros orbitando uns ao redor dos outros e galáxias distantes se fundindo. Pode-se até imaginar um tempo no futuro em que os eventos gravitacionais no universo – colisões, explosões, estrelas colapsadas – sejam rotineiramente observados. Em princípio, poderíamos um dia enxergar, mais além da parede opaca da radiação cósmica de fundo em micro-ondas, o próprio Big Bang. Como a tripulação de Magalhães, que pela primeira vez circum-navegou a Terra e viu os limites do globo, teríamos alcançado e descoberto os limites do universo conhecido.

A DESCOBERTA E A SOCIEDADE

Como uma prancha de surfe cavalga uma onda, a Revolução Industrial cavalgou os séculos XVIII e XIX na crista dos avanços década a década na compreensão humana da energia como um conceito físico e uma entidade transmutável. A energia da engenharia substitui a energia dos músculos com a energia das máquinas. As máquinas a vapor convertem o calor em energia mecânica; as represas convertem a potencial energia gravitacional

---

* As ondas foram detectadas em fevereiro de 2016 pelos pesquisadores do projeto Ligo (Laser Interferometer Gravitational-Wave Observatory). (N.E.)

da água em eletricidade; a dinamite converte a energia química em ondas de choque explosivas. Num paralelo notável com a maneira como essas descobertas transformaram as sociedades anteriores, o século XX viu a tecnologia da informação cavalgar a crista dos avanços em eletrônica e miniaturização, dando origem a uma era em que o poder do computador substituiu o poder da mente. A exploração e a descoberta ocorrem agora em wafers [bolachas] de silício, com os computadores completando em minutos, e até em instantes, o que exigiria outrora vidas inteiras consumidas em cálculos. Mesmo assim, talvez ainda estejamos tateando no escuro, porque enquanto nossa área de conhecimento aumenta, cresce o perímetro de nossa ignorância.

Qual é a influência cumulativa de toda a descoberta cósmica e tecnológica sobre a sociedade, à parte criar instrumentos mais efetivos de destruição e outras desculpas para travar guerra? O século XIX e o início do século XX viram o desenvolvimento do transporte que não dependia da energia de animais domésticos – incluindo a bicicleta, a ferrovia, o automóvel e o aeroplano. O século XX também viu o aparecimento de foguetes (graças, em parte, a Robert Goddard) e naves espaciais (com o auxílio, em parte, de Wernher von Braun) movidos a combustível líquido. A descoberta de meios de transporte aperfeiçoados foi muito crucial para nações geograficamente grandes, mas habitáveis, como os Estados Unidos. Tão importante é o transporte para os americanos que a interrupção do trânsito por qualquer meio, mesmo ocorrendo em outro país, ganha manchetes. Em 7 de agosto de 1945, por exemplo, um dia depois de os Estados Unidos matarem 70 mil japoneses na cidade de Hiroshima, com dezenas de milhares de outras mortes acontecendo logo a seguir, a primeira página do jornal *The New York Times* anunciava: "PRIMEIRA BOMBA ATÔMICA JOGADA NO JAPÃO". Uma manchete menor, também na primeira página, dizia: "TRENS CANCELADOS NA ÁREA ATINGIDA; Interrompido o trânsito ao redor de Hiroshima". Não sei ao certo, mas apostaria que os jornais japoneses daquele dia não consideravam os engarrafamentos uma notícia de primeira importância.

A mudança tecnológica não afetou apenas a destruição, claro, mas também a vida doméstica. Com a eletricidade disponível em todo domicílio, começou a valer a pena inventar aparelhos e máquinas que consumiam essa nova fonte de energia. Entre os antropólogos, uma das medidas amplas do progresso da sociedade é seu consumo *per capita* de energia. Mas as antigas tradições custam a morrer. As lâmpadas substituíram as velas, mas ainda acendemos velas em jantares especiais; até compramos lustres elétricos em forma de candelabros guarnecidos de lâmpadas que lembram as chamas das velas. E os motores dos carros são medidos em termos de "cavalo-vapor".

A dependência da eletricidade, especialmente entre os americanos urbanos, atingiu níveis irreversíveis. Considere-se Nova York durante os apagões de novembro de 1965, julho de 1977 e agosto de 2003, quando esse luxo do século XX se tornou indisponível por um período temporário. Em 1965, muitas pessoas acharam que o mundo ia acabar, e em 1977 ocorreram saques por toda parte. (Alega-se que cada apagão produziu "bebês do apagão", concebidos na ausência da televisão e de outras distrações tecnológicas.) Aparentemente, nossas descobertas e invenções deixaram de ser apenas um modo de facilitar a vida para tornar-se um requisito para a sobrevivência.

Ao longo de toda a história, a descoberta contém riscos e perigos para os próprios descobridores. Nem Magalhães nem a maior parte de sua tripulação permaneceram vivos para completar a viagem ao redor do mundo em 1522. A maioria morreu de doença e fome, e o próprio Magalhães foi morto por filipinos nativos que não aceitaram suas tentativas de cristianizá-los. Os riscos modernos podem ser tão devastadores quanto. Ao final do século XIX, investigando a radiação de alta energia, Wilhelm Röntgen explorou as propriedades dos raios X e Marie Curie explorou as propriedades do rádio. Ambos morreram de câncer. Os três tripulantes da *Apollo 1* morreram incinerados na plataforma de lançamento em 1967. O ônibus espacial *Challenger* explodiu pouco depois do lançamento em 1986, enquanto o ônibus espacial *Columbia* espatifou-se na reentrada em 2003, matando em ambos os casos todos os tripulantes.

Às vezes, os riscos se estendem muito além das descobertas. Em 1905, Albert Einstein apresentou a equação $E = mc^2$, a receita inédita que intercambiava matéria com energia e acabou gerando a bomba atômica. Coincidentemente, apenas dois anos antes do surgimento da famosa equação de Einstein, Orville Wright [um dos Irmãos Wright, como ficaram conhecidos] executou o primeiro voo bem-sucedido num aeroplano, o veículo que um dia deixaria cair as primeiras bombas atômicas na guerra. Pouco depois da invenção do aeroplano, apareceu numa das revistas mais distribuídas à época uma carta ao editor expressando preocupação com o possível mau emprego da nova máquina voadora, observando que se uma pessoa maligna assumisse o comando de um avião, ela poderia voar sobre vilas cheias de pessoas inocentes, indefesas, e atirar caixas de dinamite sobre elas.

Wilbur e Orville Wright não são evidentemente mais culpados pelas mortes resultantes da aplicação militar do aeroplano do que Albert Einstein pelas mortes resultantes das bombas atômicas. Para o bem ou para o mal, as descobertas ocorrem no domínio público e estão sujeitas a padrões de comportamento humano que parecem estar profundamente enraizados e são muito antigos.

A DESCOBERTA E O EGO HUMANO

A história das ideias sobre nosso lugar no universo tem sido uma longa série de decepções para todos os que gostam de acreditar que somos especiais. Infelizmente, as primeiras impressões têm nos enganado de forma consistente – os movimentos diários do Sol, a Lua e as estrelas conspiram para que pareça estarmos no centro de tudo. Mas, ao longo dos séculos, temos aprendido que não é bem assim. Não há nenhum centro na superfície da Terra, por isso nenhuma cultura pode reivindicar estar geometricamente no meio das coisas. A Terra não é o centro do sistema solar; é apenas um dos múltiplos planetas em órbita ao redor do Sol, uma revelação proposta pela primeira vez por Aristarco de Samos no terceiro século a.C., argumentada por Nicolau Copérnico no século XVI, e consolidada por Galileu no século XVII. O Sol está a uma distância de aproximadamente 25 mil anos-luz do centro da galáxia da Via Láctea, e gira anonimamente ao redor do centro galáctico junto com centenas de bilhões de outras estrelas. E a Via Láctea é uma entre 100 bilhões de galáxias num universo que não tem nenhum centro. Por fim, devido às obras A origem das espécies e A descendência do homem, de Charles Darwin, já não é necessário invocar um ato criativo de alguma divindade para explicar as origens humanas.

A descoberta científica é raramente consequência de um ato instantâneo de brilho, e a revelação de que nossa galáxia não é especial nem única não foi exceção. O ponto de inflexão no entendimento humano de nosso lugar no cosmos não ocorreu séculos atrás, mas na primavera de 1920, durante um agora famoso debate sobre a extensão do universo conhecido, realizado num encontro da Academia de Ciências em Washington, D.C., no qual foram discutidas questões fundamentais: a galáxia da Via

Láctea – com todas as suas estrelas, aglomerados de estrelas, nuvens de gás e objetos espirais indistintos – era só o que havia no universo? Ou aqueles objetos espirais indistintos eram eles próprios galáxias, como a Via Láctea, pontilhando a vastidão inimaginável do espaço como "universos-ilha"?

A descoberta científica, ao contrário do conflito político ou da política pública, não emerge da política partidária, voto democrático ou debate público. Nesse caso, entretanto, dois cientistas ilustres da época, cada um armado com alguns bons dados, alguns maus dados e alguns argumentos afiados, tiveram um confronto direto no Museu Nacional de História Natural: Harlow Shapley afirmava que a Via Láctea constitui toda a extensão do universo, enquanto Heber D. Curtis defendia opinião oposta.

Mais cedo no século, os 2 cientistas haviam participado de uma onda de descobertas derivadas de esquemas de classificação para objetos e fenômenos cósmicos. Com a ajuda de um espectrógrafo (que rompe a luz estelar em suas cores componentes assim como as gotas de chuva rompem a luz solar num arco-íris), os astrofísicos foram capazes de classificar objetos não por sua forma ou aparência exterior, mas pelas características bem detalhadas reveladas em seus espectros. Mesmo sem a plena compreensão da causa ou origem de um fenômeno, um esquema de classificação bem projetado possibilita deduções substantivas.

O céu noturno mostra uma caixa surpresa de objetos cujas classificações não estavam sujeitas a grandes desacordos em 1920. Três tipos eram relevantes para o debate: as estrelas que estão concentradas ao longo da faixa estreita de luz chamada Via Láctea, interpretada corretamente em 1920 como o plano achatado de nossa própria galáxia; os cento e poucos aglomerados de estrelas titânicos, globulares, quase esféricos, que aparecem com mais frequência apenas numa direção do céu; o inventário de nebulosas indistintas perto do plano e nebulosas espirais muito longe do plano. O que quer que Shapley e Curtis pretendessem argumentar, sabiam que essas características básicas observadas no céu não podiam ser eliminadas pelo raciocínio. E, embora os dados fossem escassos, se Curtis pudesse mostrar que as nebulosas espirais eram universos-ilha distantes, a humanidade leria o próximo capítulo da longa série de descobertas que estraçalhavam o ego.

Numa visão casual do céu noturno, as estrelas aparecem uniformemente espalhadas em todas as direções ao longo da Via Láctea. Mas a Via Láctea contém uma mistura de estrelas e nuvens de poeira obscuras que comprometem as linhas de visão, de modo que se torna impossível ver toda a galáxia a partir de seu interior. Em outras palavras, não é possível identificar onde se está na Via Láctea, porque a Via Láctea está no meio do caminho. Nada de inusitado nisso: no momento em que entramos numa floresta densa, não fazemos ideia de onde estamos dentro dela (a não ser que tenhamos gravado nossas iniciais numa árvore durante uma visita anterior). É impossível determinar a extensão total da floresta porque as árvores estão no meio do caminho.

Os astrônomos da época quase não tinham pistas quanto à distância das coisas, e as estimativas de distância de Shapley tendiam a ser muito generosas, na verdade excessivas. Por meio de vários cálculos e pressuposições, ele acabou com um sistema galáctico com mais de 300 mil anos-luz de extensão – de longe a maior estimativa já feita antes (ou desde então) para o tamanho da Via Láctea. Curtis foi incapaz de encontrar falhas no raciocínio de Shapley, mas continuou cético mesmo assim, considerando a pressuposição "um tanto drástica". Embora com base no trabalho de dois teóricos ilustres da época, ela era realmente um tanto drástica – e as ideias relevantes daqueles teóricos logo seriam desacreditadas, deixando Shapley com avaliações superestimadas de luminosidades estelares e, como resultado, avaliações superestimadas das distâncias de seus objetos favoritos, os aglomerados globulares.

Curtis continuou convencido de que a Via Láctea era muito menor que o sugerido por Shapley, propondo que na ausência de evidência definitiva em contrário, "o diâmetro postulado de 300 mil anos-luz devia ser dividido por 5, talvez por 10".

Quem tinha razão?

Ao longo de muitos trajetos partindo da ignorância científica para a descoberta científica, a resposta correta está em algum ponto entre as estimativas extremas coletadas pelo caminho. Foi também o que aconteceu nessa discussão. Hoje, a extensão aceita da galáxia da Via Láctea é cerca de 100 mil anos-luz – aproximadamente 3 vezes os 30 mil anos-luz de Curtis e um terço dos 300 mil anos-luz de Shapley.

Mas a história não acabou aí. Os dois debatedores tinham de conciliar a extensão da Via Láctea com a existência de nebulosas espirais de alta velocidade, cujas distâncias eram ainda mais incertas e que pareciam evitar o plano galáctico, ganhando a Via Láctea o nome alternativo mal-assombrado de "Zona de Exclusão".

Shapley sugeria que as nebulosas espirais haviam sido criadas dentro da Via Láctea e depois ejetadas à força de seu lugar de nascimento. Curtis estava convencido de que as nebulosas espirais pertenciam à mesma classe de objetos em que estava inserida a própria Via Láctea, e propunha que um anel de "matéria ocultante" circundava nossa galáxia – como acontece com tantas outras galáxias espirais – e poderia eliminar de nossa visão espirais distantes.

A essa altura, se fosse o moderador, eu teria acabado o debate, declarando Curtis vencedor e mandando todo mundo para casa. Mas havia ainda mais evidências à mão: as "novas", estrelas tremendamente brilhantes que de vez em quando, e por muito pouco tempo, aparecem assim do nada. Curtis afirmava que as "novas" formavam uma classe homogênea de objetos que sugeriam "distâncias que abrangiam talvez 500 mil anos-luz no caso da nebulosa de Andrômeda, até 10 milhões ou mais anos-luz para as espirais mais remotas. Dadas essas distâncias, esses universos-ilha seriam "da mesma ordem de tamanho de nossa própria galáxia". Bravo.

Ainda que Shapley desconsiderasse o conceito das nebulosas espirais como universos-ilha, ele queria parecer alguém de mente aberta. Em seu resumo, que parecia uma retratação, ele levava em conta a possibilidade de outros mundos:

> Ainda que as espirais fracassassem como sistemas galácticos, talvez haja em algum outro lugar no espaço sistemas estelares iguais ou maiores que o nosso – até agora não reconhecidos e possivelmente muito além da potência dos dispositivos óticos existentes e das escalas de medição atuais. O telescópio moderno, entretanto, com acessórios como os espectroscópios de alta potência e os intensificadores fotográficos, está destinado a levar as pesquisas relativas ao tamanho do universo muito mais a fundo no espaço.

Como tinha razão! Enquanto isso, Curtis dizia abertamente que Shapley estaria percebendo alguma coisa com sua hipótese a respeito da ejeção de nebulosas espirais, e, no curso dessa concessão, Curtis inadvertidamente conseguiu revelar que vivemos num universo em expansão: "A teoria da repulsão adquiriu alguma sustentação pelo fato de que a maioria das espirais observadas até o momento está se afastando de nós".

Em 1925, uma simples meia década mais tarde, Edwin Hubble havia descoberto que quase todas as galáxias se afastam da Via Láctea a velocidades diretamente proporcionais a suas distâncias. Mas era autoevidente que nossa galáxia, a Via Láctea, estava no centro da expansão do universo. Tendo sido um advogado antes de se tornar astrônomo, Hubble teria provavelmente vencido qualquer debate que poderia ter travado com outros cientistas, não importa o que fosse discutido, mas ele não teve dificuldade em reunir as evidências de um universo em expansão conosco no centro. No contexto da teoria da relatividade geral de Albert Einstein, entretanto, a aparência de estar no centro de um tecido de espaço e tempo em expansão era uma consequência natural de um cosmos de 4 dimensões, com o tempo como número 4. Dada essa descrição do universo, os habitantes de toda galáxia observariam todas as outras galáxias se afastando, não através do espaço mas como parte dele, o que conduz inescapavelmente à conclusão de que os terráqueos não estão sozinhos nem são especiais.

E o *momentum* para diante rumo à insignificância continuou com uma vingança.

Nas décadas de 1920 e 1930, os físicos demonstraram que a fonte de combustível no Sol era a fusão termonuclear de hidrogênio em hélio. Nas décadas de 1940 e 1950, os astrofísicos deduziram a abundância cósmica de elementos ao descrever em detalhe a sequência da fusão termonuclear que ocorre nos núcleos das estrelas de alta massa que explodem ao final de suas vidas, enriquecendo o universo com os elementos de toda a famosa tabela periódica, os 5 principais sendo o hidrogênio, o hélio, o oxigênio, o carbono e o nitrogênio. Essa mesma sequência (à exceção do hélio, que é quimicamente inerte) aparece quando examinamos os elementos químicos constituintes da vida humana. Assim, não é apenas a nossa existência como seres humanos que não é especial; tampouco são especiais os ingredientes da própria vida.

Então, o que temos é: o resumo essencial de como a descoberta cósmica começou glorificando Deus, declinou passando a glorificar a vida humana e acabou insultando nosso ego coletivo.

O FUTURO DA DESCOBERTA

Quando (ou se) o espaço se tornar nossa fronteira final, ele representará territórios não mapeados semelhantes aos que os antigos exploradores sonhavam conquistar. As futuras viagens ao espaço podem ser economicamente incentivadas, por exemplo, pela intenção de explorar recursos minerais em asteroides de milhões de toneladas. Ou talvez as viagens serão motivadas pela sobrevivência, incitadas pela intenção de espalhar a espécie humana pela galáxia na medida do possível, para evitar a extinção humana total causada por uma colisão catastrófica com um cometa ou asteroide, o que ocorre 1 vez em 1 centena de milhões de anos.

A era dourada da exploração espacial foi, sem dúvida, a década de 1960. Naquele tempo, entretanto, o significado do programa espacial era um tanto confuso em muitos centros urbanos por causa da disseminação da pobreza, do crime e de escolas infestadas de problemas. Cinco décadas mais tarde, o significado do programa espacial continua embaralhado em muitos centros urbanos por causa da disseminação da pobreza, do crime e de escolas infestadas de problemas. Mas há uma diferença fundamental. Na década de 1960, as descobertas no espaço eram algo que as pessoas almejavam ver. Hoje, muitas pessoas – inclusive eu – veem essas descobertas em retrospectiva.

Lembro o dia e o momento quando os astronautas da *Apollo 11* colocaram o pé na Lua. Esse pouso, em 20 de julho de 1969, foi um dos maiores momentos do século XX. No entanto, eu me senti um tanto indiferente ao evento – não porque não pudesse apreciar seu lugar legítimo na história humana, mas porque tinha todas as razões para acreditar que as viagens à Lua logo aconteceriam a cada mês. Viagens frequentes à Lua eram o próximo passo; mal imaginava eu que haveria uma onda delas no século XX, seguida por nada ao longo de décadas.

O fluxo de financiamento para o programa espacial tinha sido impelido principalmente pela defesa. Os sonhos cósmicos e o desejo humano inato de explorar o desconhecido eram de menor importância. Mas a palavra "defesa" pode ser reinterpretada para significar algo muito mais importante que exércitos e arsenais. Pode significar a defesa da própria espécie humana. Em julho de 1994, o equivalente a mais de 200 mil megatons de TNT foi depositado na atmosfera superior de Júpiter, quando o cometa Shoemaker-Levy 9 colidiu com o planeta. Se esse tipo de colisão acontecer na Terra com a humanidade presente, o resultado seria provavelmente a extinção abrupta de nossa espécie.

A defesa de nossa existência exige uma agenda muito real. Para cumpri-la, devemos adquirir uma compreensão máxima do clima e do ecossistema da Terra, de modo a minimizar o risco de autodestruição, e devemos colonizar o espaço em tantos lugares quanto for possível, para reduzir proporcionalmente a chance de aniquilação da espécie por uma colisão entre a Terra e um asteroide ou cometa descoberto por um astrônomo amador.

O registro fóssil é abarrotado de espécies extintas. Muitas delas, antes de desaparecerem, prosperaram por muito mais tempo que o atual domínio da Terra pelo *Homo sapiens*. Hoje, os dinossauros estão extintos porque eles não construíram naves espaciais. Não havia fundos disponíveis? Faltou previdência a seus políticos? Muito provavelmente, foi porque seus cérebros eram minúsculos. E a ausência de um polegar opositor tampouco ajudou.

A extinção dos humanos seria a maior tragédia da história da vida no universo – porque ela não se daria por não termos a inteligência para construir espaçonaves interplanetárias nem por nos faltar um programa ativo de viagens espaciais, mas porque a própria espécie humana virou as costas e decidiu não financiar esse plano de sobrevivência. Não há erro: o caminho para a descoberta inerente à exploração espacial deixou de ser uma escolha para se tornar uma necessidade, e as consequências dessa escolha afetam a sobrevivência de absolutamente todo mundo, inclusive daqueles que continuam não esclarecidos pela multidão de descobertas feitas pela sua própria espécie ao longo de todo o seu tempo na Terra.

PARTE II

COMO?

CAPÍTULO TREZE

Voar*

> Na Antiguidade, dois aviadores conseguiram asas para si mesmos. Dédalo voou em segurança pelo ar, e foi devidamente honrado depois de seu pouso. Ícaro subiu em direção ao sol até derreter a cera que prendia suas asas, e seu voo terminou num fiasco. Ao avaliar suas realizações, talvez haja algo a ser dito em favor de Ícaro. As autoridades clássicas nos informam que ele estava apenas "fazendo um truque", mas prefiro pensar nele como o homem que revelou um grave defeito de construção nas máquinas de voar de seu tempo [e] com sua viagem podemos esperar aprender ao menos alguma coisa para construir uma máquina melhor.
>
> Sir Arthur Eddington, Stars and Atoms (1927)

Por milênios, a ideia de ser capaz de voar ocupou os sonhos e as fantasias humanas. Andando ao redor da superfície da Terra enquanto pássaros majestosos voavam no alto, talvez tenhamos desenvolvido uma forma de inveja das asas. Seria até possível chamá-la de culto das asas.

Não é preciso olhar muito longe para encontrar evidências. Durante a maior parte da história da televisão nos Estados Unidos, quando uma estação anunciava o fim de sua transmissão à noite, ela não mostrava alguém caminhando ereto e dando adeus; em vez disso, tocava o hino americano "Star Spangled Banner" e mostrava coisas que voam, como pássaros pairando nos ares ou jatos da Força Aérea cruzando sibilantes. Os Estados Unidos até adotaram uma ave de rapina como símbolo de sua força: a águia careca que aparece no verso da cédula de 1 dólar, na moeda de 25 centavos, na moeda de meio dólar de Kennedy, na moeda de 1 dólar de Eisenhower e na moeda de 1 dólar de Susan B. Anthony. Há também uma águia no chão do Salão Oval na Casa Branca. Nosso

---

* Adaptado de "To Fly" [Voar], texto publicado originalmente na revista *Natural History*, em abril de 1998.

super-herói mais famoso, o Super-Homem, consegue voar depois de vestir uma meia-calça azul e uma capa vermelha. Quando morremos, se considerados aptos, podemos nos tornar anjos – e todo mundo sabe que os anjos (ao menos aqueles que mereceram suas asas) podem voar. Há também o cavalo alado Pégaso; o Mercúrio de pés alados; o Cupido improvável em termos aerodinâmicos; e Peter Pan e sua fada companheira, a Sininho.

Nossa incapacidade de voar passa frequentemente sem nenhuma menção nas comparações didáticas entre as características humanas e as de outras espécies no reino animal. Mas corremos a empregar a palavra "infeliz" como sinônimo para "incapaz de voar", quando descrevemos um pássaro como o dodô, que tende a sofrer o pior nas piadas da evolução. Entretanto, acabamos aprendendo a voar por causa da engenhosidade tecnológica proporcionada por nossos cérebros humanos. E claro, embora os pássaros possam voar, ainda assim amargam ter cérebros de pássaros. Mas essa linha autoelogiosa de raciocínio é um tanto falha, porque ignora todos os milênios em que éramos tecnologicamente incapazes de voar.

Lembro-me de ler, quando estudante do ginásio, que o famoso físico Lorde Kelvin, na virada do século XX, tinha afirmado a impossibilidade do voo autopropulsor por qualquer dispositivo que fosse mais pesado que o ar. Claro que se tratava de uma predição míope. Mas não era preciso esperar a invenção dos primeiros aeroplanos para refutar a premissa do ensaio. Bastava olhar para os pássaros, que não têm dificuldade em voar e, na última vez que verifiquei, são todos mais pesados que o ar.

> Tweet Espacial #14
> A Força Aérea Americana emprega asas de pássaros como símbolo. Mas agora voamos a velocidades que vaporizariam um pássaro, e no espaço as asas são inúteis
> 30 de setembro de 2010, às 13h01

Se alguma coisa não é proibida pelas leis da física, então ela é, em princípio, possível, independentemente dos limites de nossa previsão tecnológica. A velocidade do som no ar vai de 1.126 a 1.287 quilômetros por hora, dependendo da temperatura atmosférica. Nenhuma lei da física impede os objetos de se deslocar mais rápido que Mach 1, a velocidade do som. Mas antes que a "barreira" do som fosse quebrada em 1947 por Charles E. "Chuck" Yeager pilotando o *Bell X-1* (um avião-foguete do exército americano), muito papo furado foi escrito sobre a impossibilidade de os objetos se moverem mais rapidamente que a velocidade do som. Enquanto isso, balas disparadas por rifles de alta potência haviam quebrado a barreira do som por mais de um século. E o estampido de um chicote ou o som de uma toalha molhada estalando nas nádegas de alguém no vestiário é um miniestrondo sônico, criado pela extremidade do chicote ou pela ponta da toalha se movendo pelo ar mais rapidamente que a velocidade do som. Quaisquer limites para romper a barreira do som eram tão somente psicológicos e tecnológicos.

Durante seu período de vida, a aeronave alada mais veloz foi de longe o ônibus espacial, que, com a ajuda de foguetes e tanques de combustível destacáveis, superou Mach 20 a caminho da órbita. Sem propulsão no retorno, ele caía para fora da órbita, deslizando em segurança para a Terra. Embora outras naves em geral viajem muitas vezes mais rapidamente que a velocidade do som, nenhuma pode viajar mais rapidamente que a velocidade da luz. Não falo a partir de uma posição ingênua sobre o futuro da tecnologia, mas com base numa plataforma construída sobre as leis da física, que se aplicam na Terra assim como nos céus. Que se conceda aos astronautas da *Apollo* que foram à Lua o crédito de terem sido os primeiros a atingir a velocidade de escape da Terra – 11 quilômetros por segundo, a velocidade mais elevada a que os humanos jamais voaram, antes ou desde então. Isso não passa de reles 1/250 de 1% da velocidade da luz. Na realidade, o problema real não é o fosso que separa essas 2 velocidades, mas as leis da física que impedem qualquer objeto de jamais atingir a velocidade da luz, não importa o grau de inventividade da tecnologia. A barreira do som e a barreira da luz não são limites equivalentes para a invenção.

Aos Irmãos Wright, naturais de Ohio, é geralmente atribuído o crédito de terem sido "os primeiros a voar" em Kitty Hawk, Carolina do Norte, como nos lembra o lema da placa desse estado. Mas essa reivindicação precisa ser ainda mais delineada. Wilbur e Orville Wright foram os primeiros a voar num veículo motorizado mais pesado que o ar que carregava um ser humano – Orville, nesse caso – e que não pousou numa elevação mais baixa que seu ponto de decolagem. Antes, as pessoas tinham voado em gôndolas de balão e em planadores executando descidas controladas a partir dos lados de penhascos, mas nenhuma dessas proezas teria deixado um pássaro com inveja. A primeira viagem de Wilbur e Orville tampouco teria feito um pássaro virar a cabeça. O primeiro de seus 4 voos – às 10h35, hora padrão na Costa Leste dos Estados Unidos, em 17 de dezembro de 1903 – durou doze segundos, a uma velocidade média de 10,94 quilômetros por hora contra um vento de 48 quilômetros por hora. O *Wright Flyer*, como era chamado, tinha percorrido 36 metros, nem sequer o comprimento de uma asa de um *Boeing 747*.

Mesmo depois que os Wright divulgaram sua realização, a mídia só tomou conhecimento dessa proeza e de outros feitos pioneiros na aviação de forma intermitente. Ainda em 1933 – seis anos depois do voo solo histórico de Lindbergh através do Atlântico – H. Gordon Garbedian ignorou os aeroplanos na introdução do contrário presciente de seu visionário livro *Major Mysteries of Science* [Principais mistérios da ciência]:

> A vida cotidiana é dominada pela ciência como nunca antes. Você pega um telefone e em poucos minutos está falando com um amigo em Paris. Você pode viajar embaixo do mar num submarino, ou circum-navegar o globo pelo ar num zepelim. O rádio leva sua voz a todas as partes da Terra com a velocidade da luz. Logo a televisão permitirá que você veja os maiores espetáculos do mundo no conforto de sua sala de estar.

Mas alguns jornalistas prestaram atenção ao modo como o voo poderia mudar a civilização. Depois que o francês Louis Blériot cruzou o Canal da Mancha de Calais a Dover em 25 de julho de 1909, um artigo na página três do *The New York Times* trazia a manchete "FRANCÊS PROVA QUE AEROPLANO NÃO É BRINQUEDO". O artigo continuava delineando a reação da Inglaterra ao evento:

> Os editoriais nos jornais londrinos estavam alvoroçados com o novo mundo em que a força insular da Grã-Bretanha já não era incontestável; com o fato de o aeroplano não ser um brinquedo, mas um possível instrumento de guerra que deve ser levado em consideração pelos soldados e estadistas, e com o fato de ser necessário acordar o povo inglês para a importância da ciência da aviação.

O sujeito estava certo. Trinta e cinco anos mais tarde, os aeroplanos tinham sido usados como caças e bombardeiros na guerra, e os alemães haviam levado o conceito um ponto adiante e inventado o V-2 para atacar

Londres. Esse veículo era significativo de muitas maneiras. Primeiro, não era um aeroplano; era um míssil ineditamente enorme. Segundo, como o V-2 podia ser lançado de uma distância de várias centenas de quilômetros em relação ao alvo, ele basicamente deu origem ao foguete moderno. E terceiro, ao longo de todo o seu percurso pelo ar depois do lançamento, o V-2 se movia apenas sob a influência da gravidade; em outras palavras, era um míssil balístico suborbital, a maneira mais veloz de lançar uma bomba de uma localização terrestre para outra. Subsequentemente, os "avanços" da Guerra Fria no projeto de mísseis capacitaram o poder militar a mirar cidades em lados opostos do mundo. O máximo tempo de voo? Aproximadamente 45 minutos – tempo que nem chega a ser suficiente para evacuar uma cidade visada.

Embora possamos dizer que são suborbitais, temos o direito de declarar que os mísseis voam? Objetos em queda estão voando? A Terra está "voando" em órbita ao redor do Sol? Observando as regras aplicadas aos Irmãos Wright, uma pessoa deve estar a bordo da aeronave e o aparelho deve se mover pelo seu próprio motor. Mas não há regra que diga que não podemos mudar as regras.

Quando souberam que o V-2 colocou a tecnologia orbital ao alcance do homem, algumas pessoas ficaram impacientes. Entre elas estavam os editores da revista popular orientada para a família *Collier's*, que enviou dois jornalistas para se juntarem aos engenheiros, cientistas e visionários que se reuniram no Planetário Hayden em Nova York no Dia de Colombo, em 1951, para seu seminal Simpósio da Viagem Espacial. No número de *Collier's* de 22 de março de 1952, num artigo intitulado "Pelo que estamos esperando?", a revista endossava a necessidade e o valor de uma estação espacial que serviria como um olho vigilante sobre um mundo dividido.

> Nas mãos do Ocidente, uma estação espacial, estabelecida permanentemente além da atmosfera, seria a maior esperança de paz que o mundo já conheceu. Nenhuma nação poderia fazer preparativos para a guerra sem o conhecimento categórico de que estava sendo observado pelos olhos sempre vigilantes a bordo da "sentinela no espaço". Seria o fim das Cortinas de Ferro, onde quer que pudessem existir.

Nós, americanos, não construímos uma estação espacial; em vez disso, fomos à Lua. Com esse empreendimento, nosso culto da asa continuou.

Não faz mal que os astronautas da *Apollo* pousaram numa Lua sem ar, onde as asas são completamente inúteis, num módulo lunar nomeado em referência a um pássaro. Meros 65 anos, sete meses, três dias, cinco horas e 43 minutos depois que Orville saiu do chão, Neil Armstrong proferiu sua primeira declaração na superfície da Lua: "Houston, aqui Base da Tranquilidade. A Águia pousou".

O recorde humano para "altitude" não é de ninguém que tenha caminhado na Lua. Pertence aos astronautas da fracassada *Apollo 13*. Por saber que não poderiam pousar na Lua depois da explosão em seu tanque de oxigênio, e que não tinham bastante combustível para se deter, desacelerar e voltar, eles executaram a trajetória balística de um número 8 ao redor da Lua, exercício que os atirou de volta à Terra. A Lua estava por acaso perto de seu apogeu, o ponto mais distante da Terra em sua órbita elíptica. Nenhuma outra missão *Apollo* (antes ou desde então) foi à Lua durante o apogeu, o que deu aos astronautas da *Apollo 13* o recorde humano de altitude. (Depois de calcular que eles deviam ter atingido cerca de 400 mil quilômetros "acima" da superfície da Terra, incluindo a distância orbital a partir da superfície lunar, perguntei ao comandante Jim Lovell: "Quem estava no lado mais distante do módulo de comando quando ele girou ao redor da Lua? Essa pessoa teria o recorde de altitude". Ele se recusou a dizer.)

Na minha opinião, a maior realização de um voo não foi o aeroplano de Wilbur e Orville, nem o rompimento da barreira do som de Chuck Yeager, nem o pouso lunar da *Apollo 11*. Para mim, foi o lançamento da *Voyager 2*, que fez um passeio balístico pelos planetas exteriores do sistema solar. Durante os sobrevoos, as trajetórias catapultadas da espaçonave roubaram um pouco da energia orbital de Júpiter e Saturno para permitir a rápida saída do sistema solar. Depois de passar por Júpiter em 1979, a velocidade da *Voyager* ultrapassou 65 mil quilômetros por hora, o suficiente para escapar da atração gravitacional até do próprio Sol. A *Voyager* passou pela órbita de Plutão em 1993 e entrou agora no reino do espaço interestelar. Ninguém está a bordo da nave espacial, mas um registro fonográfico dourado afixado em seu lado leva gravados os sons terrenos de, entre muitas coisas, batidas do coração humano. Assim com nosso coração, se não com nossa alma, voamos cada vez para mais longe.

CAPÍTULO QUATORZE

Movimento balístico*

Em quase todos os esportes que usam bolas, em um ou outro momento as bolas seguem um movimento balístico. Se você estiver jogando beisebol, críquete, futebol americano, golfe, lacrosse, futebol ou polo aquático, uma bola é lançada, batida com a mão ou chutada, depois transportada pelo ar por um curto lapso de tempo antes de retornar à Terra.

A resistência do ar afeta a trajetória de todas essas bolas, mas independentemente do que as colocou em movimento ou onde possam aterrissar, seus caminhos básicos são descritos por uma equação simples encontrada em *Principia*, de Newton, seu livro seminal de 1687 sobre movimento e gravidade. Vários anos mais tarde, Newton interpretou suas descobertas para o leitor leigo conhecedor de latim em *O sistema do mundo*, que inclui uma descrição do que aconteceria se você atirasse pedras horizontalmente a velocidades cada vez maiores. Newton observa primeiro o óbvio: as pedras atingiriam o chão cada vez mais longe do ponto de lançamento, aterrissando finalmente além do horizonte. Ele então raciocina que se a velocidade fosse bastante alta, uma pedra percorreria toda a circunferência da Terra, nunca atingiria o chão e retornaria para lhe dar uma pancada na nuca. Se você abaixasse a cabeça nesse instante, o objeto continuaria para sempre no que é comumente chamado órbita. Não dá para ter um movimento mais balístico que esse.

A velocidade necessária para chegar à órbita terrestre baixa (afetuosamente chamada LEO, sigla em inglês de Low Earth Orbit) é um pouco

---

* Adaptado do texto "Going Ballistic" [Movimento balístico – Fora de órbita], publicado originalmente na revista *Natural History*, em novembro de 2002.

mais que 27.359 quilômetros por hora – lateralmente –, completando a viagem de ida e volta em aproximadamente uma hora e meia. Se *Sputnik I*, o primeiro satélite artificial, e Yuri Gagarin, o primeiro humano a viajar além da nossa atmosfera, não tivessem alcançado essa velocidade, eles teriam simplesmente caído de volta à Terra.

Newton também mostrou que a gravidade exercida por qualquer objeto esférico atua como se toda a massa do objeto estivesse concentrada em seu centro. Como consequência, qualquer coisa atirada entre 2 pessoas na superfície da Terra está igualmente em órbita – só que acontece de a trajetória intersectar o chão. Isso vale tanto para o passeio de 15 minutos de Alan B. Shepard a bordo da nave espacial *Freedom 7*, do projeto Mercury em 1961, quanto para uma tacada de golfe de Tiger Woods, um *home run* de Alex Rodriguez no beisebol e uma bola atirada por uma criança: eles executaram o que são sensatamente chamadas trajetórias suborbitais. Se a superfície da Terra não estivesse no meio do caminho, todos esses objetos executariam órbitas perfeitas, ainda que elongadas, ao redor do centro da Terra; e embora a lei da gravidade não faça distinção entre essas trajetórias, a Nasa o faz. A viagem de Shepard estava, em sua maior parte, livre da resistência do ar, porque atingiu uma altitude onde quase não há atmosfera. Somente por essa razão, os meios de comunicação logo o coroaram como o primeiro viajante espacial dos Estados Unidos da América.

Os caminhos suborbitais são as trajetórias preferidas para os mísseis balísticos. Como uma granada de mão que percorre um arco até seu alvo depois de ser atirada, um míssil balístico só "voa" sob a ação da gravidade depois de ser lançado. Essas armas de destruição em massa viajam hipersonicamente, velozes o suficiente para atravessar metade da circunferência da Terra em 45 minutos antes de mergulhar de volta à superfície a milhares de quilômetros por hora. Se um míssil balístico é bastante pesado, o objeto pode causar mais estragos caindo do céu do que a explosão da bomba convencional que transporta.

O primeiro míssil balístico do mundo foi o foguete V-2, projetado por uma equipe de cientistas alemães sob a liderança de Wernher von Braun. Como o primeiro objeto a ser lançado acima da atmosfera da Terra, o foguete V-2 em forma de bala e com grandes barbatanas (o "V" representa *Vergeltungswaffen*, isto é, "Arma de Vingança" ou de "Retaliação") inspirou toda uma geração de ilustrações de naves espaciais. Depois de se render às forças dos Aliados, Von Braun foi levado aos Estados Unidos, onde em 1958 comandou o lançamento do primeiro satélite americano.

Pouco depois, foi transferido para a recém-criada Administração Nacional da Aeronáutica e Espaço – Nasa, onde desenvolveu o foguete que tornou possível o pouso americano na Lua.

Enquanto centenas de satélites artificiais orbitam a Terra, a própria Terra orbita o Sol. Em sua *magnum opus* de 1543, *De Revolutionibus Orbium Coelestium* [Das revoluções das esferas celestes], Nicolau Copérnico colocou o Sol no centro do universo e afirmou que a Terra mais os 5 planetas conhecidos – Mercúrio, Vênus, Marte, Júpiter e Saturno – executavam órbitas circulares perfeitas ao redor do Sol. Fato desconhecido de Copérnico, um círculo é uma forma extremamente rara para uma órbita e não descreve o caminho de nenhum planeta em nosso sistema solar. A forma real foi deduzida pelo matemático e astrônomo alemão Johannes Kepler, que publicou seus cálculos em 1609. A primeira de suas leis do movimento planetário afirma que os planetas orbitam o Sol em elipses.

Uma elipse é um círculo achatado, e o grau de achatamento é indicado por uma quantidade numérica chamada excentricidade, abreviada e. Se e for zero, você terá um círculo perfeito. À medida que e aumenta de zero a 1, a elipse se torna cada vez mais elongada. Claro, quanto maior a excentricidade, maior a probabilidade de cruzar a órbita de outro corpo celeste. Os cometas que mergulham rumo à Terra a partir do sistema solar exterior percorrem órbitas altamente excêntricas, enquanto as órbitas da Terra e Vênus lembram bastante círculos, cada uma com excentricidades muito baixas. O "planeta" mais excêntrico é Plutão (agora oficialmente um planeta-anão), e, a cada vez que gira ao redor do Sol, ele cruza a órbita de Netuno, comportando-se suspeitosamente como um cometa.

> Tweet Espacial #15
> Quando lhe perguntaram por que os planetas orbitam em elipses, e não em outra forma, Newton teve de inventar um cálculo para dar uma resposta
> 14 de maio de 2010, às 3h23

O exemplo mais extremo de uma órbita elongada é o caso famoso do buraco cavado até a China. Ao contrário das expectativas de nossos conterrâneos que não conhecem bem geografia, a China não está num lugar oposto aos Estados Unidos no globo. O sul do oceano Índico é que se acha nesse ponto oposto. Para evitar emergir embaixo de três quilômetros de água, deveríamos cavar a partir de Shelby, Montana, até as isoladas Ilhas Kerguelen.

Agora vem a parte divertida.

Salte para dentro do buraco. Acelere continuamente num estado de queda livre sem peso até chegar ao centro da Terra – onde você vaporiza no feroz calor do núcleo de ferro. Ao ignorar essa complicação, você passa zunindo pelo centro, onde a força da gravidade é zero, e desacelera constantemente até chegar ao outro lado, quando então sua velocidade diminuiu até zero. Mas, a menos que um habitante de Kerguelen logo o agarre, você vai cair de volta no buraco e repetir o percurso indefinidamente. Além de deixar os adeptos de *bungee jumping* com inveja, você executou uma órbita genuína em uma hora e meia – aproximadamente o mesmo tempo que a Estação Espacial Internacional levaria para percorrer essa órbita.

Algumas órbitas são tão excêntricas que nunca voltam ao início do circuito. Numa excentricidade de exatamente 1, você tem uma parábola; para excentricidades maiores que 1, a órbita traça uma hipérbole. Para visualizar essas formas, aponte uma lanterna diretamente a uma parede próxima. O cone de luz emergente vai formar um círculo de luz. Agora, aos poucos, incline a lanterna para cima, e o círculo se deforma para criar elipses de excentricidades cada vez mais elevadas. Quando seu cone aponta diretamente para cima, a luz que ainda cai sobre a parede próxima assume a forma exata de uma parábola. Incline a lanterna afastando-a um pouco mais da parede, e você criou uma hipérbole. (Agora você já tem algo diferente para fazer quando for acampar.) Qualquer objeto com uma trajetória parabólica ou hiperbólica se move com tanta rapidez que nunca retornará ao início. Se os astrofísicos descobrirem um cometa com essa órbita, saberemos que ele saiu das profundezas do espaço interestelar e está num passeio sem volta através do sistema solar interior.

A gravidade newtoniana descreve a força de atração entre quaisquer dois objetos em qualquer lugar no universo, não importa onde se encontrem, do que sejam feitos, ou quão grandes ou pequenos possam ser. Por exemplo, você pode usar a lei de Newton para calcular o comportamento futuro e passado do sistema Terra-Lua. Mas acrescente-se um terceiro objeto – uma terceira fonte de gravidade – e você complica gravemente os movimentos do sistema. Mais conhecido como o problema dos três corpos, esse *ménage à trois* produz trajetórias ricamente variadas cujo acompanhamento requer um computador.

Algumas soluções inteligentes para esse problema merecem atenção. Num desses casos, chamado o problema restrito dos 3 corpos, você simplifica as coisas pressupondo que o terceiro corpo tem tão pouca massa em comparação com os outros dois que você pode ignorar a sua presença na equação. Com essa aproximação, você consegue seguir com segurança os movimentos de todos os 3 objetos no sistema. E não estamos trapaceando. Existem muitos casos como esse no universo real – o Sol, Júpiter e uma das luas minúsculas de Júpiter, por exemplo. Em outro exemplo tirado do sistema solar, uma família inteira de rochas se move ao redor do Sol 800 milhões de quilômetros à frente e atrás de Júpiter, mas no mesmo caminho do planeta gigante. São os asteroides troianos, cada um deles fixado em sua órbita estável pela gravidade de Júpiter e do Sol.

Outro caso especial do problema dos 3 corpos foi descoberto em anos recentes. Tomem-se 3 objetos de massa idêntica, e faça-se com que sigam um ao outro em fila, traçando um número 8 no espaço. Ao contrário daquelas pistas de corrida de automóveis a que as pessoas acorrem para ver os carros se chocarem uns contra os outros na interseção de duas ovais, essa configuração cuida mais de seus participantes. As forças da gravidade requerem que o sistema "se equilibre" todas as vezes no ponto de interseção, e que, ao contrário do complicado problema geral dos 3 corpos, todo o movimento ocorra num único plano. Esse caso especial é tão estranho e tão raro que não há provavelmente nem um único exemplo entre as centenas de bilhões de estrelas em nossa galáxia, e talvez apenas alguns poucos exemplos no universo inteiro, tornando a órbita dos 3 corpos que traça um número 8 uma curiosidade matemática astrofisicamente irrelevante.

Além de um ou dois outros casos bem-comportados, a gravidade mútua de 3 ou mais objetos acaba tornando suas trajetórias loucamente irracionais. Para ver como isso acontece, vamos posicionar vários objetos no espaço. Depois cutucamos cada objeto de acordo com a força de atração entre ele e todo outro objeto. Recalculamos todas as forças para as novas separações. E então repetimos. O exercício não é simplesmente acadêmico. Todo o sistema solar é um problema de muitos corpos, com asteroides, luas, planetas e o Sol num estado de mútua atração contínua. Newton se preocupava muito com esse problema, que ele não conseguiu resolver com caneta e papel. Temendo que o sistema solar inteiro fosse instável e acabasse espatifando seus planetas contra o Sol ou lançando-os no espaço interestelar, ele postulava que Deus poderia intervir de vez em quando para ordenar as coisas.

Após mais de cem anos, o astrônomo e matemático francês do século XVIII, Pierre-Simon Laplace, apresentou uma solução para o problema de muitos corpos do sistema solar em seu tratado *Mécanique Céleste* [Tratado de mecânica celeste]. Mas para fazê-lo, ele teve de desenvolver uma nova forma de matemática conhecida como teoria da perturbação. A análise começa pressupondo que há apenas uma única grande fonte de gravidade e que todas as outras forças são menores, ainda que persistentes – exatamente a situação que prevalece em nosso sistema solar. Laplace, então, demonstrou analiticamente que o sistema solar é estável, e que não precisamos de novas leis da física para mostrar esse fato.

Mas quão estável ele é? A análise moderna demonstra que, em escalas de tempo de centenas de milhões de anos – períodos muito mais longos que os considerados por Laplace –, as órbitas planetárias são caóticas. Uma situação que deixa Mercúrio vulnerável a cair no Sol, e Plutão vulnerável a ser arremessado completamente para fora do sistema solar. Ainda pior, o sistema solar talvez tenha nascido com dúzias de outros planetas, muitos dos quais há muito tempo perdidos para o espaço interestelar. E tudo começou com os círculos simples de Copérnico.

> Tweet Espacial #16
> Trajetórias instáveis para sistemas de duas estrelas.
> Deve orbitar longe de ambas. Engana o planeta levando-o
> a pensar que orbita apenas uma estrela
> 14 de julho de 2010, às 8h03

Se você desse um jeito de se elevar acima do plano de nossa galáxia, veria cada estrela na vizinhança de nosso Sol movendo-se de um lado para o outro a 10 ou 20 quilômetros por segundo. Coletivamente, entretanto, essas estrelas orbitam a galáxia em amplos caminhos quase circulares a velocidades maiores que 200 quilômetros por segundo. A maior parte das centenas de bilhões de estrelas na Via Láctea está dentro de um disco largo e chato, e – como os objetos orbitantes em todas as outras galáxias espirais – as nuvens, as estrelas e outros integrantes da Via Láctea prosperam em grandes órbitas redondas.

Se continuasse a se elevar acima do plano da Via Láctea, você veria a bela galáxia Andrômeda, a uma distância de 4 milhões de anos-luz. É a galáxia espiral mais perto de nós, e todos os dados hoje existentes sugerem que estamos em rota de colisão, mergulhando cada vez mais fundo num abraço gravitacional mútuo. Um dia vamos nos tornar destroços retorcidos de estrelas dispersas e nuvens de gás em colisão. É só esperar uns 6 ou 7 bilhões de anos. Com melhores medições de nossos movimentos relativos, os astrônomos talvez descubram um forte componente lateral além do movimento que nos aproxima. Nesse caso, a Via Láctea e Andrômeda vão passar uma pela outra numa dança orbital elongada.

Sempre que você realiza um movimento balístico, você está em queda livre. Todas as pedras de Newton estavam em queda livre para a Terra. Aquela que realizou uma órbita estava também em queda livre para a Terra, mas a superfície de nosso planeta se curvou sumindo debaixo dela exatamente à mesma velocidade com que ela caía – uma consequência do extraordinário movimento lateral da pedra. A Estação Espacial Internacional está também em queda livre para a Terra. Assim como a Lua. E, como as pedras de Newton, todas mantêm um prodigioso movimento lateral que impede que se espatifem no chão.

Uma característica fascinante da queda livre é o estado persistente de ausência de peso a bordo de qualquer aeronave com tal trajetória. Na queda livre, você e tudo o mais ao seu redor caem exatamente à mesma velocidade. Uma balança colocada entre seus pés e o chão estaria também em queda livre. Como nada está comprimindo a balança, ela marcaria zero. Por essa razão, e nenhuma outra, os astronautas não têm peso no espaço.

Mas no momento em que a nave espacial acelera, começa a girar ou sofre resistência da atmosfera da Terra, o estado de queda livre acaba e os astronautas tornam a pesar alguma coisa. Todo fã de ficção científica sabe que se você gira a espaçonave à velocidade exata, ou acelera a espaçonave à mesma velocidade com que um objeto cai na direção da Terra, você vai pesar exatamente o que pesa na balança de seu médico. Assim, durante aquelas longas e tediosas expedições espaciais, é sempre possível, em princípio, simular a gravidade da Terra.

Outra aplicação notável da mecânica orbital de Newton é o efeito de estilingue. As agências espaciais lançam frequentemente a partir da Terra sondas que têm muito pouca energia para chegar a seus destinos planetários. Para compensar essa deficiência, os magos da engenharia orbital colocam as sondas ao longo de trajetórias espertas que passam perto de uma fonte de gravidade móvel, como Júpiter. Ao cair em direção a Júpiter no mesmo sentido em que Júpiter se move, uma sonda pode ganhar tanta velocidade quanto a velocidade orbital do próprio Júpiter, e depois se atirar para frente como uma bola de jai-alai (modalidade de pelota basca). Se os alinhamentos planetários estiverem corretos, a sonda pode repetir o mesmo truque quando passar por Saturno, Urano ou Netuno, roubando mais energia a cada encontro de perto. Um único arremesso em Júpiter pode dobrar a velocidade da sonda através do sistema solar.

Na outra ponta do espectro de massa, há maneiras criativas de se divertir. Eu sempre quis viver onde a gravidade fosse tão fraca que se pudesse colocar bolas de beisebol em órbita e brincar de apanhar a bola sozinho. Não seria difícil. Independentemente da lentidão do arremesso, há sempre um asteroide em algum lugar no sistema solar com a gravidade exata para que você possa realizar essa proeza. Arremesse com cuidado, entretanto. Se arremessar rápido demais, e poderia chegar a 1, e você perderia a bola para sempre.

CAPÍTULO QUINZE

A corrida para o espaço*

Numa meia-noite inundada de luz no início de outubro de 1957, à margem do rio Sir Dária, na República do Cazaquistão – enquanto os trabalhadores nos escritórios em Nova York estavam aproveitando a pausa da tarde –, os cientistas do foguete soviético lançavam uma esfera de alumínio polido com 60 centímetros de largura na órbita da Terra. Quando os nova-iorquinos se sentaram para jantar, a esfera havia completado sua segunda órbita plena, e os soviéticos haviam informado Washington sobre seu triunfo: *Sputnik 1*, o primeiro satélite artificial da humanidade, estava traçando uma elipse ao redor da Terra a cada 96 minutos, atingindo uma altitude máxima de quase 960 quilômetros.

Na manhã seguinte, 5 de outubro, uma notícia da ascensão do satélite apareceu no *Pravda*, o jornal oficial do Partido Comunista regente. (*Sputnik*, por sinal, significa em tradução livre "colega viajante".) Depois de alguns parágrafos de fatos concretos, o *Pravda* adotou um tom de celebração, terminando numa nota de propaganda explícita:

> O lançamento bem-sucedido do primeiro satélite terrestre fabricado pelo homem dá uma contribuição muito importante para o tesouro da ciência e cultura mundiais [...] os satélites terrestres artificiais vão pavimentar o caminho para a viagem interplanetária e, aparentemente, nossos contemporâneos vão testemunhar como o trabalho livre e conscienciosodo povo da nova

---

* Adaptado de "Fellow Traveller" [Colega viajante], texto originalmente publicado na revista *Natural History*, em outubro de 2007.

sociedade socialista transforma os sonhos mais ousados da humanidade em realidade.

A corrida espacial entre o Tio Sam e os Vermelhos havia começado. O primeiro *round* acabara em nocaute. Os operadores de radioamador conseguiam rastrear os bips persistentes do satélite em 20,005 megaciclos e confirmar sua existência. Tanto os observadores de pássaros como os contempladores de estrelas – se soubessem quando e onde olhar – podiam ver a bolinha brilhante com seus binóculos.

E isso foi apenas o começo: a União Soviética ganhou o primeiro *round* e também quase todos os outros *rounds*. Em 1969, os Estados Unidos colocaram o primeiro homem na Lua. Mas vamos refrear nosso entusiasmo e ver as realizações da União Soviética durante as três primeiras décadas da era espacial.

Além de lançar o primeiro satélite artificial, os soviéticos colocaram o primeiro animal em órbita (Laika, uma vira-lata), o primeiro ser humano (Yuri Gagarin, um piloto militar), a primeira mulher (Valentina Tereshkova, uma paraquedista) e o primeiro negro (Arnaldo Tamayo Méndez, um piloto militar cubano). Os soviéticos colocaram a primeira tripulação de várias pessoas e a primeira tripulação internacional em órbita. Realizaram a primeira caminhada no espaço, lançaram a primeira estação espacial e foram os primeiros a colocar uma estação espacial tripulada numa órbita de longo prazo.

> Tweet Espacial #17 & #18
> 12 de abril de 2011: há 50 anos Yuri Gagarin foi lançado em órbita pelos soviéticos. Ele é a 4ª espécie mamífera a realizar essa proeza
> 12 de abril de 2011, às 10h04
>
> Apenas para sua informação: os primeiros mamíferos a atingir a órbita, por ordem: cachorro, porquinho-da-índia, camundongo, humano russo, chimpanzé, humano americano
> 12 de abril de 2011, às 10h20

Eles foram também os primeiros a orbitar a Lua, os primeiros a pousar uma cápsula não tripulada na Lua, os primeiros a fotografar o nascimento da Terra a partir da Lua, os primeiros a fotografar o outro lado da Lua, os primeiros a colocar um jipe na Lua e os primeiros a colocar um satélite em órbita ao redor da Lua. Eles foram os primeiros a pousar em Marte e os primeiros a pousar em Vênus. E enquanto *Sputnik 1* pesava 83 quilos e *Sputnik 2* (lançado um mês mais tarde) pesava 508 quilos, o primeiro satélite que os Estados Unidos tinham planejado enviar ao espaço pesava um pouco mais que 1,5 quilo. A maior ignomínia de todas: quando os Estados Unidos tentaram seu primeiro lançamento real depois do *Sputnik* – no início de dezembro de 1957 –, o foguete explodiu em chamas na altitude (suborbital) de 90 centímetros.

Em julho de 1955, de um pódio na Casa Branca, o secretário de imprensa do presidente Eisenhower havia anunciado a intenção dos Estados Unidos de colocar "pequenos" satélites em órbita durante o Ano Geofísico Internacional (de julho de 1957 até dezembro de 1958). Alguns dias mais tarde, um anúncio similar veio do presidente da comissão espacial soviética, afirmando que os primeiros satélites não precisavam ser assim tão pequenos e que a URSS enviaria alguns dos seus em "futuro próximo".

E foi o que fez.

Em janeiro de 1957, o entendido em mísseis soviéticos e advogado espacial ultrapersuasivo Sergei Korolev (nunca mencionado pelo nome na imprensa soviética) alertou seu governo de que os Estados Unidos tinham declarado que seus foguetes eram capazes de voar "mais alto e mais longe que todos os foguetes do mundo", e que "os EUA estão preparando nos próximos meses uma nova tentativa de lançar um satélite terrestre artificial e estão dispostos a pagar qualquer preço para alcançar essa prioridade". Seu alerta funcionou. Na primavera de 1957, os soviéticos começaram a testar precursores de satélites orbitantes: mísseis balísticos intercontinentais que podiam arremessar para o alto uma carga útil de 90 quilos.

Em 21 de agosto, em sua quarta tentativa, eles tiveram sucesso. O míssil e a carga útil percorreram todo o trajeto do Cazaquistão a Kamchatka – uns 6.500 quilômetros. TASS, a agência de notícias soviética oficial, anunciou o evento ao mundo de forma pouco característica:

> Alguns dias atrás foi lançado um míssil balístico multiestágio intercontinental de superlongo alcance [...] O voo do míssil ocorreu numa altitude muito elevada até então inatingida. Ao percorrer uma enorme distância em pouco tempo, o míssil bateu na região designada. Os resultados obtidos mostram que existe a possibilidade de lançar mísseis em qualquer região do globo terrestre.

Palavras fortes. Motivos fortes. O bastante para assustar e incitar qualquer adversário a agir.

Enquanto isso, em meados de julho, o hebdomadário britânico *New Scientist* havia informado a seus leitores sobre a crescente primazia da União Soviética na corrida espacial. Havia até publicado a órbita de um iminente satélite soviético. Mas os Estados Unidos não deram muita atenção à notícia.

Em meados de setembro, Korolev falou a uma reunião de cientistas sobre os iminentes lançamentos de "satélites artificiais da Terra com objetivos científicos" tanto soviéticos como americanos. Ainda assim, os Estados Unidos não deram muita atenção.

Então chegou o 4 de outubro.

Sputnik 1 chutou algumas cabeças para fora da areia. Algumas pessoas no poder ficaram, bem, ficaram fora de órbita. Lyndon B. Johnson, à época líder da maioria no Senado, alertou: "Logo [os soviéticos] estarão atirando bombas sobre nós lá do espaço como garotos atirando pedras nos carros lá do alto dos viadutos nas rodovias". Outros estavam ansiosos por minimizar tanto as implicações geopolíticas do satélite como as capacidades da URSS. O secretário de Estado, John Foster Dulles, escreveu que a importância do Sputnik 1 "não deveria ser exagerada", e racionalizou o não desempenho dos Estados Unidos da seguinte maneira:

> As sociedades despóticas que comandam as atividades e os recursos de todos os seus povos conseguem frequentemente produzir realizações espetaculares. Estas, entretanto, não provam que a liberdade não seja a melhor maneira.

Em 5 de outubro, abaixo de uma manchete na primeira página (e lado a lado com a cobertura de uma epidemia de gripe em Nova York e o confronto em Little Rock com o governador segregacionista de Arkansas, Orval Faubus), o jornal *The New York Times* publicou um artigo que incluía os seguintes pontos para tranquilizar os leitores:

> Os especialistas militares têm dito que os satélites não teriam nenhuma aplicação militar viável no futuro previsível [...] Seu real significado seria proporcionar aos cientistas novas informações importantes a respeito da natureza do sol, radiação cósmica, interferência solar no rádio e fenômenos que produzem estática.

O quê? Não há aplicações militares? Os satélites servem simplesmente para monitorar o Sol? Os estrategistas de bastidores pensavam de outra maneira. Segundo o resumo de um encontro em 10 de outubro entre o presidente Eisenhower e seu Conselho de Segurança Nacional, os Estados Unidos "sempre souberam das implicações da Guerra Fria no lançamento do primeiro satélite terrestre". Até os melhores aliados dos Estados Unidos "requerem a garantia de que não fomos suplantados científica e militarmente pela URSS".

Mas Eisenhower não teve de se preocupar com os americanos comuns. A maioria continuou imperturbável. Ou talvez a campanha na mídia tenha exercido sua magia. Em todo caso, muitos operadores de radioamador ignoraram os bips, muitos jornais colocaram seus artigos sobre o satélite nas páginas 3 ou 5, e uma pesquisa Gallup descobriu que 60% das pessoas interrogadas em Washington e Chicago esperavam que os Estados Unidos fizessem o próximo grande triunfo no espaço.

Os guerreiros americanos da Guerra Fria, agora plenamente cientes do potencial militar do espaço, compreenderam que o prestígio e o poder dos Estados Unidos no pós-guerra tinham sido desafiados. Em um ano, para ajudar a recuperá-los seria injetado dinheiro na educação de ciência, na educação de professores universitários e na pesquisa útil ao poder militar.

Em 1947, a Comissão sobre Educação Superior do presidente tinha proposto como meta que um terço da juventude americana completasse um curso universitário de quatro anos. A Lei da Educação para a Defesa Nacional de 1958 foi um incentivo-chave, ainda que modesto, nessa direção. Proporcionou empréstimos a juros baixos para estudantes da graduação, bem como bolsas de estudo da Defesa Nacional de três anos para vários milhares de estudantes da pós-graduação. O financiamento para a Fundação Nacional da Ciência triplicou logo depois do *Sputnik*; em 1968 era 12 vezes a dotação pré-Sputnik. A Lei do Espaço e Aeronáutica Nacional de 1958 produziu uma nova agência civil oferecendo uma ampla gama de serviços, a Administração Nacional da Aeronáutica e Espaço – Nasa. A Agência de Projetos de Pesquisa Avançada de Defesa, ou Darpa na sigla em inglês, nasceu no mesmo ano.

Todas essas iniciativas e agências canalizaram os melhores estudantes americanos para a ciência, matemática e engenharia. O governo conseguiu bons resultados com seu investimento: os estudantes de pós-graduação nessas áreas, em tempo de guerra, obtinham dispensa do serviço militar, e o conceito de financiamento federal para a educação foi validado.

Mas algum tipo de satélite, construído por quaisquer meios necessários, tinha de ser lançado o mais rápido possível. Felizmente, durante as semanas finais e o período imediatamente após a Segunda Guerra Mundial na Europa, os Estados Unidos tinham adquirido um rival digno de Sergei Korolev: o engenheiro e físico alemão Wernher Von Braun, antigo líder da equipe que desenvolvera o aterrorizador míssil balístico V-2. Adquirimos também mais de 100 membros de sua equipe.

Em vez de ser julgado em Nuremberg por crimes de guerra, Von Braun se tornou o salvador dos Estados Unidos, o progenitor e a face pública do programa espacial americano. Sua primeira tarefa de grande visibilidade foi providenciar o primeiro foguete para o primeiro lançamento bem-sucedido do primeiro satélite americano. Em 31 de janeiro de 1958 – menos de quatro meses depois da volta ao redor do mundo de *Sputnik 1* – ele e seus especialistas em foguetes colocaram em órbita o *Explorer 1* de 14 quilos, mais seus 8 quilos de instrumentos científicos.

> Tweet Espacial #19
> Um objeto em órbita tem alta velocidade angular para que caia na direção da Terra exatamente à mesma velocidade com que a Terra se curva abaixo dele
> 14 de maio de 2010, às 11h56

A remoção de peso morto foi uma chave para o sucesso. Se você quiser atingir velocidades orbitais – pouco mais de 27 mil quilômetros por hora –, é melhor diminuir a carga de seu foguete a cada oportunidade. Os motores do foguete são pesados, os tanques de combustível são pesados, o próprio combustível é pesado, e todo quilograma de massa desnecessária arrastada com dificuldade para o espaço gasta milhares de quilogramas de combustível. A solução? O foguete multiestágio. Quando o tanque de combustível do primeiro estágio acabar, jogue-o fora. Terminado o combustível no próximo estágio, trate de também o jogar fora.

Jupiter-C, o foguete que lançou o *Explorer 1*, pesava 29 mil quilos na partida, com a carga total. O estágio final pesava 36.

Como o foguete *R-7* que lançou o *Sputnik 1*, o *Jupiter-C* era uma arma modificada. A ciência era uma excrescência secundária, até terciária, do R&D [Centro de Pesquisa e Desenvolvimento] militar. Os guerreiros da Guerra Fria queriam mísseis balísticos maiores e mais letais, com ogivas nucleares apinhadas nos cones do nariz.

Uma posição elevada é o melhor amigo do militar, e que posição poderia ser mais elevada que um satélite orbitando a uma distância de não mais que 45 minutos de seu alvo? Graças a *Sputnik 1* e seus sucessores, a URSS manteve essa posição superior até 1969, quando, por cortesia de Von Braun e colegas, o foguete *Saturno V* dos Estados Unidos levou os astronautas da *Apollo 11* à Lua.

Hoje, quer os americanos saibam ou não, uma nova corrida espacial está em andamento. Desta vez, os Estados Unidos não enfrentam apenas a Rússia, mas também a China, a União Europeia, a Índia e outros países. Desta vez, a corrida será talvez entre colegas viajantes em vez de potenciais adversários – mais sobre fomentar inovações na ciência e tecnologia do que lutar para dominar a posição elevada.

CAPÍTULO DEZESSEIS

2001 – Fatos *versus* ficção*

O ano há muito esperado chegou e passou. Não há como escapar das comparações implacáveis entre o futuro de viagens espaciais que vimos em *2001: uma odisseia no espaço*, de Stanley Kubrick, e a realidade de nossa mísera vida presa à Terra no ano real de 2001. Ainda não temos uma base lunar, ainda não enviamos astronautas hibernantes para Júpiter em naves espaciais enormes, mas ainda assim percorremos um longo caminho em nossa exploração do espaço.

Hoje, o maior desafio para a exploração humana do espaço, à parte dinheiro e outros fatores políticos, é sobreviver a meios ambientes biologicamente hostis. Precisamos mandar para o espaço uma versão aperfeiçoada de nós mesmos – dublês que possam de alguma forma resistir aos extremos de temperatura, à radiação de alta energia e ao escasso suprimento de ar, e ainda assim realizar toda uma série de experimentos científicos.

Felizmente, já inventamos esses sósias: são os robôs do espaço. Eles não parecem humanoides, e não nos referimos a eles como "quem", mas eles executam toda a exploração interplanetária. Não temos de alimentá-los, eles não precisam de aparelhos para manter as funções vitais, e não se incomodam se não os trazemos de volta à Terra. Nosso conjunto de robôs espaciais inclui sondas que estão monitorando o Sol, orbitando Marte, interceptando uma cauda de cometa, orbitando um asteroide, orbitando Saturno e dirigindo-se rumo a Júpiter e Plutão.

---

* Adaptado de "2001, for Real" [2001, de verdade], artigo publicado originalmente no jornal *The New York Times*, em 1º de janeiro de 2011.

Quatro de nossas primeiras sondas foram lançadas com bastante energia e a trajetória correta para sair completamente do sistema solar, cada uma carregando informações codificadas sobre os humanos para os alienígenas inteligentes que talvez venham a colher o hardware.

Ainda que os humanos não tenham deixado pegadas em Marte ou na lua Europa de Júpiter, nossos robôs espaciais nesses mundos nos transmitem evidências convincentes da presença de água. Essas descobertas inflamam as imaginações com a perspectiva de encontrar vida em missões futuras.

Além disso, mantemos centenas de satélites de comunicação, bem como uma dúzia de telescópios com base no espaço que veem o universo em diferentes faixas de luz, incluindo o infravermelho e os raios gama. Em particular, a faixa de micro-ondas nos permite ver a extremidade do universo observável, onde encontramos evidências do Big Bang.

E assim, podemos não ter colônias interplanetárias ou outros devaneios irrealizados, mas nossa presença no espaço ainda tem crescido exponencialmente. De alguma maneira, a exploração espacial no ano real de 2001 lembra fortemente a do filme de Kubrick. À parte nosso rebanho de sondas robóticas, temos uma frota de hardware no céu. Assim como acontece em *2001*, o filme, nós temos uma estação espacial. Foi montada com partes entregues por ônibus espaciais reusáveis e acopladores (que trazem escrito no lado Nasa em vez de Pan Am). E, como no filme, a estação espacial tem descargas de vasos sanitários de gravidade zero, com instruções complicadas, e saquinhos plásticos com a comida nada saborosa dos astronautas.

Que eu saiba, as únicas coisas apresentadas no filme de Kubrick que não temos são a valsa "Danúbio azul", de Johann Strauss, preenchendo o vácuo do espaço, e um computador central homicida chamado HAL.

CAPÍTULO DEZESSETE

O lançamento do material adequado*

Em 2003, o ônibus espacial orbitador *Columbia* se desfez em pedaços acima da região central do Texas. Um ano mais tarde, o presidente George W. Bush anunciou um programa de exploração espacial de longo prazo que levaria humanos de volta à Lua, e mais tarde os enviaria a Marte e ainda além. Durante esse período, e em muitos anos futuros, os jipes gêmeos da Exploração de Marte, o Spirit e o Opportunity, arrancaram gritos entusiásticos de cientistas e engenheiros no local de nascimento dos jipes – o Laboratório de Propulsão a Jato (JPL, na sigla em inglês) da Nasa – por causa de seus talentos como geólogos de campo robóticos.

A confluência deste e de outros eventos ressuscita um debate perene: com dois fracassos dentre as 135 missões do ônibus espacial durante a vida do programa espacial tripulado, e seu custo em relação aos programas robóticos, é possível justificar o envio de pessoas ao espaço, ou os robôs deveriam fazer o trabalho sozinhos? Ou, dadas as aflições sociopolíticas da sociedade, a exploração espacial é algo para o qual simplesmente não temos recursos? Como astrofísico, como educador e como cidadão, sou compelido a dar minha opinião sobre essas questões.

Os cientistas modernos têm enviado robôs ao espaço desde 1957 e pessoas desde 1961. O fato é que enviar robôs custa imensamente menos – na maioria dos casos, um quinto do custo de enviar pessoas. Os robôs não se importam muito com o grau de calor ou frio que podem encontrar no espaço; é só lhes dar os lubrificantes corretos e eles vão

---

* Adaptado de "Launching the Right Stuff" [O lançamento do material adequado], texto publicado originalmente na revista *Natural History*, em abril de 2004.

operar numa vasta gama de temperaturas. Tampouco precisam de elaborados sistemas para manter suas funções vitais. Podem passar longos períodos movendo-se ao redor e no meio dos planetas, mais ou menos imperturbados pela radiação ionizante. Não perdem massa óssea pela longa exposição à falta de peso, porque, claro, não têm ossos. Não têm necessidades higiênicas. Nem sequer é preciso alimentá-los. O melhor de tudo, uma vez terminadas as tarefas, eles não reclamam se não forem trazidos de volta à Terra.

Assim, se minha única meta no espaço é fazer ciência, e se estou pensando estritamente em termos do ganho científico em relação ao meu dólar, não consigo pensar em nenhuma justificativa para enviar uma pessoa ao espaço. Seria melhor mandar 50 robôs.

Mas há um outro lado da moeda para esse argumento. Distinguindo-se até dos mais talentosos robôs modernos, os humanos são dotados de uma capacidade de fazer por acaso descobertas felizes que surgem de uma vida inteira de experiências. Até chegar o dia em que os engenheiros computacionais bioneurofisiológicos consigam baixar um cérebro humano num robô, o máximo que podemos esperar de um robô é que ele procure o que já foi programado para encontrar. Um robô – afinal, uma máquina para incorporar as expectativas humanas num hardware e num software – não pode abarcar plenamente as descobertas científicas revolucionárias. E essas são aquelas que não queremos deixar escapar.

Nos velhos tempos, as pessoas imaginavam os robôs como um pedaço de hardware com cabeça, pescoço, torso, braços e pernas – e talvez algumas rodas para andarem rolando. Podia-se falar com eles e escutar suas respostas (um som, claro, robótico). O robô padrão parecia mais ou menos uma pessoa. O personagem maçante C3PO, dos filmes *Guerra nas estrelas*, é um exemplo perfeito.

Mesmo quando um robô não parece humanoide, seus operadores podem apresentá-lo ao público como uma coisa quase viva. Cada um dos jipes gêmeos da Nasa em Marte, por exemplo, foi descrito nos comunicados de imprensa do JPL como tendo "um corpo, cérebros, um pescoço e cabeça, olhos e outros sentidos, um braço, pernas, e antenas para falar e escutar". Em 5 de fevereiro de 2004, segundo os relatórios de *status*, "Spirit acordou mais cedo que o normal hoje [...] a fim de se preparar para sua 'cirurgia' de memória". Em 19 de fevereiro, o jipe examinou remotamente o solo marginal e circundante de uma cratera chamada

Bonneville, e "depois de todo esse trabalho, Spirit tirou uma folga e deu um cochilo, que durou um pouco mais de uma hora".

Apesar de todo esse antropomorfismo, é bastante claro que um robô pode ter qualquer forma: é simplesmente um mecanismo autômato que realiza uma tarefa, quer repetindo uma ação com mais rapidez ou segurança do que uma pessoa comum pode realizá-la, quer executando uma ação que uma pessoa, recorrendo apenas aos 5 sentidos, seria incapaz de realizar. Os robôs que pintam carros em linhas de montagem não se parecem com pessoas. Os jipes em Marte pareciam um pouco caminhões plataforma, mas eles podiam triturar o solo e abrir um buraco na superfície de uma rocha, mobilizar uma combinação de microscópio e câmera para examinar a superfície recém-exposta, e determinar a composição química da rocha – assim como um geólogo faria num laboratório na Terra.

Vale observar que até um geólogo humano não realiza a tarefa sozinho. Sem a ajuda de algum tipo de equipamento, uma pessoa não consegue triturar a superfície de uma rocha e abrir um buraco; é por isso que um geólogo de campo carrega um martelo. Para analisar ainda mais a pedra, o geólogo dispõe de outro tipo de aparelho, um dispositivo que consegue determinar a composição química do material. Nisso existe um enigma. Quase toda a ciência suscetível de ser realizada num meio ambiente alienígena seria feita por algum tipo de equipamento. Os geólogos de campo em Marte arrastariam seus equipamentos em seus passeios diários por uma cratera ou afloramento marciano, onde poderiam fazer medições do solo, das rochas, do terreno e da atmosfera. Mas se podemos incumbir um robô de puxar e pôr em execução os mesmos instrumentos, por que mandar um geólogo de campo a Marte?

Uma boa razão é o bom senso do geólogo. Cada jipe de Marte foi projetado para se mover por cerca de dez segundos, depois parar e avaliar seus arredores imediatos por vinte segundos, a seguir mover-se por mais dez segundos, e assim por diante. Se o jipe se movesse um pouco mais rápido, ou se movesse sem parar, poderia tropeçar numa pedra e tombar, tornando-se tão impotente como uma tartaruga de Galápagos virada de costas. Em contraste, um explorador humano apenas seguiria adiante, porque as pessoas são exímias em ter cuidado com rochas e penhascos.

No final da década de 1960 e início dos anos 1970, nos tempos dos voos tripulados para a Lua do projeto *Apollo* da Nasa, nenhum robô conseguia decidir que pedras pegar e trazer para casa. Mas quando o astronauta da *Apollo 17* Harrison Schmitt, o único geólogo (de fato, o único cientista) a ter caminhado na Lua, notou um estranho solo laranja na superfície lunar, imediatamente colheu uma amostra. Eram contas diminutas de vidro vulcânico. Hoje, um robô pode realizar análises químicas assombrosas e transmitir imagens surpreendentemente detalhadas, mas ainda não consegue reagir com eficiência, como Schmitt reagiu, a uma surpresa. Em contraste, reunidas no geólogo de campo estão as capacidades de caminhar, correr, cavar, martelar, ver, comunicar interpretar e inventar.

Quando alguma coisa sai errado, é claro que um ser humano no local se torna o melhor amigo de um robô. É só dar a uma pessoa uma chave-inglesa, um martelo e um pouco de fita adesiva, e todos ficamos surpresos com o que pode ser consertado. Depois de pousar em Marte, o jipe Spirit logo rolou para sair de sua plataforma e começou a checar os arredores? Não, seus *airbags* estavam bloqueando o caminho. Somente depois de mais doze dias é que os controladores remotos do Spirit conseguiram fazer com que todas as suas 6 rodas rolassem no solo marciano. Qualquer um presente a essa cena de 3 de janeiro poderia ter simplesmente tirado os sacos de ar do caminho, e em alguns segundos dado um pequeno empurrão no Spirit.

Vamos supor, portanto, que podemos concordar com algumas coisas: as pessoas percebem o inesperado, reagem a circunstâncias imprevistas, e resolvem problemas de maneira que os robôs não conseguem fazer. Os robôs são baratos para enviar ao espaço, mas só podem realizar uma análise pré-programada. O custo e os resultados científicos, entretanto, não são as únicas questões relevantes. Há também a questão da exploração.

Os primeiros trogloditas a cruzarem o vale ou subirem a montanha aventuraram-se a sair da caverna familiar, não porque quisessem fazer uma descoberta científica, mas porque havia algo desconhecido além do horizonte. Talvez procurassem mais alimentos, um abrigo melhor, ou um modo de vida mais promissor. Em todo caso, eles sentiam o impulso de explorar. Talvez fosse uma herança genética, incrustada profundamente na identidade comportamental da espécie humana. De que outro modo os nossos ancestrais poderiam ter migrado da África para a Europa e a Ásia, e seguir adiante para a América do Norte e do Sul? Enviar a Marte uma pessoa que possa olhar debaixo das rochas ou descobrir o que existe no fundo do vale é a extensão natural do que as pessoas comuns sempre fizeram na Terra.

Muitos de meus colegas afirmam que muita ciência pode ser feita sem colocar pessoas no espaço. Mas se eles eram garotos na década de 1960, e se alguém lhes perguntar o que os inspirou a se tornar cientistas, quase todos (ao menos segundo minha experiência) vão citar o badalado programa *Apollo*. Aconteceu quando eles eram jovens, é o que os entusiasmou. Ponto. Em contraste, mesmo que mencionem também o lançamento de *Sputnik 1*, que deu origem à era espacial, bem poucos desses cientistas atribuem seu interesse aos inúmeros outros satélites e sondas espaciais não tripulados lançados tanto pelos Estados Unidos como pela União Soviética pouco depois do *Sputnik*.

Assim, se você é um cientista de primeira categoria atraído pelo programa espacial por ter sido inspirado inicialmente por astronautas a se lançar como um foguete no grande além, é um pouco falso de sua parte afirmar que as pessoas já não devem ir ao espaço. Tomar essa posição é, com efeito, negar à próxima geração de estudantes a emoção de seguir o mesmo caminho que você trilhou: capacitar alguém de nossa própria espécie, e não apenas um emissário robótico, a caminhar na fronteira da exploração.

Sempre que realizamos um evento no Planetário Hayden que inclua um astronauta, há um leve aumento de público. Serve qualquer astronauta, mesmo de quem a maioria das pessoas nunca ouviu falar. O encontro pessoal faz diferença nos corações e nas mentes dos viajantes espaciais de poltrona aqui na Terra – quer sejam professores de ciência aposentados, motoristas de ônibus diligentes, garotos de 13 anos ou pais ambiciosos.

Claro, as pessoas podem se emocionar, e se emocionam, com robôs. De 3 de janeiro até 5 de janeiro de 2004, o site da Nasa que acompanhava os afazeres dos jipes de Marte teve mais de meio bilhão de visitas – 506.621.916 para ser exato. Esse foi um recorde para a Nasa, superando os acessos a sites de pornografia no mundo ao longo dos mesmos três dias.

A solução para o dilema me parece óbvia: enviar tanto robôs como pessoas para o espaço. A exploração espacial não precisa ser uma transação ou isso/ou aquilo, porque não há como evitar o fato de que os robôs são mais bem adequados para certas tarefas e as pessoas para outras.

Uma coisa é certa: nas próximas décadas, os Estados Unidos precisarão apelar a multidões de cientistas e engenheiros de várias disciplinas, e os astronautas precisarão ser extraordinariamente bem treinados. A procura de evidências de vida no passado de Marte, por exemplo, vai requerer biólogos de primeira categoria. Mas o que um biólogo sabe sobre terrenos planetários? Os geólogos e os geofísicos também terão de ir. Os químicos precisarão checar a atmosfera e testar os solos. Se a vida prosperou outrora em Marte, os resquícios poderiam estar agora fossilizados, e assim talvez precisássemos de alguns paleontólogos para juntar-se à batalha. As pessoas que sabem como perfurar quilômetros de solo e rocha serão também imprescindíveis, porque é ali que as reservas de água marcianas talvez estejam escondidas.

De onde virão todos esses talentosos cientistas e tecnólogos? Quem vai recrutá-los? Pessoalmente, quando dou palestras a estudantes que já têm idade suficiente para decidir o que desejam ser quando crescerem, mas ainda são jovens demais para não ser desencaminhados pelo turbilhão hormonal, eu preciso lhes oferecer um chamariz atraente para incutir neles o entusiasmo pela ideia de se tornarem cientistas. Essa tarefa é facilitada se for possível lhes apresentar astronautas que estão à procura de uma nova geração disposta a partilhar a grandiosa visão da exploração espacial e a juntar-se a eles no espaço. Sem o respaldo dessas forças inspiradoras, sou apenas a diversão daquele dia. Minhas leituras de história e cultura me dizem que as pessoas precisam de heróis.

No século XX, os Estados Unidos lograram grande parte de sua segurança e pujança econômica graças a seu apoio à ciência e tecnologia. Parte da tecnologia mais revolucionária (e comercializável) das últimas décadas tem sido derivada da pesquisa realizada sob a bandeira da exploração espacial americana: máquinas de hemodiálise, marca-passos implantáveis, cirurgia oftalmológica, sistema de posicionamento global, revestimentos resistentes à corrosão para pontes e monumentos (inclusive a Estátua da Liberdade), sistemas hidropônicos para cultivo de plantas, sistemas para evitar colisões em aeronaves, produção de imagens digitais, câmeras portáteis de infravermelho, ferramentas elétricas sem fio, tênis esportivos, óculos escuros à prova de arranhões, realidade virtual. E essa lista nem sequer inclui Tang.

Embora as soluções para um problema sejam frequentemente o fruto de investimento direto em pesquisa com alvo específico, as soluções mais revolucionárias tendem a surgir da polinização cruzada com outras disciplinas. Os investigadores médicos talvez nunca tivessem conhecido os raios X, porque esses não ocorrem naturalmente em sistemas biológicos. Foi preciso um físico, Wilhelm Conrad Röntgen, para descobrir esses raios de luz capazes de sondar o interior do corpo sem corte nenhum do cirurgião.

Eis outro exemplo de polinização cruzada. Logo depois que o Telescópio Espacial Hubble foi lançado em abril de 1990, os engenheiros da Nasa perceberam que o espelho principal do telescópio – que colhe e reflete a luz dos objetos celestes em suas câmeras e espectrógrafos – tinha sido polido de forma incorreta. Em outras palavras, o telescópio de 2 bilhões de dólares estava produzindo imagens indistintas.

Isso não foi bom.

Como para fazer uma limonada com limões, entretanto, os algoritmos de computador vieram em socorro. Os investigadores no Instituto de Ciência do Telescópio Espacial em Baltimore, Maryland, desenvolveram uma série de técnicas inteligentes e inovadoras de processamento de imagens para compensar algumas das deficiências do Hubble. Descobre-se, então, que maximizar a quantidade de informações que podiam ser extraídas de uma imagem astronômica embaçada é tecnicamente idêntico a maximizar a quantidade de informações que podem ser extraídas de uma mamografia. Logo, as novas técnicas passaram a ser empregadas comumente para detectar sinais precoces de câncer de mama.

Mas isso é apenas parte da história.

Em 1997, para a segunda missão de manutenção do Hubble (a primeira, em 1993, corrigiu a falha ótica), os astronautas do ônibus espacial trocaram uma peça e introduziram um detector digital de alta resolução novo em folha – projetado para os óculos exigentes dos astrofísicos cujas carreiras se baseiam em poder ver coisas pequenas e indistintas no cosmos. Essa tecnologia está agora incorporada a um sistema de baixo custo e minimamente invasivo para realizar biópsias de mamas, o próximo estágio depois das mamografias no diagnóstico precoce de câncer.

Então, por que não pedir aos investigadores para focalizar diretamente o desafio de detectar o câncer de mama? Por que as inovações em medicina teriam de esperar por um erro crasso do tamanho do Hubble no espaço? A minha resposta pode não ser politicamente correta, mas é a verdade: ao organizar missões extraordinárias, você atrai pessoas de extraordinário talento que talvez não se sentissem inspiradas ou empolgadas pela meta de salvar o mundo do câncer, da fome ou da pestilência.

Hoje, acontece a polinização cruzada entre a ciência e a sociedade, quando existe um amplo financiamento de projetos ambiciosos de longo prazo. Os Estados Unidos têm lucrado imensamente com uma geração de cientistas e engenheiros que, em vez de se tornarem advogados ou banqueiros de investimentos, responderam a uma visão programática desafiadora apresentada em 1961 pelo presidente John F. Kennedy. Ao proclamar a intenção de colocar um homem na Lua, Kennedy convidava os cidadãos a ajudar nesse empenho. Essa geração, e a que se seguiu, foi a mesma geração de tecnólogos que inventaram o computador pessoal. Bill Gates, cofundador da Microsoft, tinha 13 anos quando os Estados Unidos colocaram um astronauta na Lua; Steve Jobs, cofundador da Apple Computer, tinha 14. O PC não nasceu na mente de um banqueiro, um artista ou um atleta profissional. Foi inventado e desenvolvido por uma força-tarefa tecnicamente treinada, que tinha reagido ao sonho desfraldado à sua frente entusiasmando-se com a ideia de se tornar cientistas e engenheiros.

O mundo precisa de banqueiros, artistas e até atletas profissionais. Entre inúmeros outros, eles criam a amplitude da sociedade e cultura. Mas se quisermos que chegue o amanhã – se quisermos gerar setores econômicos inteiros que não existiam ontem –, essas não são as pessoas a quem recorrer. São os tecnólogos que criam esse tipo de futuro. E são passos visionários no espaço que criam esse tipo de tecnólogo. Anseio pelo dia em que o sistema solar vai se tornar nosso quintal coletivo – explorado não só com robôs, mas com a mente, o corpo e a alma de nossa espécie.

CAPÍTULO DEZOITO

As coisas estão melhorando*

Em 8 de setembro de 2004, a carga científica da missão *Genesis* da Nasa se espatifou no deserto de Utah a quase 320 quilômetros por hora, depois que seus paraquedas falharam e não abriram. A nave espacial tinha passado três anos orbitando o Sol a uma distância de quase 1,6 milhão de quilômetros da Terra, coletando alguns dos pequenos núcleos atômicos que o Sol expele continuamente para o espaço, e cuja abundância codifica a composição original do material que serviu de base para a formação do sistema solar há 4,6 bilhões de anos. Os cientistas da Nasa têm recuperado alguns dos resultados do *Genesis*, e assim evitaram contabilizar seu tempo e nossos 260 milhões de dólares como perda total.

Mas ainda que nenhum dado utilizável tivesse retornado, esse único fracasso enfatiza como estamos nos saindo bem ao explorar o cosmos. Os dois geólogos robóticos da Nasa a perambular pela superfície de Marte ultrapassaram seus períodos de vida programados, enviando imagens espantosas da superfície marciana – imagens que nos dizem que Marte tinha outrora água corrente e grandes lagos ou mares. A sonda Mars Global Surveyor, operando igualmente bem além de seu período de vida planejado, continua a orbitar o planeta vermelho e a nos enviar imagens de alta resolução da superfície marciana. E o orbitador Mars Express da Agência Espacial Europeia apresentou evidências de metano na atmosfera marciana, o que pode indicar colônias bacterianas subterrâneas ativas. A nave espacial *Cassini* orbita Saturno, e a sonda Huygens se desprendeu da

---

* Adaptado de um artigo não publicado, escrito por Neil deGrasse Tyson e Donald Goldsmith, em setembro de 2004.

Cassini e desceu através da atmosfera enevoada e enfumaçada da maior lua de Saturno, Titã, para pousar sobre sua superfície e confirmar a existência de lagos líquidos de metano. A própria Titã pode muito bem se revelar um local para vida de um tipo diferente. Temos também a Messenger, a primeira sonda a orbitar o planeta mais próximo do Sol.*

Quando nos voltamos para o cosmos muito mais vasto além de nosso sistema solar, encontramos uma série espantosa de naves espaciais que orbitam a Terra fora da interferência de nossa atmosfera. O orbitante observatório de raios X Chandra detecta raios X de distantes locais de violência cósmica, como os ambientes turbulentos que circundam buracos negros famintos, enquanto o Telescópio Espacial Spitzer da Nasa mapeia a luz infravermelha, um cartão de visita de estrelas jovens e regiões de formação de estrelas. O satélite Integral da Agência Espacial Europeia estuda os raios gama, a forma de luz com mais alta energia, que surgem de explosões de estrelas e outros violentos eventos cósmicos; a missão *Swift Gamma Rays Burst Explorer* da Nasa busca as explosões mais distantes de raios gama no universo. Enquanto isso, o Telescópio Espacial Hubble vai continuar a trabalhar até que seu sucessor mais avantajado, o Telescópio Espacial James Webb, atinja a órbita, espiando mais além do que qualquer telescópio anterior, à medida que narra a formação das galáxias e as estruturas de grande escala que traçam.

Iluminados por nossos olhos substitutos nesse vácuo movimentado do espaço, devemos lembrar de vez em quando que os continentes da Terra não apresentam fronteiras nacionais, mas, acima de tudo, nossa pequenez na vastidão do universo deve nos tornar humildes.

---

* A Messenger encerrou sua missão em 2015. (N.E.)

CAPÍTULO DEZENOVE

Por amor ao Hubble*

O Telescópio Espacial Hubble, o instrumento científico mais produtivo de todos os tempos, teve a sua quinta e última missão de reparo na primavera de 2009. Os astronautas do ônibus espacial foram lançados do Centro Espacial Kennedy, na Flórida, emparelharam as órbitas com o telescópio, capturaram o instrumento, fizeram a manutenção, realizaram atualizações e substituíram suas partes quebradas no ato.

Aproximadamente do tamanho de um ônibus de viagem interestadual *Greyhound*, o Hubble foi lançado a bordo do ônibus espacial *Discovery* em 1990, e ultrapassou substancialmente sua expectativa de vida inicial de 10 anos. Para os estudantes da escola secundária de hoje, o Hubble tem sido seu principal canal para o cosmos. A última missão de manutenção prolongou a vida do Hubble em vários anos. Entre outras coisas, placas de circuito queimadas foram substituídas na Câmera Avançada para Pesquisas. Esse é o instrumento responsável pelas imagens mais memoráveis do Hubble desde sua instalação em 2002.

Fazer a manutenção do Hubble requer uma destreza refinada. Tive recentemente a oportunidade de visitar o Centro de Voos Espaciais Goddard da Nasa, em Maryland. Ali calcei luvas de astronauta fofas e pressurizadas, manejei uma chave de fenda portátil da era espacial, enfiei minha cabeça num capacete espacial, e tentei extrair uma placa de circuito estragada numa maquete da câmera com defeito, que estava embutida em um modelo do Hubble em tamanho natural. Foi uma proeza quase impossível.

---

* Adaptado do texto "For the Love of Hubble" [Por amor ao Hubble], publicado originalmente na revista *Parade*, em 22 de junho de 2008.

E eu não estava sem peso. Nem estava com o traje espacial para o corpo todo. E a Terra e o espaço não estavam passando por ali.

Em geral, pensamos nos astronautas como bravos e nobres. Mas, nesse caso, ter o "estofo adequado" inclui ser um cirurgião de hardware.

O Hubble não está sozinho lá em cima. Dúzias de telescópios espaciais de tamanhos e formas variados orbitam a Terra e a Lua. Cada um propicia uma visão do cosmos que não é obstruída, manchada e diminuída pela atmosfera turbulenta e turva da Terra. Mas a maioria desses telescópios foi lançada sem meios de realizar sua manutenção. As peças se gastam. Os giroscópios falham. Os meios de resfriamento evaporam. As baterias morrem. As realidades do hardware limitam a expectativa de vida de um telescópio.

Todos esses telescópios fazem a ciência avançar, mas a maioria executa suas tarefas sem o público tomar conhecimento ou adular esses instrumentos. São projetados para detectar faixas de luz invisíveis ao olho humano, algumas das quais jamais penetraram na atmosfera da Terra. Classes inteiras de objetos e fenômenos no cosmos se revelam somente por meio de uma ou mais janelas cósmicas invisíveis. Os buracos negros, por exemplo, foram descobertos por seu cartão de visita de raio X – radiação gerada pelo gás circundante em redemoinho pouco antes de mergulhar no abismo. Os telescópios também captaram radiação de micro-ondas – a principal evidência física do Big Bang.

Hubble é o primeiro e único telescópio espacial a observar o universo usando principalmente a luz visível. Suas imagens espantosamente nítidas, coloridas e detalhadas do cosmos tornam o Hubble uma espécie de versão suprema dos olhos humanos no espaço. Mas seu apelo deriva de muito mais que um fluxo de belos retratos. Hubble atingiu a maioridade na década de 1990, durante o crescimento exponencial do acesso à internet. Bem quando suas imagens digitais caíram pela primeira vez em domínio público. Como todos sabemos, qualquer coisa divertida, gratuita e passível de envio se espalha rapidamente on-line. Logo as imagens do Hubble, cada uma mais esplendorosa que a outra, tornaram-se protetores e fundos de tela para computadores de pessoas a quem nunca antes teria sido concedida a oportunidade de celebrar, mesmo quietamente, nosso lugar no universo.

O Hubble trouxe o universo para o nosso quintal. Ou melhor, expandiu nosso quintal para incluir nele o próprio universo, realizando essa proeza com imagens tão intelectual, visual e até espiritualmente gratificantes que a maioria nem precisava de legendas. Não importa o que o Hubble revela – planetas, campos densos de estrelas, nebulosas interestelares coloridas, buracos negros mortais, graciosas galáxias em colisão, a estrutura em grande escala do universo –, cada imagem estabelece uma visão particular do cosmos.

> Tweet Espacial #20
> Na era do Hubble & das sondas espaciais, pontos de luz no céu noturno tornaram-se mundos. Mundos tornaram-se nosso quintal
> 20 de fevereiro de 2011, às 18h56

O legado científico do Hubble é incontestável. Mais estudos de pesquisa têm sido publicados usando seus dados do que jamais foram publicados para qualquer outro instrumento científico em qualquer disciplina. Entre os destaques do Hubble está sua solução do debate de décadas sobre a idade do universo. Antes, os dados eram tão ruins que os astrofísicos não conseguiam chegar a um acordo dentro de um fator de dois. Alguns achavam que era 10 bilhões de anos; outros, 20 bilhões. Sim, era desconcertante. Mas o Hubble nos tornou capazes de medir acuradamente como o brilho varia num tipo particular de estrela distante. Essa informação, quando introduzida numa fórmula simples, fornece a distância entre essa estrela e a Terra. E como o universo inteiro está se expandindo a uma velocidade conhecida, podemos atrasar o relógio para determinar há quanto tempo tudo estava no mesmo lugar. A resposta? O universo nasceu há 13,7 bilhões de anos.

Outro resultado, que há muito tempo se suspeitava ser verdade, mas foi confirmado pelo Hubble, é a descoberta de que toda grande galáxia, como a nossa própria Via Láctea, tem em seu centro um buraco negro supermassivo que janta estrelas, nuvens de gás e qualquer outra matéria desprevenida que resolve passear perto em demasia. Os centros das galáxias são tão densamente apinhados de estrelas que os telescópios atmosfericamente embaçados com base na Terra veem apenas uma nuvem salpicada de luz – a imagem conspurcada de centenas ou milhares de estrelas. Do espaço, os detectores nítidos do Hubble nos permitem ver cada estrela de forma individual e rastrear seu movimento ao redor do centro galáctico. Observem, essas estrelas se movem com uma velocidade muito, muito maior que aquela a que têm direito. Uma fonte de gravidade pequena, despercebida mas poderosa, deve estar exercendo pressão sobre elas. Acionem-se as equações, e somos forçados a concluir que um buraco negro está escondido no meio delas.

Em 2004, um ano depois da tragédia do *Columbia*, a Nasa anunciou que o Hubble não receberia sua última missão de manutenção. Curiosamente, as vozes mais altas de protesto vieram do público em geral. Semelhantes a uma versão moderna de uma turba a brandir tochas, elas expressavam sua oposição em todo meio de comunicação disponível, desde artigos de opinião a petições. Por fim, o Congresso escutou os protestos e revogou a decisão. A democracia teve um momento iluminado: o Hubble teria seu último serviço de manutenção.

Claro que nada dura para sempre – nada exceto, talvez, o próprio universo. Assim o Hubble vai acabar morrendo. Mas, nesse meio-tempo, o Telescópio Espacial James Webb, projetado para perscrutar mais profundamente o universo do que o Hubble jamais conseguiu fazer, se anuncia. Quando lançado, assim que o financiamento permitir, vai nos deixar sondar as profundezas das nuvens de gás em nossa própria galáxia da Via Láctea em busca de viveiros estelares bem como investigar as épocas mais primitivas do universo à procura da formação das próprias galáxias.

A Nasa aposentou o ônibus espacial envelhecido em 2011. Se houver suficiente vontade política, esse passo deveria capacitar seus engenheiros espaciais, linhas de montagem e fluxos de financiamento a focar uma nova série de veículos de lançamento projetados para fazer o que os ônibus espaciais não conseguem realizar: levar-nos além da órbita terrestre baixa, com vista a fronteiras ainda mais longínquas.

CAPÍTULO VINTE

Feliz aniversário, *Apollo 11**

O Museu Nacional do Ar e Espaço é diferente de qualquer outro lugar no planeta. Quando recebemos visitantes de outro país que se interessam por saber qual museu capta melhor o que é ser americano, este é o lugar ideal. Aqui, eles podem ver o *Wright Flyer*, de 1903, o *Spirit of St. Louis*, de 1927, o foguete *Goddard*, de 1926, e o módulo de comando da *Apollo 11* – faróis silenciosos da exploração, de algumas pessoas dispostas a arriscar a vida pela descoberta. Sem esses valentes que aceitam correr riscos, a sociedade raramente chega a algum lugar.

Comemoramos o 40º aniversário do pouso na Lua em 20 de julho de 1969. Quarenta: esse é um número especial. Quantos dias a arca de Noé permaneceu no mar? Quarenta. (E também quarenta noites.) Quantos anos Moisés errou pelo deserto? Quarenta.

A era da *Apollo* atiçou ambições. Muitos de nós estão aqui por causa dela. Mas a luta não terminou. Nem todo mundo participou daquela visão de exploração espacial. Nem todo mundo ficou impressionado com ela. E eu nos culpo por isso. Todas as pessoas envolvidas com o espaço sentem o que aconteceu. Você conhece e compreende a viagem majestosa. Mas há aqueles que não entendem, ou nem sequer pensaram sobre isso. Dois terços das pessoas vivas hoje nasceram depois de 1969. Dois terços.

---

* Adaptado de comentários do mestre de cerimônia na comemoração do 40º aniversário do pouso na Lua da *Apollo 11*, que ocorreu no Museu Nacional do Ar e Espaço do Instituto Smithsonian, em Washington, D.C., em 20 de julho de 2009.

Você se lembra de Jay Leno durante suas caminhadas para o *Tonight Show* da NBC? Ele saía na rua e fazia perguntas simples às pessoas.* Certa vez, falou com uma moça recém-formada num curso superior e perguntou: "Quantas luas tem a Terra?". Eis a resposta: "Como você quer que eu me lembre? Estudei astronomia dois semestres atrás".

Isso me apavora.

Hoje, reunimos muitos astronautas que fizeram parte da primeira onda de exploradores espaciais dos Estados Unidos – heróis de uma geração. Há também heróis que nunca voaram. E aqueles, muito importantes para nós como nação, que se foram. Walter Cronkite, aos 92 anos. Primeiro me entristeci, quando soube de sua morte. Mas quando uma pessoa chega a essa idade e morre, não é hora de ficar triste; é hora de celebrar a vida. Cronkite: o homem mais confiável dos Estados Unidos. Nós todos o conhecemos como alguém que apoiava o espaço. Apresentava o *CBS Evening News* com inteligência, integridade e compaixão.

Lembro-me de quando era criança e fiquei sabendo que havia alguém com o nome de Cronkite. Você conhece mais alguém chamado Cronkite, além de Walter? Acho que não. Assim, o nome me interessou. Eu sabia bastante sobre a tabela periódica para achar que soava como um novo elemento. Temos alumínio, níquel, silício. Existe a kriptonita fictícia. E depois há o cronkite.

Uma de minhas lembranças mais indeléveis de Walter é de quando eu tinha 10 anos. Às 7h51 de 21 de dezembro de 1968 – exatamente a hora programada –, a *Apollo 8* decolou do Centro Espacial Kennedy. Era a primeira missão a sair da órbita terrestre baixa, a primeira vez que alguém tinha um destino que não fosse a Terra. Quando Walter Cronkite anunciou que o módulo de comando da *Apollo 8* – a caminho da Lua – tinha deixado a atração gravitacional da Terra, fiquei perplexo. Como poderia ser? Eles ainda não tinham chegado à Lua, e claro que a Lua está dentro da gravidade da Terra. Mais tarde eu aprenderia que ele estava se referindo a um ponto lagrangiano entre a Terra e a Lua – um ponto onde todas as forças do sistema Terra-Lua se equilibram. Ao cruzá-lo, você cai na Lua em vez de cair de volta na Terra. E assim aprendi um pouco de

---

* Em inglês, "jaywalking", que significa infrações cometidas pelos pedestres. É um trocadilho com o nome do apresentador – caminhadas de Jay. (N.E.)

física com Walter Cronkite. Boa sorte a essa voz da América, que morreu no 40º aniversário da *Apollo 11*. Que maneira espetacular de sair de cena.

Tem sido uma semana movimentada. Perdemos Walter Cronkite; ganhamos algumas nomeações. O Senado dos Estados Unidos confirmou o novo administrador e seu vice da Nasa, Charles F. Bolden Jr. e Lori B. Garver, respectivamente. Para Lori Garver, toda a sua vida tem sido no espaço. Ela começou a trabalhar para John Glenn em 1983. Foi diretora executiva da Sociedade Espacial Nacional e presidente do Espaço Capital, LLC. Conheço Lori Garver há quinze anos e Charlie Bolden há quinze minutos. O homem parece ter vindo do elenco central: quatro décadas no serviço público, um piloto de combate dos fuzileiros navais, quatorze anos como membro do corpo de astronautas da Nasa. As audiências de confirmação começaram como uma celebração amorosa, com os senadores de todos os lugares dizendo: "Charlie é o cara".

As decisões na Nasa não acontecem num vácuo. Participei de 2 comissões a serviço da agência espacial: a Comissão sobre o Futuro da Indústria Aeroespacial dos Estados Unidos (seu relatório final, de 2002, foi chamado *Qualquer um, qualquer coisa, qualquer lugar, qualquer hora*) e a Comissão Presidencial sobre a Implementação da Política de Exploração Espacial dos Estados Unidos (o relatório final, de 2004, foi chamado *Uma viagem para inspirar, inovar e descobrir: Lua, Marte e Além*). Estávamos tentando estudar o que é, o que não é, o que deveria ser e o que é possível. Como membro das comissões, lembro-me de ser bombardeado com perguntas pelo público e por pessoas da comunidade aeroespacial. Todo mundo tem uma ideia sobre o que a Nasa deve fazer. Alguém tem um novo projeto para um foguete, ou um destino almejado, ou um novo propulsor. Inicialmente, eu sentia como se as pessoas estivessem interferindo em meu trabalho. Mas depois recuei e compreendi que se tantas pessoas querem dizer à Nasa o que fazer, é um bom sinal, não é um mau sinal. Eu estava me sentindo incomodado, quando deveria ter celebrado as intervenções como uma expressão de amor pelo futuro da Nasa.

A agência continua a solicitar informações de especialistas. Um comitê presidido por Norm Augustine tem estudado o futuro do programa de voos espaciais tripulados da Nasa (o relatório final, dos últimos meses de 2009, tem o título *Procurando um programa de voo espacial humano digno de uma grande nação*). Você pode procurar voo espacial humano on-line em <hsf.nasa.gov> – "hsf" é o acrônimo inglês de voo espacial humano – e dizer a eles o que pensa. Quantos países permitem uma ousadia dessas, e até sugerem que você poderia ser capaz de influenciar a direção que uma agência vai adotar?

Como você sabe, sou astrofísico – menos uma pessoa do espaço que uma pessoa da ciência. Eu me interesso por explosão de estrelas, buracos negros e o destino da Via Láctea. E nem todas as missões espaciais giram em torno de construir uma estação espacial.

Entre as missões recentes, uma das minhas favoritas foi quando o ônibus espacial *Atlantis* fez a manutenção do Telescópio Espacial Hubble. Em maio de 2009, os astronautas da *Atlantis* – prefiro pensar neles como astrocirurgiões – repararam e atualizaram o Hubble. Durante sua missão, realizaram caminhadas espaciais livres para prolongar a vida do telescópio em ao menos cinco anos, possivelmente dez – um novo prazo de vida. Instalaram com sucesso 2 novos instrumentos, repararam outros 2, substituíram giroscópios e baterias, acrescentaram novo isolamento térmico para proteger o mais célebre telescópio desde a era de Galileu. Foi o coroamento do que pode acontecer quando o programa espacial tripulado está em sincronia com o programa robótico.

> Tweet Espacial #21
> Ônibus Espacial *Atlantis* – viagem final antes da aposentadoria hoje. A bordo, uma lasca da macieira de Newton. Bonito
> 14 de maio de 2010, às 2h22

O Hubble não é somente amado porque tirou tantas fotos maravilhosas, mas porque está em atividade por um longo tempo. Nenhum outro telescópio espacial foi projetado para ter serviços de manutenção. Coloca-se o telescópio no espaço; os meios de esfriamento acabam depois de três anos; o giroscópio para de funcionar depois de cinco; o telescópio cai no Pacífico depois de seis. Não há bastante tempo para o público sentir interesse por esses instrumentos, aprender o que eles fazem e por quê.

A inspiração se manifesta de muitas maneiras. O próprio espaço é um catalisador. Opera em nossos corações, em nossas almas, em nossas mentes e em nossa criatividade. Não é apenas o alvo de um experimento científico – o espaço está incrustado em nossa cultura. Em 2004, a Nasa anunciou a criação de uma honraria especial, o prêmio Embaixador da

Exploração. Não é concedido todo ano, nem é concedido a qualquer um. O prêmio é uma pequena amostra dos 382 quilos de pedras e solo que vieram da Lua durante as 6 expedições ao nosso satélite, conferido para honrar a primeira geração de exploradores e renovar nosso compromisso de expandir esse empreendimento.

Hoje à noite temos a honra de conceder o prêmio Embaixador da Exploração à família do presidente John Fitzgerald Kennedy. É provável que a maioria de nós se lembre do discurso do presidente Kennedy a uma sessão especial conjunta do Congresso em maio de 1961, no qual ele declarou a meta de colocar um americano na Lua em menos de uma década. Mas talvez não sejam muitos o que conhecem o "discurso da Lua" que ele proferiu no ano seguinte no estádio da Rice University, em Houston, Texas. No início desse discurso, o presidente mencionou que a maior parte do número total de cientistas que já viveram na Terra estava àquela época viva. Ele, então, apresentou o panorama da história de forma concentrada:

> Condensem, se quiserem, os 50 mil anos da história registrada do homem num período de apenas meio século. Apresentada nesses termos, sabemos muito pouco sobre os primeiros quarenta anos, exceto que ao final desses tempos o homem avançado havia aprendido a usar os couros dos animais para cobrir (a si mesmo). Depois, há cerca de dez anos, de acordo com esse padrão, o homem saiu de suas cavernas para construir outros tipos de abrigo. Há apenas cinco anos, o homem aprendeu a escrever e usar uma carroça com rodas... A imprensa surgiu este ano, e há menos de dois meses, durante todo esse período de cinquenta anos da história humana, a máquina a vapor proporcionou uma nova fonte de energia [...] No mês passado as luzes elétricas, os telefones, os automóveis e os aeroplanos passaram a existir. Foi só na semana passada que desenvolvemos a penicilina, a televisão e a energia nuclear, e agora se a nova nave espacial dos Estados Unidos conseguir chegar a Vênus, teremos chegado às estrelas antes da meia-noite de hoje.

Repetidamente, Kennedy falou da necessidade de os Estados Unidos serem os primeiros, os líderes, e realizarem antes o difícil que o fácil. Também descreveu, a um público para quem ir ao espaço era algo novo e emocionante, os múltiplos empenhos espaciais americanos que já estavam em andamento e os vários satélites americanos que já estavam em órbita. Não hesitou em anunciar quanto dinheiro queria para o orçamento espacial – "50 centavos por semana de cada homem, mulher e criança nos Estados Unidos, pois demos a esse programa alta prioridade nacional" –, mas depois justificou esse financiamento generoso apresentando uma imagem vívida do resultado que pensava alcançar:

> Mas se eu dissesse, meus colegas cidadãos, que vamos mandar para a Lua, a 387 mil quilômetros da estação de controle em Houston, um foguete gigante com mais de 90 metros de altura, o tamanho deste campo de futebol, feito com novas ligas de metais, algumas das quais ainda não foram inventadas, capaz de suportar calor e pressões várias vezes mais elevados do que jamais se experimentou, montado com uma precisão mais apurada que o melhor relógio, carregado com todo o equipamento necessário para propulsão, orientação, controle, comunicações, alimentos e sobrevivência, numa missão ainda não tentada, rumo a um corpo celeste desconhecido, e depois trazê-lo de volta em segurança à Terra, reentrando na atmosfera a velocidades superiores a 40 mil quilômetros por hora, causando um calor equivalente à metade do provocado pela temperatura do Sol [...] e fazer tudo isso, e fazer bem-feito, e fazer pela primeira vez antes que esta década termine – nesse caso, devemos ser audazes.

Quem poderia deixar de ser inspirado por essas palavras?
Neil Armstrong, o comandante da *Apollo 11*, fazia parte da Nasa muito antes de ela existir oficialmente. Era um aviador naval, o piloto mais jovem de seu esquadrão. Voou 78 missões de combate durante a Guerra da Coreia. Neil Armstrong é alguém com excelente experiência da Lua, alguém que desfrutou de uma visão de pássaro e uma visão de andarilho na Lua.
Algumas pessoas parecem acreditar que apenas amarramos os astronautas a um foguete e depois os disparamos rumo à Lua. O fato é que muitas imagens de reconhecimento entram no planejamento dessas viagens. Por exemplo, em 1966-67, 5 naves espaciais *Lunar Orbiter* [Orbitador lunar] foram enviadas para estudar a Lua e fotografar possíveis locais de pouso. A fotografia do que se tornou o local de pouso da *Apollo 11* faz agora parte do Projeto de Recuperação de Imagens do orbitador de Reconhecimento Lunar (LRO, na sigla em inglês) no Centro de Pesquisa Ames, da Nasa. Vamos avançar quatro décadas, e o LRO enviou suas primeiras imagens do local de pouso da *Apollo 11*, com o estágio da descida do módulo lunar ainda ali, lançando uma longa e nítida sombra. LRO é o próximo passo

para tornar a enviar astronautas à Lua – é um explorador robótico que está ajudando a encontrar os melhores lugares para explorar. As imagens futuras serão ainda melhores. E essas imagens estarão disponíveis para o público, assim você pode mostrá-las a qualquer pessoa que continua a acreditar que tudo não passou de farsa.

A Nasa opera sobre nossos corações, nossas mentes, nosso processo educacional – tudo por meio centavo de 1 dólar de imposto. É extraordinário como muitas pessoas pensam que o orçamento da Nasa é maior que esse montante. Quero começar um movimento para que as agências governamentais recebam o orçamento que, segundo algumas pessoas, estão ganhando. O orçamento da Nasa aumentaria por um fator de ao menos 10.

> Tweet Espacial #22
> A Nasa custa aos americanos metade de 1 centavo de dólar do imposto. Essa fração de uma cédula não é larga o suficiente para, começando da beirada, chegar à tinta
> 8 de julho de 2011, às 11h05

As pessoas consideram o orçamento da Nasa imenso, e isso dá bem a medida da visibilidade de todo dólar que é gasto pela agência. É um elogio extraordinário que não recuso por nada, e para que não deixemos de avançar em todas as áreas que os americanos valorizaram nos séculos XX e XXI.

Para mim, uma característica interessante sobre a Nasa são seus 10 centros espalhados pelo país. Se crescer perto de um deles, você terá um parente ou um amigo que trabalha na agência espacial. Trabalhar lá é uma questão de orgulho nessas comunidades, e esse senso de participação, de uma jornada em comum, é algo que torna a agência um empreendimento para a nação inteira, não simplesmente para os poucos eleitos.

Alguns engenheiros, administradores e outros funcionários da era *Apollo* ainda trabalham na Nasa hoje em dia – embora, provavelmente, não por muito mais tempo. Estamos fadados a perdê-los. Muitas, muitas pessoas, além dos astronautas, contribuíram de maneira essencial para a era *Apollo*. Pense nesse trabalho como uma pirâmide. Na base estão milhares de engenheiros e cientistas, estabelecendo os fundamentos para as viagens à Lua. Se você subir pela pirâmide, os astronautas se acham no topo – os bravos que arriscam suas vidas. Mas ao fazê-lo, eles depositam sua confiança no que o restante dessa pirâmide providencia. E o que sustenta a base dessa pirâmide, mantendo-a ampla e firme, é a inspiração da futura geração.

CAPÍTULO VINTE E UM

Como alcançar o céu*

Na vida cotidiana, raramente precisamos pensar em propulsão, ao menos do tipo que nos levanta do chão e nos mantém no ar. Podemos circular muito bem sem foguetes propulsores, simplesmente caminhando, correndo, andando de patins, tomando um ônibus ou dirigindo um carro. Todas essas atividades dependem do atrito entre nós (ou nosso veículo) e a superfície da Terra.

Quando caminhamos ou corremos, o atrito entre os pés e o chão nos capacita a empurrar para frente. Quando dirigimos um carro, o atrito entre as rodas de borracha e o pavimento capacita o carro a se mover para diante. Mas tente correr ou dirigir um carro sobre gelo liso, onde quase não há atrito, e você vai escorregar e deslizar, envolvendo-se em dificuldades enquanto segue velozmente para lugar nenhum.

Para um movimento que não envolva a superfície da Terra, precisamos de um veículo equipado com um motor alimentado com quantidades massivas de combustível. Dentro da atmosfera, poderíamos usar uma máquina ou um jato impelido por um propulsor, ambos alimentados por combustíveis que queimam o suprimento gratuito de oxigênio fornecido pelo ar. Mas se desejamos cruzar o vácuo sem ar do espaço, deixamos em casa os suportes e os jatos e procuramos um mecanismo de propulsão que não requer atrito e nenhuma ajuda química do ar.

Um modo de conseguir que um veículo saia de nosso planeta é apontar seu nariz para cima, mirar as tubeiras do motor para baixo e sacrificar

---

* Adaptado do texto "Fueling Up" [Abastecendo], publicado originalmente na revista *Natural History*, em junho de 2005.

rapidamente uma boa quantidade da massa total do veículo. Quando se libera essa massa numa direção, o veículo recua na outra. Nisso reside a alma da propulsão. A massa liberada por uma nave espacial é o combustível gasto e quente, que produz lufadas de descarga abrasadoras de alta pressão que saem pela traseira do veículo, possibilitando a ascensão da nave espacial.

A propulsão explora a terceira lei do movimento de Isaac Newton, uma das leis universais da física: para toda ação, há uma reação igual e oposta. Hollywood, você talvez tenha notado, raramente obedece a essa lei. Nos faroestes clássicos, o pistoleiro permanece firme em pé, quase sem mover um músculo ao mesmo tempo que dispara seu rifle. Enquanto isso, o fora da lei vulgar que ele atinge tomba para trás, batendo primeiro as nádegas no cocho – claramente uma falta de correspondência entre ação e reação. O Super-Homem exibe o efeito oposto: ele não recua nem mesmo de leve enquanto as balas ricocheteiam em seu peito. O personagem Exterminador, de Arnold Schwarzenegger, foi mais fiel a Newton que a maioria: toda vez que um tiro de espingarda atingia a ameaça cibernética, ele recuava – um pouco.

As naves espaciais, entretanto, não podem escolher suas cenas de ação. Se não obedecem à terceira lei de Newton, jamais sairão do chão.

Os sonhos concretizáveis de exploração espacial decolaram na década de 1920, quando o físico e inventor americano Robert H. Goddard conseguiu levantar do chão por quase três segundos um pequeno foguete movido a combustível líquido. O foguete subiu até uma altitude de 12 metros e pousou a 54 metros de seu local de lançamento.

Mas Goddard não estava sozinho em seu empenho. Várias décadas antes, por volta da virada do século XX, um físico russo chamado Konstantin Eduardovich Tsiolkovsky, que se sustentava como professor de uma escola secundária provinciana, já tinha estabelecido alguns dos conceitos básicos da viagem espacial e da propulsão por foguetes. Entre outras coisas, Tsiolkovsky concebeu os múltiplos estágios de foguete que se desprenderiam e cairiam, quando fosse gasto o combustível neles contido, reduzindo o peso da carga remanescente e assim maximizando a capacidade do combustível restante para acelerar a espaçonave. Ele também apresentou a chamada equação do foguete, que calcula quanto combustível será necessário para a viagem através do espaço.

Exatamente meio século depois das investigações de Tsiolkovsky, surgiu o precursor da nave espacial moderna, o foguete V-2 da Alemanha nazista. O V-2 foi concebido e projetado para a guerra, e usado pela primeira vez em combate em 1944, principalmente para aterrorizar Londres. Foi o primeiro foguete a mirar cidades que estavam além de seu próprio horizonte. Capaz de alcançar uma velocidade máxima de aproximadamente 5,6 mil quilômetros por hora, o V-2 podia percorrer algumas centenas de quilômetros antes de mergulhar verticalmente de volta à superfície da Terra em queda livre desde a borda do espaço.

Para realizar uma órbita completa da Terra, entretanto, uma espaçonave deve viajar 5 vezes mais rápido que o V-2, uma proeza que, para um foguete com a mesma massa do V-2, requer ao menos 25 vezes a energia do V-2. E para escapar completamente da órbita da Terra e rumar para a Lua, Marte ou mais além, a nave espacial deve atingir 40 mil quilômetros por hora. É o que as missões *Apollo* fizeram nas décadas de 1960 e 1970 para chegar à Lua – uma viagem que requer ao menos outro fator de 2 em energia.

E isso representa uma quantidade fenomenal de combustível.

Devido à implacável equação do foguete de Tsiolkovsky, o maior problema que se apresenta a qualquer espaçonave rumo ao espaço é a necessidade de impelir massa "em excesso" na forma de combustível, e a maior parte desse excesso de carga é o combustível requerido para transportar o combustível que a nave vai queimar mais tarde na viagem. E os problemas de peso da espaçonave crescem exponencialmente. O veículo multiestágio foi inventado para suavizar esse problema. Nesse veículo, uma carga útil relativamente pequena – como a nave espacial *Apollo*, um satélite Explorer ou o ônibus espacial – é lançada por foguetes imensos e potentes que se desprendem e caem sequencialmente ou em seções, quando os suprimentos de combustível acabam. Por que rebocar um tanque de combustível vazio, quando se pode jogá-lo fora e possivelmente reusá-lo num outro voo?

Tome-se o *Saturno V*, um foguete de 3 estágios que lançou os astronautas da *Apollo* rumo à Lua. Quase poderia ser descrito como um tanque gigantesco de combustível. O *Saturno V* e sua carga humana tinham uma altura de 36 andares, mas os três astronautas retornaram à Terra numa cápsula pequenininha de um andar. O primeiro estágio caiu dois minutos e meio depois da decolagem, assim que o veículo fora levantado do chão e se movia a cerca de 2,8 mil metros por segundo (quase 9,6 mil quilômetros por hora). O estágio dois caiu aproximadamente 6 minutos mais tarde, quando o veículo se movia a cerca de 7 mil metros por segundo (quase 25,8 mil quilômetros por hora). O estágio 3 teve uma vida mais complicada, com vários episódios de queima de combustível: o primeiro ao acelerar o veículo para entrar na órbita da Terra, o seguinte para sair da órbita da Terra e rumar para a Lua, e, três dias mais tarde, mais 1 ou 2 empuxos para diminuir a velocidade e entrar na órbita lunar. A cada estágio, a espaçonave se tornou progressivamente menor e mais leve, o que significa que o combustível restante podia fazer mais com menos.

De 1981 a 2011, a Nasa usou o ônibus espacial para missões até algumas centenas de quilômetros acima de nosso planeta: a órbita terrestre baixa. O ônibus espacial tem 3 partes principais: um "orbitador" atarracado e semelhante a um aeroplano, que contém a tripulação, a carga útil e os três motores principais; um imenso tanque de combustível externo que contém mais de 2 milhões de litros de líquido autocombustível; e 2 propulsores de foguete sólidos, cujos 900 mil quilos de combustível de consistência emborrachada baseado em alumínio geram 85% do empuxo necessário para tirar o gigante do chão. Na plataforma de lançamento, o ônibus espacial pesa 2 milhões de quilos. Dois minutos depois do lançamento, os propulsores acabaram sua tarefa e caíram no oceano, para serem fisgados da água e reusados. Seis minutos mais tarde, pouco antes de o ônibus espacial atingir velocidade orbital, o tanque externo agora vazio se desprendeu e se desintegrou ao reentrar na atmosfera da Terra. Quando o ônibus espacial atingiu a órbita, 90% da massa de seu lançamento foram deixados para trás.

Agora que já foi lançado, que tal desacelerar, pousar gentilmente, e um dia retornar para casa? O fato é que, no espaço vazio, desacelerar requer tanto combustível quanto acelerar.

Modos familiares, pés no chão, de desacelerar requerem atrito. Numa bicicleta, as sapatas de borracha no freio de mão apertam o aro da roda; num carro, as pastilhas de freio pressionam contra os rotores das rodas, diminuindo a rotação dos 4 pneus de borracha. Nesses casos, parar não requer combustível. Para desacelerar e parar no espaço, entretanto, é preciso virar as tubeiras do foguete para trás, para que apontem na direção do movimento e acendam o combustível arrastado por toda aquela distância. Então é possível recostar e observar a velocidade diminuir enquanto o veículo recua no sentido inverso.

Para retornar à Terra depois da excursão cósmica, em vez de usar combustível para desacelerar, seria possível fazer o que o ônibus espacial fazia: planar de volta à Terra sem ligar os motores, e explorar o fato de que nosso planeta tem uma atmosfera, uma fonte de atrito. Em vez de usar todo esse combustível para desacelerar a espaçonave antes da reentrada, dá para deixar que a atmosfera a desacelere.

> Tweet Espacial #23 – #26
> Orbitador *Discovery* faz sua reentrada hoje. De 27,3 mil km/h a 0 km/h em uma hora. Recorre à resistência do ar
> (aerofrenagem) para diminuir a velocidade
> 9 de março de 2011, às 8h30
>
> Serão necessários três quartos de uma viagem ao redor da Terra para que a atmosfera derrube o *Discovery* do céu e o faça pousar em segurança como um planador em Kennedy, Flórida
> 9 de maço de 2011, às 10h54
>
> Depois de cair abaixo da velocidade do som (Mach 1), o ônibus espacial é apenas um planador rotundo e atarracado entrando para o pouso
> 9 de março de 2011, às 11h51
>
> Bem-vindo ao lar, *Discovery*, 39 missões, 365 dias e 238.539.663 quilômetros no hodômetro
> 9 de março de 2011, às 11h59

Uma complicação, entretanto, é que a espaçonave se move muito mais rapidamente durante o trecho do retorno à Terra que durante seu lançamento. Está caindo de uma órbita de 27.359 quilômetros por hora e mergulhando na superfície da Terra, de modo que o calor e o atrito são problemas muito maiores no final da viagem do que em seu início. Uma solução é encobrir a superfície dianteira da espaçonave num escudo térmico, que lida com o calor rapidamente acumulado por meio de ablação e dissipação. Na ablação, o método preferido para as cápsulas cônicas da era *Apollo*, o calor é levado embora por ondas de choque no ar e um contínuo descascamento do suprimento de material vaporizado no fundo da cápsula. Para o ônibus espacial e seus famosos ladrilhos, a dissipação é o método preferido.

Infelizmente, como todos sabemos agora, os escudos térmicos não são invulneráveis. Os 7 astronautas do ônibus espacial *Columbia* foram cremados no meio do ar na manhã de 1º de fevereiro de 2003, quando seu orbitador ficou fora de controle e partiu-se durante a reentrada. Morreram porque um pedaço de espuma isolante tinha se desprendido do imenso tanque de combustível durante o lançamento e aberto um buraco no principal escudo que cobria a asa esquerda. Esse buraco deixou exposta a derme de alumínio do orbitador, fazendo com que se arqueasse e derretesse na arremetida do ar superaquecido.

Eis uma ideia mais segura para a viagem de volta. Por que não colocar um posto de abastecimento de combustível na órbita da Terra? Quando chegar a hora de o ônibus espacial voltar para casa, acopla-se um novo conjunto de tanques e queima-se o combustível em aceleração máxima, para trás. O ônibus espacial diminui a velocidade até um passo de tartaruga, cai na atmosfera da Terra e apenas voa para casa como um aeroplano. Sem atrito. Sem ondas de choque. Sem escudos térmicos.

Mas quanto combustível seria necessário? Exatamente tanto quanto foi preciso para levantar a espaçonave do chão, para começo de conversa. E como todo esse combustível poderia chegar até o posto de combustível em órbita que abasteceria as necessidades do ônibus espacial? Presumivelmente, seria lançado daqui da Terra, no topo de algum outro foguete da altura de um arranha-céu.

Pense nisso. Se quisesse fazer uma viagem de carro de Nova York até a Califórnia ida e volta, e não houvesse postos de gasolina pelo caminho, você teria de rebocar um tanque de combustível do tamanho de um caminhão. Mas então você precisaria de um motor com potência suficiente para puxar um caminhão, e teria de comprar um motor muito maior. Depois você precisaria de mais combustível para dirigir o carro. A equação do foguete de Tsiolkovsky vai derrotá-lo todas as vezes.

Em todo caso, desacelerar ou pousar não diz respeito apenas à Terra. Refere-se também à exploração. Em vez de apenas passar pelos planetas remotos em "sobrevoos" fugazes, um modo que caracterizou toda uma geração de sondas espaciais da Nasa, a espaçonave deve passar algum tempo tomando conhecimento desses mundos distantes. Mas é preciso combustível extra para desacelerar e entrar em órbita. *Voyager 2*, por exemplo – lançado em agosto de 1977 –, passou toda a sua vida navegando ao longo dos planetas. Depois de assistências da gravidade, primeiro de

Júpiter e depois de Saturno (a assistência da gravidade é o mecanismo de propulsão do homem pobre), *Voyager* 2 passou por Urano em janeiro de 1986 e por Netuno em agosto de 1989. Uma espaçonave passar uma dúzia de anos percorrendo o caminho até um planeta e depois algumas horas coletando dados é como esperar dois dias na fila para ver um concerto de rock que dura seis segundos. Os sobrevoos são melhores que nada, mas estão muito aquém do que um cientista realmente quer fazer.

Na Terra, encher o tanque num posto de gasolina local tornou-se uma atividade cara. Muitos cientistas inteligentes têm passado vários anos inventando e desenvolvendo combustíveis alternativos que poderiam um dia ter seu emprego difundido. E muitos outros cientistas inteligentes estão fazendo o mesmo para a propulsão.

As formas mais comuns de combustível para espaçonaves são substâncias químicas: etanol, hidrogênio, oxigênio, monometil hidrazina, alumínio em pó. Mas ao contrário dos aeroplanos, que queimam combustível colhendo oxigênio por meio de seus motores, as espaçonaves não têm esse luxo; devem transportar a equação química inteira. Assim, elas não carregam apenas o combustível, mas também um oxidante, mantidos separados até que as válvulas os unam. A mistura incendiada de alta temperatura cria a descarga de alta pressão, tudo a serviço da terceira lei do movimento de Newton.

Que pena! Mesmo ignorando a "ajuda" gratuita que um aeroplano recebe do ar que se precipita sobre suas asas especialmente modeladas, qualquer espaçonave que sair da atmosfera deve carregar uma carga de combustível muito mais pesada que a de um aeroplano. O combustível do V-2 era etanol e água; o do *Saturno V* era querosene para o primeiro estágio e hidrogênio líquido para o segundo estágio. Os 2 foguetes usavam oxigênio líquido como oxidante. O principal motor do ônibus espacial, que tinha de trabalhar acima da atmosfera, usava hidrogênio líquido e oxigênio líquido.

Não seria bom se o próprio combustível contivesse mais força do que contém? Se você pesa 68 quilos e quiser se lançar no espaço, vai precisar de 68 quilos de empuxo debaixo dos pés (ou ser lançado por um jato propulsor costal) apenas para não pesar nada. Para realmente se lançar, algo com mais de 68 quilos de empuxo servirá, dependendo de sua tolerância para aceleração. Mas espere. Você vai precisar ainda mais empuxo para compensar o peso do combustível não queimado que está carregando. Acrescente mais empuxo que isso e vai acelerar rumo ao céu.

> **Tweet Espacial #27**
> Estou em um excelente restaurante italiano esta noite. Serviram grapa ao final da refeição. A Nasa deve estudar a aguardente como um substituto de combustível de foguete
> 7 de dezembro de 2010, às 12h27

A meta perene dos especialistas espaciais é encontrar uma fonte de combustível que acondicione níveis astronômicos de energia nos menores volumes possíveis. Como os combustíveis químicos usam energia química, há um limite para quanto empuxo eles podem providenciar, e esse limite provém das energias de ligação armazenadas dentro das moléculas. Mesmo dadas essas limitações, há várias opções inovadoras. Depois que um veículo se eleva além da atmosfera da Terra, a propulsão não precisa vir da queima de vastas quantidades de combustível químico. No espaço profundo, o propelente pode consistir em pequenas quantidades de gás xenônio ionizado, aceleradas a enormes velocidades dentro de um novo tipo de motor. Um veículo equipado com uma vela reflexiva pode ser movido pela pressão suave dos raios do Sol, ou até por um laser estacionado na Terra ou sobre uma plataforma em órbita. E dentro de mais ou menos uma década, um reator nuclear seguro e aperfeiçoado tornará a propulsão nuclear possível – o motor dos sonhos do projetista de foguetes. A energia gerada será várias ordens de grandeza maior que aquela que os combustíveis químicos podem produzir.

Quando nos deixamos arrebatar pelos sonhos de tornar o impossível possível, o que realmente queremos é o foguete da antimatéria. Melhor ainda, gostaríamos de chegar a uma nova compreensão do universo, para que as viagens possam explorar os atalhos do buraco de minhoca no tecido do espaço e tempo. Quando isso acontecer, o céu já não será o limite.

CAPÍTULO VINTE E DOIS

Os últimos dias do ônibus espacial

16 de maio de 2011: o lançamento final de Endeavour

> Tweet Espacial #28 – #35
>
> 8h29
> Se o ângulo de cobertura da câmera permitir, 6 coisas legais para procurar ver segundos antes da ignição dos propulsores de foguete sólidos...
>
> 8h30
> Os flaps de direção do orbitador balançam de um lado para o outro – o último sinal de que podem virar no ângulo previsto
>
> 8h32
> As 3 tubeiras do foguete do orbitador balançam de um lado para o outro – o último sinal de que podem apontar na direção prevista
>
> 8h33
> Centelhas borrifam sobre a plataforma de lançamento – consomem qualquer hidrogênio potencialmente inflamável ali reunido a partir do motor principal
>
> 8h35
> A torre de água despeja o equivalente ao conteúdo de 1 piscina sobre a plataforma de lançamento – H_2O absorve as vibrações sonoras, impedindo danos à espaçonave

> 8h37
> "Começa a funcionar o motor principal" – as 3 tubeiras do orbitador se inflamam, miram a direção e forçam o ônibus espacial a se inclinar para frente. Parafusos ainda mantêm o ônibus espacial preso ao chão
>
> 8h38
> "3 – 2 – 1 – decolagem" – Os propulsores de foguete sólidos se inflamam, inclinando o ônibus espacial direto para cima de novo. Parafusos explodem. Espaçonave ascende.
>
> 9h19
> Caso você se pergunte: o nome do ônibus espacial *Endeavour* tem uma grafia britânica, porque é uma homenagem ao navio do capitão Cook

1º de junho de 2011: o retorno final do Endeavour

> Tweet Espacial #36 – #44
> 1h20
> Apenas para sua informação: para aterrissar, o ônibus espacial *Endeavour* deve perder toda a energia de movimento que ganhou durante o lançamento
>
> 1h30
> O ônibus espacial executa agora uma "saída de órbita" baixando seu trajeto o suficiente para encontrar grandes quantidades de moléculas de ar que obstruem o movimento
>
> 2h
> Enquanto *Endeavour* mergulha na atmosfera da Terra, o ar circundante aquece, levando embora a energia de movimento do ônibus espacial
>
> 2h10
> Enquanto a velocidade diminui, o *Endeavour* cai ainda mais baixo na atmosfera da Terra, deparando com uma densidade cada vez maior de moléculas de ar
>
> 2h20
> Os ladrilhos protetores do ônibus espacial atingem milhares de graus (F), irradiando persistentemente o calor para longe. Isso acontece para proteger os astronautas lá dentro

> 2h30
> Na maior parte da reentrada do *Endeavour*, o ônibus espacial é um tijolo balístico caindo do céu. Abaixo da velocidade do som, é aerodinâmico
>
> 2h34
> A faixa de aterrissagem do ônibus espacial no Centro Espacial Kennedy tem 4,5 quilômetros. Longa o suficiente para o orbitador sem freios deslizar até parar
>
> 2h35
> Bem-vindos ao lar, astronautas: 248 órbitas, 10.477.185 quilômetros. Trabalho bem-feito *Endeavour*: 25 missões, 4.671 órbitas, 199.370.605 quilômetros
>
> 9h10
> A relatividade de Einstein mostra que os astronautas do *Endeavour* avançaram 1/2000 segundos para o futuro durante sua temporada em órbita

8-21 de julho de 2011: a viagem final de *Atlantis* e o fim da era do ônibus espacial

> Tweet Espacial #45 – #50
> 8 de julho, às 9h54
> A missão do ônibus espacial no filme *Cowboys do espaço* era STS-200 [STS – Shuttle Transport System – Sistema de Transporte do Ônibus Espacial]. Com o lançamento de *Atlantis*, o programa real chega apenas a STS-135
>
> 8 de julho, às 10h25
> Aritmética espacial: *Mercury* + *Gemini* + *Apollo* = 10 anos.
> Ônibus espacial = 30 anos
>
> 8 de julho, às 10h52
> Apenas para sua informação: o acesso humano ao espaço não termina com a era do ônibus espacial, apenas o acesso americano. A China e a Rússia ainda vão ao espaço

8 de julho, às 11h24
Apollo em 1969. Ônibus espacial em 1981. Nenhuma nave em 2011. Nosso programa espacial pareceria impressionante para qualquer um que vivesse de trás para frente no tempo

21 de julho, às 5h42
Preocupado com a privatização do acesso à órbita da Terra? Atrasada em décadas. A Nasa precisa mirar além, que é seu
verdadeiro lugar

21 de julho, às 5h59
Não lamente o fim do ônibus espacial, mas a ausência de foguetes para suplantá-lo. Quem derramou uma lágrima quando o *Gemini* terminou? *Apollo* nos aguardava

CAPÍTULO VINTE E TRÊS

Propulsão para o espaço profundo*

Lançar uma espaçonave é agora uma proeza rotineira de engenharia. Afixam-se os tanques de combustível e os propulsores de foguete, queimam-se os combustíveis químicos, e lá vai ele!

Mas a espaçonave atual fica rapidamente sem combustível. Assim, deixada por sua própria conta, não pode desacelerar, parar, aumentar a velocidade ou fazer mudanças sérias em seu rumo. Com sua trajetória coreografada inteiramente pelos campos de gravidade do Sol, dos planetas e suas luas, a espaçonave só pode passar voando pelo seu destino, como um ônibus de turismo veloz sem paradas em seu itinerário – e os passageiros só podem vislumbrar a paisagem em trânsito.

Se não pode desacelerar, uma espaçonave não pode pousar em nenhum lugar sem se espatifar, o que não é um objetivo comum dos engenheiros aeroespaciais. Nos últimos tempos, entretanto, os engenheiros têm se tornado mais espertos a respeito da nave espacial que ficou sem combustível. No caso dos jipes de Marte, sua velocidade estupenda em direção ao planeta vermelho foi desacelerada por aerofrenagem através da atmosfera marciana. Isso significava que eles podiam aterrissar apenas com a ajuda de escudos térmicos, paraquedas e *airbags*.

Hoje, o maior desafio na aeronáutica é encontrar um meio leve e eficiente de propulsão, cujo impacto por quilo supere enormemente o dos combustíveis químicos convencionais. Com esse desafio resolvido, uma nave espacial poderia deixar a plataforma de lançamento com reservas de

---

* Adaptado do texto "Heading Out" [Rumo aos confins], publicado originalmente na revista *Natural History*, em julho-agosto de 2005.

combustível a bordo, e os cientistas poderiam pensar nos objetos celestes mais como lugares a visitar do que como espetáculos planetários vistos através de uma fresta.

Por sorte, a engenhosidade humana não aceita frequentemente um não como resposta. Legiões de engenheiros estão prontos a nos propulsar e a nossos substitutos robóticos para o espaço profundo com uma variedade de motores inovadores. O mais eficiente deles usaria a antimatéria como combustível. Quando se coloca a matéria e a antimatéria em contato, converte-se toda a sua massa em energia de propulsão, assim como faziam os motores de antimatéria de *Star Trek*. Alguns físicos até sonham em viajar a uma velocidade maior que a da luz abrindo túneis através das dobras no tecido do espaço e tempo. *Star Trek* tampouco deixou passar essa alternativa: eram os propulsores de dobra espacial na espaçonave *USS Enterprise* que permitiam ao capitão Kirk e sua tripulação atravessar velozmente a galáxia durante os comerciais de TV.

A aceleração pode ser gradual e prolongada, ou pode provir de uma explosão breve e espetacular. Apenas uma grande explosão consegue tirar uma nave espacial do chão. É preciso ter ao menos tantos quilos de empuxo quanto o peso da própria espaçonave. Do contrário, a nave vai permanecer ali na plataforma. Depois do lançamento, se não houver pressa – e se estiverem levando carga em vez de uma tripulação para os confins do sistema solar –, não há necessidade de aceleração espetacular.

Em outubro de 1998, uma nave espacial de meia tonelada e 2,5 metros de altura chamada *Deep Space 1* foi lançada de Cabo Canaveral, Flórida. Durante sua missão de três anos, *Deep Space 1* testou uma dúzia de tecnologias inovadoras, inclusive um sistema de propulsão equipado com propulsores iônicos – o tipo de sistema que se torna útil a grandes distâncias da plataforma de lançamento, onde uma aceleração baixa, mas sustentada, acaba produzindo velocidades muito altas.

Os motores de propulsores iônicos fazem o que os motores da nave espacial convencional são capazes de fazer: aceleram o propelente (no caso, um gás) a velocidades muito elevadas e o canalizam para fora de uma tubeira. Em resposta, o motor, e, por conseguinte, o restante da nave espacial, recua na direção oposta. Você pode realizar esse experimento científico sozinho: quando estiver em cima de uma prancha de skate, descarregue um extintor de incêndio de CO_2 (comprado, é claro, para esse fim). O gás sairá numa direção, e a prancha de skate irá em outra direção.

Mas os propulsores iônicos e os motores de foguete comuns divergem em sua escolha de propelente e na fonte da energia que o acelera. *Deep Space 1* usava gás xenônio eletricamente carregado (ionizado) como seu propelente em vez da combinação de hidrogênio-oxigênio líquido queimada no motor principal do ônibus espacial. O gás ionizado é mais fácil de manejar que os produtos químicos explosivamente inflamáveis. Além disso, o xenônio é um gás nobre, o que significa que não vai corroer nem interagir quimicamente com nada. Por 16 mil horas, usando menos de 110 mililitros de propelente por dia, o motor da *Deep Space 1*, com 30 centímetros de largura e formato de tambor, acelerou íons de xenônio através de um campo elétrico a velocidades de 40 quilômetros por segundo e cuspiu-os para fora de sua tubeira. Como antecipado, o recuo por 450 gramas de combustível foi dez vezes maior que o dos motores de foguete convencionais.

No espaço como na Terra, entretanto, não existe almoço gratuito – para não falar de lançamento gratuito. Algo tinha de prover de energia esses propulsores de íons na *Deep Space 1*. Algum investimento de energia tinha que primeiro ionizar os átomos de xenônio e depois os acelerar. Essa energia vinha da eletricidade, cortesia do Sol.

Para viajar no sistema solar interior, onde a luz do Sol é forte, a nave espacial do futuro pode utilizar painéis solares – não para a própria propulsão, mas para a energia elétrica necessária para acionar o equipamento que manobra a propulsão. *Deep Space 1*, por exemplo, tinha "asas" solares dobradas que, quando plenamente estendidas, abrangiam quase 12 metros – cerca de 5 vezes a altura da própria nave espacial. Os equipamentos sobre elas eram uma combinação de 3.600 células solares e mais de setecentas lentes cilíndricas que focavam a luz solar sobre as células. Nos picos de energia, seu rendimento coletivo chegava a mais de 1.000 watts, o bastante para operar apenas 1 ou 2 secadores de cabelo na Terra, mas bem copioso para acionar os propulsores iônicos da nave espacial.

Outras naves espaciais mais familiares – como a estação espacial soviética Mir, retirada de órbita e desintegrada, e a Estação Espacial Internacional em expansão* – dependem também do Sol para conseguir a energia que lhes permite operar seus aparelhos eletrônicos. Orbitando a cerca de 400 quilômetros acima da Terra, a EEI carrega o equivalente

---

* A montagem da estação foi finalizada em 2011. (N.E.)

a mais de um acre de painéis solares. Por aproximadamente um terço de cada órbita de 90 minutos, quando a Terra eclipsa o Sol, a estação orbita no escuro. Assim, durante o dia, parte da energia solar coletada é canalizada para baterias de reserva a fim de ser usada durante as horas da escuridão.

Embora nem a *Deep Space 1* nem a EEI tenham usado os raios do Sol para se propulsar, a propulsão solar direta está longe de ser impossível. Considere a vela solar, uma forma diáfana e um pouco semelhante a uma pipa de propulsão espacial, que, uma vez no ar, acelerará por causa do empuxo coletivo dos fótons do Sol, ou partículas de luz, refletindo continuamente nas superfícies brilhantes da vela. Ao ricochetearem, os fótons induzem a nave espacial a recuar. Sem combustível. Sem tanques de combustível. Sem descarga. Sem sujidade. Não dá para ser mais ecológico que isso.

Por antever o satélite geossíncrono, Sir Arthur C. Clarke passou a prever a vela solar. Para sua coletânea de contos de 1964 *O vento solar*, ele criou um personagem que descrevia como ela funcionaria:

> Estenda as mãos para o sol. O que você sente? Calor, claro. Mas há também pressão – embora você nunca tenha percebido, porque é tão diminuta. Sobre a área de suas mãos, chega apenas a cerca de um milionésimo de uma onça [28,35 gramas]. Mas lá fora no espaço, até uma pressão tão pequena como essa pode ser importante – porque está atuando o tempo todo, hora após hora, dia após dia. Ao contrário do combustível de foguete, é gratuita e ilimitada. Se quisermos, podemos usá-la; podemos construir velas para captar a radiação que sopra do Sol.

Na década de 1990, um grupo de cientistas russos e americanos especializados em foguetes, que preferiam colaborar a contribuir para a destruição mútua assegurada (conhecida apropriadamente como MAD [sigla inglesa para *Mutual Assured Destruction*, que significa louco]), começou a trabalhar sobre velas solares por meio de uma colaboração financiada pela iniciativa privada e liderada pela Sociedade Planetária. O fruto de seu trabalho, *Cosmos 1*, foi uma nave espacial de 99 quilos, sem motor, com a forma de uma margarida gigante. Esse veleiro celeste continha dentro de si um míssil balístico que restara do arsenal da União Soviética na Guerra Fria e foi lançado de um submarino russo. *Cosmos 1* tinha um computador em seu centro e oito velas triangulares e reflexivas feitas de Mylar [película de poliéster] com espessura de 0,01 milímetro –

muito mais finas que um saco de lixo barato – e reforçadas com alumínio. Quando desdobradas no espaço, cada vela se estendia por quinze metros e podia ser individualmente posicionada para guiar e controlar a espaçonave. Mas então o motor do foguete pifou pouco mais de um minuto depois do lançamento, e a própria vela dobrada, aparentemente ainda presa ao foguete, caiu no mar de Barents.

Os engenheiros não deixam de trabalhar, porém, só porque suas primeiras tentativas falharam. Hoje, não só a Sociedade Planetária, mas também a Nasa, a Força Aérea Americana e a Agência Espacial Europeia, universidades, empresas e *startups* investigam entusiasticamente projetos e empregos de velas solares. Os filantropos têm contribuído com doações de milhões de dólares. Ocorrem conferências internacionais sobre o veleiro solar. E em 2010, os velejadores celebraram o primeiro sucesso verdadeiro de sua comunidade: uma vela de 60 metros quadrados, com espessura de 0,01 milímetro, chamada IKAROS (sigla inglesa para Interplanetary Kite-craft Accelerated by Radiation Of the Sun – Espaçonave-Pipa Interplanetária Acelerada por Radiação do Sol), projetada e operada pela Agência de Exploração Aeroespacial Japonesa, JAXA. A vela entrou em órbita solar em 21 de maio, acabou de se estender em 11 de junho e passou por Vênus em 8 de dezembro. Enquanto isso, a Sociedade Planetária prevê o lançamento de seu *LightSail 1*,* e a Nasa está trabalhando numa espaçonave em miniatura para demonstração chamada *Nano-Sail-D*,** que pode apontar o caminho para o emprego de velas solares como paraquedas para rebocar satélites defuntos, tirando-os de órbita e de onde possam causar danos.

Vamos olhar para o lado positivo. Ao entrar no espaço, uma vela solar leve poderia, depois de alguns anos, acelerar para 160 mil quilômetros por hora. Esse é o efeito extraordinário de uma aceleração baixa mas constante. Essa espaçonave poderia escapar da órbita da Terra (até onde foi arremessada por foguetes convencionais) sem mirar um destino, mas inclinando inteligentemente suas velas, assim como um marinheiro faz num navio, para que ascenda a órbitas cada vez maiores ao redor da Terra. Por fim, sua órbita poderia se tornar a mesma da Lua, ou Marte, ou algo ainda além.

---

* O *LightSail 1* foi lançado em 20 de maio de 2015. (N.E.)
** A *Nano-Sail-D* foi lançada em 2008, porém explodiu no lançamento. Foi substituída pela *Nano-Sail-D2*, lançada em 2010. (N.E.)

É óbvio que uma vela solar não seria o meio de transporte escolhido para alguém que tivesse pressa em receber suprimentos, mas seria eficiente quanto ao consumo de combustível. Se você quisesse usá-lo como, digamos, uma van de baixo custo para entrega de alimentos, poderia carregá-la com frutas secas, cereais para o café da manhã prontos para o consumo, bolinhos Twinkies, creme chantili Cool Whip e outros itens comestíveis com alto prazo de validade. E quando a espaçonave entrasse em setores onde a luz do Sol é fraca, você poderia ajudá-la a seguir adiante com um laser, irradiado da Terra, ou com uma rede de lasers posicionados através do sistema solar.

Por falar de regiões onde o Sol é indistinto, vamos supor que você quisesse estacionar uma estação espacial no sistema solar exterior – em Júpiter, por exemplo, onde a luz solar tem apenas 1/27 de sua intensidade aqui na Terra. Se sua estação espacial joviana requeresse a mesma quantidade de energia solar que a Estação Espacial Internacional completada, seus painéis teriam de abranger 27 acres. Você estaria dispondo os equipamentos solares sobre uma área maior que vinte campos de futebol. Acho que não seria uma boa ideia. Para fazer ciência complexa no espaço profundo, para tornar os exploradores (ou colonizadores) capazes de passar algum tempo ali, para operar equipamentos na superfície de planetas distantes, é preciso extrair energia de outras fontes que não o Sol.

* * *

Desde o início da década de 1960, os veículos espaciais têm contado comumente com o calor gerado pelo plutônio radioativo para suprir a energia elétrica. Várias das missões *Apollo* até a Lua, bem como *Pioneer 10 e 11* (agora aproximadamente a 16 bilhões de quilômetros da Terra e rumando para o espaço interestelar), *Viking 1 e 2* (rumo a Marte), *Voyager 1 e 2* (também rumo ao espaço interestelar e, no caso de *Voyager 1*, mais longe do que os *Pioneers*), *Ulysses* (rumo ao Sol), *Cassini* (rumo a Saturno) e *New Horizons* (rumo a Plutão e ao Cinturão de Kuiper), entre outros, todos usaram plutônio em seus geradores termoelétricos radioisótopos, ou RTGs. Um RTG é uma fonte de energia nuclear de longa duração. Muito mais eficiente e muito mais energético, seria um reator nuclear que poderia suprir tanto energia como propulsão.

A energia nuclear em qualquer forma, claro, é anátema para algumas pessoas. Boas razões para essa visão não são difíceis de encontrar.

O plutônio e outros elementos radioativos inadequadamente protegidos representam grande perigo; reações nucleares em cadeia descontroladas significam perigo ainda maior. É fácil traçar uma lista de desastres comprovados e potenciais: os despojos radioativos espalhados pelo norte do Canadá em 1978, consequência do desastre do satélite soviético Cosmos 954 movido a energia nuclear; em 1979 o derretimento parcial na usina nuclear de Three Mile Island à margem do rio Susquehanna perto de Harrisburg, Pensilvânia; a explosão na usina nuclear de Chernobyl em 1986, no território que é hoje a Ucrânia; o plutônio em antigos RTGs que estão atualmente (e de vez em quando são roubados) em faróis remotos e decrépitos no noroeste da Rússia. A pane da usina nuclear de Fukushima Daiichi na costa nordeste do Japão, atingida por um terremoto de 9 graus e depois inundada por um terrível tsunami em março de 2011, reavivou todo o temor. As organizações civis como a Rede Global Contra Armas e Energia Nuclear no Espaço lembram esses e outros eventos similares.

Mas desses perigos também se lembram os cientistas e engenheiros que trabalharam no Projeto *Prometheus* da Nasa.

Em vez de negar os riscos dos dispositivos nucleares, a Nasa se concentrou em maximizar as salvaguardas. Em 2003, a agência encarregou o Projeto *Prometheus* de desenvolver um pequeno reator nuclear que pudesse ser lançado com segurança e fornecesse energia para missões longas e ambiciosas rumo ao sistema solar exterior. Esse reator providenciaria energia a bordo e poderia acionar um motor elétrico com propulsores iônicos – o mesmo tipo de propulsão testado em *Deep Space 1*.

Para apreciar o avanço da tecnologia, considere-se o rendimento energético dos RTGs que acionavam os experimentos nas *Vikings* e *Voyagers*. Eles supriam menos de cem watts, aproximadamente o que utiliza uma lâmpada de escrivaninha. Os RTGs na *Cassini* tiveram um desempenho um pouco melhor, quase trezentos watts: aproximadamente a energia necessária para um pequeno utensílio na cozinha. O reator nuclear que deveria ter surgido com *Prometheus* era programado para produzir dez mil watts de energia utilizável para seus instrumentos científicos, o bastante para ativar um concerto de rock.

Para explorar o avanço de *Prometheus*, foi proposta uma missão científica ambiciosa: o orbitador das Luas Geladas de Júpiter, ou *JIMO* [sigla inglesa para Jupiter Icy Moons Orbiter]. Seus destinos eram Calisto, Ganimedes e Europa – três das quatro luas de Júpiter descobertas por Galileu em 1610. (A quarta, Io, está coberta de vulcões ativos, quentes, flamejantes.) O fascínio das três luas frígidas galileanas era a possibilidade de que abaixo de sua grossa crosta de gelo houvesse vastos reservatórios de água líquida que abrigam, ou abrigaram outrora, vida.

Dotada de ampla propulsão a bordo, a *JIMO* faria um "voo com destino", em vez de um sobrevoo, em Júpiter oito anos depois do lançamento. Entraria em órbita e visitaria sistematicamente uma lua de cada vez, talvez até baixando uma sonda sobre o objeto celeste. Recebendo energia da ampla eletricidade a bordo, um conjunto de instrumentos científicos estudaria as luas e enviaria os dados para a Terra via canais de banda larga de alta velocidade. Além da eficiência, uma grande atração seria a segurança, tanto estrutural como operacional. A nave espacial seria lançada com foguetes comuns, e seu reator nuclear seria lançado "frio" – apenas quando a *JIMO* tivesse atingido a velocidade de escape e estivesse bem fora da órbita da Terra é que o reator seria ligado.

Parecia bom. Mas *Prometheus/JIMO* morreu depois de mal ter vivido, tornando-se o que um comitê constituído pelo Conselho de Estudos Espaciais do Conselho Nacional de Pesquisa e pelo Conselho de Engenharia do Espaço e da Aeronáutica denominou, num relatório de 2008 intitulado "Lançando a ciência", uma "história premonitória". Iniciado formalmente em março de 2003 como um programa científico, foi transferido em um ano para a recém-estabelecida Diretoria de Missões dos Sistemas de Exploração da Nasa. Menos de um ano e meio mais tarde, no verão de 2005, depois de gastar quase 464 milhões de dólares (mais dezenas de milhões de dólares simplesmente para financiar a preparação das propostas dos empreiteiros), a Nasa cancelou o programa. Nos meses que se seguiram, 90 milhões de dólares de seu orçamento de 100 milhões foram usados para pagar os custos da rescisão dos contratos cancelados. Todo esse dinheiro gasto, e ainda assim nada de nave espacial, nem de descobertas científicas. *Prometheus/JIMO* assim representa, escrevem os autores de "Lançando a ciência", "um exemplo dos riscos associados a tentar realizar missões científicas espaciais ambiciosas e caras".

Riscos, cancelamentos e fracassos são apenas parte do jogo. Os engenheiros os esperam, as agências lhes oferecem resistência, os contadores fazem malabarismos com eles. *Cosmos 1* pode ter caído no mar, e *Prometheus/JIMO* pode ter morrido no berço, mas produziram lições técnicas valiosas. Assim, os esperançosos viajantes cósmicos não têm razão para deixar de tentar, planejar ou sonhar sobre como navegar no espaço profundo. Hoje, o termo mais avançado é "propulsão no espaço", e muitas pessoas estão buscando avidamente suas possibilidades, inclusive a Nasa. Foguetes mais eficientes são uma abordagem, e assim a agência espacial está desenvolvendo foguetes avançados de alta temperatura. Melhores propulsores são outra abordagem, e assim a Nasa tem agora o Sistema de Propulsão Iônica NEXT (Nasa's Evolutionary Xenon Thruster – Propulsor Xenônio Evolutivo da Nasa), algumas etapas acima do sistema no *Deep Space 1*. Depois, há as supracitadas velas solares. As metas de todas essas tecnologias, individualmente e/ou em combinação, são diminuir o tempo de viagem para corpos celestes distantes, aumentar o alcance e peso da carga útil científica, reduzir os custos.

Algum dia talvez haja maneiras mais estranhas de explorar o interior de nosso sistema solar e o espaço mais além. O pessoal no agora extinto Projeto Pioneiro de Física da Propulsão da Nasa, por exemplo, sonhava em acoplar a gravidade e o eletromagnetismo, ou aproveitar os estados de energia de ponto zero do vácuo quântico, ou utilizar fenômenos quânticos superluminais. Sua inspiração provinha de romances como *Da Terra à Lua*, de Júlio Verne, e as aventuras de Buck Rogers, Flash Gordon e *Star Trek*. Tudo bem pensar nessa espécie de coisas de tempos em tempos. Mas, na minha opinião, embora seja possível não ter lido bastante ficção científica ao longo da vida, é possível ter lido ficção científica demais.

Minha máquina favorita da ficção científica é o propulsor de antimatéria. É 100% eficiente: é só colocar um quilo de antimatéria em contato com um quilo de matéria, e eles se tornam um sopro de pura energia, sem efeitos colaterais. A antimatéria é real. Deve-se ao físico britânico do século XX, Paul A.M. Dirac, tê-la concebido em 1928, e ao físico americano Carl D. Anderson tê-la descoberto cinco anos mais tarde.

A parte científica da antimatéria é excelente. É a parte ficção científica que apresenta um pequeno problema. Como armazenar a antimatéria? Atrás de que cabine da nave espacial ou embaixo de que beliche seria guardada a vasilha de antimatéria? E de que substância seria feita a vasilha? A antimatéria e a matéria se aniquilam ao entrarem em contato, por isso armazenar a antimatéria requer recipientes portáteis sem matéria, como campos magnéticos em forma de garrafas magnéticas. Ao contrário das ideias marginais de propulsão, em que a engenharia persegue a vanguarda da física, o problema da antimatéria é a física comum perseguindo a vanguarda da engenharia.

Assim a busca continua. Enquanto isso, na próxima vez que estiver vendo um filme em que um espião capturado está sendo interrogado, pense no seguinte: os interrogadores quase nunca perguntam sobre segredos agrícolas ou movimentos de tropas. Com o olhar voltado para o futuro, eles perguntam sobre a fórmula secreta de foguetes, o tíquete do transporte para a fronteira final.

CAPÍTULO VINTE E QUATRO

Uma proeza de equilíbrio*

A primeira nave espacial tripulada a sair da órbita da Terra foi *Apollo 8*. Essa realização continua a ser um dos eventos pioneiros menos valorizados do século XX. Quando chegou a hora, os astronautas dispararam o terceiro e último estágio de seu potente foguete *Saturno V*, e a espaçonave e seus três ocupantes rapidamente atingiram uma velocidade de quase doze quilômetros por segundo. Como mostram as leis da física, somente por alcançar a órbita da Terra, os astronautas já tinham adquirido metade da energia necessária para chegar até a Lua.

Os motores já não eram necessários depois do disparo do terceiro estágio da *Apollo 8*, exceto para ajustar a trajetória a meio caminho, para que os astronautas não perdessem inteiramente o rumo para a Lua. Na maior parte de sua viagem de quase 400 mil quilômetros da Terra para a Lua, a nave espacial diminuiu aos poucos a velocidade enquanto a gravidade da Terra continuava a superar a força de atração da gravidade da Lua. Enquanto isso, à medida que os astronautas se aproximavam da Lua, a força da gravidade da Lua se tornava cada vez mais forte. É óbvio que devia existir um lugar, ao longo da rota, em que as forças opostas da Lua e da Terra se equilibravam com precisão. Quando o módulo de comando atravessou esse ponto no espaço, sua velocidade tornou a aumentar, e ele acelerou na direção da Lua.

---

* Adaptação do texto "Five Points of Lagrange" [Os cinco pontos de Lagrange], publicado originalmente na revista *Natural History*, em abril de 2002.

Se a gravidade fosse a única força com que se tivesse de lidar, então esse local seria o único lugar no sistema Terra-Lua onde as forças opostas se cancelavam. Mas a Terra e a Lua giram ao redor de um centro comum de gravidade, que se acha aproximadamente a 1.600 quilômetros abaixo da superfície da Terra, ao longo de uma linha imaginária que conecta o centro da Terra ao centro da Lua.

Quando objetos móveis entram em círculos de qualquer tamanho e a qualquer velocidade, eles criam uma sensação que empurra para fora, para longe do centro de rotação. O corpo sente essa força "centrífuga", quando fazemos uma curva fechada com o carro, ou quando sobrevivemos a atrações do parque de diversão que giram em círculos. Num exemplo clássico desses passeios nauseantes, você se mantém em pé ao longo da beirada de um grande disco circular, as costas contra uma parede circundante. À medida que a geringonça se põe a girar, rodando cada vez mais rápido, você sente uma força cada vez mais forte prendendo-o contra a parede. Essa parede firme é que não deixa que você seja arremessado pelo ar. Logo, você não pode se mover. É o exato momento em que eles tiram o chão debaixo de seus pés e viram a engenhoca para os lados e de cabeça para baixo. Quando andei num desses brinquedos em criança, a força era tão grande que eu mal conseguia mover os dedos: estavam presos à parede junto com todo o restante de meu corpo. (Se você se sentisse mal numa experiência dessas e virasse a cabeça para o lado, o vômito sairia voando numa tangente. Ou poderia acabar grudado na parede. Pior ainda, se você não virasse a cabeça, o vômito talvez não saísse de sua boca devido às forças centrífugas extremas atuando na direção oposta. Pensando bem, não tenho visto esse tipo de brinquedo em nenhum lugar nos últimos tempos.)

As forças centrífugas surgem como a simples consequência de a tendência de um objeto seguir em linha reta depois de ser posto em movimento, e assim não são forças verdadeiras. Mas você pode usá-las em cálculos, como se o fossem. O brilhante matemático italiano-francês do século XVIII, Joseph-Louis Lagrange, descobriu locais no sistema em rotação Terra-Lua em que a gravidade da Terra, a gravidade da Lua e as forças centrífugas do sistema rotativo se equilibram. Essas localizações especiais são conhecidas como os pontos de Lagrange, e há 5 desses pontos.

O primeiro ponto de Lagrange (chamado sensatamente de L1) se acha um pouco mais perto da Terra que o ponto de puro equilíbrio gravitacional. Qualquer objeto colocado em L1 pode orbitar o centro de gravidade Terra-Lua com o mesmo período mensal da órbita da Lua e parecerá estar fixo em seu lugar ao longo da linha Terra-Lua. Embora todas as forças ali se cancelem, L1 é um ponto de equilíbrio precário. Se o objeto *se afasta* da linha Terra-Lua em qualquer direção, o efeito combinado das 3 forças o recolocará em sua posição anterior. Mas se o objeto se move *ao longo* da linha Terra-Lua, ainda que muito pouco, vai cair irreversivelmente na direção da Terra ou da Lua. É como uma carroça mal equilibrada no topo de uma montanha, quase a ponto de rolar morro abaixo num lado ou no outro.

O segundo e o terceiro pontos lagrangianos (L2 e L3) também estão na linha Terra-Lua, mas L2 se acha além da Lua, enquanto L3 está muito além da Terra na direção oposta. Mais uma vez, as 3 forças – a gravidade da Terra, a gravidade da Lua e a força centrífuga do sistema em rotação – se cancelam de comum acordo. E mais uma vez, um objeto colocado em qualquer um dos 2 pontos pode orbitar o centro de gravidade da Terra-Lua num mês lunar. Os pontos de equilíbrio gravitacional em L2 e L3 são bem amplos. Assim, se você se descobre baixando para a Terra ou para a Lua, um diminuto investimento de combustível o levará de volta ao lugar onde estava.

Embora L1, L2 e L3 sejam lugares respeitáveis do espaço, o prêmio para os melhores pontos lagrangianos deve ir para L4 e L5. Um deles está muito longe de um lado da linha do centro Terra-Lua, enquanto o outro se acha muito longe do lado oposto, e cada um representa um vértice de um triângulo equilátero, com a Terra e a Lua servindo como os outros 2 vértices. Em L4 e em L5, assim como acontece com seus 3 primeiros irmãos, as forças estão em equilíbrio. Mas ao contrário dos primeiros 3 pontos lagrangianos, que só têm um equilíbrio instável, os equilíbrios em L4 e em L5 são estáveis. Independentemente da direção em que você se inclinar, e da direção para onde seguir, as forças impedem que você se incline mais além, como se estivesse no fundo de uma cratera em forma de tigela cercada por uma orla de encostas elevadas. Assim, tanto para L4 como para L5, se o objeto não estiver localizado exatamente onde todas as forças se cancelam, sua posição oscilará ao redor do ponto de equilíbrio, em caminhos chamados librações. (Não confundir com os lugares específicos na superfície da Terra em que a mente oscila por librações ingeridas.) Essas librações são equivalentes à trajetória para frente e para trás de uma bola, quando ela rola morro abaixo mas não adquire velocidade suficiente para subir o próximo.

Mais do que apenas curiosidades orbitais, L4 e L5 representam áreas especiais onde se poderia estabelecer colônias espaciais. Tudo o que se precisa fazer é transportar matérias-primas de construção para a área (extraídas não só da Terra, mas talvez da Lua ou de um asteroide), deixá-las ali, pois não há risco de se extraviarem, e retornar mais tarde com mais suprimentos. Depois que todas as matérias-primas fossem reunidas nesse ambiente de gravidade zero, poderíamos construir uma enorme estação espacial – dezenas de quilômetros de extensão – com muito pouco estresse sobre os materiais de construção. E ao girar a estação, induziríamos forças centrífugas que simulassem a gravidade da Terra para as centenas (ou milhares) de residentes e seus animais domésticos.

Em 1975, Keith e Carolyn Henson fundaram a Sociedade L5 para executar exatamente esses planos, embora a sociedade seja mais lembrada por sua associação informal com o professor de física de Princeton, Gerard K. O'Neill, que promoveu a habitação espacial em escritos visionários como seu livro de 1976, *The High Frontier: Human Colonies in Space* [*A fronteira elevada: colônias humanas no espaço*]. O grupo tinha uma única meta: "encerrar a Sociedade num comício monstro em L5". Presumivelmente, isso seria feito dentro do hábitat espacial completado, durante a festa para celebrar sua missão cumprida. Em 1987, a Sociedade L5 se fundiu com o Instituto Nacional do Espaço para se tornar a Sociedade Nacional do Espaço, que existe até hoje.

A ideia de localizar uma grande estrutura em pontos de libração apareceu já na década de 1940, numa série de contos de ficção científica escritos por George O. Smith e reunidos sob o título de *Venus equilateral*. Neles, o autor imagina uma estação retransmissora no ponto L4 do sistema Vênus-Sol. Em 1961, Arthur C. Clarke faria referências aos pontos lagrangianos em seu romance *A Fall of Moondust* [*A queda da poeira lunar*]. Clarke, é claro, não desconhecia as órbitas especiais. Em 1945, ele foi o primeiro a calcular, num memorando datilografado de quatro páginas, a altitude acima da superfície da Terra em que o período orbital de um satélite corresponderia exatamente ao período de 24 horas da rotação da Terra. Como um satélite com essa órbita "paira" acima da superfície da Terra, ele pode servir como uma estação de retransmissão ideal para radiocomunicações de uma parte da Terra a outra. Hoje, é isso o que centenas de satélites de comunicação fazem a aproximadamente 35.500 quilômetros acima da superfície da Terra.

Como George O. Smith sabia, não há nada único sobre os pontos de equilíbrio no sistema em rotação Terra-Lua. Existe outro conjunto de cinco pontos lagrangianos para o sistema em rotação Sol-Terra bem como para qualquer par de corpos orbitantes em qualquer lugar no universo. Para os objetos em órbitas baixas, como o Hubble, a Terra bloqueia continuamente um pedaço significativo de sua visão do céu noturno. Entretanto, a um 1,6 milhão de quilômetros do nosso planeta, na direção oposta à do Sol, um telescópio em L2 terá 24 horas de visão do céu noturno, porque ele veria a Terra aproximadamente com o mesmo tamanho da Lua que vemos no céu da Terra.

A Sonda Wilkinson de Anisotropia em Micro-ondas (WMAP na forma abreviada em inglês), que foi lançada em 2001, chegou ao ponto L2 do sistema Sol-Terra em alguns meses e ainda está librando ali, ocupando-se diligentemente em tomar dados sobre a radiação cósmica de fundo em micro-ondas – a assinatura onipresente do Big Bang. Por ter guardado apenas 10% de seu combustível total, o satélite WMAP tem ainda assim o bastante para andar ao redor desse ponto de equilíbrio instável por quase um século, muito além de sua vida útil como uma sonda espacial coletora de dados. O telescópio espacial de próxima geração da Nasa, o Telescópio Espacial James Webb (sucessor do Hubble), está sendo projetado para o ponto L2 Sol-Terra. E há muito espaço para mais satélites chegarem para librar, pois a extensão do L2 Sol-Terra ocupa quadrilhões de quilômetros cúbicos.

Outro satélite da Nasa amante dos pontos lagrangianos, conhecido como *Genesis*, librou ao redor do ponto L1 Sol-Terra. Esse L1 fica a 1,6 milhão de quilômetros entre a Terra e o Sol. Por dois anos e meio, *Genesis* ficou voltado para o Sol e coletou matéria solar prístina, inclusive partículas moleculares e atômicas do vento solar – revelando parte dos conteúdos da nebulosa solar original a partir da qual o Sol e os planetas se formaram.

Dado que L4 e L5 são pontos estáveis de equilíbrio, é possível supor que se acumulasse lixo espacial perto deles, tornando muito arriscado realizar qualquer atividade por ali. De fato, Lagrange tinha predito em 1772 que escombros espaciais seriam encontrados nos pontos L4 e L5 dos sistemas Sol-planeta gravitacionalmente potentes, e em 1906 foi descoberto o primeiro membro da dupla família de asteroides troianos de Júpiter. Sabemos agora que reunidos nos pontos L4 e L5 do sistema Sol-Júpiter estão milhares de asteroides que seguem e guiam Júpiter ao redor do

Sol, com períodos que igualam um ano joviano. Como se estivessem reagindo a raios tratores, esses asteroides se mantêm eternamente fixados pelas forças gravitacionais e centrífugas do sistema Sol-Júpiter. (Estando presos no sistema solar exterior e fora da possibilidade de causar danos, esses asteroides não representam risco à vida na Terra ou a si mesmos.) Claro, seria de esperar que lixo espacial se acumulasse nos pontos L4 e L5 do sistema Sol-Terra, bem como do sistema Lua-Terra. E realmente se acumula.

Como importante efeito colateral, as trajetórias interplanetárias que começam em pontos lagrangianos requerem muito pouco combustível para alcançar outros pontos lagrangianos ou até outros planetas. Ao contrário de um lançamento a partir da superfície de um planeta, no qual a maior parte do combustível é gasta para levantar a nave do chão, o lançamento a partir de um ponto lagrangiano seria semelhante a um navio saindo de uma doca seca, largado suavemente no oceano apenas com um investimento mínimo de combustível. Nos tempos modernos, em vez de pensar em estabelecer colônias lagrangianas autossustentadas com pessoas e vacas, podemos pensar nos pontos lagrangianos como portões para o resto do sistema solar. Dos pontos lagrangianos Sol-Terra, estamos a meio caminho de Marte – não em distância ou no tempo, mas na categoria extremamente importante do consumo de combustível.

Numa versão de nosso futuro de viagens pelo espaço, imaginem postos de combustível em todo ponto lagrangiano no sistema solar, onde os viajantes enchem os tanques de combustível de seus foguetes a caminho das casas de amigos e parentes que vivem em outros planetas ou luas. Esse modo de viagem, por mais futurista que pareça, não é inédito. Se não fosse pelos postos de combustível fartamente espalhados pelos Estados Unidos, seu automóvel precisaria de um tanque colossal para viajar de costa a costa: a maior parte do tamanho e massa de seu veículo seria combustível, usados principalmente para transportar o combustível ainda a ser consumido durante sua travessia do país. Não viajamos dessa maneira na Terra. Chegará talvez o tempo em que já não viajaremos dessa maneira pelo espaço.

CAPÍTULO VINTE E CINCO

Feliz aniversário, *Stark Trek**

Em 2011, *Star Trek* fez 45 anos. Enquanto isso, os sinais de televisão de todas as transmissões de seus episódios continuam a penetrar na nossa galáxia da Via Láctea à velocidade da luz. A essa altura, o primeiro episódio da primeira temporada, que foi ao ar pela primeira vez em 8 de setembro de 1966, atingiu a distância de 45 anos-luz da Terra, tendo passado por mais de seiscentos sistemas estelares, inclusive Alpha Centauri, Sirius, Vega, e um número cada vez maior de estrelas menos conhecidas ao redor das quais temos confirmado a existência de planetas.

Deve ter sido uma longa espera para os alienígenas à escuta. Seu primeiro encontro com a cultura da Terra incluiu os primeiros episódios de *Howdy Doody Show* e do programa *Honeymooners*, de Jackie Gleason. Com a chegada de *Star Trek* quinze anos mais tarde, oferecemos finalmente aos antropólogos extraterrestres algo em nossas ondas de TV de que nossa espécie poderia se orgulhar.

Em suas muitas encarnações para televisão, filme e livros, *Star Trek* tornou-se a série de ficção científica mais popular de todos os tempos. Mas se você assistir a alguns dos episódios originais, não é difícil compreender que o espetáculo foi cancelado depois de três temporadas. Em todo caso, se não fosse por um milhão e tanto de cartas escritas a NBC, a série teria sido cancelada depois de duas temporadas. As temporadas de *Star Trek* coincidiram por acaso com os anos mais triunfantes (1966-69) do programa

---

* Adaptação do texto "The Science of Trek" [A ciência da jornada], em Stephen Reddicliffe, ed., *TV Guide – Star Trek 35th Anniversary Tribute: A Timeless Guide to the Trek Universe*, em 2002.

espacial, bem como os anos mais sangrentos da Guerra do Vietnã e os anos mais turbulentos do movimento dos direitos civis. A nave espacial *Apollo* seguia na direção da Lua, e a série saiu do ar no mesmo ano em que pisamos pela primeira vez em nosso satélite natural. Em meados dos anos 1970, depois da última missão *Apollo*, os Estados Unidos já não voltavam para a Lua, e o público precisava manter o sonho, qualquer sonho, vivo. Com uma base rapidamente crescente de apoio, *Star Trek* obteve mais sucesso como reprises durante a década de 1970 do que como primeira apresentação durante os anos 1960.

Sem dúvida, outras razões também contribuíram para o seu sucesso. Talvez tenha sido a química social da tripulação internacional racialmente integrada, que apresentou o primeiro beijo inter-racial da televisão; ou o agudo senso de moralidade interestelar da tripulação ao explorar culturas e civilizações alienígenas; ou o vislumbre de nosso futuro de viagens espaciais imbuído de tecnologias; ou o indelével emprego do infinitivo com um advérbio entre "to" e "go" em "to boldly go where no man has gone before" [seguir audaciosamente para onde nenhum homem jamais foi], falado por cima dos créditos da abertura. Ou talvez tenha sido a descrição do risco em planetas alienígenas, quando os grupos que desembarcavam perdiam persistentemente um membro da tripulação, vítima de perigos não previstos.

Não posso falar por todos os trekkers [fãs de *Star Trek*]. Especialmente porque não me conto entre eles, nunca tendo memorizado as plantas baixas da nave espacial original *Enterprise*, nem colocado uma máscara Klingon durante o Halloween. Mas como alguém que, naquela época e agora, mantém um interesse profissional pela descoberta cósmica e pelas tecnologias futuras que a facilitarão, ofereço algumas reflexões sobre a série original.

Sinto vergonha em admitir (não contem para ninguém) que ao ver pela primeira vez as portas interiores na *Enterprise* deslizarem, abrindo-se automaticamente quando os membros da tripulação chegavam perto delas, eu tinha certeza de que esse mecanismo não seria inventado durante meus anos na Terra. *Star Trek* ocorria a centenas de anos no futuro, e eu estava observando tecnologia futura. O mesmo vale para aqueles incríveis discos de dados tamanho de bolso que eles inserem em computadores que falam. E aqueles dispositivos do tamanho da palma da mão que usam para falar uns com os outros. E aquela cavidade quadrada na parede que entrega comida quente em segundos. *Não no meu século*, eu pensava. *Não no meu período de vida.*

Hoje, obviamente, temos todas essas tecnologias, e não tivemos de esperar pelo século XXIII para obtê-las. Mas sinto prazer em notar que nossos dispositivos de comunicação e armazenamento de dados são menores que os da *Star Trek*. E ao contrário de suas portas deslizantes, que produzem sons sibilantes primitivos cada vez que se movem, nossas portas automáticas são silenciosas.

Os episódios mais fascinantes da série original são aqueles em que as soluções aos desafios requerem uma mescla de comportamento lógico e emocional, misturada com um pouco de humor e uma pitada de política. Esses episódios apresentam uma amostra de toda a gama do comportamento humano. Uma mensagem persistente para o espectador é que a vida consiste em algo mais do que pensamento lógico. Mesmo que estejamos vendo o futuro, quando não há países, nem religiões, nem escassez de recursos, a vida continua complexa: as pessoas (e os alienígenas) ainda se amam e odeiam, e a sede de poder e domínio permanece plenamente expressa através da galáxia.

O capitão Kirk conhece bem essa paisagem sociopolítica, o que lhe permite sempre superar em pensamento, sagacidade e manobras os vilões alienígenas. A sabedoria interestelar de Kirk também possibilita sua lendária promiscuidade com mulheres extraterrestres. Alienígenas formosas frequentemente perguntam a Kirk, em inglês torto, "O que é beijo?". Sua resposta é uma versão de "É uma antiga prática humana em que duas pessoas expressam quanta emoção sentem uma pela outra". E isso sempre requer uma demonstração.

Star Trek não deixa de ter sua gafe ocasional. Num dos episódios, a tripulação deve localizar um vilão clandestino. Para esse fim, o capitão Kirk produz uma varinha inteligente que aumenta muito o som das batidas do coração das pessoas a bordo, não importa onde estejam escondidas. Enquanto demonstra sua função para a tripulação, Kirk declara com segurança que a ampliação acústica do dispositivo é "um na enésima potência". Ao fazer o cálculo, você obtém: $1 \times 1 \times 1 \times 1 \times 1 \times 1 \times 1 \times 1 \times 1 \times 1$, o que é igual a 1. Eu estava pronto a culpar o ator William Shatner por errar sua fala, que deveria ter sido "dez na enésima potência", só que em outro episódio escutei Spock fazer o mesmo erro, e a essa altura culpei os roteiristas.

A maioria das pessoas, inclusive os produtores, nunca percebeu que quando a espaçonave *Enterprise* viaja "lentamente", com as estrelas passando suavemente por ela, sua velocidade ainda deve ser maior que um ano-luz por segundo – ou mais de trinta milhões de vezes a real velocidade da luz. Se Scotty, o engenheiro-chefe, tem consciência disso, ele deveria declarar: "Capitão, os motores não aguentam".

Percorrer rapidamente grandes distâncias requer dobras espaciais. Essas são uma brilhante invenção da ficção científica, que tem suficientes fundamentos na física para ser plausível, ainda que seja tecnologicamente imprevisível. Assim como quando você dobra uma folha de papel, as dobras espaciais curvam o espaço entre você e seu destino, deixando-o muito mais perto que antes. Faça um buraco no tecido do espaço, e você pode tomar um atalho sem exceder tecnicamente a velocidade da luz. Esse truque é o que permitia ao capitão Kirk e sua *Enterprise* cruzar a galáxia com rapidez – uma viagem que do contrário teria levado uns longos e aborrecidos cem mil anos.

Aprendi 3 lições de vida com essa série: (1) no final, você será julgado pela integridade de sua missão, quer ela tenha sido bem-sucedida, quer não; (2) você sempre pode superar um computador; e (3) nunca seja a primeira pessoa a investigar uma bolha brilhante de plasma num planeta alienígena.

Feliz aniversário, *Star Trek*. Meus votos de uma vida longa e próspera.

CAPÍTULO VINTE E SEIS

Como provar que você foi abduzido por alienígenas*

Se eu acredito em Óvnis ou visitantes extraterrestres? Por onde começar? Há uma fragilidade fascinante da mente humana que os psicólogos conhecem muito bem como "argumento da ignorância". Funciona da seguinte maneira: lembra-se do que significa "ni" em Óvni? Você vê luzes faiscando no céu. Nunca viu nada parecido antes e não compreende o que é. Você diz: "É um Óvni!". O "ni" significa não identificado.

Mas então você diz: "Não sei o que é; deve ser um grupo de alienígenas do espaço, visitando outro planeta". A questão é que se você não sabe o que alguma coisa é, sua interpretação do que ela seja deveria parar imediatamente. Você não diz então que ela deve ser X ou Y ou Z. Esse é o argumento da ignorância. É comum. Não estou acusando ninguém; essa atitude talvez esteja relacionada com nossa necessidade ardente de fabricar respostas, porque não nos sentimos à vontade mergulhados na ignorância.

Mas ninguém pode ser cientista, se não se sente à vontade com a ignorância, porque os cientistas vivem na fronteira entre o que é conhecido e desconhecido no cosmos. Isso é muito diferente da maneira como os jornalistas nos retratam. Por isso muitos artigos começam: "Agora os cientistas devem voltar ao ponto de partida". É como se estivéssemos sentados em nossos escritórios, os pés em cima da escrivaninha – senhores do universo – e disséssemos de repente: "Opa, alguém descobriu alguma

---

* Adaptado de um segmento Q&A de "Cosmic Quandaries, with o Dr. Neil deGrasse Tyson" [Dilemas cósmicos, com o Dr. Neil deGrasse Tyson], St. Petersburg College e WEDU, St. Petersburg, Flórida, em 26 de março de 2008.

coisa!". Não. Estamos sempre na estaca zero. Se não está na estaca zero, você não está fazendo descobertas. Não é cientista; você é alguma outra coisa. O público, por outro lado, parece exigir explicações conclusivas, enquanto passa sem hesitar de afirmações de ignorância abjeta para afirmações de certeza absoluta.

Eis outra coisa a considerar. Sabemos – não apenas pelos experimentos de pesquisa em psicologia, mas também pela história da ciência – que a forma mais inferior de evidência é o testemunho ocular. O que é assustador, porque num tribunal de justiça é considerada uma das formas mais elevadas de evidência.

Vocês já brincaram de telefone sem fio? Todo mundo se alinha; uma pessoa começa com uma história que conta para você; você a escuta e depois a repete para a próxima pessoa; essa pessoa a passa adiante. O que acontece quando a história chega à última pessoa, que então a reconta para todo mundo que já a escutou? É completamente diferente, certo? É porque a transmissão da informação se baseou no testemunho ocular – ou, nesse caso, testemunho auditivo.

Assim não teria importância, se você visse um disco voador. Na ciência – mesmo com algo menos controverso do que visitantes alienígenas, e mesmo se você não for um de meus colegas cientistas –, se entrar no meu laboratório e falar, "Você tem que acreditar em mim, eu vi", eu direi: "Vá para casa. Volte quando tiver algum outro tipo de evidência que não o seu testemunho ocular".

A percepção humana é rica em maneiras de ver as coisas de forma errônea. Não gostamos de admitir, porque temos uma alta opinião de nossa biologia, mas é verdade. Eis um exemplo. Todos já vimos desenhos que criam ilusões de ótica. São muito divertidos, mas deveriam ser chamados "falhas do cérebro". É o que está acontecendo – uma falha da percepção humana. Mostrem-nos alguns desenhos inteligentes, e nossos cérebros não conseguem decifrar o que está se passando. Somos dispositivos de coleta de dados bem ruins. É por isso que temos a ciência; é por isso que temos máquinas. As máquinas não se importam se levantaram com o pé direito ou esquerdo pela manhã; não se importam com o que disseram a seus cônjuges naquele dia; não se importam se tomaram ou não sua cafeína matinal. São coletoras de dados isentas de emoções. É o que elas fazem.

Talvez você tenha visto realmente visitantes de outra parte da galáxia. Preciso de algo mais que seu testemunho ocular, entretanto. E nos tempos modernos, preciso de algo mais que uma fotografia. Hoje, o software Photoshop tem provavelmente um botão Óvni. Não estou dizendo que não fomos visitados. Estou dizendo que a evidência apresentada até agora não satisfaz os padrões de evidência que qualquer cientista exigiria para qualquer outra alegação.

Assim, eis o que recomendo para a próxima vez que você for abduzido por um disco voador. Você está ali sobre a laje, onde, é claro, os alienígenas fazem seus experimentos sexuais em você, e eles o estão cutucando com seus instrumentos. Eis o que deve fazer. Grite para o alienígena que o está sondando: "Ei! Olha ali!". E quando o alienígena olhar para lá, agarre rapidamente alguma coisa de sua estante – um cinzeiro, qualquer coisa –, guarde a peça no bolso e deite-se de novo. Quando seu encontro tiver terminado, venha ao meu laboratório e diga: "Olha o que roubei do disco voador!". Assim que trouxer o utensílio para o laboratório, já não se tratará de testemunho ocular, porque você terá um objeto de manufatura alienígena – e qualquer coisa que você tirar de um disco voador que cruzou a galáxia está fadada a ser interessante.

Até os objetos produzidos por nossa própria cultura são interessantes – como meu iPhone. Há não muito tempo, as autoridades poderiam ter ressuscitado as leis da caça às bruxas se eu tivesse tirado meu aparelho do bolso. Assim, se pudéssemos obter algum artefato tecnológico que tivesse cruzado a galáxia, poderíamos conversar sobre os Óvnis e os extraterrestres. Vá em frente, continue tentando encontrá-los; não o deterei. Mas prepare-se para a noite em que será abduzido, porque se acontecer, vou querer sua evidência.

Muitas pessoas, inclusive os astrônomos amadores do mundo, passam muito tempo olhando para o alto. Saímos de um edifício, olhamos para o alto. Não importa o que esteja acontecendo, olhamos para o alto. No entanto, as visões de Óvnis não são mais numerosas entre os astrônomos amadores do que entre o público em geral. Por que será? Porque conhecemos os fenômenos celestes. É o que estudamos.

Uma visão de Óvni em Ohio foi notificada por um policial. Algumas pessoas acham que vindo de um xerife, um piloto ou um membro das Forças Armadas, o testemunho é de algum modo melhor que o de uma pessoa comum. Mas o testemunho de todo mundo é ruim, porque somos todos humanos. Esse policial em particular estava rastreando uma luz que dardejava de um lado para o outro no céu. Ele a seguia em seu carro de patrulha. Mais tarde descobriu-se que o policial estava seguindo o planeta Vênus e que estava dirigindo numa estrada cheia de curvas. Estava tão distraído com Vênus que nem se dava conta de virar o volante de um lado para o outro.

É mais um lembrete de como são fracos os nossos órgãos sensoriais – especialmente quando somos confrontados com fenômenos desconhecidos, sem falar nas ocasiões em que tentamos descrevê-los.

CAPÍTULO VINTE E SETE

O futuro da viagem espacial americana*

Stephen Colbert – Esta vem a ser a sétima vez que meu próximo convidado aparece no programa. Mais uma e ele ganha um sanduíche gigante. Bem-vindo, Neil deGrasse Tyson. Em primeiro lugar, você está com seu cartão de convidado frequente?

Neil deGrasse Tyson – Sim, está comigo.

SC – Vamos falar sério, Neil. Barack Obama pretende cancelar o Programa Constellation que nos levaria à Lua em 2020. Em seu discurso de posse, ele disse que faria a ciência retornar ao seu lugar legítimo. Esse vem a ser a lata de lixo da história? O que está acontecendo, meu amigo?

NDT – A Nasa ainda está fazendo coisas boas.

SC – Não com homens em trajes especiais no espaço.

NDT – Homens no espaço com trajes especiais é um tipo completamente diferente de empreendimento.

SC – É ciência. Foi o que me disseram, quando eu tinha 6 anos.

---

* Adaptado de uma entrevista concedida a Stephen Colbert, no programa *The Colbert Report*, do canal Comedy Central, em 8 de abril de 2010 <http://www.colbertnation.com/the-colbert-report-videos/270038/april-08-2010/neil-degrasse-tyson>.

NDT – É *também* ciência. Mas é isso que ficará faltando sem o programa tripulado. Quando você é um garoto na escola, quem são os seus heróis?

SC – Não são as tartarugas espaciais iranianas, não. Neil Armstrong! Os astronautas são os supermodelos da ciência.

NDT – Sim, são. Um astronauta é a única celebridade por quem as pessoas formarão fila para conseguir um autógrafo sem necessariamente conhecer antes o seu nome.

SC – Vamos perder isso como americanos.

NDT – Há algum desenvolvimento de tecnologia no plano de Obama, e isso é muito bom.

SC – Desenvolvimento de tecnologia, você quer dizer robôs.

NDT – Sim. Não tenho problema com isso.

SC – Ninguém quer crescer para escutar um robô dizer depois do pouso: "Este é um pequeno passo para um robô blip, blip, blip".

NDT – Seria uma decepção. Entretanto, sempre queremos investir em robôs. O problema é que não queremos fazer isso à custa do restante do programa tripulado. O programa tripulado é o que incute nos garotos o desejo de se tornar cientistas, para começo de conversa.

SC – Obama tentou colocar um esparadrapo nesse estrago e dizer: ainda teremos homens indo para o espaço, mas vamos pegar carona com os russos e os europeus. Se pousarmos em Marte, como vamos saber que os EUA são o número um, se um astronauta americano estiver ao lado de um francês? Vamos dizer "Avante, Terra!"? Não, vamos dizer "Avante, EUA!"

NDT – Não vejo problema em pegar carona para a órbita terrestre baixa, algumas centenas de quilômetros acima. É como ir de Nova York a Boston. Se a Terra fosse um globo de sala de aula, a órbita terrestre baixa ficaria menos de 1 centímetro acima da superfície.

SC – Se você tivesse esta visão da Terra [vira-se para a parede do fundo, apontando para uma gigantesca ampliação de *The Blue Marble* [A bola azul], uma fotografia da Terra vista pelos astronautas da *Apollo 17* a caminho da Lua em dezembro de 1972], a que distância estaria?

NDT – Na próxima vez, poderíamos mostrar a Terra com o Polo Norte para cima.

SC – Estamos no lado da Lua! Não há para cima no espaço.

NDT – Verdade. Tem razão.

SC – Não há para cima no espaço. Xeque-mate. Aceito suas desculpas. Assim a que distância estamos na fotografia?

NDT – A quase 48 mil quilômetros da Terra.

SC – Se você conseguir o foguete e os homens certos [aponta para si mesmo], para que lugar mandaria o foguete a seguir, meu amigo?

NDT – Vejo todo o espaço como a fronteira.

SC – Eu vejo todo o espaço como *nosso*. Mas continue.

NDT – Eu gostaria de chegar perto, e sem sustos, do próximo asteroide que pudesse colidir conosco. Um deles passou rente de nós há algumas horas.

SC – Hoje à noite? Um asteroide tentou bater em nós?

NDT – Um asteroide do tamanho de uma casa mergulhou entre nós e a órbita da Lua. Bem ali [gesticula apontando para a fotografia]. Hoje!

SC – Então é guerra. Estamos numa guerra espacial, Neil?

NDT – De certa forma. Mas eu também quero ir a Marte, muitas pessoas querem ir a Marte. Há também a Lua. Você chega lá em três dias. Na próxima vez que sairmos da órbita terrestre baixa, não quero que seja uma viagem de três anos, com as pessoas já esquecidas de como realizá-la. Desde 1972 não estivemos a mais de algumas centenas de quilômetros acima da superfície da Terra, por isso quero redescobrir como é fazer essa viagem.

SC – Neil, partilho sua paixão para que os Estados Unidos sejam o número 1.

PARTE III

POR QUE NÃO?

CAPÍTULO VINTE E OITO

Dificuldades da viagem espacial*

Escutar entusiastas do espaço falarem sobre viagem espacial ou ver filmes de ficção científica de grande sucesso poderia nos fazer pensar que enviar pessoas às estrelas é algo inevitável que acontecerá em breve. Uma dose de realidade: não é inevitável e não vai acontecer tão cedo – a fantasia ultrapassa em muito os fatos.

Uma linha de raciocínio dentro dos padrões do desejável poderia ser: "Inventamos o voo quando a maioria das pessoas achava que era impossível. Meros 65 anos mais tarde, fomos até a Lua. Está mais do que na hora de viajarmos às estrelas. As pessoas que dizem não ser possível estão ignorando a história".

Minha refutação é emprestada de uma ressalva legal da indústria do investimento: "O desempenho passado não é um indicador de lucros futuros". Quando se pensa em extrair muito dinheiro de um eleitorado, a ciência pura – neste caso, a exploração pela exploração – não conta. Entretanto, durante a década de 1960, um motivo racional predominante para a viagem espacial era o fato de o espaço ser a próxima fronteira, de que íamos à Lua porque os humanos são exploradores natos. No discurso do presidente Kennedy a uma sessão conjunta do Congresso em 25 de maio de 1961, ele se tornou eloquente sobre a necessidade de os americanos atingirem a próxima fronteira. O discurso incluía estas linhas frequentemente citadas:

---

* Adaptado de "Space: You Can't Get There from Here" [Espaço: daqui você não pode chegar lá], publicado originalmente na revista *Natural History*, em setembro de 1998.

Acredito que esta nação deve se comprometer em realizar a meta, antes do fim da década, de pousar um homem na Lua e trazê-lo de volta são e salvo para a Terra. Nem um único projeto espacial neste período será mais impressionante para a humanidade, nem mais importante para a exploração do espaço em longo prazo, e nada será tão difícil ou dispendioso de realizar.

Essas palavras inspiraram o explorador em todos nós e reverberaram por toda a década. Enquanto isso, quase todo astronauta era recrutado entre os militares – um fato que parecia difícil de conciliar com a retórica altissonante.

Apenas um mês depois do discurso de Kennedy, o cosmonauta soviético Yuri Gagarin se tornou o primeiro humano a ser lançado à órbita da Terra. A Guerra Fria estava em andamento, a corrida espacial já tinha começado e a União Soviética ainda não fora suplantada. E de fato Kennedy adotou uma postura militar em seu discurso ao Congresso, apenas alguns parágrafos antes do trecho citado acima. Mas essa passagem quase nunca é citada:

> Se quisermos ganhar a batalha que ora se trava ao redor do mundo entre a liberdade e a tirania, as realizações dramáticas no espaço que ocorreram em semanas recentes deveriam deixar bem claro para todos nós, assim como fez o *Sputnik* em 1957, o impacto dessa aventura nas mentes dos homens de toda parte que estão tentando determinar que estrada devem tomar.

Se o cenário político tivesse sido diferente, os americanos – e o Congresso em particular – teriam relutado em se desfazer dos 4% do orçamento do país que realizaram a tarefa.

Uma viagem à Lua através do vácuo do espaço tinha sido contemplada, ainda que tecnologicamente distante, desde 1926, quando Robert Goddard aperfeiçoou os foguetes com combustível líquido. Esse avanço na tecnologia dos foguetes tornou o voo possível sem o empuxo para decolar providenciado pelo ar se movendo sobre uma asa. O próprio Goddard compreendeu que a viagem à Lua era enfim possível, mas poderia ser proibitivamente dispendiosa. "Talvez custasse um milhão de dólares", ele refletiu certa vez.

Os cálculos, que se tornaram possíveis um dia depois que Isaac Newton escreveu sua lei da gravitação universal, mostram que uma viagem eficiente até a Lua – numa espaçonave que escapasse da atmosfera da Terra a uma velocidade de 11 quilômetros por segundo e costeasse os objetos celestes no restante do caminho – leva cerca de três dias. Essa viagem foi realizada apenas 9 vezes – todas as vezes entre 1968 e 1972. À parte essas 9 viagens, quando a Nasa manda astronautas para o "espaço", ela lança uma tripulação numa órbita a algumas centenas de quilômetros acima de nosso planeta de quase 13 mil quilômetros de diâmetro. Isso não é viagem espacial.

E se você tivesse dito a John Glenn, depois de suas três órbitas históricas e retorno bem-sucedido em 1962, que 36 anos mais tarde a Nasa o enviaria ao espaço de novo? Pode apostar que ele nunca teria imaginado que o máximo que estivesse ao nosso alcance seria enviá-lo de volta à órbita terrestre baixa.

> Tweet Espacial #51 – #54
> E se perdêssemos a Lua? O pessoal dos astros se empolgaria. Os ritos românticos ao luar causam enormes estragos na observação do céu profundo
> 14 de novembro de 2010, à 1h25
>
> E se perdêssemos a Lua? Precisaríamos de outra coisa em que pôr a culpa do comportamento lunático
> 14 de novembro de 2010, à 1h34
>
> E se perdêssemos a Lua? Nada de eclipses. Nada de danças da lua. Nada de lobisomens. Tampouco o álbum de Pink Floyd: *The Dark Side* [O lado escuro]
> 14 de novembro de 2010, à 1h51
>
> E se perdêssemos a Lua? As marés seriam fracas – do Sol apenas. E a Nasa talvez tivesse colocado humanos em Marte a essa altura
> 14 de novembro de 2010, à 1h42

Por que todas as dificuldades da viagem espacial?

Vamos começar pelo dinheiro. Se pudermos enviar alguém a Marte por menos de 100 bilhões de dólares, então digo vamos em frente. Mas fiz uma aposta amigável com Louis Friedman, ex-diretor executivo da Sociedade Planetária (uma organização, cofundada por Carl Sagan e financiada pelos membros, para promover a exploração pacífica do espaço): não vamos a Marte tão cedo. Mais especificamente, em 1966 apostei com ele que durante os dez anos seguintes não haveria nenhum plano financiado por nenhum governo para enviar uma missão tripulada a Marte. Eu tinha esperança de perder a aposta. Mas a única maneira de perdê-la teria sido se o custo das missões modernas tivesse diminuído consideravelmente – por um fator de 10 ou mais – em comparação com as do passado.

Lembro o retrato lendário dos hábitos de despesas da Nasa que tem circulado pela web por mais ou menos uma década. Embora alguns detalhes tenham se revelado falsos, o espírito é verdadeiro. [Antes de 1968, tanto os astronautas americanos como os soviéticos dependiam de lápis para escrever; foi a Fisher Pen Company, e não a Nasa, que identificou a necessidade de uma "caneta espacial", em parte por causa do ambiente de gravidade zero, mas também por causa da inflamabilidade da madeira e do chumbo do lápis na atmosfera de oxigênio puro da cápsula. Fisher não cobrou da Nasa os custos do desenvolvimento. Ainda assim, como opina o site à procura da verdade Snopes.com em "O material para escrever", a lição dessa história é válida, mesmo que o exemplo seja fabricado.] A seguinte versão me foi passada no final da década de 1990 por um colega russo, Oleg Gnedin:

> A CANETA ASTRONAUTA
> Durante o auge da corrida espacial na década de 1960, a Administração Nacional da Aeronáutica e Espaço dos Estados Unidos decidiu ser necessária uma caneta esferográfica para escrever nos recintos de gravidade zero de suas cápsulas espaciais. Depois de considerável pesquisa e desenvolvimento, a Caneta Astronauta foi desenvolvida a um custo de aproximadamente 1 milhão de dólares. A caneta funcionou e também teve um sucesso modesto como novidade aqui na Terra. A União Soviética, confrontada com o mesmo problema, usou um lápis.

A menos que tenhamos uma reprise das circunstâncias geopolíticas que desalojaram das carteiras dos contribuintes 200 bilhões de dólares para viagem espacial na década de 1960, continuarei sem acreditar que enviaremos o *Homo sapiens* para algum lugar além da órbita terrestre baixa. Cito um colega da Universidade de Princeton, J. Richard Gott, que alguns anos atrás falou num painel de um simpósio do Planetário Hayden que aludia à saúde do programa espacial tripulado:

> Em 1969, Wernher von Braun tinha um plano para enviar astronautas a Marte em 1982. Não aconteceu. Em 1989, o presidente George [H. W.] Bush prometeu que enviaríamos astronautas a Marte no ano de 2019. Não é um bom sinal. Parece que Marte está ficando cada vez mais longe!.

A isso acrescento que a predição mais presciente do clássico da ficção científica de 1968 *2001: uma odisseia no espaço* é que as coisas podem dar errado.

O espaço é vasto e vazio além de toda e qualquer medição terrena. Quando os filmes de Hollywood mostram uma espaçonave cruzando a galáxia, eles tipicamente apresentam pontos de luz – as estrelas – passando pelo espaço como vaga-lumes. Mas as distâncias entre as estrelas numa galáxia são tão grandes que, para essas espaçonaves se moverem conforme o indicado, seria necessário que viajassem a velocidades meio bilhão de vezes mais aceleradas que a velocidade da luz.

A Lua é distante se comparada com os lugares a que se pode viajar num avião a jato, mas está na ponta de nosso nariz se comparada com qualquer outra coisa no universo. Se a Terra fosse do tamanho de uma bola de basquete, a Lua seria do tamanho de uma bola de softbol a uns 10 passos de distância – o ponto mais distante a que já enviamos pessoas no espaço. Nessa escala, Marte, em seu ponto de maior aproximação da Terra, está a 1,6 quilômetro de distância. Plutão orbita a uma distância de 160 quilômetros. E Proxima Centauri, a estrela mais perto do Sol, se acha a 800 mil quilômetros de distância.

Vamos supor que dinheiro não seja impedimento. Nesse futuro de faz de conta, nossa nobre busca de descobrir novos lugares e revelar verdades científicas tornou-se tão eficaz quanto a guerra para arrecadar fundos. Ao viajar a uma velocidade que permita escapar não só da Terra mas de todo o sistema solar – 40 quilômetros por segundo dará conta do recado –, uma viagem para a estrela mais próxima levaria uns longos e aborrecidos 30 mil anos. Um pouquinho longa demais, não acha? A energia aumenta conforme o quadrado da velocidade, por isso se quiser dobrar a velocidade, você deve investir quatro vezes mais energia. Triplicar a velocidade exigiria nove vezes mais energia. Sem problema. Vamos reunir alguns engenheiros inteligentes que nos construirão uma espaçonave que pode acumular toda a energia que quisermos.

E que tal uma espaçonave que viaje tão rapidamente quanto Hélios--B, a sonda solar americana-alemã não tripulada mais veloz de todos os tempos? Lançada em 1976, ela foi cronometrada a 68 quilômetros por segundo (mais do que 242 mil quilômetros por hora) enquanto acelerava em direção ao Sol. (Note-se que isso é apenas um quinquagésimo de 1% da velocidade da luz.) Essa espaçonave reduziria o tempo da viagem à estrela mais próxima para meros 19 mil anos – quase quatro vezes a extensão da história humana registrada.

O que desejamos é uma espaçonave que possa viajar perto da velocidade da luz. Que tal 99% da velocidade da luz? Você só precisaria de 700 milhões de vezes a energia que lançou os astronautas da *Apollo* a caminho da Lua. Na realidade, é o que você precisaria se o universo não fosse descrito pela teoria da relatividade especial de Einstein. Mas como Einstein corretamente predisse, à medida que a velocidade se torna maior, a massa também aumenta, forçando um gasto ainda maior de energia para acelerar a espaçonave até quase a velocidade da luz. Um cálculo rabiscado no verso de um envelope mostra que você precisaria no mínimo de dez bilhões de vezes a energia usada para nossas viagens até a Lua.

Sem problema. Nossos engenheiros são os melhores. Mas agora sabemos que a estrela mais próxima com planetas de que se tem notícia não é a Proxima Centauri, mas uma que se acha a dez anos-luz de distância. A teoria da relatividade especial de Einstein mostra que, viajando a 99% da velocidade da luz, os astronautas vão envelhecer num ritmo que é apenas 14% do vivenciado por todo mundo aqui na Terra, e assim a viagem de ida e volta para eles não vai levar vinte anos, mas uns três. Na Terra, entretanto, os vinte anos realmente passam, e quando eles retornarem, todo mundo já se esqueceu da missão.

A distância entre a Lua e a Terra é dez milhões de vezes maior que a distância percorrida pelo *Wright Flyer* original em Kitty Hawk, Carolina do Norte. Aquele aeroplano foi projetado e construído por dois irmãos que tinham uma oficina de conserto de bicicleta. Sessenta e seis anos mais tarde, dois astronautas da *Apollo 11* se tornaram os primeiros humanos a caminhar na Lua. Em sua oficina, ao contrário da que pertencia aos Irmãos Wright, você encontraria milhares de cientistas e engenheiros construindo uma espaçonave de várias centenas de milhões de dólares. Não são realizações comparáveis. O custo e o trabalho da viagem espacial não derivam apenas das vastas distâncias a serem percorridas, mas também da suprema hostilidade do espaço à vida.

Muitos vão declarar que os primeiros exploradores terrestres também tiveram suas dificuldades. Considere-se a expedição de Gonzalo Pizarro em 1540, uma viagem de Quito através do Peru em busca da fabulosa terra das especiarias orientais. O terreno opressivo e os nativos hostis acabaram levando à morte metade do grupo da expedição de Pizarro, que era composto de mais de 4 mil homens. Em seu relato de meados do século XIX dessa malfadada aventura, *História da conquista do Peru*, William H. Prescott descreve o estado do grupo da expedição já com um ano de marcha:

> A cada passo do percurso, eles eram obrigados a abrir uma passagem com seus machados, enquanto suas roupas, apodrecendo com os efeitos das chuvas torrenciais a que estavam expostos, prendiam-se em cada arbusto e sarça, ficando dependuradas em farrapos ao seu redor. Suas provisões estragadas pelo clima tinham acabado havia muito tempo, e o gado que carregavam junto com a expedição ou fora consumido, ou fugira pelas matas e desfiladeiros das montanhas. Tinham partido com quase mil cachorros, muitos dos quais de raça feroz, que eram usados para caçar os infelizes nativos. Esses cães, agora eles matavam alegremente, mas suas carcaças miseráveis forneciam um banquete magro aos famintos viajantes.

Prestes a abandonar toda esperança, Pizarro e seus homens construíram a partir do zero um barco grande o suficiente para levar metade dos homens restantes ao longo do rio Napo em busca de alimentos e suprimentos:

> As florestas lhes forneceram madeira; as ferraduras dos cavalos, que tinham morrido na estrada ou tinham sido abatidos para servir de alimento, foram convertidas em pregos; a resina destilada das árvores substituiu o piche; e as roupas esfarrapadas dos soldados fizeram as vezes de estopa... Ao final de dois meses, um bergantim estava pronto, montado toscamente, mas forte e com carga suficiente para carregar metade da companhia.

Pizarro transferiu o comando do barco improvisado para Francisco de Orellana, um cavaleiro de Trujillo, e permaneceu na retaguarda à espera. Depois de muitas semanas, Pizarro desistiu de Orellana e retornou à cidade de Quito, levando ainda outro ano para chegar até lá. Mais tarde, Pizarro ficou sabendo que Orellana havia navegado com sucesso o rio Napo até o Amazonas e, sem intenção de retornar, continuara ao longo do Amazonas até sair no Atlântico. Orellana e seus homens então navegaram até Cuba, onde encontraram subsequentemente um meio de transporte seguro até a Espanha.

Essa história tem algumas lições para os futuros viajantes estelares? Vamos supor que uma de nossas espaçonaves com uma carga de astronautas se espatife ao pousar num planeta distante e hostil. Os astronautas sobrevivem, mas a espaçonave é destruída ou avariada. O problema é o seguinte: os planetas hostis tendem a ser consideravelmente mais perigosos que os nativos hostis. O planeta poderia não ter ar. E o ar que tivesse poderia ser tóxico. Se o ar não fosse tóxico, a pressão atmosférica poderia ser cem vezes mais elevada do que na Terra. Se a pressão atmosférica fosse tolerável, a temperatura do ar poderia ser 200° abaixo de zero – ou 200° acima de zero. Nenhuma dessas possibilidades traz bons augúrios para nossos exploradores astronautas.

Mas talvez eles pudessem sobreviver por algum tempo com seu sistema de suporte à vida de reserva. Enquanto isso, o que precisariam fazer seria apenas explorar minas no planeta em busca de matérias-primas, construir outra espaçonave a partir do zero ou consertar o dano existente, o que poderia significar a necessidade de religar os computadores de controle (usando quaisquer partes avulsas que pudessem ser apanhadas no local do acidente); construir uma fábrica de combustível líquido; lançar-se ao espaço; e então voar de volta para casa.

Deliciosamente delirante.

O que devemos fazer é talvez construir, por meio da engenharia genética, novas formas de vida inteligente que possam sobreviver ao estresse do espaço e ainda realizar experimentos científicos. Na verdade, essas criaturas já foram feitas no laboratório. São chamadas de robôs. Não é preciso alimentá-los, não precisam de suporte à vida, não ficam chateados se não são levados de volta à Terra. As pessoas, por outro lado, querem geralmente respirar, comer e, por fim, voltar para casa.

É provavelmente verdade que nenhuma cidade jamais fez uma parada para um robô. Mas é provavelmente também verdade que nenhuma cidade jamais fez uma parada para um astronauta que não tenha sido o primeiro (ou o último) a fazer alguma coisa ou ir a algum lugar. Você pode dar os nomes dos dois astronautas da *Apollo 12* ou *Apollo 16* que caminharam na Lua? Provavelmente não. *Apollo 12* foi a segunda missão lunar. *Apollo 16* foi a penúltima. Mas aposto que você tem uma foto favorita do cosmos tirada pelo robô em órbita conhecido como Telescópio Espacial Hubble. Aposto que você se lembra de imagens enviadas pelos jipes que, com suas 6 rodas, abriram caminho pela paisagem rochosa de Marte. Aposto ainda que você viu algumas imagens de deixar qualquer um de queixo caído mostrando os planetas jovianos – os gigantes gasosos do sistema solar exterior – e seu zoo de luas, imagens tiradas ao longo de décadas pelas sondas espaciais *Voyager*, *Galileo* e *Cassini*.

Na ausência de algumas centenas de bilhões de dólares para a viagem espacial, e na presença de condições cósmicas hostis, o que precisamos não é de um pensamento ditado pelos nossos desejos, nem de uma retórica de ficção científica inspirada por uma leitura superficial da história da exploração. O que precisamos – mas temos de aguardar, e talvez nunca ocorra – é de um avanço em nossa compreensão científica da estrutura do universo, para que possamos explorar atalhos através do *continuum* espaço-tempo, talvez por buracos de minhoca que conectem uma parte do cosmos à outra. Então, mais uma vez, a realidade se tornará mais estranha que a ficção.

CAPÍTULO VINTE E NOVE

O sonho de alcançar as estrelas*

Nos meses que se seguiram à reentrada fatal do ônibus espacial *Columbia* na atmosfera da Terra em fevereiro de 2003, todo mundo se tornou um crítico da Nasa. Depois do choque e luto iniciais, um sem-fim de jornalistas, políticos, cientistas, engenheiros, analistas políticos e contribuintes comuns começaram a debater o passado, presente e futuro da presença americana no espaço.

Embora eu sempre tenha me interessado por esse assunto, minha viagem de trabalho com uma comissão presidencial sobre a indústria aeroespacial americana aguçou ainda mais meus sentidos e sensibilidades. Entre os novos argumentos ocasionais nas páginas de artigos de opinião e nos programas de entrevista na TV, surgem as mesmas perguntas a cada nova desgraça no programa espacial: Por que mandar pessoas em vez de robôs ao espaço? Por que gastar dinheiro no espaço, quando precisamos desses recursos aqui na Terra? Como podemos voltar a entusiasmar as pessoas pelo programa espacial?

Os níveis de entusiasmo são baixos. Mas a falta de entusiasmo não é apatia. Nesse caso, a atitude "os negócios continuam como sempre" mostra que a exploração espacial penetrou de forma inconsútil na cultura de todos os dias, por isso a maioria dos americanos já nem sequer a percebe. Só prestamos atenção quando alguma coisa dá errado.

Na década de 1960, em contraste, o espaço era uma fronteira exótica – atravessada por poucos, bravos e sortudos. Cada gesto que a Nasa fazia

---

* Adaptado de "Reaching for the Stars" [O sonho de alcançar as estrelas], texto originalmente publicado na revista *Natural History*, em abril de 2003.

na direção dos céus provocava furor na mídia – a evidência mais segura de que o espaço ainda era território pouco familiar.

Para muitos, particularmente para os aficionados da Nasa e todos os empregados na indústria aeroespacial, a década de 1960 foi a era de ouro da exploração espacial americana. Uma série de missões espaciais, cada uma mais ambiciosa que a anterior, resultou em pousos lunares. Caminhamos na Lua, assim como dissemos que faríamos. Marte era certamente o próximo. Essas aventuras despertavam um nível inédito de interesse público pela ciência e engenharia, e inspiravam estudantes de todos os níveis. O que se seguiu foi um desenvolvimento doméstico de tecnologia que modelaria nossas vidas pelo restante do século.

Uma bela história. Mas não vamos cometer o erro de pensar que fomos à Lua porque somos pioneiros, exploradores ou descobridores altruístas. Fomos à Lua porque a política da Guerra Fria tornou a exploração espacial militarmente conveniente.

E que dizer da exploração pela exploração? Os lucros científicos numa missão tripulada a Marte são inerentemente importantes a ponto de justificarem seus custos? Afinal, qualquer missão previsível a Marte será longa e imensamente dispendiosa. Mas os Estados Unidos são uma nação rica. Têm o dinheiro. E a tecnologia é imaginável. Esses não são os problemas.

Os projetos caros são vulneráveis, porque levam muito tempo e devem ser sustentados ao longo das mudanças de liderança política bem como das desacelerações na economia. As fotografias de crianças sem lar e operários desempregados, justapostas a imagens de astronautas se divertindo em Marte, são um argumento forte contra o financiamento continuado das missões espaciais.

Um exame dos projetos mais ambiciosos da história demonstra que apenas a defesa, o fascínio do lucro econômico e o elogio do poder conseguem ganhar grandes frações do produto interno bruto de uma nação. Em termos coloquiais, isso poderia ser compreendido da seguinte maneira: ninguém quer morrer. Ninguém quer morrer pobre. E se inteligentes, as pessoas respeitarão aqueles que exercem autoridade sobre elas. Para os projetos caros que cumprem mais de uma dessas funções, o dinheiro flui como cerveja escoando de um barril recém-deslacrado. Os 70.811 quilômetros de rodovias interestaduais americanas oferecem um exemplo claro. Inspiradas nas autoestradas da Alemanha, essas estradas foram concebidas na era Eisenhower com o objetivo de deslocar equipamentos e pessoal para a defesa da nação. A rede é também muito usada por veículos comerciais, razão pela qual há sempre dinheiro para as estradas.

Durante o programa do ônibus espacial, o risco empírico de morte era elevado. Com dois ônibus espaciais perdidos entre 135 lançamentos, havia a chance de 1,5% de um astronauta não voltar para casa. Se cada vez que você fosse ao supermercado você tivesse 1,5% de chance de morrer, você nunca dirigiria um carro. Para a tripulação de *Columbia*, entretanto, o ganho da missão valia esse risco.

Tenho orgulho de pertencer a uma espécie cujos membros, de vez em quando e voluntariamente, colocam suas vidas em risco para ampliar as fronteiras de nossa existência coletiva. Essas pessoas foram as primeiras a ver o que havia no outro lado do penhasco. Foram as primeiras a escalar a montanha. Foram as primeiras a navegar o oceano. Foram as primeiras a tocar o céu. E serão as primeiras a pousar em Marte.

Talvez haja um modo de continuar a viajar para outros lugares, mas implica uma leve mudança no que o governo costuma chamar defesa nacional. Se a ciência e a tecnologia podem vencer guerras, como sugere a história do conflito militar, então em vez de contar nossas bombas inteligentes, deveríamos contar nossos cientistas e engenheiros inteligentes. E não há escassez de projetos sedutores em que eles pudessem trabalhar:

- Deveríamos buscar fósseis em Marte e descobrir por que a água líquida já não corre sobre a sua superfície.
- Deveríamos visitar um ou dois asteroides e aprender como desviá-los. Se um deles for descoberto vindo em nossa direção, que vergonhoso seria para nós, humanos de polegar opositor e cérebro grande, ter o mesmo destino do *T. rex*.
- Deveríamos perfurar os quilômetros de gelo na lua Europa de Júpiter e explorar o oceano líquido que existe embaixo em busca de organismos vivos.
- Deveríamos explorar Plutão e sua família de corpos gelados no sistema solar exterior, porque eles contêm pistas de nossas origens planetárias.
- Deveríamos sondar a atmosfera espessa de Vênus para compreender por que seu efeito estufa deu errado, gerando uma temperatura na superfície de 482 °C [900 °F].

Nenhuma parte do sistema solar deveria estar fora de nosso alcance. Deveríamos empregar robôs e pessoas para chegar lá, porque, entre outras razões, os robôs são geólogos de campo bem fracos. E nenhuma parte do universo deveria se esconder de nossos telescópios. Deveríamos colocá-los em órbita e proporcionar-lhes as vistas mais grandiosas de onde possam descortinar a Terra e o restante do sistema solar.

Com missões e projetos dessa envergadura, os Estados Unidos podem garantir a criação de um duto acadêmico apinhado com os melhores e mais brilhantes astrofísicos, biólogos, químicos, engenheiros, geólogos e físicos. Essas pessoas vão formar coletivamente um novo tipo de silo de mísseis, repleto de capital intelectual. Eles estarão prontos a oferecer seus serviços sempre que forem convocados, assim como os melhores e mais brilhantes cidadãos da nação sempre ofereceram seus serviços em tempos de dificuldade.

Pois deixar o programa espacial americano morrer junto com a tripulação do ônibus espacial *Columbia* – porque ninguém está disposto a assinar o cheque para mantê-lo em andamento – seria retroceder apenas por permanecer parado.

CAPÍTULO TRINTA

Os Estados Unidos e as potências espaciais emergentes*

Nasci na mesma semana em que a Nasa foi fundada. Algumas outras pessoas nasceram naquele mesmo ano: Madonna (a segunda, não a primeira), Michael Jackson, o artista antes conhecido como Prince, Michelle Pfeiffer, Sharon Stone. Aquele foi o ano em que a boneca Barbie foi patenteada e o filme *A bolha assassina* estreou. E foi o primeiro ano em que se realizou o Jantar do Goddard Memorial: 1958.

Eu estudo o universo. É a *segunda* profissão mais antiga. As pessoas têm olhado para o alto ao longo de muito tempo. Mas como acadêmico, estou um pouco fora do "clube". Passei algum tempo de dedicação exclusiva à comunidade aeroespacial, trabalhando em duas comissões presidenciais, mas no fundo sou um acadêmico. Ser um acadêmico significa que não exerço poder sobre pessoas, lugares ou coisas. Não comando exércitos, não lidero sindicatos de trabalhadores. Só o que tenho é o poder do pensamento.

Ao contemplar nosso mundo perturbado, eu me preocupo. Não é suficiente o número de pessoas que pensam sobre o que fazem. Permitam-me dar alguns exemplos.

Certo dia eu estava lendo o jornal – uma coisa perigosa de fazer, sempre – e vi uma manchete reclamando: METADE DAS ESCOLAS NO

---

* Adaptado do discurso de abertura do 48º Jantar Anual Dr. Robert H. Goddard Memorial, que aconteceu no Clube Nacional do Espaço, em Washington, D.C., em 1º de abril de 2005.

DISTRITO CLASSIFICADAS ABAIXO DA MÉDIA. Isso é mais ou menos o que é uma média! Você encontra metade abaixo e metade acima.

Eis outra: OITENTA POR CENTO DOS SOBREVIVENTES DE ACIDENTES AÉREOS LOCALIZARAM AS SAÍDAS DE EMERGÊNCIA ANTES DA DECOLAGEM. Você poderia pensar: essa é uma boa informação; daqui em diante, vou observar onde estão as saídas de emergência. Mas eis o problema com esse dado: vamos supor que 100% dos mortos observaram onde estavam as saídas de emergência. Nunca se saberá se isso aconteceu, porque estão mortos. Esse é o tipo de pensamento vago que acontece no mundo de hoje.

Tenho outro exemplo: diz-se frequentemente que a loteria estadual é um imposto sobre os pobres, porque as pessoas de baixa renda gastam uma quantia desproporcional de seu dinheiro em bilhetes da loteria. Não é um imposto sobre os pobres. É um imposto sobre as pessoas que nunca estudaram matemática.

Em 2002, tendo passado mais de três anos numa residência pela primeira vez na minha vida, fui convocado para ser jurado. Eu me apresento pontualmente, pronto para servir. Quando chegamos ao juramento, o advogado me diz: "Vejo que você é um astrofísico. O que é isso?". Respondo: "A astrofísica são as leis da física aplicadas ao universo – o Big Bang, buracos negros, essa espécie de coisas". Então ele pergunta: "O que você ensina em Princeton?", e digo: "Leciono sobre a avaliação da evidência e a relativa inconfiabilidade do testemunho ocular". Cinco minutos mais tarde, estou na rua.

Alguns anos mais tarde, lá estou eu no júri de novo. O juiz afirma que o réu é acusado da posse de 1.700 miligramas de cocaína. Descobriu-se a droga em seu corpo, ele foi preso, e está agora sendo julgado. Desta vez, depois de terminado o interrogatório, o juiz nos pergunta se há algum questionamento que gostaríamos de fazer ao tribunal, e eu digo: "Sim, Excelência. Por que disse que ele estava de posse de 1.700 miligramas de cocaína? Isso é igual a 1,7 grama. O 'mil' é anulado com o 'mili', e ficamos com 1,7 grama, que é menos que o peso de uma moeda de dez centavos". De novo me vejo na rua.

Dizemos: "Te vejo num bilhão de nanossegundos"? Dizemos: "Moro apenas 160.934 centímetros rua acima"? Não, não falamos dessa maneira. É um pensamento matematicamente confuso. Nesse caso, talvez até tenha sido embaralhado de maneira intencional.

Outra área de pensamento confuso é o movimento chamado Design Inteligente. Afirma que algumas coisas são demasiadamente maravilhosas ou intrincadas para serem explicadas. A alegação é que essas coisas desafiam os relatos científicos comuns de causa e efeito, e assim são atribuídas a um projetista inteligente e intencional. É uma encosta escorregadia.

Assim vamos começar um movimento chamado Desenho Estúpido e verificar até onde isso nos leva. Por exemplo, o que acontece com o apêndice? O que ele sabe fazer melhor, mais que qualquer outra coisa, é matar a pessoa. É definitivamente um projeto estúpido. E que dizer da unha do dedo mindinho do pé? Nem dá para colocar esmalte nela; não há área que chegue. E que dizer do mau hálito, ou do fato de respirarmos e bebermos pelo mesmo buraco no corpo, fazendo com que uma fração de nós engasgue até a morte todo ano? E eis a última observação. Preparados? Lá embaixo entre as pernas, é como um complexo de divertimento no meio de um sistema de esgoto. Quem projetou isso?

Algumas pessoas querem colocar adesivos de alerta nos livros didáticos de biologia, dizendo que a teoria da evolução é apenas uma entre muitas teorias, é pegar ou largar. Ora, a religião antecede em muito a ciência; ela continuará a existir para sempre. Essa não é a questão. O problema surge quando a religião entra na sala de aula de ciências. Não há tradição de cientistas derrubando a porta da escola dominical, dizendo aos pregadores o que ensinar. Os cientistas não fazem piquetes nas igrejas. De um modo geral – embora não pareça assim hoje em dia – a ciência e a religião conseguiram uma coexistência pacífica por bastante tempo. Os maiores conflitos no mundo não são entre religião e ciência, são entre religião e religião.

Essa não é simplesmente uma questão acadêmica. Vamos retroceder um milênio. Entre 800 a.D. e 1200 a.D., o centro intelectual do mundo ocidental era Bagdá. Por quê? Seus líderes se dispunham a acolher quem quer que desejasse pensar sobre alguma coisa: judeus, cristãos, muçulmanos, céticos. Todo mundo ganhava um assento à mesa dos debates, maximizando a troca de ideias. Enquanto isso, a sabedoria escrita do mundo estava sendo adquirida pelas bibliotecas de Bagdá e traduzida para o árabe. Como resultado, os árabes progrediram em agricultura, comércio, engenharia, medicina, matemática, astronomia, navegação. Você já se deu conta de que 2/3 de todas as estrelas denominadas no céu noturno têm nomes árabes? Se você faz algo pela primeira vez e bem-feito, adquire direitos de nomear. Os árabes conquistaram o direito de dar nomes às estrelas há 1.200 anos, porque eles as mapearam melhor do que ninguém jamais o fizera. Eles introduziram o sistema incipiente dos numerais hindus no novo campo da álgebra, ela própria uma palavra arábica – razão pela qual os numerais vieram a ser chamados "algarismos arábicos". O "algoritmo", outra palavra familiar, deriva do nome do matemático estabelecido em Bagdá que também nos deu os fundamentos básicos da álgebra.

Então o que aconteceu? Os historiadores dirão que com o saque de Bagdá pelos mongóis no século XIII, todo o fundamento intelectual não sectário daquele empreendimento entrou em colapso, junto com as bibliotecas que lhe davam sustento. Mas rastreando as forças culturais e religiosas em jogo, você vai descobrir que os escritos influentes do erudito e teólogo muçulmano do século XI, Al-Ghazali, modelaram a visão islâmica do mundo natural. Ao declarar que a manipulação dos números era obra do diabo, e promover o conceito da vontade de Alá como a causa de todos os fenômenos naturais, Ghazali inadvertidamente extinguiu o empenho científico no mundo muçulmano. E nunca foi recuperado, até os dias de hoje. De 1901 a 2010, dos 543 vencedores do Prêmio Nobel nas ciências, dois eram muçulmanos. E os muçulmanos compreendem quase 1/4 da população mundial.

Hoje, entre os fundamentalistas cristãos bem como entre os judeus hassídicos, há uma ausência comparável de cientistas. Quando as sociedades e as culturas são permeadas por filosofias não seculares, a ciência, a tecnologia e a medicina se tornam estagnadas. Colar adesivos de alerta nos livros de biologia é um ato ruim. Mas se essas são as regras do jogo, por que não exigir adesivos de alerta na Bíblia: "ALGUMAS DESSAS HISTÓRIAS PODEM NÃO SER VERDADEIRAS"?

Primavera de 2001, ali estava eu, tratando da minha vida entre os gramados aparados do campus da Universidade de Princeton – e o telefone tocou. Era da Casa Branca, diziam que me queriam numa comissão para estudar a saúde da indústria aeroespacial. Eu? Não sei nem sequer pilotar um aeroplano. A princípio fiquei indiferente. Depois li sobre a indústria aeroespacial e percebi que ela tinha perdido meio milhão de empregos nos últimos quatorze anos. Algo andava errado por lá.

A primeira reunião da comissão seria no final de setembro. E então aconteceu o 11 de Setembro.

Eu moro – naquela época e agora – a 4 quadras do Ground Zero. Minhas janelas da frente ficam bem ali. Eu devia ir a Princeton naquela manhã, mas tinha alguns escritos atrasados para terminar, por isso fiquei em casa. Um avião penetra no edifício; outro avião faz o mesmo. A essa altura, como poderia ser indiferente? Eu tinha acabado de perder meu quintal para dois aviões. O dever me chamava. Eu era outra pessoa: não só a nação tinha sido atacada, mas também o meu quintal.

Lembro-me perfeitamente do momento em que entrei na primeira reunião. Havia outros 11 membros na comissão, num quarto cheio de testosterona. Todo mundo ocupava espaço. Havia o general fulano, e o secretário da Marinha beltrano, e o congressista sicrano. Não é que eu não tenha testosterona, mas é testosterona do Bronx. É do tipo que se você se mete numa briga de rua, você chuta o traseiro do outro. Essa testosterona "eu construo sistemas de mísseis" é um tipo totalmente diferente. Até as mulheres na comissão a tinham. Uma delas tinha um sotaque sulista perfeitamente afinado para dizer "Vá pro inferno". Outra era uma analista-chefe aeroespacial para Morgan Stanley; tendo passado a vida como filha malcriada da Marinha, ela tinha a indústria na palma da mão.

Nessa comissão, viajamos ao redor do mundo para ver o que estava influenciando a situação aqui nos Estados Unidos. Visitamos a China *antes* que eles colocassem um homem no espaço. Eu tinha na cabeça o estereótipo de todo mundo andando de bicicleta, mas todo mundo estava dirigindo carros Audi, Mercedes-Benz e Volkswagen. Depois voltei para casa e dei uma olhada nas etiquetas em todas as minhas coisas; metade já estava sendo feita na China. Muito dinheiro nosso está indo para lá.

Em nossa excursão, visitamos a Grande Muralha, um projeto militar. Olhei em todos os lugares, mas não vi nenhuma evidência de tecnologia, apenas os tijolos que compuseram a muralha. Mas peguei o meu celular de qualquer modo e telefonei para minha mãe em Nova York. "Neil, você já está em casa, chegou bem cedo!" Foi a melhor conexão que já consegui telefonando para ela com o meu celular. Ninguém na China fica repetindo: "Está me escutando agora? Dá para me escutar agora?". Mas é o que está acontecendo em todo o corredor nordeste. Cada vez que se embarca no Amtrak, o sinal aparece e desaparece sempre que se passa por uma árvore.

Assim quando a China anunciou que colocariam alguém em órbita, sem sombra de dúvida eu sabia que iria acontecer. Nós todos sabíamos. A China diz: "Queremos colocar alguém na Lua", e eu não tenho dúvida. Quando dizem querer colocar alguém em Marte, tenho certeza de que o farão. O importante sobre Marte é que o planeta já é vermelho, por isso poderia funcionar muito bem para a publicidade e as relações públicas da China.

Depois da China visitamos a Cidade das Estrelas na Rússia, fora de Moscou. Cidade das Estrelas é o centro do programa espacial russo. Ficamos todos apinhados no escritório do chefe do centro, e lá pela metade da manhã ele disse: "Hora de vodca". O copo era tão diminuto que nem todos os meus dedos conseguiam se fechar ao seu redor, por isso o mindinho ficou esticado para fora. Não acho que se tome vodca na Rússia com o mindinho esticado para fora. Outro passo em falso: eu estava provando a vodca, e não bebendo, porque estou acostumado a bebericar vinho. Por isso, mais uma vez, eu me vi na vizinhança de uma camada mais intensa de testosterona.

Mas a visita que realmente me deixou de cabelo arrepiado foi a de Bruxelas, onde nos encontramos com os planejadores executivos aeroespaciais europeus. Eles tinham acabado de divulgar o documento com sua visão da aeronáutica para os próximos vinte anos; além disso, estavam trabalhando em Galileo, um sistema de navegação por satélite que compete diretamente com o nosso GPS. Assim estávamos meio preocupados: o que aconteceria se eles terminassem Galileo, equipassem os aviões europeus com esse sistema e anunciassem que teríamos de usar o sistema para voar no espaço aéreo europeu? Já tínhamos uma indústria debilitada aqui, e ajustar todos os nossos aeroplanos apenas para voar até a Europa seria um ônus financeiro indesejável. Nas circunstâncias daquela época, os europeus podiam usar nosso sistema de graça.

Assim, enquanto tentávamos compreender a situação, os europeus continuavam sentados ali parecendo bem presunçosos, especialmente um sujeito em particular. Tenho certeza de que nossas cadeiras eram um pouco mais baixas que as deles, porque me lembro de levantar os olhos para lhes falar. Considerando a extensão de meu torso, eu não deveria ter de olhar para cima. E alguma coisa se tornou clara na minha cabeça. Como disse, só o que tenho é o poder do pensamento. E fiquei lívido.

Por que fiquei lívido? Porque estávamos sentados ao redor de uma mesa falando sobre o produto aeroespacial como se fosse grãos de soja – quais são os regulamentos comerciais, as tarifas, as restrições; se vocês fazem assim, então faremos assado. E eu estava pensando: *Há algo errado nisso tudo*. O aeroespaço é uma fronteira de nossas proezas tecnológicas. Se está realmente na fronteira, você não se senta a uma mesa negociando direitos de uso. Você está muito à frente de todo mundo, nem sequer está preocupado com o que eles querem. Você apenas lhes passa os dados. Essa é a postura que os americanos tiveram durante a maior parte do século XX. Nos anos 1950, 1960, 1970 e parte dos 1980, todo avião que aterrissava em qualquer cidade era construído nos Estados Unidos. Da Aerolineas Argentinas a Zambian Airways, todo mundo voava em Boeings. Assim fiquei zangado – não com o sujeito sentado à minha frente, mas conosco. Fiquei zangado com os Estados Unidos, porque progredir não é apenas algo que se faça gradualmente. Você também precisa de inovação, para que possa realizar avanços revolucionários, e não meramente evolutivos.

No futuro, ainda quero fazer uma viagem de um dia a Tóquio. Seria um percurso de 45 minutos, se fôssemos por uma rota suborbital. Como é que já não estamos fazendo isso agora? Se estivéssemos, eu não estaria sentado a essa mesa com o sujeito presunçoso falando sobre o sistema de posicionamento Galileo. Já teríamos um sistema de navegação por pulsar, e não nos preocuparíamos com o deles. Estaríamos muito mais à frente.

Assim estou zangado porque o aeroespaço se tornou uma mercadoria de barganha. E também porque sou em parte um educador. Quando me vejo diante de ginasianos, não quero ter de lhes dizer: "Estudem para ser engenheiros aeroespaciais, assim poderão construir um aeroplano que seja 20% mais eficiente em termos de consumo de combustível do que aqueles em que seus pais voaram". Isso não vai deixá-los emocionados. O que eu preciso dizer é: "Estudem para ser engenheiros aeroespaciais, assim poderão projetar o aerofólio que será a primeira aeronave pilotada na atmosfera rarefeita de Marte". "Estudem para ser biólogos, porque precisamos de pessoas que procurem vida não só em Marte, mas em Europa e outras partes da galáxia." "Estudem para ser químicos, porque queremos saber mais sobre os elementos na Lua e sobre as moléculas no espaço." Coloca-se essa ideia no ar, e minha tarefa se torna fácil, porque basta eu lhes mostrar a ideia que a ambição cresce dentro deles. A chama é acesa, e eles são guiados pelo caminho.

A visão do programa espacial do governo Bush foi estabelecida: Lua, Marte e mais além. Houve algumas controvérsias nas margens, mas é fundamentalmente uma visão íntegra. Não é todo público que conhece ou compreende isso. Mas se eu fosse o papa do Congresso, eu apresentaria um decreto para dobrar o orçamento da Nasa. Isso o aumentaria para cerca de 40 bilhões de dólares. Uma outra organização conhecida tem um orçamento de 30 bilhões de dólares: os Institutos Nacionais de Saúde

(NIH, na sigla em inglês). Excelente. Eles devem ter um orçamento grande, porque a saúde tem importância. Mas a maioria dos procedimentos e equipamentos médicos de alta tecnologia – ressonância magnética, exame PET, ultrassonografia, raios X – funciona segundo princípios descobertos por físicos e tem por base projetos desenvolvidos por engenheiros. Assim não se pode apenas financiar a medicina; é preciso financiar o restante do que está acontecendo. A polinização cruzada é fundamental para o empreendimento.

> Tweet Espacial #55
> O orçamento total de meio século da Nasa é igual ao orçamento atual de dois anos das Forças Armadas dos Estados Unidos
> 8 de julho de 2011, às 11h16

O que acontece quando se dobra o orçamento da Nasa? A visão do programa espacial torna-se grande, torna-se real. Atrai-se uma geração inteira, e as gerações seguintes, para a ciência e a engenharia. Você sabe e eu sei que todos os mercados emergentes do século XXI vão ser impulsionados pela ciência e tecnologia. É o que vão requerer os fundamentos de toda economia futura. E o que acontece quando paramos de inovar? Todos os outros nos alcançam, os empregos vão para o exterior, e então reclamamos: eles estão pagando menos lá fora, e não estamos competindo em pé de igualdade. Vamos parar de chorar e começar a inovar.

Vamos falar da verdadeira inovação. As pessoas perguntam frequentemente: se gostamos de produtos derivados de pesquisas, por que não investir diretamente nessas tecnologias em vez de esperar que elas apareçam como subprodutos? A resposta: as coisas não funcionam dessa maneira. Vamos dizer que você é um especialista em termodinâmica, um conhecedor mundial do calor, e eu peço que você construa um forno melhor. Você poderia inventar um forno de convecção, ou um forno que seja mais isolado ou que permita um acesso mais fácil aos seus conteúdos. Mas independentemente de quanto dinheiro eu lhe der, você não inventará um forno de micro-ondas. Porque esse veio de outro lugar. Veio dos investimentos em comunicações, no radar. O forno de micro-ondas deve sua existência ao esforço de guerra, e não a um especialista em termodinâmica.

Esse é o tipo de polinização cruzada que acontece o tempo todo. E essa é a razão por que os futuristas sempre erram as previsões – porque eles tomam a situação corrente e apenas extrapolam. Eles não veem surpresas. Assim, eles conseguem imaginar a cena por uns cinco anos no futuro, e erram irremediavelmente depois de dez anos.

Afirmo que o espaço é parte de nossa cultura. Escutam-se queixas de que ninguém conhece os nomes dos astronautas, ninguém se emociona com os lançamentos, ninguém se importa mais com o espaço exceto o pessoal dessa atividade. Não acredito nisso nem por um minuto. Quando havia dúvidas quanto a consertar o telescópio Hubble, os protestos mais retumbantes vieram do público. Quando o ônibus espacial *Columbia* explodiu na reentrada, a nação parou e chorou. Podemos não perceber a presença de alguma coisa, mas percebemos sua ausência. Essa é a definição de cultura.

Em 2004, em 1º de julho, a nave espacial *Cassini* entrou em órbita ao redor de Saturno. Não havia nada científico a esse respeito, apenas entrou em órbita. Mas o *Today Show* achou que era uma notícia importante a ponto de colocar a história em sua primeira hora – e não na segunda hora, junto com as receitas, mas nos primeiros vinte minutos. Assim eles me chamaram. Quando cheguei lá, todo mundo me disse: "Parabéns! O que isso significa?". Eu lhes disse que era algo excelente, que iríamos estudar Saturno e suas luas. Matt Lauer quis ser incisivo, duro, por isso disse: "Mas dr. Tyson, esta é uma missão de 3,3 bilhões de dólares. Dados todos os problemas que temos no mundo atual, como justificar esse gasto?". Respondi: "Em primeiro lugar, são 3,3 bilhões de dólares divididos por doze. É uma missão de doze anos. Agora temos o número real: menos de 300 milhões de dólares por ano. Hum, 300 milhões de dólares. Os americanos gastam mais que isso por ano em protetor labial".

Nesse momento, a câmera tremeu. Dava para escutar as risadinhas do pessoal da iluminação e cenografia. Matt não teve resposta; ele apenas gaguejou e disse: "É com você, Katie". Quando saí do prédio, chegou até mim uma salva de palmas de um grupo de espectadores que tinha visto o programa. E todos ergueram seus protetores labiais, dizendo: "Queremos ir para Saturno!".

O índice de popularidade é profundo, e não acontece apenas entre engenheiros. Quando tomamos um táxi em Nova York, sentamos no banco de trás, e há uma barreira entre nós e o assento da frente, por isso toda conversa entre nós e o motorista tem de passar pelo vidro. Numa de minhas recentes corridas, o motorista, um sujeito falante que não podia ter mais que 23 anos, disse para mim: "Espere um pouco, acho que reconheço sua voz. Você é um especialista na galáxia?". Respondi: "Sim, suponho que sim". E ele disse: "Uau, vi você num programa. Foi o melhor de todos".

Ele não estava interessado em mim por causa da celebridade. Esse é um tipo diferente de encontro. As pessoas perguntam onde você mora e qual é a sua cor preferida, mas não. Ele começa a fazer perguntas: conte-me mais sobre os buracos negros. Conte-me mais sobre a galáxia. Conte-me mais sobre a busca da vida. Chegamos ao destino. Estou prestes a lhe dar o dinheiro, mas ele diz: "Não, pode ficar com o dinheiro". Esse cara tem 23 anos, com uma mulher e um filho em casa, e está dirigindo um táxi. Estou tentando lhe pagar a corrida, e ele não quer aceitar. Uma indicação do quanto está emocionado por ter conseguido aprender alguma coisa sobre o universo.

Eis outro caso. Caminhando para levar minha filha ao colégio, estou prestes a atravessar a rua com ela. Um caminhão de lixo para bem na faixa dos pedestres. Caminhões de lixo não param em faixas de pedestres. Este para. E fico pensando num filme em que um caminhão de lixo passava por um sujeito, e o cara desaparecia depois da passagem do veículo. Isso me preocupa um pouco. Então o motorista abre a porta – nunca tinha visto esse homem na minha vida – e grita: "Dr. Tyson, como estão os planetas hoje?". Eu queria lhe dar um beijo.

Eis a minha melhor história. Aconteceu no Centro Rose para a Terra e o Espaço, onde trabalho. Há no prédio um zelador que nunca vi conversando com ninguém durante os três anos em que trabalha ali. E então certo dia, inesperadamente, ele para de varrer quando me avista e diz: "Dr. Tyson, tenho uma pergunta. Tem um minuto?". Suponho que ele vai me perguntar sobre a situação do emprego, e digo: "Sim, claro, pode falar". E ele diz: "Estive pensando. Vejo todas essas fotos do telescópio Hubble, vejo todas essas nuvens de gás. E aprendi que as estrelas são feitas de gás. É verdade que as estrelas foram feitas dentro dessas nuvens de gás?". Este é o zelador que não disse uma palavra durante três anos, e sua primeira frase dirigida a mim é sobre a astrofísica do meio interestelar. Corri para meu escritório, agarrei todos os meus livros, entreguei os sete para ele, e disse: "Tome, comungue com o cosmos. Você precisa mais deles".

Minha citação final do dia diz tudo: "Há muitas coisas que tenho de fazer para me tornar um astronauta. Mas primeiro tenho que ir para o jardim da infância" – Cyrus Corey, 4 anos.

Se dobrarmos o orçamento da Nasa, legiões de estudantes vão enxamear os dutos para essa área. Mesmo se não se tornarem engenheiros aeroespaciais, teremos pessoas cientificamente alfabetizadas ascendendo nos postos de trabalho – pessoas que poderiam inventar coisas e criar os fundamentos da economia de amanhã. Mas isso não é tudo. Vamos supor que o próximo ataque terrorista seja guerra biológica. A quem vamos recorrer? Queremos os melhores biólogos do mundo. Se houver uma guerra química, queremos os melhores químicos. E nós os teríamos, porque eles estariam trabalhando em problemas relativos a Marte, problemas relativos a Europa. Teríamos atraído essas pessoas, porque a visão do programa espacial estaria em vigor. Não as teríamos perdido para outras profissões. Não teriam se tornado advogados ou banqueiros de investimento, o que aconteceu nas décadas de 1980 e 1990.

Assim esses 40 bilhões de dólares começam a parecer bem baratos. Eles vêm a ser um investimento na economia do amanhã, um investimento em nossa segurança. Nosso ativo mais precioso é o nosso entusiasmo pelo que podemos fazer como nação. Estimule esse espírito. Valorize esse espírito.

CAPÍTULO TRINTA E UM

Delírios dos entusiastas do espaço*

A engenhosidade humana raramente deixa de se aperfeiçoar com os frutos da invenção humana. É quase garantido que qualquer criação humana que tenha deslumbrado todo mundo seja superada e, um dia, pareça antiquada.

Em 2000 a.C., um par de patins do gelo feito com osso animal polido e correias de couro era um meio de transporte pioneiro. Em 1610, o telescópio de Galileu com ampliação de 8x era um fabuloso instrumento de detecção, capaz de dar aos senadores de Veneza o poder de identificar os navios hostis antes que entrassem na laguna. Em 1887, o Benz Patent-Motorwagen com um cavalo-vapor foi o primeiro carro produzido comercialmente a ser impulsionado por um motor de combustão interna. Em 1946, o ENIAC de trinta toneladas e do tamanho da sala da exposição, com seus 18 mil tubos de vácuo e 6 mil chaves manuais, introduziu pioneiramente a computação eletrônica.

Hoje é possível deslizar pelas estradas sobre patins de rodas em linha, contemplar imagens de galáxias longínquas obtidas a partir de telescópios baseados no espaço, circular na autoestrada a 275 quilômetros por hora num carro conversível de 600 cavalos-vapor, e carregar seu laptop de 1,36 quilo, ligado sem fio à rede, para um café ao ar livre.

Claro que esses avanços não caem do céu. Pessoas inteligentes os criam. O problema é que para transformar uma ideia inteligente em realidade, alguém tem de assinar o cheque. E quando as forças do mercado mudam,

---

* Adaptado de "Delusions of Space Enthusiasts" [Delírios dos entusiastas do espaço], texto publicado originalmente na revista *Natural History*, em novembro de 2006.

essas pessoas podem perder o interesse e os cheques podem parar de aparecer. Se as companhias de computação tivessem parado de inovar em 1978, a nossa escrivaninha ainda poderia ostentar um IBM 5110 de 45 quilos. Se as companhias de comunicações tivessem parado de inovar em 1973, ainda estaríamos arrastando um telefone celular de 900 gramas e 23 centímetros. E se em 1968 a indústria espacial americana tivesse parado de desenvolver foguetes maiores e melhores para lançar humanos além da Lua, nunca teríamos suplantado o foguete *Saturno V*.

Opa!

Desculpe-me. Não *suplantamos* o *Saturno V*, o maior e mais potente foguete jamais lançado por alguém. O *Saturno V* de 36 andares foi o primeiro e único foguete a lançar pessoas da Terra para algum outro lugar do universo; tornou possível toda missão da *Apollo* até a Lua desde 1969 até 1972, bem como o lançamento em 1973 do Skylab 1, a primeira estação espacial americana.

Inspirado em parte pelos sucessos do *Saturno V* e pelo *momentum* do programa *Apollo*, os visionários da época previram um futuro que nunca veio a ocorrer; hábitats espaciais, bases lunares e colônias marcianas, tudo erguido e funcionando na década de 1990. Mas o financiamento do *Saturno V* se evaporou quando as missões para a Lua perderam força. Várias produções adicionais foram canceladas, os instrumentos mecânicos especializados das fábricas foram destruídos, e o pessoal qualificado teve de encontrar trabalho em outros projetos. Hoje, os engenheiros americanos não conseguem construir nem um clone do *Saturno V*.

Que forças culturais congelaram o foguete *Saturno V* no tempo e no espaço? Que concepções errôneas acarretaram a lacuna entre a expectativa e a realidade?

As profecias tendem a aparecer com dois sabores: dúvida e delírio. Foi a dúvida que levou os céticos a declarar que o átomo nunca seria dividido, que a barreira do som jamais seria rompida, e que as pessoas nunca desejariam ou necessitariam computadores em suas casas. Mas no caso do foguete *Saturno V*, foi o delírio que levou os futuristas a supor erroneamente que o *Saturno V* era um início auspicioso – sem jamais considerar que poderia ser, ao contrário, o fim.

> Tweet Espacial #56 & #57
> Muitos lamentam o fim [de] nosso programa de 30 anos do ônibus espacial. Mas existe alguma tecnologia – qualquer uma – de 1981 que

> ainda esteja sendo usada?
> 21 de julho de 2011, às 5h43
>
> Não. Ao contrário do ônibus espacial, o pente afro que você ainda usa desde 1976 não conta como tecnologia existente
> há décadas
> 25 de julho de 2011, às 16h58

Em 30 de dezembro de 1900, para o seu último jornal dominical do ano, o *Brooklyn Daily Eagle* publicou um suplemento de 16 páginas intitulado AS COISAS SERÃO MUITO DIFERENTES DAQUI A CEM ANOS. Os colaboradores – líderes de negócios, militares, pastores, políticos e especialistas de todo credo – imaginaram como seria o trabalho doméstico, a pobreza, a religião, o saneamento e a guerra no ano 2000. Eles estavam entusiasmados com o potencial da eletricidade e do automóvel. Havia até um mapa do mundo futuro, mostrando uma Federação Americana que compreendia a maior parte do hemisfério ocidental desde as terras acima do Círculo Ártico até o arquipélago da Terra do Fogo – mais a África subsaariana, a metade sul da Austrália e toda a Nova Zelândia.

A maioria dos escritores retratou um futuro expansivo. George H. Daniels, entretanto, uma autoridade em New York Central e Hudson River Railroad, espiou em sua bola de cristal e predisse ignorantemente: "É pouco possível que o século XX vai testemunhar aperfeiçoamentos no transporte que serão tão grandes quanto os do século XIX".

Em outra parte de seu artigo, Daniels imaginou um turismo global acessível e a difusão do pão branco na China e no Japão. Mas ele simplesmente não conseguia imaginar o que poderia substituir o vapor como fonte de energia para o transporte terrestre, sem falar de um veículo movendo-se pelo ar. Ainda que ele estivesse no limiar do século XX, esse dirigente do maior sistema ferroviário do mundo não conseguia ver além do automóvel, da locomotiva e do barco a vapor.

Três anos mais tarde, quase no dia que delimitava esse período, Wilbur e Orville Wright fizeram a sua primeira série de voos mais pesados que o ar, controlados, movidos por energia própria. Em 1957, a URSS lançou o primeiro satélite na órbita da Terra. E em 1969, dois americanos se tornaram os primeiros seres humanos a caminhar na Lua.

Daniels não é a única pessoa a ter interpretado mal o futuro tecnológico. Até especialistas que não são totalmente delirantes podem ter uma visão limitada. Na página 13 do suplemento dominical da *Eagle*, o principal examinador no Departamento de Patentes dos Estados Unidos, W. W. Townsend, escreveu: "O automóvel pode ser o veículo da década, mas a aeronave é o meio de transporte do século". Parece visionário, até continuarmos a ler. Ele estava falando dos pequenos dirigíveis e dos zepelins. Tanto Daniels como Townsend, cidadãos sob outros aspectos bem informados de um mundo em mutação, não tinham pistas do que a tecnologia futura traria.

Até os Irmãos Wright foram culpados de dúvidas quanto ao futuro da aviação. Em 1901, desencorajado por um verão de testes fracassados com um planador, Wilbur disse a Orville que seriam necessários mais cinquenta anos para que alguém conseguisse voar. Não: o nascimento da aviação seria dali a dois anos. Na manhã fria e de fortes ventos de 17 de dezembro de 1903, partindo de uma duna de areia da Carolina do Norte chamada Kill Devil Hill, Orville foi o primeiro a voar no avião de 272 quilos dos irmãos. Sua viagem memorável durou doze segundos e abrangeu 37 metros – aproximadamente a distância a que uma criança pode jogar uma bola.

A julgar pelo que o matemático, astrônomo e medalha de ouro da Royal Society, Simon Newcomb, tinha publicado apenas dois meses antes, o voo a partir de Kill Devil Hill nunca deveria ter ocorrido na época em que aconteceu:

> Muito provável que o século XX esteja destinado a ver as forças naturais que nos permitirão voar de continente a continente com uma velocidade muito superior à do pássaro.
> Mas quando examinamos se o voo aéreo é possível no presente estado de nosso conhecimento; se é possível fazer, com os materiais que possuímos, uma combinação de aço, pano e fio que, movida pela energia da eletricidade ou do vapor, forme uma máquina voadora bem-sucedida, a perspectiva pode ser completamente diferente.

Alguns representantes da opinião pública informada foram ainda mais longe. O *New York Times* estava mergulhado em dúvidas apenas uma semana antes que os Irmãos Wright voaram no *Wright Flyer* original. Escrevendo em 10 de dezembro de 1903 – não sobre os Wright, mas sobre seu ilustre concorrente financiado com dinheiro público, Samuel

P. Langley, astrônomo, físico e administrador-chefe do Instituto Smithsonian – o *Times* declarou:

> Esperamos que o professor Langley não colocará sua substancial grandeza como cientista em risco por continuar a desperdiçar seu tempo, e o dinheiro nisso envolvido, com outros experimentos de aeronaves. A vida é curta, e ele é capaz de serviços para a humanidade incomparavelmente maiores que os resultados esperados das tentativas de voar.

Seria de pensar que as atitudes mudariam assim que as pessoas de vários países tivessem feito seus primeiros voos. Mas não. Wilbur Wright escreveu em 1909 que nenhuma máquina voadora jamais faria a viagem de Nova York a Paris. Richard Burdon Haldane, o ministro da Guerra britânico, declarou ao Parlamento em 1909 que, mesmo se o aeroplano um dia pudesse ser capaz de grandes coisas, "do ponto de vista da guerra, essa expectativa não existe no presente". Ferdinand Foch, um estrategista militar francês altamente considerado e comandante supremo das Forças Aliadas perto do fim da Primeira Guerra Mundial, opinou em 1911 que os aeroplanos eram brinquedos interessantes, mas não tinham valor militar. Mais tarde naquele mesmo ano, perto de Tripoli, um avião italiano tornou-se o primeiro a lançar uma bomba.

As primeiras atitudes sobre o voo além da atmosfera da Terra seguiram uma trajetória similar. É verdade que muitos filósofos, cientistas e escritores de ficção científica tinham pensado havia muito tempo e com grande intensidade sobre o espaço exterior. O frei filósofo do século XVI, Giordano Bruno, propôs que seres inteligentes habitavam uma infinidade de mundos. O escritor soldado do século XVII, Savinien de Cyrano de Bergerac, retratou a Lua como um mundo com florestas, violetas e gente.

Mas esses escritos eram fantasias, e não projetos para ação. No início do século XX, a eletricidade, os telefones, os automóveis, os rádios, os aeroplanos e inúmeras outras maravilhas da engenharia estavam se tornando características básicas da vida moderna. Assim, os terráqueos não poderiam construir máquinas capazes de viajar pelo espaço? Muitas pessoas que deveriam ter mais discernimento disseram que tal coisa não seria possível, mesmo depois do lançamento teste bem-sucedido, em 1942, do primeiro míssil balístico de longo alcance, o foguete mortal V-2. Capaz de perfurar a atmosfera da Terra, ele foi um passo crucial para chegar até a Lua.

Richard van der Riet Woolley, o décimo primeiro astrônomo real britânico, é a fonte de uma observação particularmente confusa.* Quando ele desembarcou em Londres depois de um voo de 36 horas vindo da Austrália, alguns repórteres lhe perguntaram sobre a viagem espacial. "Asneira rematada", ele respondeu. Isso foi no início de 1956. No início de 1957, Lee De Forest, um prolífico inventor americano que ajudou a criar a era da eletrônica, declarou: "O homem nunca chegará à Lua, independentemente de todos os futuros avanços científicos". Lembram o que aconteceu no final de 1957? Não apenas um, mas dois Sputniks soviéticos entraram na órbita da Terra. A corrida espacial havia começado.

Sempre que alguém diz que uma ideia é "asneira" (*bilge* é a palavra britânica para bobagem; a palavra americana para esse sentido é *baloney*), devemos perguntar primeiro se ela viola alguma das bem testadas leis da física. Em caso positivo, é provável que a ideia seja asneira. Se não, o único desafio é encontrar um engenheiro inteligente – e, claro, uma fonte de financiamento empenhada no empreendimento.

No dia em que a União Soviética lançou o *Sputnik 1*, um capítulo da ficção científica se tornou fato científico, e o futuro se tornou presente. De repente, os futuristas transbordaram de entusiasmo. O delírio de que a tecnologia avançaria à velocidade da luz substituiu o delírio de que quase não avançaria. Os especialistas passaram de muito pouca confiança no ritmo da mudança tecnológica para demasiada segurança quanto a esse progresso. E as pessoas mais culpadas de todas foram os entusiastas do espaço.

Os comentaristas se tornaram aficionados de intervalos de vinte anos, dentro dos quais alguma meta anteriormente inconcebível seria supostamente alcançada. Em 6 de janeiro de 1967, numa reportagem de primeira página, o *Wall Street Journal* anunciou: "O empreendimento espacial americano mais ambicioso nos anos futuros será a campanha para levar homens ao vizinho Marte. A maioria dos especialistas estima que a tarefa possa ser realizada em 1985". No mês seguinte, em seu número de estreia, a revista *The Futurist* anunciou que segundo as previsões de longo alcance da RAND Corporation, uma pioneira organização multidisciplinar de especialistas, havia 60% de probabilidade que uma base lunar tripulada existisse já em 1986. Em *The Book of Predictions*, publicado em 1980, o

---

* *Woolly*, em inglês, fazendo alusão ao nome do astrônomo. (N.E.)

pioneiro dos foguetes Robert C. Truax previu que cinquenta mil pessoas estariam vivendo e trabalhando no espaço no ano 2000. Quando chegou esse ano marco, as pessoas estavam realmente vivendo e trabalhando no espaço. Mas o número não era 50 mil. Era 3: a primeira tripulação da Estação Espacial Internacional.

Todos esses visionários (e inúmeros outros) nunca compreenderam realmente as forças que impulsionam o progresso tecnológico. Nos dias de Wilbur e Orville, era possível chegar aos grandes avanços da engenharia por meio de recursos caseiros. O seu primeiro aeroplano não precisou de uma doação da Fundação Nacional da Ciência; eles o financiaram com seu negócio de bicicletas. Os irmãos construíram as asas e a fuselagem sozinhos, com ferramentas que já possuíam, e fizeram com que seu talentoso mecânico das bicicletas, Charles E. Taylor, projetasse e construísse a máquina à mão. A operação consistia basicamente em dois rapazes e uma garagem.

A exploração espacial acontece numa escala inteiramente diferente. Os primeiros a caminhar na Lua eram também dois rapazes – Neil Armstrong e Buzz Aldrin –, mas por trás deles avultava a força de uma ordem do presidente Kennedy, 10 mil engenheiros, 100 bilhões de dólares para o programa *Apollo*, e um foguete *Saturno V*.

Apesar das memórias higienizadas que tantos de nós temos da era *Apollo*, os americanos não foram os primeiros a chegar à Lua porque somos exploradores por natureza ou porque nosso país tem um compromisso com a busca do conhecimento. Chegamos primeiro à Lua porque os Estados Unidos decidiram vencer a União Soviética, ganhar a Guerra Fria de qualquer maneira possível. Kennedy deixou isso bem claro, quando se queixou aos principais administradores da Nasa em novembro de 1962:

> Não é que eu esteja assim tão interessado pelo espaço. Acho que é bom, acho que devemos conhecê-lo, estamos dispostos a gastar quantias razoáveis de dinheiro. Mas estamos falando desses gastos fantásticos que arruínam nosso orçamento e de todos esses programas domésticos, e a única justificativa, na minha opinião, para realizar esta exploração nesta época ou deste modo é porque esperamos derrotar [a União Soviética] e demonstrar que começando em desvantagem, com alguns anos de atraso, podemos, queira Deus, ultrapassá-los.

Gostemos ou não, a guerra (fria ou quente) é o estímulo mais poderoso para financiar o arsenal público. As metas elevadas como curiosidade, descoberta, exploração e ciência podem angariar dinheiro para projetos de tamanho modesto, desde que repercutam as visões políticas e culturais do momento. Mas atividades grandes e dispendiosas são inerentemente de longo prazo, e requerem investimento sustentado que deve sobreviver às flutuações econômicas e às mudanças nos ventos políticos.

Em todas as eras, através do tempo e da cultura, apenas a guerra, a ganância e a celebração do poder real ou religioso satisfizeram esse requisito de financiamento. Hoje, o poder dos reis é suplantado pelos governos eleitos, e o poder da religião é frequentemente expresso em empreendimentos não arquitetônicos, deixando a guerra e a ganância para dirigir o espetáculo. Às vezes, esses dois estímulos funcionam de mãos dadas, como na arte de lucrar com a arte da guerra. Mas a própria guerra continua a ser o argumento máximo e mais convincente.

Eu tinha 11 anos durante a viagem da *Apollo 11*, e já havia identificado o universo como a paixão de minha vida. Ao contrário de tantas outras pessoas que viram os primeiros passos de Neil Armstrong na Lua, eu não me enchi de júbilo. Sentia-me simplesmente aliviado que alguém estivesse finalmente explorando outro mundo. Para mim, a *Apollo 11* era claramente o início de uma era.

Mas eu também delirava. Os pousos lunares continuaram por três anos e meio. Depois pararam. O programa *Apollo* tornou-se o fim de uma era, não o início. E enquanto as viagens à Lua recuavam no tempo e na memória, elas pareciam cada vez mais irreais na história dos projetos humanos.

Ao contrário dos primeiros patins no gelo, do primeiro aeroplano ou do primeiro computador pessoal – artefatos que nos provocam risadinhas, quando os vemos hoje em dia – o primeiro foguete para a Lua, o *Saturno V*, desperta fascínio, até reverência. As relíquias do *Saturno V* estão expostas no Centro Espacial Johnson no Texas, no Centro Espacial Kennedy na Flórida, e no Centro Americano do Foguete e Espaço no Alabama. Filas de entusiastas caminham ao longo de toda a extensão do foguete. Põem a mão nas poderosas tubeiras na base, e se admiram como algo tão grande conseguiu ultrapassar a gravidade da Terra. Para transformar sua admiração em risadinhas, o nosso país terá de retomar o esforço de "audaciosamente ir a lugares aonde nenhum homem jamais esteve". Apenas então o *Saturno V* parecerá tão antiquado quanto qualquer outra invenção que o engenho humano elogiou ao usá-la para progredir.

CAPÍTULO TRINTA E DOIS

Talvez sonhar*

Quando fui convidado para proferir o discurso de abertura no jantar do Hall da Fama da Tecnologia Espacial deste ano, achei um pouco estranho porque trabalho no conselho da Fundação Espacial, que é a patrocinadora deste jantar e de todo o simpósio, e os membros do conselho não são tipicamente convidados a proferir os discursos de abertura. Mas na terça-feira passada, quando fui convidado a falar, asseguraram-me que o convite não se devia a alguma outra pessoa ter cancelado o compromisso de discursar. Por isso concordei, e depois dei uma olhada na lista dos oradores passados desse evento: coronel Brewster Shaw, astronauta condecorado; coronel Fred Gregory, astronauta condecorado; James Albaugh, diretor executivo dos Sistemas de Defesa Integrados Boeing; Ronald Sugar, diretor executivo de Northrop Grumman; W. David Thompson, diretor executivo de Spectrum Astro; Norm Augustine, diretor executivo de Lockheed Martin, presidente do Comitê Consultivo sobre o Futuro do Programa Espacial Americano, presidente de uma meia dúzia de outras associações e academias. Depois de examinar a lista, compreendi que eu seria a pessoa de posição mais baixa a proferir o discurso de abertura.

Verdade, nunca estive nas Forças Armadas. Não sou general, nem coronel. Não sou nada. Talvez um cadete. Os generais têm as estrelas e as barretas. Mas vocês notaram meu colete? Tenho estrelas – e sóis, luas e planetas. Isso faria de mim um cadete do espaço.

---

* Adaptado do discurso de abertura para o jantar do Hall da Fama da Tecnologia Espacial, 23º Simpósio Nacional do Espaço, em 12 de abril de 2007, em Colorado Springs, Colorado.

Desde que comecei a fazer parte da Fundação do Espaço, tento me adaptar. Mas é difícil, porque minha especialidade é a astrofísica, e por isso ando sempre com o pessoal acadêmico. Temos nossas próprias conferências. Assim, todo ano, quando venho ao Simpósio Nacional do Espaço e visito o salão da exposição, eu me sinto como um antropólogo pesquisando uma tribo. Faço observações que seriam óbvias para antropólogos, mas podem passar despercebidas pela maioria de vocês.

Por exemplo, os generais são mais altos que os coronéis, em média. Os coronéis são mais altos que os majores, em média. Se pensarmos sobre isso, deveria ser o contrário – porque sendo alto, você é um alvo maior no campo de batalha. Logicamente, portanto, quanto mais elevada sua posição, menor você deveria ser. Os generais seriam pessoas realmente pequenas. Mas não é o caso.

> Tweet Espacial #58
> Apenas para sua informação: em dois minutos de voo, a velocidade do ônibus espacial em relação ao ar ultrapassa a da bala disparada de um fuzil de assalto M16
> 16 de maio de 2011, às 9h25

Além disso, as pessoas que trabalham nos estandes são mais bonitas que o restante de nós. Não tenho nenhum problema com isso; estou apenas fazendo a observação. Sei que há uma dimensão de vendas na exposição. Mas nesse caso que dizer da tigela de balas? "Ei, aí está um sistema de míssil que eu poderia comprar – claro, me dê três desses – você tem Snickers pequenos! Dobre meu pedido." Como funciona? Os doces aumentam as vendas? Alguém deveria verificar. Consegue-se mais com os M&Ms do que com os Snickers? Então pensei: *Eu poderia ser influenciado pelos doces, porque três dos estandes tinham realmente barras de chocolate Via Láctea. Ah, agora estão no meu território: a galáxia.*

Um pouco mais de antropologia: os homens projetam foguetes. Mesmo coisas que não são foguetes são projetadas para que pareçam foguetes. Tudo fálico. E me disseram que quando se testam foguetes e eles sofrem pane na plataforma de lançamento, eufemismos como "Foi um experimento com muitas oportunidades de aprendizado" são apresentados nas entrevistas coletivas. Na realidade, são apenas foguetes que sofrem de disfunção projétil. É como deveria ser chamada: disfunção projétil.

Assim me perguntei: os foguetes teriam essa forma se as mulheres os projetassem? É apenas uma pergunta. Não sei. Mas aposto que sei o que você está pensando. Você está pensando: eles têm de ser projetados dessa maneira porque os falos são aerodinâmicos. Ora, os foguetes no vácuo do espaço não precisam ser aerodinâmicos, porque não existe ar. Assim, para essa fase da viagem de qualquer foguete, ele não precisa ter a forma de um foguete. Concordamos sobre esse ponto.

Mas o que dizer quando o foguete atravessa a atmosfera? Fiquei pensando se seria possível um objeto voador que fosse aerodinâmico, mas ainda assim não derivasse de uma fixação fálica. Depois de investigar o problema um pouco mais a fundo, encontrei um projeto de Philip W. Swift, submetido a um concurso de avião de papel da *Scientific American* na década de 1960 – aqui está. Não tem nada de fálico. Daria até para dizer que tem um projeto oposto. Agora observe como voa!

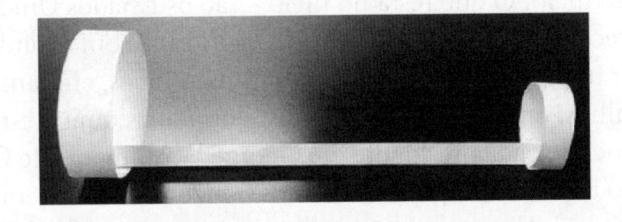

Bem, dez minutos de sua vida que você nunca vai reaver.

Então vamos falar de política. Sou um acadêmico, não sou senhor de nada no cenário das pessoas, lugares ou coisas. Mas nós, acadêmicos, nós, cientistas, gostamos de discutir, porque é assim que as ideias novas vêm à tona. Nós debatemos exaustivamente as questões, descobrimos um modo de fazer melhor os experimentos, vemos o que funciona, o que ñão funciona. Assim os cientistas são bons em examinar tudo sob diferentes pontos de vista – o que, para algumas pessoas, faz com que passemos por hipócritas. Podemos empregar um ponto de vista num dia e outro ponto de vista no dia seguinte. Mas o que fazemos é o seguinte: prestamos o juramento hipócrita. Empregamos nossos múltiplos pontos de vista, mas – e isso é algo que todos os cientistas sabemos ao discutir – no final não há mais do que uma verdade. Assim, de fato, a conversa converge para um ponto. Algo que não acontece frequentemente na política.

Deixe-me apresentar alguns exemplos. Nasci e fui criado em Nova York. Politicamente, sou um progressista de esquerda. Isso me torna realmente raro neste momento no estado do Colorado, talvez tão raro quanto um republicano conservador de Nova York. Numa multidão enorme em Nova York, você diria: "Está vendo aquele sujeito de gravata-borboleta ali no canto? Esse é o republicano na sala".

Já notou que os programas de debate convidam um progressista e um conservador e que eles sempre brigam? Não me lembro de jamais ter visto um debate em que os dois lados declarassem ao final: "Estamos de pleno acordo", e saíssem de mãos dadas. Nunca acontece. Isso me faz pensar sobre a utilidade desses confrontos, o que me força a procurar o meio--termo. Estou procurando o meio-termo desde que comecei a trabalhar em comissões presidenciais. Essas comissões são bipartidárias. É preciso resolver problemas, ainda que haja papo furado aqui e papo furado ali. Ponha-se tudo junto e a mistura é combustível. Assim alimentamos a combustão, deixamos que os gases efluentes se dissipem, e procuramos o que resta no meio. O que resta no meio – são os Estados Unidos.

Visitei recentemente a Disney World na Flórida com a minha família, e fomos ver os presidentes americanos animatrônicos, em tamanho real. Os meus filhos, então com 10 e 6 anos, entraram comigo e reaprendemos os nomes de cada presidente, de George Washington até George W. Bush. Estão todos lá. Enquanto eu via os bonecos se moverem e falarem no palco, pensei: *Esses caras não são republicanos ou democratas, são os presidentes dos Estados Unidos. Enquanto cada um deles ocupou o cargo, algo interessante aconteceu nos Estados Unidos. E depois que deixaram a presidência, algo importante e duradouro permaneceu.*

Quando examinamos todas as acusações que as pessoas fazem hoje em dia – como "Você é apenas um democrata contra a guerra, progressista, amante da paz" –, começamos a nos perguntar o que significa colocar todas essas palavras juntas na mesma frase. Combatemos toda a Segunda Guerra Mundial sob um presidente democrata, e foi um presidente democrata quem lançou as bombas atômicas. Ser um democrata progressista não é sinônimo de ser contra a guerra. As circunstâncias mudam com o tempo. As decisões têm de ser tomadas independentemente do partido político, decisões que afetam a saúde e a riqueza da nação. As pesquisas nos dizem que George W. Bush nunca foi historicamente popular na comunidade negra. Mas quem sabe se daqui a cinquenta ou cem anos ele não será lembrado por ter nomeado negros americanos para as posições mais elevadas de seu ministério? Nenhum presidente anterior colocou uma pessoa negra na sequência ascendente para a presidência: foi um presidente republicano quem tomou essa atitude. Depois temos a acusação perene de que os republicanos são contra defender o meio ambiente. Mas quando teve início a Agência de Proteção Ambiental? No governo do presidente Nixon, um republicano.

Vejo cruzamentos através dos tempos. As pessoas são rápidas em criticar, e há muitas razões para fazê-lo – compreendo isso –, mas no final ali na Disney World estão todos os presidentes no palco, definindo coletivamente o nosso país.

Tenho mais um cruzamento para você – e esse não é sobre presidentes. Na minha comunidade profissional de astrofísicos, cerca de 90%, mais ou menos, são democratas progressistas contra a guerra. No entanto, praticamente todo o nosso hardware de detecção provém de relações históricas com o hardware militar. E essa conexão remonta a séculos atrás. No início dos anos 1600, Galileu ouviu falar da invenção do telescópio na Holanda – que eles usavam para espiar pelas janelas das pessoas –, e ele próprio construiu um desses instrumentos. Quase ninguém tinha pensado em olhar para o alto com o telescópio, mas foi o que Galileu fez, e no céu ele encontrou os anéis de Saturno, as fases de Vênus, as manchas solares. Então ele se deu conta: isso seria bom para nosso sistema de defesa. Assim, ele demonstrou seu instrumento para os doges de Veneza, e eles imediatamente encomendaram um suprimento de telescópios. Claro, eles provavelmente dobraram seu pedido, quando Galileu lhes apresentou os Snickers.

Por sinal, quando me refiro a procurar o meio-termo, não quero dizer princípios adotados como uma solução de compromisso. Estou falando de encontrar princípios que sejam fundamentais para a identidade da nação, e então reorganizar tudo ao seu redor. Nossa presença no espaço encarna um desses princípios.

Já foi dito antes, mas vou dizê-lo mais uma vez: seja qual for a situação no momento, o espaço não é fundamentalmente partidário. Não é nem sequer bipartidário. É não partidário. Kennedy disse: "Vamos para a Lua", mas a assinatura de Nixon está nas placas que nossos astronautas deixaram por lá. O impulso de explorar o espaço (ou não) está historicamente dissociado de sermos progressistas ou conservadores, democratas ou republicanos, esquerdistas ou direitistas. E isso é bom. É um sinal do que resta no meio, depois que todo o papo furado se dissipa.

Como americanos, aceitamos certas coisas como naturais. Não percebemos essa maneira de ser até viajarmos para algum outro lugar. Estamos sempre sonhando. Às vezes isso é ruim, porque sonhamos coisas irrealizáveis. Mas, na maior parte do tempo, isso tem sido bom. Tem nos permitido pensar sobre o amanhã. Gerações inteiras de americanos pensaram em viver um futuro diferente – um futuro moderno – como nenhuma outra cultura jamais o fizera. Os computadores foram inventados nos Estados Unidos. Os arranha-céus nasceram nos Estados Unidos. Foram os Estados Unidos que não só pensaram, mas também inventaram o novo e moderno amanhã, impulsionados pelos projetos e inovações da ciência e tecnologia.

Não se pode esperar que uma nação pobre alimente sonhos, porque ela não tem os recursos capazes de realizar esses sonhos. Para as nações pobres, sonhar se torna apenas um exercício de frustração, um luxo inacessível. Mas muitas nações ricas tampouco gastam muito tempo pensando no amanhã – e os Estados Unidos precisam cuidar para não se tornar uma delas. Embora ainda desejemos pensar sobre o futuro, estamos correndo o risco de nos tornar mal equipados para fazer com que os sonhos se realizem.

Em 2007, dei uma palestra na sede da Unesco em Paris, por ocasião do quinquagésimo aniversário do *Sputnik*. Havia quatro oradores principais: um da Rússia, um da Índia, um da União Europeia e eu representando os Estados Unidos. Naturalmente o russo falou em primeiro lugar, porque o *Sputnik* foi o primeiro a subir ao espaço. O teor de seu discurso foi o que o *Sputnik* tinha significado para o país – o orgulho, o privilégio, a emoção. Ele falou como essa realização incutiu em seu povo o que era ser russo.

Depois falaram os representantes da Índia e da União Europeia, que não têm o legado espacial histórico que a Rússia e os Estados Unidos têm. Hoje, entretanto, eles estão ingressando no auge do espaço. O que esses representantes falaram? Sobre o monitoramento da Terra. A Índia quer aprender mais sobre as monções, o que é completamente compreensível. Mas nem uma vez qualquer um dos dois oradores discutiu alguma coisa além da Terra, e pensei comigo mesmo: *Todos amamos a Terra, todos nos preocupamos com a Terra. Mas queremos cumprir esse programa excluindo o restante do universo?*

> Tweet Espacial #59
> Se a Terra fosse do tamanho de um globo de sala de aula, a nossa atmosfera não seria mais espessa que a camada de verniz em sua superfície
> 19 de abril de 2010, às 6h13

O problema é o seguinte: você está olhando para a Terra – aqui uma nuvem, ali uma frente de tempestade – e enquanto isso há um asteroide a caminho. Assim, você pensa que a Terra está segura até que uma outra pessoa, alguém que teve a previdência de olhar para o alto, vem lhe dizer que um asteroide está prestes a acabar com o seu país, quando você nunca mais terá de se preocupar com um possível avanço da frente de tempestade.

E não é apenas nesse asteroide que deveríamos pensar. Estamos flanqueados por planetas que são experiências que deram errado. À nossa esquerda está o planeta Vênus, nomeado em referência à deusa do amor e da beleza por ser tão belo no céu do entardecer, o astro mais brilhante lá no alto. (Por sinal, é provável que Vênus apareça logo depois do pôr do sol, antes das estrelas. Assim, cá entre nós, se os seus desejos não se realizaram, é porque você tem feito seu pedido a um planeta em vez de a uma estrela.) Ora, Vênus é bela no céu do entardecer, mas foi vítima de um efeito estufa. A temperatura é de 900 °F [482 °C] na superfície de Vênus, que é às vezes chamada nosso planeta irmão porque tem mais ou menos o tamanho e a massa da Terra, além de mais ou menos a mesma gravidade na superfície. Novecentos graus Fahrenheit [482 °C]. Se você pusesse uma pizza calabresa de 40 centímetros no peitoril de sua janela venusiana, ela cozinharia em nove segundos. Essa é a elevada temperatura em Vênus na época atual – um efeito estufa que deu errado.

À nossa direita está Marte, outrora encharcado com água corrente. Sabemos disso porque ele tem leitos de rio secos, deltas de rio secos, planícies aluviais sinuosas e secas, leitos de lago secos. Hoje a água da superfície desapareceu. Achamos que pode ter se infiltrado no permafrost, mas em todo caso sumiu. Assim algo ruim aconteceu também em Marte.

Por isso não se pode monitorar apenas a Terra para compreender a Terra. Não se pode ter a pretensão de compreender uma amostra única. Isso não é ciência. Na ciência, você precisa de outras coisas para comparar com sua amostra; caso contrário, acaba prestando atenção aos parâmetros errados, por achar que eles são relevantes quando talvez não o sejam. Não estou dizendo que não deveríamos estudar o nosso planeta. Estou dizendo que se você estudar a Terra acreditando que ela é uma ilha isolada no meio do cosmos, você está errado. É possível que mortalmente errado. O fato é que já sabemos de um asteroide avançando em nossa direção.

E todas aquelas pessoas que perguntam por que gastamos tanto dinheiro com a Nasa? Cada vez que escuto pessoalmente alguém dizer tal coisa, eu lhes pergunto: "Quanto vocês acham que a Nasa está recebendo? Que fração de seu dólar de imposto vocês acham que vai para a Nasa?". "Dez centavos, 20 centavos", dizem elas. Às vezes dizem até 30 ou 40 centavos. E quando lhes digo que não é nem sequer uma moeda de 10 centavos, nem mesmo uma de 5 centavos, nem mesmo a de 1 centavo, elas dizem: "Não sabia disso. Acho que está ok". Quando lhes digo que sua metade de um centavo financiou as belas imagens do Telescópio Espacial Hubble, os ônibus espaciais, a Estação Espacial Internacional, todos os dados científicos do sistema solar interior e exterior e a pesquisa sobre o asteroide avançando em nossa direção, elas mudam de tom. Mas a ignorância se insinua em pessoas que deveriam ter talvez mais conhecimentos.

Uma tarefa principal do Congresso é arrecadar e gastar nosso dinheiro. De vez em quando, as pessoas conjeturam se parte ou a totalidade do orçamento da Nasa não deveria ser usada para curar os doentes, alimentar os sem teto, treinar os professores, ou ser empregada em quaisquer programas sociais que solicitarem ajuda. Claro, já gastamos dinheiro em todas essas coisas e em inúmeras outras necessidades. É todo esse portfólio de gastos que define a identidade de uma nação. Eu, por exemplo, quero viver numa nação que valoriza o sonho como uma dimensão desses gastos. A maioria, se não a totalidade, desses sonhos nascem da premissa de que nossas descobertas transformarão a maneira como vivemos.

Há pouco tempo tive uma revelação deprimente. Foi sobre realizações pioneiras. O primeiro telefone celular parecia um grande tijolo. Vemos e pensamos: será que as pessoas realmente levavam esse troço até seus ouvidos? Lembram-se do filme de 1987, *Wall Street*, com Gordon Gekko, o cara rico, em sua casa de praia nos Hamptons, falando num desses telefones? Eu me lembro de pensar: *Uau, muito legal! Ele pode caminhar na praia e falar com alguém num telefone portátil*. Mas agora quando olho para trás, só o que posso pensar é: *Como alguém chegou a usar um troço desses?*

Essa é a evidência de que avançamos: olhamos para o primeiro exemplar – o telefone celular do tamanho de um tijolo, o carro com a pequena manivela, o aeroplano que parece um inseto embrulhado em pano – e dizemos: "Ponha isso num museu. Guarde esse primeiro carro com motor de combustão interna atrás de uma corda, e deixe-me dirigir o meu Maserati pela autoestrada". Olhamos para o que surgiu primeiro, comentamos como é antiquado e gracioso, e seguimos em frente. É como deveríamos reagir a tudo o que aconteceu primeiro. Essa é a garantia e o conhecimento de que o ultrapassamos.

Então por que é que toda vez que vou ao Centro Espacial Kennedy e me aproximo do foguete *Saturno V*, ainda me sinto tão impressionado? Olho para o foguete e ponho a mão nele assim como os macacos puseram a mão no monólito em *2001*. E não estou sozinho, parecendo um macaco ali parado boquiaberto. É como se estivéssemos pensando: *Como foi possível? Como conseguimos chegar até a Lua?* Ora, se você não chegar perto de um *Saturno V* em tempos recentes, trate de verificar. É impressionante. Mas por que estou olhando para algo da década de 1960 e dizendo que é impressionante? Quero ser capaz de dar uma olhada no foguete *Saturno V* e dizer: "Não é exótico? Olha o que eles fizeram nos anos 1960. Mas agora temos algo melhor".

Sim, estamos trabalhando nesse problema. Um pouco tarde, entretanto. Deveria ter acontecido na década de 1970. Mas todos sabemos que o programa parou, não preciso recontar essa história. Assim, se quisermos evidência de que não estamos inovando, basta olhar para o passado, para as primeiras experiências, e começarmos a desejar que pudéssemos ser tão bons de novo. O dia em que nos pegamos dizendo: "Céus, como eles fizeram isso?", a corrida chegou ao fim. Se não levarmos as coisas adiante, o restante do mundo o fará, deixando-nos a correr atrás, brincando de pega-pega.

Por sinal, quem leva as coisas adiante? Os engenheiros, os cientistas, os inteligentes excêntricos. Aqueles que, durante a maior parte do século XX, eram alvo de caçoada dos caras legais. Mas os tempos mudaram. Agora o santo padroeiro dos inteligentes excêntricos é a pessoa mais rica do mundo: Bill Gates. Sabe o tamanho da riqueza de Bill Gates? Não acho que saiba, por isso vou lhe contar.

Acontece que tenho bastante dinheiro, por isso se vejo uma moeda de 10 centavos na calçada e estou com pressa, não me abaixo para pegá-la. Mas se vejo uma de 25 centavos, eu paro e apanho a moeda do chão. Dá para lavar roupa com moedas de 25 centavos, é possível usá-las em parquímetros; além do mais, elas são grandes. Assim, mesmo dada minha renda líquida, ainda pego moedas de 25 centavos – mas não as de 10 centavos. Vamos calcular a razão entre a minha renda líquida e o que não apanho na rua e a renda líquida de Bill Gates e o que ele não pega na rua. Que quantia mínima teria de estar na rua para que Bill Gates sentisse que não valia a pena ter o trabalho de apanhá-la? Quarenta e cinco mil dólares.

Conhece aquela passagem da Bíblia que diz: "E os humildes herdarão a Terra"? Sempre me perguntei se não foi mal traduzida. Talvez diga realmente: "E os inteligentes excêntricos herdarão a Terra".*

Quero voltar ao que significa sonhar, ter uma visão. Para estudar o espaço, temos de fazer certas perguntas que requerem novos tipos de polinização cruzada entre múltiplos campos. No momento estou à procura de vida em Marte. Preciso de um biólogo para me ajudar. Se houver algum tipo de vida estranha na superfície, eu poderia pisar nela, por isso vamos chamar o biólogo. Se existir vida embaixo dos solos, vamos chamar o geólogo. Se houver um problema com o pH do solo, vamos chamar o químico. Se eu quiser construir uma estrutura em órbita, preciso chamar os engenheiros mecânicos e aeroespaciais.

Hoje estamos todos sob a mesma tenda, e falamos todos uns com os outros. Hoje compreendemos que o espaço não é simplesmente uma fronteira emocional, é a fronteira de todas as ciências. Assim quando me vejo diante de uma classe da escola ginasial, tenho de ser capaz de dizer: "Tornem-se engenheiros aeroespaciais porque estamos fazendo descobertas científicas surpreendentes bem ali na fronteira".

Você já sabe disso. Estou ensinando o padre a rezar missa. É por isso que me orgulho de fazer parte desta família do Hall da Fama da Tecnologia Espacial. Se quisermos atrair a próxima geração, precisamos e queremos trabalhar em algo grande, algo digno de sonhar, porque é o que define quem somos.

> Tweet Espacial #60
> Se os mineiros chilenos sobreviventes são heróis (em vez de vítimas), então como chamar os engenheiros chilenos e da Nasa que os salvaram?
> 17 de outubro de 2010, às 7h47

Talvez você esteja preocupado com o conhecimento científico básico. O número de chineses com um conhecimento científico básico é maior que o número de americanos com diploma de curso superior. O

---

* O erro de tradução que ele ironiza seria entre *meek* – humildes – e *geek* – inteligentes excêntricos. (N.E.)

que pode ser feito a esse respeito? Como atrair as pessoas? Não conheço maior força de atração do que o ímã do universo. Não torço o braço de nenhum repórter, nem lhes digo: "Faça uma reportagem assim e assado sobre o universo hoje à noite". Fico no meu escritório, cuidando dos meus afazeres, e o telefone toca – porque o universo estremeceu no dia anterior, e eles querem uma declaração a respeito. Respondo a um desejo que já existe. Por isso a questão é a seguinte: temos o impulso e a vontade de nutrir esse desejo?

Sempre que viajo, se estranhos me reconhecem na rua, 7 em 10 são da classe trabalhadora. Penso neles como intelectuais de colarinho azul. São as pessoas que, devido a circunstâncias ou caprichos da sorte, não puderam ir ou não foram para a universidade. Mas continuaram intelectualmente curiosos durante a vida inteira. Assim eles veem o Discovery Channel; eles veem National Geographic; eles veem *NOVA* [série de TV em parceria com Programa Ciência sem Fronteiras]; eles querem saber as respostas. E precisamos aproveitar seu desejo de respostas para que ajude a transformar a nação.

O legado que está sendo construído pelo Hall da Fama da Tecnologia Espacial é apenas o início. Eu também quero que adotemos o que chamo de perspectiva cósmica. É a perspectiva de podermos sonhar além de nós mesmos, além da Terra, de podermos imaginar um amanhã que seja diferente do dia de hoje. Podemos não perceber como é raro e privilegiado ter pensamentos sobre o amanhã, e por isso quero apenas garantir – por meio dos tipos de invenções que vocês criaram, por meio do financiamento apropriado de programas no futuro – que vamos legar à nossa próxima geração o direito e o privilégio de sonhar. Porque, sem isso, o que somos nós? Considero as últimas várias décadas, vejo como eles sonharam e como surfamos em sua onda mais tarde, e penso. Não. Somos demasiadamente poderosos; somos inteligentes; temos um número bastante grande de pessoas ambiciosas para negar à nossa próxima geração o privilégio de inventar o amanhã. E, assim, que nenhum de nós jamais deixe de dar valor ao poder do sonho.

CAPÍTULO TRINTA E TRÊS

Segundo os números*

Temos desafios diante de nós. São maiores do que se poderia imaginar. São mais graves do que se poderia pensar. Há pouco tempo fui convidado a trabalhar num comitê para *Good Morning America* da ABC. Nossa tarefa era escolher um novo conjunto das sete maravilhas do mundo. Por que não? Estamos no século XXI, então mãos à obra. O programa revelaria uma maravilha do mundo por dia – uma espécie de *striptease* que duraria sete dias.

As 7 maravilhas originais do mundo eram obras realizadas pelo homem, mas para nosso exercício foram permitidos objetos naturais na lista. Os outros 8 membros do comitê de seleção tinham viajado pelo mundo, e assim surgiu uma lista familiar de candidatos suspeitos da natureza, inclusive a Grande Barreira de Coral na Austrália e a bacia do rio Amazonas. A minha sugestão foi o foguete *Saturno V*. Alô! O *Saturno V*, o primeiro foguete a escapar da Terra.

Quando mencionei o foguete, todos se viraram e me olharam como se eu tivesse 3 cabeças. Tive de ser cortês, porque estávamos sendo filmados, e fiz meu apelo mais apaixonado: *Saturno V* foi o primeiro foguete a deixar a órbita terrestre baixa à velocidade de escape – 40.233 quilômetros por hora, 11 quilômetros por segundo. Nenhuma outra espaçonave jamais transportou humanos a essa velocidade. A suprema realização da engenharia e do engenho humanos. E, mais uma vez, todos olharam para mim. Eu não estava fazendo conexões. Eu não estava me comunicando.

---

* Adaptado do discurso de abertura para o jantar do Hall da Fama da Tecnologia Espacial, 24º Simpósio Nacional do Espaço, em 10 de abril de 2008, em Colorado Springs, Colorado.

Mas a conversa emitia faíscas, quando se discutiam cânions, cascatas e calotas glaciais.

Então pensei: *Vou tentar outro plano*. E mencionei a Hidrelétrica das Três Gargantas na China, o maior projeto de engenharia do mundo, 6 vezes maior que a Barragem Hoover. Essa categoria, por sinal, não é estranha na China, o país já teve o maior projeto de engenharia do mundo. A Grande Muralha da China foi esse plano. Assim eles conhecem os grandes projetos. As outras pessoas no comitê mais uma vez se viraram e olharam para mim como se eu tivesse 3 cabeças e disseram: "Você não sabe que a barragem está devastando o meio ambiente?". Repliquei: "Não era um pré-requisito que não houvesse danos aos humanos na realização das 7 maravilhas. E, em todo caso, isso não diminui em nada que a maior hidrelétrica do mundo seja uma maravilha da engenharia".

Fui voto vencido também nessa sugestão.

Vários meses mais tarde, voltei a ser convidado para outra rodada: ajudar a escolher as 7 maravilhas dos Estados Unidos da América. Se eu não conseguisse incluir o foguete *Saturno V* na lista como uma de nossas 7 maravilhas, disse a mim mesmo que eu faria as malas e partiria para outro país – ou para outro planeta. E sim, depois de alguma queda de braço, posturas agressivas e acordos estratégicos, tive sucesso.

Mas isso nos diz que a população não está ligada no que nós – os entusiastas do espaço, os tecnólogos do espaço, os visionários do espaço – estamos fazendo. A maior parte do que aceitamos como ponto pacífico – o que sabemos ser o valor desse empreendimento para a segurança, a saúde financeira e os sonhos da nação – passa despercebida ao público que tira benefícios diários do empreendimento.

Não só isso, alguns deles até enaltecem sua falta de conhecimento científico básico. Nem sequer se envergonham de sua ignorância. Todos já estivemos em coquetéis em que os tipos das humanidades se reúnem num canto batendo papo sobre Shakespeare, Salman Rushdie ou o último vencedor do Man Booker Prize. Mas se um aficionado da ciência se junta ao grupo e menciona por acaso um rápido cálculo mental, a resposta mais comum é: "Nunca fui bom em matemática", seguida por uma risadinha coletiva. Ora vamos supor que somos um desses tipos das humanidades, aparecemos no grupo dos aficionados das ciências e mencionamos algum aspecto da gramática. Acham que os aficionados das ciências dirão: "Nunca fui bom em substantivos e verbos"? Claro que não. Quer gostassem de suas aulas de língua, quer não, eles nunca dariam risadinhas por serem ruins em linguagem. Vejo uma profunda desigualdade no que é e não é aceito em nossa ignorância coletiva.

Estou preocupado com esse tipo de falta de conhecimento. Em primeiro lugar, como vocês sabem, há 2 tipos de pessoas no mundo: aquelas que dividem todos os indivíduos em 2 tipos de pessoas e aquelas que não o fazem. Mas na realidade há 3 tipos de pessoas: aquelas que são boas em matemática e aquelas que não o são.

A nossa nação está se tornando uma idiocracia. Por exemplo, muitas pessoas não parecem compreender o que é uma média: metade abaixo e metade acima. Nem todas as crianças podem estar acima da média. E por que é que ¾ de todos os edifícios de muitos andares – estudei esse dado – passam diretamente do 12º para o 14º andar? Verifique em seus elevadores. Estamos aqui nos Estados Unidos do século XXI, e as pessoas que circulam entre nós temem o número 13. Que tipo de país estamos nos tornando? E tem mais – pessoas calculando médias para coisas que não comportam médias? Numa afirmação que é aritmeticamente correta, mas biologicamente sem sentido, o matemático e satirista irlandês Des MacHale observou que a pessoa média circula com um seio e um testículo.

O problema não é apenas matemático. Sabemos que há alguma coisa errada, quando lemos no rótulo de uma garrafa do produto de limpeza Formula 409 Cleaner o seguinte: NÃO USE EM LENTES DE CONTATO. Esse alerta pode estar ali só porque alguém tentou fazer uma coisa dessas. Como observa o comediante Sarge em seu número, Formula 409 tira marcas de arranhões do linóleo. Se usamos o produto para limpar as lentes de contato, somos tão burros a ponto de não sentir que ele queima.

Há pouco tempo dei uma palestra em Saint Petersburg, Flórida. A última pergunta da noite – não sei se essa pessoa não estava particularmente preocupada com a futura eleição – foi: "O que você faria se, daqui a um ano, todo o dinheiro para a pesquisa de ciência e engenharia fosse totalmente cortado, mas ainda assim o Congresso permitisse que você escolhesse um projeto que poderia realizar? Qual seria esse projeto?". Respondi prontamente: "Eu pegaria esse dinheiro, construiria um navio, e navegaria para algum outro país que valorizasse o investimento em ciência. E no meu espelho retrovisor estaria todo mundo nos Estados Unidos recuando para dentro de cavernas, porque é isso o que acontece quando não se investe em ciência e engenharia".

Houve um tempo que os americanos construíam os edifícios mais altos, as pontes suspensas mais longas, os túneis mais longos, as maiores barragens. Você poderia dizer: "Tudo isso apenas para termos o direito de nos gabar". Sim, eles davam o direito de nos gabarmos. Porém, mais importante, eles encarnavam uma declaração de missão sobre trabalhar na fronteira – a fronteira da tecnologia, a fronteira da engenharia, a fronteira do intelecto –, sobre ir a lugares que ainda não tinham sido visitados. Quando isso cessa, a infraestrutura desmorona.

Fala-se muito sobre a China nos dias de hoje. Então vamos falar ainda mais sobre ela. Continuamos a escutar sobre os antigos remédios chineses e as antigas invenções chinesas. Mas quando vamos escutar sobre as modernas invenções chinesas? Eis algumas das coisas que os chineses realizaram entre o final do século VI d.C. e o final do século XV d.C. Eles descobriram o vento solar e a declinação magnética. Inventaram os fósforos, o xadrez e as cartas de baralho. Conceberam a possibilidade de se diagnosticar o diabetes pela análise da urina. Inventaram o primeiro relógio mecânico, o tipo móvel na tipografia, a cédula de dinheiro, a ponte de arco segmentado. Inventaram basicamente a bússola e mostraram que o norte magnético não é o mesmo que o norte geográfico – uma boa coisa para saber quando se tenta navegar. Inventaram a tinta fosforescente, a pólvora, os sinais luminosos, os fogos de artifícios. Inventaram até as granadas. Eram imensamente ativos no comércio internacional durante esse período, descobrindo novas terras e novos povos.

E então, no final dos anos 1400, a China se tornou insular. Parou de olhar além de suas praias. Parou de explorar além de seu corrente estado de conhecimento. E todo o empreendimento de criatividade estagnou. É por isso que não escutamos as pessoas dizerem: "Isto é uma resposta chinesa moderna a esse problema". Em vez disso, falam dos antigos remédios chineses. Há um custo quando se deixa de inovar, investir e explorar. Esse custo é forte. E me preocupa profundamente, porque se não exploramos, caímos na irrelevância enquanto outras nações descobrem o valor da exploração.

O que mais sabemos da China? Ela tem quase 1,5 bilhão de habitantes – 1/5 da população do mundo. Você sabe quanto é um bilhão? Na China, 1 bilhão significa que se você é 1 em 1 milhão, há 1.500 outras pessoas exatamente como você.

Não só isso, o quartil superior da China – os 25% mais inteligentes – ultrapassa em números toda a população dos Estados Unidos. Perca o sono com esse dado. Você viu os números: a China forma cerca de meio milhão de cientistas e engenheiros por ano; nós formamos cerca de 70 mil – muito menos do que a razão de nossas populações indicaria. Um âncora de um programa de entrevista em Salt Lake City me perguntou recentemente sobre esses números, e eu disse: "Nós formamos meio milhão de alguma coisa por ano, advogados". O sujeito me perguntou o que isso diz sobre os Estados Unidos, e eu respondi: "Diz que estamos entrando no futuro plenamente preparados para litigar sobre o desmoronamento de nossa infraestrutura". Esse será o futuro dos Estados Unidos da América.

Estarei inventando sobre o desmoronamento da infraestrutura? Não. Em julho de 2007, um tubo de vapor explodiu em Manhattan; algumas pessoas ficaram feridas, outras morreram. No mês seguinte, uma ponte de 8 pistas sobre o rio Mississipi, na I-35, desabou em Minneapolis. Em 2005, barragens contra enchentes romperam em New Orleans. O que está acontecendo? É o que ocorre quando se deixa de ser um líder tecnológico mundial para se tornar uma idiocracia. A infraestrutura começa a ruir, e apenas corremos atrás dos problemas, tentando consertá-los depois que o estrago já foi feito.

Não quero construir abrigos para alojar pessoas quando uma barragem contra enchentes se rompe, vamos construir barragens que não se rompam, para começo de conversa. Não quero escapar de um tornado, mas descobrir um modo de deter o tornado. Não quero fugir de um asteroide que se aproxima, vamos imaginar como desviá-lo. Essas são duas mentalidades diferentes. Uma delas se acovarda na presença de um problema, a outra resolve o problema antes que ele cause danos. E as pessoas que resolvem problemas de infraestrutura são os cientistas e os engenheiros. Estou cansado de construir proteção contra coisas que poderíamos ter impedido de acontecer.

Estamos escutando uns aos outros, mas alguém mais está escutando? Não sei.

Quantas são as pessoas dedicadas ao espaço? Quantos empregados tem a Boeing? Cento e cinquenta mil em todo o mundo. Lockheed Martin: 125 mil. Northrop Grumman: 120 mil. General Dynamics: 90 mil. Nasa: 18 mil. Nem todas as pessoas nessas grandes companhias estão envolvidas com o espaço, claro, além de haver outras companhias com muito menos empregados. E que dizer de organizações de associados? A Sociedade Planetária, a Sociedade Nacional do Espaço e a Sociedade de Marte combinadas: talvez 100 mil pessoas. Se somarmos todos esses números – eu fiz esse exercício – não há mais que meio milhão de engajados nessa indústria nos Estados Unidos. Meio milhão. É 1/6 de 1% da população da nação.

Ora, aí está o problema. Somos vistos como se fôssemos alguma espécie de grupo de interesse especial, por isso vamos nos comparar com outros grupos de interesse especial. Que tal o NRA? Mais de quatro milhões de membros. Quem tem 1 milhão de membros, o dobro de todos os americanos que trabalham na indústria aeroespacial? O Hannah Montana Fã Clube. A Ordem Benevolente & Protetora dos Alces dos EUA. A Fundação Arbor Day. Um milhão de crianças estuda em casa nos Estados Unidos. Um milhão de pessoas pertence a gangues nos Estados Unidos. No que diz respeito a interesses especiais, estamos lá embaixo na lista de grupos que merecem atenção – a menos que consigamos divulgar a mensagem de que nosso trabalho é fundamental para a identidade dos Estados Unidos.

Vamos falar de orçamentos por um minuto. Gosto de falar sobre orçamentos. O orçamento da Nasa, dependendo do ano considerado, é cerca de meio centavo do dólar de imposto.

> Tweet Espacial #61
> O resgate financeiro dos bancos americanos ultrapassou o orçamento de meio século de existência da Nasa
> 8 de julho de 2011, às 11h10

Muitas pessoas tentam justificar a Nasa por seus subprodutos – embora eu ache que abandonamos finalmente a referência Tang. Claro, temos produtos derivados, como atestam os indicados de cada ano para o Hall da Fama da Tecnologia Espacial. A Nasa também exerce um impacto econômico direto e indireto em toda comunidade em que realiza negócios. Sua presença tem promovido comunidades educadas. Enquanto isso, salários são pagos. Bens e serviços são comercializados. Calcule-se todo o impacto econômico, e a Nasa tem um efeito positivo. Mas nada disso capta plenamente a alma da missão da agência espacial.

Alguma outra coisa a capta, entretanto, algo de que raramente se fala: a pura alegria da exploração e descoberta. Nem todos os países oferecem essa oportunidade a seus cidadãos. As pessoas que vivem em países pobres são reduzidas a três imperativos biológicos: a busca de alimento, abrigo e sexo. Ignorem-se esses requisitos básicos e sobrevém a extinção. Mas nas nações ricas, podemos ir além do básico. Temos tempo de refletir sobre nosso lugar no cosmos. Talvez pensemos nisso como um luxo, mas não é. A meu ver, a exploração e a descoberta expressam o imperativo biológico de nosso cérebro. Negar esses anseios é uma caricatura grotesca da natureza.

O conhecimento do espaço é um dos frutos do emprego de nosso cérebro. Assim como os números. Gosto de números, especialmente dos números grandes. Não acho que a maioria das pessoas tenha uma noção da grandeza dos números grandes. Como chamamos coisas que são muito grandes? Nós as chamamos de astronômicas: uma dívida astronômica, salários astronômicos. O universo funciona com números grandes, e quero partilhar alguns desses números com você.

Vamos começar com os pequenos, apenas como aquecimento. O que dizer sobre o número 1? Nós compreendemos o número 1. Subindo uma potência de mil, temos 1 mil. Esse é outro número que compreendemos. Subindo mais uma potência de mil, temos 1 milhão. Agora estamos chegando às populações das grandes cidades. Oito desses milhões vivem em Nova York. Oito milhões de pessoas. Subindo mais uma potência de mil, temos 1 bilhão. Você sabe quanto é um bilhão? Vou lhe contar.

> Tweet Espacial #62
> Em que país vivo? TimeWarner Cable, @TWCable_NYC: 750 canais. (Dúzias em línguas estrangeiras.) Nenhum deles Nasa-TV
> 24 de fevereiro de 2011, às 11h01

O McDonald's vende muitos hambúrgueres, tantos que já perdeu a conta. Apenas entre amigos, vamos dizer 100 bilhões. Sabe quantos hambúrgueres estão nessa cifra? Se começarmos em Colorado Springs e colocarmos os sanduíches no chão, uma ponta encostada na outra, exatamente na direção oeste, chegamos até Los Angeles, flutuamos através do Pacífico, atingimos o Japão, atravessamos a Ásia, a Europa e o oceano Atlântico, voltamos a Washington, D.C., e continuamos avançando. Chegamos de volta a Colorado Springs com os 100 bilhões de hambúrgueres – 52 vezes, na verdade. Por sinal, fiz esse cálculo com base no pãozinho. É um cálculo de louco: 52 voltas ao redor do planeta. Sozinho, o pãozinho não vai assim tão longe. Então, se quiser empilhar os hambúrgueres que sobraram, é possível fazer uma pilha suficientemente alta para chegar à Lua e voltar. É o que significa 100 bilhões.

De volta a 1 bilhão. Alguém aí tem 31 anos? Neste ano da sua vida, você vai viver seu bilionésimo segundo. É o segundo que se segue a 259 dias, 1 hora, 46 minutos e 40 segundos (menos, é claro, todos os dias extras e os segundos extras dos anos bissextos de sua vida). A maioria das pessoas comemora seu aniversário. Eu comemorei meu aniversário de segundos – meu bilionésimo segundo – com uma garrafa de champanhe. Ficaria feliz em recomendar um pouco de champanhe para a ocasião. Mas você terá de beber bem rápido, porque tem apenas um segundo para comemorar.

Vamos subir mais uma potência de mil, chegando a 1 trilhão. O dígito 1 com 12 zeros. Não dá para contar até 1 trilhão. Se você contasse um número por segundo, como acabei de mencionar, você levaria 31 anos para contar até 1 bilhão. Quanto tempo você levaria para contar até 1 trilhão? Mil vezes mais tempo – 31 mil anos. Por isso nem tente. Há 31 mil anos os moradores das cavernas estavam criando arte rupestre na Austrália e esculpindo figurinhas femininas de coxas grossas na Europa Central.

Agora vamos subir mais uma potência de mil, até o dígito 1 com 15 zeros. Estamos no quatrilhão. O número estimado de sons e palavras já pronunciados por todos os humanos que já viveram é 100 quatrilhões. Isso inclui os políticos obstrucionistas no Congresso. Eles fazem parte da contagem.

Mais uma potência de mil: 1 com 18 zeros. O quintilhão, o número de grãos de areia numa praia em média – até a areia que você leva para casa em seu traje de banho. Contei também esses grãos.

Mais outra potência de mil: 1 com 21 zeros. Esse é o número de estrelas no universo observável. Um sextilhão de estrelas. Se alguém entrasse aqui com um grande ego, não se daria bem com esse número. Considere nossa vizinha, a galáxia Andrômeda, como uma gêmea nossa; dentro de seu sistema de nuvens indistintas está a luz espalhada de centenas de bilhões de estrelas. Quando olhamos mais longe, cortesia do Telescópio Espacial Hubble, não vemos nada a não ser esses sistemas, cada um deles parecendo uma mancha. Cada mancha é uma galáxia inteira com todo o seu vigor, semelhante à Andrômeda, contendo suas próprias centenas de bilhões de estrelas. Experimentar um gostinho da escala cósmica só faz com que se sintam pequenos aqueles com um ego injustificavelmente grande, para começo de conversa.

Em todas essas galáxias, há estrelas de um tipo particular que fabricam elementos pesados em seu núcleo e depois explodem, espalhando seus conteúdos enriquecidos pela galáxia – carbono, nitrogênio, oxigênio, silício, e mais toda a tabela periódica de elementos. Esses elementos enriquecem as nuvens de gás que dão origem à próxima geração de estrelas e seus planetas associados, e nesses planetas estão os ingredientes da própria vida, que se casam, um a um, com os ingredientes do universo.

O elemento número 1 do universo é o hidrogênio; e também é o número 1 no corpo humano. Entre outros lugares, encontra-se o hidrogênio na molécula da água, H_2O. O segundo elemento mais comum no universo é o hélio: quimicamente inerte, por isso sem utilidade para o corpo humano. Inalar hélio é uma boa brincadeira de festa, mas ele não é quimicamente útil para a vida. O elemento seguinte na lista cósmica é o oxigênio: o elemento seguinte no corpo humano e em toda a vida na Terra é o oxigênio. O carbono vem a seguir no universo; o carbono vem a seguir na vida. É um elemento imensamente fértil. Nós próprios somos vida com base em carbono. O próximo no universo? Nitrogênio. O próximo na vida sobre a Terra? Nitrogênio. Um sempre casa com o outro. Se fôssemos feitos de um isótopo de bismuto, teríamos alguma razão para dizer que somos algo único no cosmos, porque essa seria uma composição rara. Mas não somos. Somos feitos com os ingredientes mais comuns. E isso me dá um senso de pertencer ao universo, um senso de participação.

> Tweet Espacial #63 & #64
> Apenas para sua informação: mais de 90% dos átomos no universo são hidrogênio – com um único próton em seu núcleo
> 2 de julho de 2010, às 9h07
>
> Lembro-me de uma história de ficção científica: alienígenas cruzaram a galáxia para sugar H do suprimento de H_2O da Terra. O autor precisava muito cursar Astro 101 [nível básico de astronomia]
> 2 de julho de 2010, às 9h13

Você poderia perguntar também quem está no comando. Muitas pessoas pensam: *Somos humanos, somos a espécie mais inteligente e perfeita, nós estamos no comando*. As bactérias talvez tenham uma visão diferente: mais bactérias vivem e operam num centímetro linear de seu cólon inferior do que todos os humanos que já viveram. Isso é o que está acontecendo em seu trato digestivo neste momento. Estamos no comando, ou somos simplesmente hospedeiros de bactérias? Tudo depende do ponto de vista.

Penso muito sobre a inteligência humana, porque estou preocupado com esse problema da idiocracia. Mas vejam o nosso DNA. É mais de 98% idêntico ao de um chimpanzé, e apenas um pouco menos similar ao de outros mamíferos. Nós nos consideramos inteligentes: compomos poesia, escrevemos música, resolvemos equações, construímos aeroplanos. É o que fazem as criaturas inteligentes. Não tenho problema com essa definição autoelogiosa. Acho que podemos concordar que, por mais que tentemos, nunca conseguiremos ensinar trigonometria a um chimpanzé. O macaco provavelmente não poderia aprender nem sequer a tabuada. Enquanto isso, os humanos têm enviado naves espaciais à Lua.

Em outras palavras, o que celebramos como nossa inteligência deriva de uma diferença de menos de 2% no DNA. Eis um pensamento para perturbar seu sono noturno. Como uma diferença genética de 2% é tão pequena, talvez a diferença real na inteligência também seja pequena, e apenas para agradar nosso ego dizemos a nós mesmos que é grande. Imaginem uma criatura – outra forma de vida na Terra, um alienígena, o que for – cujo DNA está 2% além do nosso na escala da inteligência, assim como o nosso está além do pertencente ao chimpanzé. Na presença dessa criatura, seríamos rematados idiotas.

Eu me preocupo que alguns problemas no universo poderiam ser demasiadamente difíceis para a mente humana. Talvez sejamos simplesmente estúpidos.

Algumas pessoas se perturbam com isso. Não se perturbem. Há outro modo de ver a questão. Não é como se estivéssemos aqui embaixo na Terra e o restante do universo estivesse lá fora. Para começo de conversa, somos geneticamente conectados uns com os outros e com todas as outras formas de vida na Terra. Somos participantes mútuos na biosfera. Somos também quimicamente conectados com todas as outras formas de vida que ainda temos de descobrir. Elas também usariam os mesmos elementos que encontramos na tabela periódica. Elas não possuem, nem podem possuir outra tabela periódica. Assim somos geneticamente conectados uns com os outros; somos molecularmente conectados com outros objetos no universo; somos atomicamente conectados com toda a matéria no cosmos.

Para mim, esse é um pensamento profundo. É até espiritual. A ciência, capacitada pela engenharia, possibilitada pela Nasa, não nos diz apenas que estamos no universo, mas que o universo está em nós. E para mim, esse senso de pertencer exalta, e não denigre, o ego.

Esta é uma viagem épica em que meus colegas e eu estamos empenhados – no meu caso, desde que eu tinha 9 anos. O restante do mundo precisa compreender essa viagem. É fundamental para as nossas vidas, para nossa segurança, para nossa autoimagem e para nossa capacidade de sonhar.

CAPÍTULO TRINTA E QUATRO

Ode ao *Challenger*, 1986*

Eager and ready you stood
In stately pre-launch repose.
At "Main engine start 3-2-1",
From a mighty cloud you rose.

Your rockets thrust you skyward
Nut on "Throttle up" they failed.
A fireball consumed you,
Wayward boosters left their trail.

The Atlantic was below
Where Columbus first set sail.
As enterprising journey,
Where the brave alone prevailed.

Your astronauts showed courage,
With you they fell to sea.
There was pilot Michael Smith
And Commander Dick Scobee.

---

* Adaptado de uma ode inédita, escrita em 1986. NOTA DO EDITOR: a ode invoca palavras relacionadas com os nomes de todos os ônibus espaciais que existiam em 1986 – *Atlantis, Challenger, Columbia, Discovery, Enterprise* [Atlantis – o Atlântico; Challenger – o desafio, em inglês *challenge*; Columbia – Colombo; Discovery – descobrimento; *Enterprise* – an enterprising journey, uma empresa de viagem].

The engineers Greg Jarvis
And Judith Resnik were there;
Ellison Onizuka
And physicist Ron McNair.

Who could forget the teacher,
Christa McAuliffe? She gives
Children dreams and parents hope,
In life she died, but now lives.

Our urge to explore remains
Deep within us, 'til last breath.
But therein lies the challenge:
To discover, we risk death.

The nation stopped; the world mourned,
To space you did not climb.
Lost to Nasa forever,
Hallowed forever in time.

***

Ansioso e a postos
Em imponente repouso.
À contagem de "3-2-1",
Teu lançamento grandioso.

Para o céu te empuxaram foguetes,
Desobedientes, porém, ao "Acelerar".
Uma bola de fogo te consumiu,
Dos rebeldes restou o rastro no ar.

O Atlântico estava abaixo
Onde Colombo zarpou em tempos idos.
Uma empresa de viagem
Em que só brilharam os destemidos

Os astronautas provaram coragem.
Contigo caíram no mar por ali.
O piloto Michael Smith
E o comandante Dick Scobee.

Os engenheiros Greg Jarvis
E Judith Resnik em seu mister;
Ellison Onizuka
E o físico Ron McNair.

Quem poderia esquecer a mestra
Christa McAuliffe? Ela aviva
Nas crianças os sonhos e nos pais a esperança.
Para a vida morreu, mas agora está viva.

Resta o impulso de explorar
Bem no fundo de nós, até o último alento.
Mas nisto está o desafio: correr
O risco da morte pelo descobrimento.

A nação parou, o mundo chorou,
Ao espaço não ascendeste.
Para a Nasa perdido para sempre,
Para sempre sagrado no tempo celeste.

CAPÍTULO TRINTA E CINCO

O mau desempenho de uma nave espacial*

Não cabe varrer os fatos para debaixo do tapete. As sondas espaciais gêmeas *Pioneer 10* e *Pioneer 11* da Nasa, lançadas no início da década de 1970 rumo às estrelas nas profundezas de nossa galáxia, estão experimentando uma força misteriosa que tem alterado suas trajetórias previstas. Chegam a estar 400 mil quilômetros mais próximas do Sol do que deveriam estar.

Essa discordância, conhecida como a anomalia das *Pioneers*, tornou-se evidente pela primeira vez no início da década de 1980, quando as naves espaciais estavam tão longe do Sol que a leve pressão da luz solar para o exterior já não exercia influência significativa sobre sua velocidade. Os cientistas esperavam que apenas a gravidade newtoniana – rastreável até o Sol e a tudo que o orbita – responderia a partir daí pelo andamento da viagem das *Pioneers*. Mas aparentemente as coisas não se passaram dessa maneira. O pequeno empurrão extra da radiação solar tinha mascarado uma anomalia. Assim que as *Pioneers* atingiram o ponto em que a influência da luz solar era menor que a da anomalia, as duas naves espaciais começaram a registrar uma mudança persistente e inexplicável de velocidade – uma força em direção ao Sol, um retardamento – operando à taxa de algumas centenas de milionésimos de 2,5 centímetros por segundo para cada segundo do tempo de viagem das gêmeas. Isso talvez não pareça muito, mas acabou custando milhares de quilômetros de atraso para cada ano na estrada.

---

* Adaptado de "Spacecraft Behaving Badly" [O mau desempenho de uma nave espacial], texto publicado originalmente na revista *Natural History*, em abril de 2008.

Ao contrário do estereótipo, os cientistas pesquisadores não ficam sentados em seus escritórios, celebrando confortavelmente seu domínio de verdades cósmicas. Tampouco são as descobertas científicas anunciadas por pessoas com jalecos de laboratório proclamando: "Eureka!". Em vez disso, os cientistas dizem coisas como: "Hum, isso é estranho". Desses inícios humildes surgem principalmente impasses e frustrações, mas também de vez em quando uma nova compreensão das leis do universo.

Assim, revelada a anomalia das *Pioneers*, os cientistas disseram (previsivelmente): "Hum, isso é estranho". Continuaram a observar, e a estranheza não desapareceu. Uma investigação séria começou em 1994, o primeiro relatório da pesquisa apareceu em 1998, e desde então toda sorte de explicação tem sido proferida para fazer entender a anomalia. As possibilidades que já foram descartadas incluem erros de software, vazamento nas válvulas nos foguetes de correção no meio do caminho, a interação do vento solar com os sinais de rádio das sondas, a interação dos campos magnéticos das sondas com o campo magnético do Sol, a gravidade exercida pelos objetos recém-descobertos no Cinturão de Kuiper, a deformabilidade do espaço e tempo, a expansão acelerada do universo. As explicações restantes vão do comum ao exótico. Entre elas está a suspeita de que no sistema solar exterior a gravidade newtoniana começa a não funcionar.

A primeira nave espacial no programa *Pioneer* – *Pioneer 0* (isso mesmo, zero) – foi lançada, sem sucesso, no verão de 1958. Mais 14 foram lançadas nas duas décadas seguintes. As *Pioneers* 3 e 4 estudaram a Lua; 5 até 9 monitoraram o Sol; *10* sobrevoou Júpiter; *11* sobrevoou Júpiter e Saturno; *12* e *13* visitaram Vênus.

A *Pioneer 10* saiu de Cabo Canaveral no entardecer de 2 de março de 1972 – nove meses antes do último pouso na Lua do programa *Apollo* – e cruzou a órbita da Lua na manhã seguinte. Em julho de 1972, tornou-se o primeiro objeto feito pelo homem a atravessar o cinturão de asteroides, a faixa de entulhos rochosos que separa o sistema solar interior dos planetas gigantes exteriores. Em dezembro de 1973, tornou-se a primeira espaçonave a obter uma "assistência da gravidade" do massivo Júpiter, que a ajudou a sair do sistema solar para sempre. Embora a Nasa tivesse planejado que a *Pioneer 10* continuasse a mandar sinais para a Terra por meros vinte e um meses, as fontes de energia da espaçonave continuaram a funcionar – permitindo que ela ligasse para casa por trinta anos, até 22 de janeiro de 2003. A sua gêmea, *Pioneer 11*, teve uma vida mais curta de sinais, com sua transmissão final chegando em 30 de setembro de 1995.

No coração das *Pioneers 10 e 11* está um compartimento de equipamento do tamanho de uma caixa de ferramentas, do qual hastes com instrumentos e uma usina elétrica em miniatura se projetam em vários ângulos. Mais instrumentos e várias antenas estão afixadas no próprio compartimento. Respiradouros que reagem ao calor mantêm a eletrônica a bordo em temperaturas ideais de operação, e há três pares de propulsores de foguete, acondicionados com explosivos confiáveis, destinados a providenciar a meio caminho correções na rota para Júpiter.

A energia para as gêmeas e seus 15 instrumentos científicos provêm de pedaços radiativos de plutônio-238, que impulsionam 4 geradores termoelétricos de radioisótopos. O calor do decaimento lento do plutônio, com sua meia-vida de 88 anos, produziu bastante eletricidade para conduzir a espaçonave, fotografar Júpiter e seus satélites em múltiplos comprimentos de onda, registrar diversos fenômenos cósmicos e realizar experimentos de modo mais ou menos contínuo por mais de uma década. Mas em abril de 2011 o sinal da *Pioneer 10* tinha se reduzido a um mal detectável bilionésimo de trilionésimo de watt.

O principal agente de comunicações das sondas é uma antena em forma de prato com 2,74 metros de largura apontada na direção da Terra. Para preservar o alinhamento da antena, cada espaçonave tem sensores de estrelas e do Sol que a mantêm girando ao longo do eixo central da antena, mais ou menos como um capitão de time de futebol gira a bola ao redor de seu eixo longo para estabilizar a trajetória da bola. Enquanto durou a vida prolongada da antena prato, ela enviou e recebeu sinais de rádio via *Deep Space Network*, um conjunto de antenas sensíveis que abrangem o globo, tornando possível aos engenheiros monitorarem a espaçonave sem um momento de interrupção.

O famoso toque final nas *Pioneers 10 e 11* é uma placa folheada a ouro afixada no lado da espaçonave. A placa inclui uma ilustração gravada de um homem e uma mulher nus; um esboço da própria espaçonave, mostrada na proporção correta aos humanos; e um diagrama da posição do Sol na Via Láctea, anunciando a origem da nave espacial para qualquer alienígena inteligente que talvez tope com uma das gêmeas. Sempre tive minhas dúvidas sobre esse cartão de visita cósmico. A maioria das pessoas não daria seu endereço residencial a um estranho na rua, mesmo quando o estranho é um membro da nossa espécie. Por que então dar o nosso endereço residencial a alienígenas de outro planeta?

A viagem espacial envolve muita costeagem. Tipicamente, uma espaçonave recorre aos foguetes para se levantar do chão e seguir seu caminho. Outros propulsores menores podem disparar durante a viagem para refinar a trajetória da nave ou colocar a nave em órbita ao redor de um objeto alvo. Nos intervalos, a nave simplesmente costeia. Para calcularem a trajetória newtoniana de uma nave entre dois pontos quaisquer no sistema solar, os engenheiros devem levar em consideração cada fonte singular de gravidade ao longo do caminho, incluindo cometas, asteroides, luas e planetas. Como um desafio adicional, eles devem mirar o ponto em que o alvo deverá estar quando a espaçonave lá chegar, e não a localização atual do alvo.

Completados os cálculos, as *Pioneers 10* e *11* partiram em suas viagens de muitos bilhões de quilômetros através do espaço interplanetário – indo audaciosamente aonde nenhum hardware jamais fora, e abrindo novos panoramas sobre os planetas de nosso sistema solar. Quase ninguém previu que em seus anos crepusculares as gêmeas também se tornariam sondas involuntárias das leis fundamentais da física gravitacional.

A astrofísica não descobre normalmente novas leis da natureza. Não podemos manipular os objetos de nosso escrutínio. Os nossos telescópios são sondas passivas que não podem dizer ao cosmos o que fazer. Mas eles podem nos dizer, quando alguma coisa não está seguindo as ordens. Considerem o planeta Urano, cuja descoberta é creditada ao astrônomo alemão naturalizado inglês William Herschel em 1781 (outros já tinham percebido sua presença no céu, mas o identificaram erroneamente como uma estrela). Enquanto os dados observacionais sobre sua órbita se acumulavam nas décadas seguintes, as pessoas começaram a notar que Urano se desviava um pouco dos ditames das leis da gravidade de Newton, que até então tinham resistido a um século de testes em outros planetas e suas luas. Alguns astrônomos ilustres sugeriram que talvez as leis de Newton começassem a se desmontar nessas grandes distâncias do Sol.

Tweet Espacial #65
Isaac Newton: o mais inteligente de todos os tempos. Descobriu as leis do movimento, gravidade e ótica. Inventou o cálculo nas horas vagas.
14 de maio de 2010, às 3h18

O que fazer? Abandonar ou modificar as leis de Newton e sonhar com novas leis da gravidade? Ou postular um planeta ainda a ser descoberto no sistema solar exterior, cuja gravidade não entrou nos cálculos para a órbita de Urano? A resposta veio em 1846, quando os astrônomos descobriram o planeta Netuno exatamente onde deveria haver um planeta, para que sua gravidade perturbasse Urano exatamente como indicavam as medições realizadas. As leis de Newton estavam a salvo... por enquanto.

Depois houve o problema de Mercúrio, o planeta mais próximo do Sol. Sua órbita desobedecia habitualmente às leis da gravidade de Newton. Tendo predito a posição de Netuno no céu dentro da margem de um grau, o astrônomo francês Urbain-Jean-Joseph Le Verrier então postulou duas possíveis causas para o desvio no comportamento de Mercúrio. Ou havia outro novo planeta (vamos chamá-lo de Vulcano) orbitando tão perto do Sol que seria quase impossível descobri-lo no clarão solar, ou era todo um cinturão não catalogado de asteroides orbitando entre Mercúrio e o Sol.

Revelou-se que Le Verrier estava errado nos dois cálculos. Desta vez ele precisava de uma nova compreensão da gravidade. Dentro dos limites de precisão impostos por nossas ferramentas de medição, as leis de Newton se comportam bem no sistema solar exterior. Entretanto, elas se desmontam no sistema solar interior, onde são suplantadas pela relatividade geral de Einstein. Quanto mais perto do Sol, menos se pode ignorar os efeitos exóticos de seu poderoso campo gravitacional.

Dois planetas. Duas anomalias que parecem semelhantes. Duas explicações completamente diferentes.

A *Pioneer 10* andara costeando pelo espaço por menos de uma década e estava a uma distância de cerca de 15 UA do Sol, quando John D. Anderson, um especialista em mecânica celeste e física das ondas de rádio no Laboratório de Propulsão a Jato (JPL na sigla em inglês) da Nasa, percebeu que os dados estavam se afastando das predições feitas pelo modelo computacional do JPL. (Uma UA, ou unidade astronômica, representa a distância média entre a Terra e o Sol; é uma "régua" para medir distâncias dentro do sistema solar.) Quando a *Pioneer* 10 chegou a 20 UA, uma distância na qual a pressão dos raios do Sol já não importava muito para a trajetória da nave espacial, a deriva era inequívoca. Inicialmente, Anderson não se preocupou com a discrepância, pensando que o problema poderia ser atribuído ao software ou à própria espaçonave. Mas ele logo determinou que se acrescentasse às equações uma força inventada

– uma mudança constante na velocidade (uma aceleração) em direção ao Sol para cada segundo da viagem – a localização predita para o sinal da *Pioneer* se casaria com a localização de seu sinal real.

Pioneer 10 tinha encontrado algo inusitado ao longo de sua rota? Em caso positivo, isso poderia explicar tudo. Não. *Pioneer 11* estava a caminho de sair do sistema solar numa direção totalmente diferente, mas ela também requeria um ajuste em sua localização predita. Na verdade, a anomalia da *Pioneer 11* era um tanto maior que a da *Pioneer 10*.

Diante do dilema de revisar os princípios da física convencional ou procurar explicações comuns para a anomalia, Anderson e seu colaborador no JPL, Slava Turyshev, escolheram a última opção. Um primeiro passo sábio. Ninguém quer saber de inventar uma nova lei da física para explicar uma simples disfunção de hardware.

Como o fluxo da energia térmica em várias direções pode ter efeitos inesperados, uma das coisas que Anderson e Turyshev examinaram foi o ser material da nave espacial – especificamente o modo como o calor era absorvido, conduzido e irradiado de uma superfície para outra. Sua pesquisa conseguiu explicar cerca de um décimo da anomalia. Mas nenhum dos investigadores é engenheiro térmico. Um segundo passo sábio: procurar esse especialista. Assim, no início de 2006, Turyshev procurou Gary Kinsella, um colega do JPL que até aquele momento jamais se encontrara pessoalmente com Turyshev ou com uma *Pioneer*, e Turyshev convenceu Kinsella de levar as questões térmicas ao nível seguinte. Na primavera de 2007, todos os três homens vieram ao Planetário Hayden em Nova York para falar a uma sala lotada sobre seus trabalhos inacabados. Enquanto isso, outros pesquisadores no mundo todo estavam aceitando o desafio.

Considere o que é ser uma nave espacial vivendo e trabalhando a centenas de milhões de quilômetros do Sol. Em primeiro lugar, o seu lado ensolarado esquenta, enquanto o hardware não aquecido no seu lado de sombra pode mergulhar a -455 °F [-270 °C], a temperatura de fundo do espaço exterior. A seguir, você está construído com muitos tipos diferentes de materiais e tem múltiplos apêndices, todos com diferentes propriedades térmicas que absorvem, conduzem, emitem e dispersam o calor de maneiras diferentes, tanto dentro de suas várias cavidades como no exterior para o espaço. Além disso, suas partes gostam de operar em temperaturas muito diferentes: seus instrumentos científicos criogênicos funcionam bem na frigidez do espaço, mas suas câmeras são a favor da temperatura ambiente, e seus propulsores de foguete, quando disparados, registram 2.000 °F [1.093 °C]. Não só isso, cada peça de seu hardware está a menos de 3 metros de todas as outras peças de hardware.

A tarefa diante de Kinsella e sua equipe de engenheiros era avaliar e quantificar a influência térmica direcional de cada aspecto a bordo da *Pioneer 10*. Para esse fim, eles criaram um modelo computacional representando a nave espacial circundada por um envelope esférico. Depois subdividiram essa superfície em 2.600 zonas, o que lhes permitia rastrear o fluxo de calor de cada ponto na nave espacial passando por e até cada ponto na esfera circundante. Para reforçar seu caso, eles também vasculharam todos os documentos e arquivos de dados existentes do projeto, muitos dos quais são do tempo em que os computadores recorriam a cartões perfurados para inserir dados e armazenavam dados em fitas de nove pistas. (Sem financiamentos de emergência da Sociedade Planetária, por sinal, esses arquivos insubstituíveis logo teriam acabado numa caçamba de lixo.)

No mundo simulado do modelo computacional da equipe, a nave espacial foi colocada para os testes a uma certa distância do Sol (25 UA) e a um ângulo específico em relação ao Sol, além de se presumir que todas as partes estivessem funcionando como deveriam. Kinsella e seu pessoal determinaram que a emissão térmica irregular das superfícies exteriores da nave espacial cria uma anomalia – e que ela é uma mudança contínua na velocidade em direção ao Sol.

Mas quanto da anomalia da *Pioneer* pode ser atribuída a esse efeito? Certamente parte dela. Talvez a maior parte. Provavelmente toda a anomalia.

E que dizer de qualquer porção ainda inexplicável da anomalia? Varremos o enigma para baixo do tapete cósmico na esperança de que outras análises de Kinsella acabem resolvendo a anomalia por inteiro? Ou reconsideramos cuidadosamente a acuidade e inclusividade das leis da gravidade de Newton como alguns físicos zelosos já estão fazendo por algumas décadas?

Antes das *Pioneers*, a gravidade newtoniana jamais fora medida – e, portanto, jamais confirmada – com grande precisão ao longo de grandes distâncias. Na realidade, Slava Turyshev, um especialista na relatividade geral de Einstein, considera que as *Pioneers* são (inadvertidamente) o maior experimento gravitacional de todos os tempos para confirmar se a gravidade newtoniana é plenamente válida no sistema solar exterior.

Esse experimento, ele afirma, mostra que talvez não seja assim. Além disso, como qualquer físico pode demonstrar, além de 15 UA os efeitos da gravidade einsteiniana são negligíveis.

No início de 2009, para o proveito dos visitantes do site da Sociedade Planetária, Turyshev e seu colega Viktor Toth explicaram eloquentemente por que continuavam a tentar explicar a anomalia das *Pioneers*. Sua explicação, intitulada "Procurando uma agulha no palheiro ou provando que talvez não exista nenhuma", vale a pena ser citada por extenso:

> No curto prazo, conhecer a constante gravitacional com mais um dígito decimal de precisão ou impor limites ainda mais estreitos a qualquer desvio da teoria gravitacional de Einstein talvez pareça um detalhe de quem se preocupa penosamente com ninharias. Mas não se deve perder de vista o "grande quadro". Quando os pesquisadores estavam medindo as propriedades da eletricidade com instrumentos cada vez mais refinados ao longo dos dois séculos passados, eles não cogitavam em redes de energia abrangendo continentes, numa economia da informação, nem em sinais elétricos diminutos nos atingindo a partir das profundezas insondáveis do sistema solar exterior, enviados por máquinas feitas pelo homem. Eles apenas executavam experimentos meticulosos estabelecendo as leis que conectam a eletricidade ao magnetismo ou a força eletromotriz às reações químicas. Mas seu trabalho pavimentou o caminho para nossa sociedade moderna.
>
> Da mesma forma, não podemos conjeturar hoje o que a pesquisa na ciência gravitacional trará amanhã. Talvez um dia a humanidade consiga utilizar a gravidade. Talvez um dia viajar através do sistema solar utilizando uma máquina de gravidade ainda a ser concebida pareça tão trivial quanto atravessar um oceano num avião a jato em nossos tempos. Talvez um dia os seres humanos viajem para as estrelas em naves espaciais que já não precisem de foguetes. Quem sabe? Mas de uma coisa temos certeza: nada disso acontecerá a menos que façamos hoje um trabalho meticuloso. O nosso trabalho, quer prove a existência da gravidade além de Einstein, quer apenas aperfeiçoe a navegação da espaçonave no espaço profundo determinando com precisão uma pequena força de recuo térmica, estabelece os fundamentos que talvez nos levem, um dia, a esses sonhos.

No momento, entretanto, duas forças parecem estar em ação no espaço profundo: as leis da gravidade de Newton e a misteriosa anomalia das *Pioneers*. Até que a anomalia seja perfeitamente explicada por um funcionamento ruim do hardware, e que, portanto, possa ser eliminada de nossas considerações, as leis de Newton permanecem sem confirmação. E talvez exista em algum lugar no cosmos um tapete que mantém encoberta uma nova lei da física, esperando para ser revelada.

CAPÍTULO TRINTA E SEIS

O que a Nasa significa para o futuro dos Estados Unidos*

Gostaria de ganhar 1 níquel cada vez que alguém dissesse: "Por que estamos gastando dinheiro no espaço quando temos problemas aqui na Terra?". A primeira resposta mais simples para essa preocupação é que um dia virá um asteroide assassino direto em nossa direção, o que significa que nem todos os problemas estão assentados na Terra. Em algum ponto, temos de olhar também para o alto.

Segundo o plano espacial do presidente Barack Obama, a Nasa vai promover o acesso comercial à órbita terrestre baixa. A Lei do Espaço e Aeronáutica Nacional de 1958 torna a Nasa responsável por fazer avançar a fronteira espacial. E como a órbita terrestre baixa já não é uma fronteira espacial, a agência deve prosseguir para o próximo passo. O plano atual diz que não vamos mais à Lua e recomenda que devemos ir a Marte algum dia – não sei quando.

Estou preocupado com esse roteiro. Sem um plano real para ir a algum lugar além da órbita terrestre baixa, não temos nada para dar forma aos sonhos de carreira dos jovens americanos. Segundo meu melhor julgamento, a Nasa é como uma força da natureza em si mesma, capaz de estimular a formação de cientistas, engenheiros, matemáticos e tecnólogos – os campos de pesquisa STEM [sigla em inglês para Science, Technology, Engineering, Mathematics – Ciência, Tecnologia, Engenharia, Mate-

---

* Adaptado de Q&A, série de oradores ilustres da Universidade de Buffalo, em 31 de março de 2010.

mática]. Educam-se essas pessoas por amor à sociedade, e elas se tornam aqueles que fazem o amanhã acontecer.

A força das economias no século XXI vai derivar dos investimentos feitos em ciência e tecnologia. É o que temos testemunhado desde o surgimento da Revolução Industrial: as nações que adotaram esses investimentos são as nações que têm liderado o mundo.

Os Estados Unidos estão murchando no momento. Ninguém sonha mais com o amanhã. A Nasa sabe como sonhar com o amanhã – se o financiamento lhe der espaço, se o financiamento lhe conferir poder, se o financiamento tornar possível. Certo, precisamos de bons professores. Mas os professores vão e vêm, porque os garotos passam para a próxima série e depois para a série seguinte. Os professores podem ajudar a acender uma chama, mas precisamos de algo para manter a chama acesa. Esse é o efeito da Nasa sobre quem e o que somos como nação, o que fomos como nação, e talvez por algum tempo presumimos ser como nação. Hoje, o acelerador de partículas mais potente do mundo está centenas de metros abaixo do solo na fronteira entre a França e a Suíça. O trem mais veloz é fabricado por alemães e está funcionando na China. Enquanto isso, aqui nos Estados Unidos vejo nossa infraestrutura desmoronando e ninguém sonhando com o amanhã.

Todo mundo pensa que se pode remediar este ou aquele problema. Enquanto isso, a agência que detém o maior poder de modelar os sonhos de uma nação está atualmente sendo subfinanciada para fazer o que deveria fazer, isto é, tornar esses sonhos realidade. E fazê-lo por meio centavo de 1 dólar do contribuinte.

Quanto *você* pagaria pelo universo?

> Tweet Espacial #66
> As Forças Armadas americanas gastam em 23 dias tanto quanto a Nasa gasta num ano – e isso quando não estamos travando uma guerra
> 8 de julho de 2011, às 11h13

EPÍLOGO

A perspectiva cósmica*

> De todas as ciências cultivadas pela humanidade, a astronomia é reconhecida como sendo, e indubitavelmente é, a mais sublime, a mais interessante e a mais útil. Pois, pelo conhecimento derivado dessa ciência, não só o volume da Terra é descoberto [...] mas nossas faculdades são ampliadas com a grandiosidade das ideias que ela transmite, nossas mentes exaltadas acima de [seus] preconceitos mesquinhos.
>
> James Ferguson, Astronomy Upon Sir Isaac Newton Principles, And Made Easy To Those Who Have Not Studied Mathematics (1757)

Muito antes que soubéssemos que o universo teve um início, que a grande galáxia mais próxima está a mais de 2 milhões de anos-luz da Terra, que tivéssemos ideia de como as estrelas funcionam ou que os átomos existem, James Ferguson fez uma introdução entusiástica de sua ciência favorita que soava verdadeira. Mas suas palavras, salvo os floreios de seu século XVIII, poderiam ter sido escritas ontem.

Mas quem consegue pensar dessa maneira? Quem consegue celebrar essa visão cósmica da vida? Não o agricultor migrante. Não o trabalhador explorado. Não o sem-teto que vasculha a lata de lixo à procura de comida. É preciso o luxo de um tempo que não é gasto com a mera sobrevivência. É preciso viver numa nação cujo governo valoriza a busca de compreender o lugar da humanidade no universo. É preciso uma sociedade na qual a atividade intelectual pode levar seus membros às fronteiras da descoberta, e na qual as notícias das descobertas podem ser rotineiramente disseminadas. Por esses parâmetros, a maioria dos cidadãos das nações industrializadas está apta a cultivar essa visão.

---

* Adaptação de "The Cosmic Perspective" [A perspectiva cósmica], texto publicado na revista *Natural History*, em abril de 2007.

Mas a visão cósmica traz um custo oculto. Quando viajo milhares de quilômetros para passar alguns momentos na sombra veloz da Lua durante um eclipse solar total, às vezes perco de vista a Terra.

Quando faço uma pausa para refletir sobre nosso universo em expansão, com suas galáxias afastando-se aos solavancos umas das outras, incrustadas no tecido quadridimensional em estiramento perpétuo do espaço e tempo, às vezes me esqueço de que inúmeras pessoas andam na Terra sem comida ou abrigo, e de que as crianças estão desproporcionalmente representadas entre elas.

Quando estudo os dados que estabelecem a misteriosa presença da matéria escura e da energia escura por todo o universo, me esqueço às vezes de que todo dia – a cada rotação de 24 horas da Terra – as pessoas matam e são mortas em nome da concepção de Deus de outras pessoas, e que algumas que não matam em nome de Deus matam em nome das necessidades e dos desejos de sua nação.

Quando rastreio as órbitas de asteroides, cometas e planetas, cada um surgindo como um dançarino de piruetas num balé cósmico coreografado pelas forças da gravidade, me esqueço às vezes de que um número demasiadamente grande de pessoas age com desrespeito injustificado em relação à delicada interação da atmosfera, oceanos e solo da Terra, gerando consequências que nossos filhos e os filhos de nossos filhos vão testemunhar e pagar com sua saúde e seu bem-estar.

E me esqueço às vezes de que os poderosos raramente fazem tudo o que podem fazer para ajudar os desamparados.

De vez em quando me esqueço dessas coisas porque, por maior que seja o mundo – em nossos corações, nossas mentes e nossos atlas tamanho-família –, o universo é ainda maior. Um pensamento deprimente para alguns, mas um pensamento liberador para mim.

Considere um adulto que cuida dos traumas de uma criança: um brinquedo quebrado, um joelho arranhado, uma agressão no pátio da escola. Os adultos sabem que as crianças não fazem ideia do que constitui um problema genuíno, porque a inexperiência limita em grande parte sua perspectiva infantil.

Como adultos, ousamos admitir para nós mesmos que também temos uma imaturidade coletiva de visão? Ousamos admitir que nossos pensamentos e comportamentos nascem da crença de que o mundo gira ao redor de nós? Aparentemente não. Mas as evidências são abundantes. Abram-se as cortinas dos conflitos raciais, étnicos, religiosos, nacionais e culturais da sociedade e descobre-se o ego humano a girar os botões e puxar as alavancas.

Agora imagine um mundo em que todos, mas especialmente pessoas com poder e influência, têm uma visão ampliada de nosso lugar no cosmos. Com essa perspectiva, nossos problemas encolheriam – ou nunca surgiriam – e poderíamos celebrar nossas diferenças terrenas, esquivando-nos do comportamento de nossos predecessores que massacraram uns aos outros por causa delas.

Em fevereiro de 2000, o recém-reconstruído Planetário Hayden apresentou um espetáculo espacial chamado "Passaporte para o universo", escrito por Ann Druyan e Steven Soter (colaboradores de Carl Sagan na série televisiva original *Cosmos*). O espetáculo levava os visitantes a um zoom virtual a partir de Nova York até as mais profundas regiões do espaço. Ao longo do percurso o público via a Terra, depois o sistema solar, após as centenas de bilhões de estrelas da galáxia da Via Láctea se encolherem até se tornarem pontos mal e mal visíveis no domo do planetário.

A menos de um mês do dia da estreia, recebi uma carta de um professor de psicologia numa das universidades da Ivy League, cuja especialidade era estudar coisas que faziam as pessoas se sentirem insignificantes. Não sabia que alguém podia se especializar numa área dessas. Ele queria submeter um questionário antes e depois aos visitantes, para avaliar a profundidade de sua depressão depois de ver "Passaporte para o universo". O espetáculo, ele escreveu, provocava os sentimentos mais dramáticos de pequenez que ele já havia experimentado.

Como assim? Toda vez que vejo o espetáculo espacial (e outros que temos produzido), sinto-me vivo, animado e conectado. Eu também me sinto grande, sabendo que as ocorrências dentro do cérebro humano de 1,36 quilo é o que nos torna capazes de entender nosso lugar.

Permita-me sugerir que foi o professor, e não eu, quem interpretou mal a natureza. O seu ego era grande demais para começo de conversa, inflado por delírios de importância e alimentado por pressuposições culturais de que os seres humanos são mais importantes que todo o resto.

Para ser justo com o professor, forças poderosas na sociedade deixam a maioria de nós suscetível. Como eu era... até o dia em que aprendi na aula de biologia que mais bactérias vivem e operam num centímetro de meu cólon do que o número de pessoas que já existiram no mundo. Esse tipo de informação nos faz pensar duas vezes sobre quem – ou o que – está realmente no comando.

Daquele dia em diante, comecei a pensar nas pessoas não como os senhores do espaço e tempo, mas como participantes de uma grande cadeia cósmica de seres, com um elo genético direto através das espécies vivas e extintas, recuando quase quatro bilhões de anos até os primeiros organismos unicelulares sobre a Terra.

Sei o que você está pensando: somos mais inteligentes que as bactérias. Nenhuma dúvida quanto a isso, somos mais inteligentes que qualquer outra criatura viva que já caminhou, rastejou ou deslizou na Terra. Mas que grau de inteligência é esse? Cozinhamos nossos alimentos. Compomos poesia e música. Fazemos arte e ciência. Somos bons em matemática. Mesmo sendo ruins em matemática, somos provavelmente muito melhores que os mais inteligentes dos chimpanzés, cuja identidade genética varia apenas de maneiras insignificantes em relação à nossa. Por mais que tentem, os primatólogos nunca conseguirão que um chimpanzé aprenda a tabuada de multiplicação ou faça uma divisão longa.

Se as pequenas diferenças genéticas entre nós e nossos camaradas macacos são responsáveis por nossa imensa diferença de inteligência, talvez essa diferença de inteligência não seja afinal assim tão imensa.

Imagine uma forma de vida cuja inteligência está para a nossa assim como a nossa está para a do chimpanzé. Para essa espécie, nossas mais elevadas realizações mentais seriam triviais. Seus filhotes, em vez de aprender o ABC em *Vila Sésamo*, aprenderiam cálculo multivariável em *Boolean Boulevard*. Nossos teoremas mais complexos, nossas filosofias mais profundas, as obras apreciadas de nossos artistas mais criativos seriam projetos que seus colegiais levam para casa a fim de que mamãe e papai os exibam na porta da geladeira. Essas criaturas estudariam Stephen Hawking (que ocupava uma cátedra outrora exercida por Newton na Universidade de Cambridge) porque ele é um pouco mais inteligente que os outros humanos, devido à sua capacidade de fazer astrofísica teórica e outros cálculos rudimentares de cabeça.

Se uma imensa lacuna genética nos separasse de nosso parente mais próximo no reino animal, poderíamos celebrar com razão nosso brilho. Teríamos o direito de andar por aí pensando que somos distantes e distintos de nossas criaturas afins. Mas não existe essa lacuna. Em vez disso, somos uma coisa só com o restante da natureza, encaixando-nos nem acima nem abaixo, mas no meio.

Está precisando de mais massagens no ego? Simples comparações de quantidade, tamanho e escala cumprem muito bem essa função.

Tome-se a água. É simples, comum e vital. Há mais moléculas de água num copo com 236 mililitros de água do que há copos de água em todos os oceanos do mundo. Cada copo que passa por uma única pessoa e acaba tornando a se juntar ao suprimento de água do mundo contém moléculas suficientes para misturar 1.500 delas em todo outro copo de água no mundo. Não tem jeito: parte da água que você acabou de tomar passou pelos rins de Sócrates, Gengis Khan e Joana d'Arc.

E que dizer do ar? Também vital. Um único sopro inspirado introduz nos pulmões mais moléculas de ar do que há sopros de ar em toda a atmosfera da Terra. Isso significa que parte do ar que você acabou de respirar passou pelos pulmões de Napoleão, Beethoven, Lincoln e Billy the Kid.

Tempo de nos tornarmos cósmicos. Há mais estrelas no universo do que grãos de areia em qualquer praia, mais estrelas que todos os segundos que já se passaram desde que a Terra se formou, mais estrelas que palavras e sons jamais emitidos por todos os humanos que já viveram.

Quer uma visão abrangente do passado? O desdobramento de nossa perspectiva cósmica nos propicia esse panorama. A luz leva tempo para atingir os observatórios da Terra vindo das profundezas do espaço, e assim vemos objetos e fenômenos não como eles são, mas como foram no passado. Isso significa que o universo age como uma máquina do tempo gigantesca: quanto mais longe chega nosso olhar, maior é o recuo no tempo que vemos – cada vez mais distante até quase o início do próprio tempo. Dentro desse horizonte de juízo final, a evolução cósmica se desdobra continuamente, aos olhos de todos.

Quer saber do que somos feitos? Mais uma vez, a perspectiva cósmica oferece uma resposta maior do que se esperaria. Os elementos químicos do universo são forjados no fogo das estrelas de alta massa que terminam sua vida em explosões estupendas, enriquecendo suas galáxias anfitriãs com o arsenal químico da vida como a conhecemos. O resultado? Os quatro elementos quimicamente ativos mais comuns no universo – hidrogênio, oxigênio, carbono e nitrogênio – são os quatro elementos mais comuns da vida sobre a Terra. Não estamos simplesmente no universo. O universo está em nós.

Sim, somos poeira de estrelas. Mas talvez não sejamos desta Terra. Várias linhas separadas de pesquisa, quando consideradas em conjunto, têm forçado os investigadores a reavaliar quem achamos que somos e de onde achamos que viemos.

Primeiro, as simulações computacionais mostram que quando um grande asteroide se choca com um planeta, as áreas circundantes podem recuar com a energia do impacto, catapultando rochas para o espaço. Dali elas podem viajar para – e pousar em – outras superfícies planetárias. Segundo, os micro-organismos podem ser resistentes. Alguns sobrevivem a extremos de temperatura, pressão e radiação inerentes à viagem espacial. Se os destroços rochosos de um impacto provêm de um planeta com vida, a fauna microscópica poderia se introduzir clandestinamente nas reentrâncias e fissuras das rochas. Terceiro, as evidências recentes sugerem que pouco depois da formação de nosso sistema solar, Marte era rico em água, e talvez fértil, antes que a Terra o fosse.

Essas descobertas significam ser concebível que a vida tenha começado em Marte e mais tarde semeada na Terra, um processo conhecido como panspermia. Assim, todos os terráqueos poderiam – apenas poderiam – ser descendentes de marcianos.

Repetidas vezes ao longo dos séculos, as descobertas cósmicas têm rebaixado nossa autoimagem. Supunha-se que a Terra fosse astronomicamente única, até que os astrônomos aprenderam que a Terra é apenas outro planeta orbitando o Sol. Depois presumimos que o Sol era único, até aprendermos que as inúmeras estrelas do céu noturno são elas próprias sóis. Depois julgamos que nossa galáxia, a Via Láctea, fosse todo o universo conhecido, até estabelecermos que as inúmeras coisas indistintas no céu são outras galáxias, pontilhando a paisagem de nosso universo conhecido.

Hoje em dia, como é fácil presumir que um único universo é tudo o que existe! Mas algumas teorias emergentes da cosmologia moderna bem como a improbabilidade reafirmada de que algo seja único, requerem que continuemos abertos ao ataque mais recente à nossa reivindicação de sermos distintos: universos múltiplos, também conhecidos como multiverso, no qual o nosso é apenas uma de inúmeras bolhas explodindo do tecido do cosmos.

A perspectiva cósmica flui do conhecimento fundamental. No entanto, é mais que tão somente o que conhecemos. Consiste em ter a sabedoria e o *insight* de utilizar esse conhecimento para avaliar nosso lugar no universo. E seus atributos são claros:

A perspectiva cósmica provém das fronteiras da ciência, mas sua fonte não é unicamente o cientista. Pertence a todo mundo.

A perspectiva cósmica é humilde.

A perspectiva cósmica é espiritual – até redentora – mas não religiosa.

A perspectiva cósmica nos permite compreender, no mesmo pensamento, o grande e o pequeno.

A perspectiva cósmica abre nossas mentes para ideias extraordinárias, mas não as deixa abertas a ponto de os cérebros transbordarem, tornando-nos suscetíveis a acreditar em qualquer coisa que escutamos.

A perspectiva cósmica abre nossos olhos para o universo, não como um berço benévolo destinado a nutrir a vida, mas como um lugar frio, solitário, arriscado.

A perspectiva cósmica mostra que a Terra é um quase nada, mas um quase nada precioso e, por enquanto, o único lar que temos.

A perspectiva cósmica descobre beleza nas imagens de planetas, luas, estrelas e nebulosas, mas também celebra as leis da física que os modelam.

A perspectiva cósmica nos torna capazes de ver além de nossas circunstâncias, permitindo que transcendamos a procura primal de alimento, abrigo e sexo.

A perspectiva cósmica nos lembra que no espaço, onde não existe ar, uma bandeira não ondulará – uma indicação de que o ondular das bandeiras e a exploração espacial talvez não se misturem.

A perspectiva cósmica abarca nosso parentesco genético com toda a vida na Terra e também valoriza nosso parentesco químico com qualquer vida ainda-a-ser-descoberta no universo, bem como nosso parentesco atômico com o próprio universo.

Ao menos uma vez por semana, se não uma vez por dia, cada um de nós poderia pensar nas verdades cósmicas que se mantêm desconhecidas diante de nós, esperando talvez a chegada de um pensador inteligente, um experimento engenhoso ou uma missão espacial inovadora para revelá-las. Poderíamos ainda pensar como essas descobertas um dia talvez transformem a vida na Terra.

Sem essa curiosidade, não somos diferentes do agricultor provinciano que diz não sentir precisão de se aventurar além dos limites do condado, porque seus quarenta acres satisfazem todas as suas necessidades. Mas se todos os nossos predecessores tivessem pensado dessa maneira, o agricultor seria hoje um morador de caverna, caçando seu jantar com um pedaço de pau e uma pedra.

Durante nossa breve temporada no planeta Terra, devemos a nós mesmos e a nossos descendentes a oportunidade de explorar – em parte porque é divertido fazê-lo. Mas há uma razão muito mais nobre. No dia em que nosso conhecimento do cosmos parar de expandir, corremos o risco de regredir à visão infantil de que o universo figurativa e literalmente gira ao redor de nós. Nesse mundo árido, povos e nações portando armas e famintos de recursos tenderiam a agir segundo seus "preconceitos mesquinhos". E esse seria o último grito sufocado do esclarecimento humano – até o surgimento de uma nova cultura visionária que mais uma vez adotasse a perspectiva cósmica.

APÊNDICE A*

LEI DO ESPAÇO E DA AERONÁUTICA NACIONAL DE 1958, EMENDADA

Título I – Título Curto, Declaração de Política e Definições
Seção 101.   Título Curto
Seção 102.   Declaração de Política e Objetivo
Seção 103.   Definições

Título II – Coordenação das Atividades da Aeronáutica e do Espaço
Seção 201.   Conselho Nacional da Aeronáutica e do Espaço (abolido)
Seção 202.   Administração do Espaço e da Aeronáutica Nacional
Seção 203.   Funções da Administração
Seção 204.   Comitê de Ligação Civil-Militar (abolido)
Seção 205.   Cooperação Internacional
Seção 206.   Relatórios ao Congresso
Seção 207.   Alienação de Terra Excedente
Seção 208.   Doações para o orbitador do Ônibus Espacial (autoridade expirada)

Título III – Miscelânea
Seção 301.   Comitê Consultivo Nacional para a Aeronáutica
Seção 302.   Transferência de Funções Correlatas
Seção 303.   Acesso à Informação
Seção 304.   Requisitos de Segurança
Seção 305.   Direitos Autorais das Invenções
Seção 306.   Prêmios para Contribuições
Seção 307.   Defesa de Certos Processos por Imperícia e Negligência

---

* Adaptação de "The Cosmic Perspective" [A perspectiva cósmica], texto publicado na revista *Natural History*, em abril 2007.

Seção 308.   Seguro e Indenização
Seção 309.   Veículo Aeroespacial Experimental
Seção 310.   Apropriações
Seção 311.   Mau Emprego do Nome e da Sigla da Agência
Seção 312.   Contratos Referentes a Veículos de Lançamento Descartáveis
Seção 313.   Estrutura da Conta das Apropriações para os Custos Plenos
Seção 314.   Autoridade dos Prêmios
Seção 315.   Arrendamento de Propriedade Não Excedente
Seção 316.   Retrocessão de Jurisdição
Seção 317.   Autoridade de Recuperação e Eliminação

Título IV – Pesquisa Atmosférica Superior
Seção 401.   Objetivo e Política
Seção 402.   Definições
Seção 403.   Programa Autorizado
Seção 404.   Cooperação Internacional

LEI DO ESPAÇO E DA AERONÁUTICA NACIONAL DE 1958

Pub. I. n. 85-568
72 Stat. 426-438 (29 jul. 1958)
Alterada

UMA LEI
Para viabilizar a pesquisa sobre problemas do voo dentro e fora da atmosfera da terra e para outros fins.

Que seja promulgada pelo Senado e Câmara dos Deputados dos Estados Unidos da América reunidos no Congresso.

TÍTULO I – TÍTULO CURTO, DECLARAÇÃO DE POLÍTICA E DEFINIÇÕES

TÍTULO CURTO

Sec. 101. Esta lei pode ser citada como a "Lei do Espaço e da Aeronáutica Nacional de 1958"

DECLARAÇÃO DE POLÍTICA E OBJETIVO

Sec. 102. (a) O Congresso declara pelo presente que é política dos Estados Unidos que as atividades no espaço devem ser dedicadas a fins pacíficos para o benefício de toda a humanidade.

(b) O Congresso declara que o bem-estar e a segurança geral dos Estados Unidos requerem que sejam tomadas provisões adequadas para as atividades espaciais e aeronáuticas. O Congresso também declara que essas atividades devem ser responsabilidade de, e devem ser dirigidas por, uma agência civil que exerça controle sobre as atividades espaciais e aeronáuticas patrocinadas pelos Estados Unidos, exceto que as atividades peculiares a ou principalmente associadas com o desenvolvimento de sistemas de armas, operações militares ou a defesa dos Estados Unidos (inclusive a pesquisa e o desenvolvimento necessários para fazer provisões efetivas para a defesa dos Estados Unidos) devem ser responsabilidade do, e devem ser dirigidas pelo, Departamento de Defesa; e que a determinação quanto ao objeto da responsabilidade dessa agência e à sua direção de qualquer uma dessas atividades deve ser tomada pelo presidente em conformidade com a seção 2471(e).

(c) O Congresso declara que o bem-estar dos Estados Unidos requer que a Administração Nacional do Espaço e da Aeronáutica (conforme estabelecida pelo título II desta lei) procure e estimule, no mais alto grau possível, o uso comercial mais pleno do espaço.

(d) As atividades espaciais e aeronáuticas dos Estados Unidos devem ser realizadas a fim de contribuir materialmente para um ou mais dos seguintes objetivos:

(1) A expansão do conhecimento humano da Terra e dos fenômenos na atmosfera e no espaço;

(2) O aperfeiçoamento da utilidade, do desempenho, da velocidade, segurança e eficiência dos veículos espaciais e aeronáuticos;

(3) O desenvolvimento e operação de veículos capazes de carregar instrumentos, equipamento, suprimentos e organismos vivos através do espaço;

(4) O estabelecimento de estudos de longo alcance sobre os potenciais benefícios a serem obtidos, as oportunidades a serem proporcionadas, e os problemas envolvidos na utilização das atividades espaciais e aeronáuticas para fins pacíficos e científicos;

(5) A preservação do papel dos Estados Unidos como líderes na ciência e tecnologia espaciais e aeronáuticas e na aplicação desse conhecimento para a realização de atividades pacíficas dentro e fora da atmosfera;

(6) A disponibilização, para as agências diretamente envolvidas na defesa nacional, de descobertas que têm valor ou significação militares, e o fornecimento, por essas agências, para a agência civil criada a dirigir e controlar as atividades espaciais e aeronáuticas não militares, de informações sobre descobertas que têm valor ou significação para essa agência;

(7) A cooperação dos Estados Unidos com outras nações e grupos de nações em empreendimento feito de acordo com esta lei e na aplicação pacífica dos resultados desse empenho;

(8) A utilização mais efetiva dos recursos da ciência e engenharia dos Estados Unidos, com uma cooperação próxima entre todas as agências interessadas dos Estados Unidos para evitar uma duplicação desnecessária de trabalho, instalações e equipamento;

(9) A preservação da posição preeminente dos Estados Unidos na aeronáutica e no espaço por meio do desenvolvimento da pesquisa e tecnologia relativo aos processos de manufatura associados.

(e) O Congresso declara que o bem-estar geral dos Estados Unidos requer que a competência única da Administração do Espaço e Aeronáutica Nacional em sistemas de ciência e engenharia também seja dirigida à pesquisa e ao desenvolvimento de sistemas de propulsão sobre a Terra. Esse desenvolvimento deve ser realizado de modo a contribuir para desenvolver sistemas de propulsão sobre a Terra que economizem energia e petróleo e de minimizar a degradação ambiental causada por esses sistemas.

(f) O Congresso declara que o bem-estar dos Estados Unidos requer que a competência única da Administração do Espaço e Aeronáutica Nacional em sistemas de ciência e engenharia seja dirigida a auxiliar a pesquisa, o desenvolvimento e programas·de demonstração em bioengenharia, projetados para mitigar e minimizar os efeitos da invalidez.

(g) O Congresso declara que o bem-estar geral e a segurança dos Estados Unidos requer que a competência única da Administração do Espaço e Aeronáutica Nacional seja dirigida a detectar, rastrear, catalogar e caracterizar asteroides e cometas próximos da Terra a fim de fornecer alerta e mitigação dos potenciais riscos desses objetos próximos da Terra para o planeta.

(h) É objetivo desta lei executar e efetuar as políticas declaradas nas subseções (a), (b), (c), (d), (e), (f) e (g).

DEFINIÇÕES

Sec. 103. Conforme usado nesta lei:

(1) o termo "atividades espaciais e aeronáuticas" significa (A) pesquisa sobre, e solução de, problemas de voo dentro e fora da atmosfera da Terra, (B) desenvolvimento, construção, teste e operação para fins de pesquisa sobre veículos espaciais e aeronáuticos, (C) operação de um sistema de transporte espacial incluindo o ônibus espacial, estágios superiores, plataformas espaciais e equipamento correlato, e (D) outras atividades que possam ser requeridas para a exploração do espaço;

(2) o termo "veículos espaciais e aeronáuticos" significa naves espaciais, mísseis, satélites e outros veículos espaciais, tripulados e não tripulados, junto com equipamento, dispositivos, componentes e partes correlatos.

TÍTULO II – COORDENAÇÃO DAS ATIVIDADES ESPACIAIS E AERONÁUTICAS

CONSELHO NACIONAL DO ESPAÇO E AERONÁUTICA

Sec. 201. (a) (Fica estabelecido pelo presente o Conselho Nacional do Espaço e Aeronáutica...) abolido.

ADMINISTRAÇÃO DO ESPAÇO E AERONÁUTICA NACIONAL

Sec. 202. (a) Fica estabelecida pelo presente a Administração do Espaço e Aeronáutica Nacional (daqui em diante chamada Administração). A Administração deve ser presidida por um administrador, que deve ser nomeado dentre os civis pelo presidente, por e com o conselho e consentimento do Senado. Sob a supervisão e direção do presidente, o administrador deve ser responsável pelo exercício de todos os poderes e pelo cumprimento de todos os deveres da Administração, e deve ter autoridade e controle sobre todo o pessoal e suas atividades.

(b) Deve haver na Administração um vice-administrador que deve ser nomeado entre os civis pelo presidente, por e com o conselho e consentimento do Senado, e que deve executar os deveres e exercer os poderes que o administrador possa prescrever. O vice-administrador deve agir pelo, e exercer os poderes do, administrador durante sua ausência ou incapacidade.

(c) O administrador e o vice-administrador não devem se engajar em nenhuma outra atividade, vocação ou emprego enquanto estiverem ocupando esses cargos.

FUNÇÕES DA ADMINISTRAÇÃO

Sec. 203. (a) A Administração, para realizar a finalidade desta lei, deve:

(1) planejar, dirigir e conduzir atividades espaciais e aeronáuticas;

(2) providenciar a participação da comunidade científica no planejamento de medições e observações científicas a serem feitas por meio do uso de veículos espaciais e aeronáuticos, e conduzir ou providenciar a realização dessas medições e observações;

(3) viabilizar a mais ampla disseminação praticável e apropriada de informações a respeito de suas atividades e resultados obtidos.

(4) encorajar e viabilizar, o máximo possível, o uso comercial mais completo do espaço;

(5) encorajar e viabilizar o uso, pelo governo federal, de serviços e hardware espaciais comercialmente supridos, coerente com os requisitos do governo federal.

(b) (1) A Administração deve, na medida dos fundos apropriados, iniciar, apoiar e realizar a pesquisa, o desenvolvimento, a demonstração e outras atividades correlatas de tecnologias de propulsão sobre a Terra que são viabilizadas nas seções 4 até 10 da Lei da Pesquisa, Desenvolvimento e Demonstração dos Veículos Elétricos e Híbridos de 1976.

(2) A Administração deve iniciar, apoiar e executar pesquisa, desenvolvimento, demonstração e outras atividades correlatas de tecnologias de resfriamento e aquecimento solar (na medida em que os fundos sejam apropriados para esse fim) conforme viabilizado nas seções 5, 6 e 9 da Lei de Demonstração de Resfriamento e Aquecimento Solar de 1974.

(c) No desempenho de suas funções a Administração é autorizada a:

(1) fazer, promulgar, emitir, rescindir e emendar regras e regulamentos que regem a maneira de suas operações e o exercício dos poderes nela investidos pela lei;

(2) realizar a nomeação e fixar a compensação dos funcionários graduados e empregados que possam ser necessários para executar essas funções. Esses funcionários graduados e empregados devem ser nomeados de acordo com as leis do serviço público e sua compensação fixada de acordo com a Lei da Classificação de 1949, exceto que (A) na medida em que o administrador julgar essa ação necessária para o cumprimento de suas responsabilidades, ele pode nomear até 425 membros do pessoal administrativo, científico e de engenharia da Administração sem levar em conta essas leis, e pode fixar a compensação desse pessoal sem exceder a taxa do valor básico pagável para o nível III do Programa Executivo, e (B) na medida em que o administrador julgar essa ação necessária para recrutar talentos científicos e de engenharia especialmente qualificados, ele pode estabelecer o grau de admissão para o pessoal científico e de engenharia sem serviço prévio no governo federal num nível até dois graus mais elevado do que o grau especificado para esse pessoal

sob o Programa Geral estabelecido pela Lei da Classificação de 1949 e fixar suas compensações em conformidade;

(3) adquirir (por compra, *leasing*, confisco ou de outra maneira), construir, melhorar, reparar, operar e manter laboratórios, áreas e instalações de pesquisa e testes, veículos espaciais e aeronáuticos, alojamentos e acomodações correlatas para os empregados e dependentes dos empregados da Administração, e outras propriedades móveis e imóveis (inclusive patentes), ou qualquer participação nelas, que a Administração julgar necessário dentro e fora dos Estados Unidos continentais; adquirir por *leasing* ou de outra maneira, por meio do administrador dos Serviços Gerais, edifícios ou partes de edifícios no distrito de Columbia para uso da Administração por um período que não exceda dez anos sem levar em conta a lei de 3 de março de 1877 (40 U.S.C. 34); arrendar para outros essas propriedades imóveis e móveis; vender e descartar de outra maneira propriedade imóvel e móvel (inclusive patentes e os direitos nela incorporados) de acordo com as provisões da Lei de Serviços Administrativos e Propriedade Federal de 1949, emendada (40 U.S.C. 471 *et seq.*); e viabilizar por contrato ou por outra maneira lanchonetes e outros estabelecimentos necessários para o bem-estar dos empregados da Administração em suas instalações, e comprar e manter o equipamento para esse fim;

(4) aceitar, de forma incondicional, presentes ou doações de serviços, dinheiro ou propriedade, imóvel, móvel ou mista, tangível ou intangível;

(5) sem levar em consideração a seção 3648 dos Estatutos Revisados, emendados (31 U.S.C. 529), participar e executar contratos, *leasing*, acordos cooperativos ou outras transações que possam ser necessárias na condução de seu trabalho e nos termos que possam ser considerados apropriados, com qualquer agência ou organismo governamental dos Estados Unidos, ou com qualquer Estado, território ou possessão, ou com qualquer subdivisão política desses, ou com qualquer pessoa, firma, associação, corporação ou instituição educacional. Na máxima medida praticável e coerente com a realização dos propósitos desta lei, esses contratos, *leasing*, acordos e outras transações devem ser alocados pelo administrador de modo que permitirá a participação equitativa e proporcional dos interesses das pequenas empresas na condução do trabalho da Administração;

(6) usar, com seu consentimento, os serviços, equipamento, pessoal e instalações das agências federais e de outra natureza, com ou sem reembolso, e numa base similar cooperar com outras agências e organismos governamentais públicos e privados no uso de serviços, equipamento e instalações. Cada departamento e agência do governo federal deve cooperar plenamente com a Administração disponibilizando seus serviços, equipamento, pessoal e instalações para a Administração, e qualquer um desses departamentos ou agências é autorizado, não obstante qualquer outra provisão da lei, a transferir para ou receber da Administração, sem reembolso, veículos espaciais e aeronáuticos, e outros suprimentos e equipamentos que não os suprimentos ou equipamentos administrativos;

(7) nomear comitês consultivos que possam ser apropriados para fins de consulta e conselhos para a Administração na execução de suas funções;

(8) estabelecer dentro da Administração escritórios e procedimentos que possam ser adequados para viabilizar a maior coordenação possível de suas atividades sob esta Lei com atividades científicas e de outra natureza que lhes sejam afins, realizadas por outras agências e organizações públicas e privadas;

(9) obter serviços conforme autorizado pela seção 3109 do título 5, Código dos Estados Unidos, mas a taxas para indivíduos que não excedam a taxa *per diem* equivalente à taxa para GS-18;

(10) quando determinado como necessário pelo administrador, e sujeito a investigações de segurança que ele possa determinar como adequadas, empregar estranhos sem levar em conta as provisões legais que proíbem pagamento de compensação a estranhos;

(11) viabilizar por concessão, sem considerar a seção 321 da lei de 30 de junho de 1932 (47 Stat. 412; 40 U. S. C. 303b), nos termos que o administrador possa considerar adequados e necessários para proteger o concessionário contra a perda de seu investimento na propriedade (mas não em lucros antecipados) resultante de atos e decisões discricionários da Administração, a construção, manutenção e operação de toda sorte de instalações e equipamentos para os visitantes das várias instalações da Administração e, em conexão com isso, viabilizar serviços que incidem na disseminação de informações a respeito de suas atividades para esses visitantes, sem ônus ou com ônus razoável para esse fim (com essa autoridade sendo acrescentada a qualquer outra autoridade que a Administração possa ter de providenciar instalações, equipamento e serviços para os visitantes de suas instalações). Um acordo de concessão sob este parágrafo pode ser negociado com qualquer proponente qualificado depois da devida consideração de todas as propostas recebidas após um aviso público plausível da intenção de contratar. Ao concessionário deve ser conferida uma oportunidade razoável de realizar um lucro comensurável com o capital investido e as obrigações assumidas, e o montante pago por ele pela concessão deve ser baseado no provável valor dessa oportunidade, e não em maximizar a receita pública dos Estados Unidos. Cada acordo de concessão deve especificar a maneira em que os registros do concessionário devem ser mantidos, e deve viabilizar o acesso a esses registros pela Administração e pela Controladoria Geral dos Estados Unidos por um período de cinco anos depois do fim do ano comercial relativo a esses registros. A um concessionário pode ser concedido um direito de propriedade, consistindo em todas as incidências de posse exceto o título legal (que caberá de direito aos Estados Unidos), em qualquer estrutura [,] instalação ou melhoria que ele construir ou localizar em terra de propriedade dos Estados Unidos; e, com a aprovação da Administração, esse direito de propriedade pode ser partilhado, transferido, onerado ou abandonado por ele, e, a menos que seja determinado de outra maneira por contrato, não deve ser

extinto pela expiração ou outro término da concessão e não pode ser disponibilizado para uso público sem justa compensação;

(12) com a aprovação do presidente, entrar em acordos cooperativos nos quais membros do Exército, Marinha, Força Aérea e Corpo dos Fuzileiros Navais podem ser indicados pelo secretário apropriado para serviços no desempenho de funções sob esta lei, na mesma medida em que poderiam ser legalmente designados no Departamento de Defesa;

(13) (A) considerar, verificar, ajustar, determinar, resolver e pagar, em nome dos Estados Unidos, dando plena satisfação disso, qualquer reivindicação de 25 mil dólares ou menos contra os Estados Unidos por lesão corporal, morte ou danos a, ou perda de propriedade imóvel ou móvel resultantes da condução das funções da Administração conforme especificadas na subseção (a) desta seção, quando essa reivindicação for apresentada à Administração por escrito dentro de dois anos depois do acidente ou incidente que deu origem à reivindicação;

(B) se a Administração considerar que uma reivindicação superior a 25 mil dólares é meritória e seria de outra maneira coberta por este parágrafo, relatar os fatos e as circunstâncias disso ao Congresso para sua consideração.

(14) Revogado.

COMITÊ DE LIGAÇÃO CIVIL-MILITAR
Sec. 204. [Comitê de Ligação Civil-Militar] abolido.

COOPERAÇÃO INTERNACIONAL
Sec. 205. A Administração, sob a orientação da política externa do presidente, pode se engajar num programa de cooperação internacional em trabalho realizado nos termos desta lei, e na aplicação pacífica de seus resultados, nos termos dos acordos feitos pelo presidente com o conselho e consentimento do Senado.

RELATÓRIOS AO CONGRESSO
Sec. 206. (a) O presidente deve transmitir ao Congresso, em maio de cada ano, um relatório que deve incluir (1) uma descrição abrangente das atividades programadas e realizações de todas as agências dos Estados Unidos na área das atividades do espaço e aeronáutica durante o ano fiscal anterior, e (2) uma avaliação dessas atividades e realizações em termos do seu sucesso ou fracasso em atingir os objetivos descritos na seção 102 (c) desta lei.

(b) Qualquer relatório feito sob esta seção deve conter as recomendações para legislação adicional que o administrador ou o presidente considerar necessária ou desejável para a realização dos objetivos descritos na seção 102 (c) desta lei.

(c) Nenhuma informação que tenha sido classificada como confidencial por razões de segurança nacional deve ser incluída em qualquer relatório feito sob esta seção, a menos que essa informação tenha sido desclassificada como confidencial pelo, ou nos termos da autorização dada pelo, presidente.

ALIENAÇÃO DE TERRA EXCEDENTE

Sec. 207. Não obstante as provisões desta ou de qualquer outra lei, a Administração não pode notificar a uma agência de alienações, como excedente às necessidades da Administração, qualquer terra com um valor estimado superior a 50 mil dólares que seja propriedade dos Estados Unidos e que esteja sob a jurisdição e controle da Administração, a menos que (A) um período de trinta dias tenha se passado depois do recebimento, pelo presidente e Comitê sobre Ciência e Aeronáutica da Câmara dos Deputados, e pelo presidente e Comitê sobre Ciências do Espaço e Aeronáutica do Senado, de um relatório do administrador ou seu designado contendo uma descrição plena e completa da ação proposta e dos fatos e circunstâncias em que se fundamenta essa ação, ou (B) cada um desses comitês, antes da expiração desse período, tenha transmitido ao administrador uma notificação por escrito no sentido de que esse comitê não tem objeções à ação proposta.

DOAÇÕES PARA O ORBITADOR DO ÔNIBUS ESPACIAL

Sec. 208. [Doações para o orbitador Ônibus Espacial] autoridade expirada.

TÍTULO III – MISCELÂNEA

COMITÊ CONSULTIVO NACIONAL PARA A AERONÁUTICA

Sec. 301. (a) O Comitê Consultivo Nacional para a Aeronáutica, na data efetiva desta seção, deve cessar de existir. Nessa data todas as funções, poderes, deveres e obrigações, e toda a propriedade imóvel e móvel, todo o pessoal (que não sejam membros do Comitê), fundos e registros dessa organização, devem ser transferidos para a Administração.

(b) A seção 2302 do título 10 do Código dos Estados Unidos é emendada com o corte de "ou o secretário executivo do Comitê Consultivo Nacional para a Aeronáutica" e a inserção, em seu lugar, de "ou o administrador da Administração Nacional da Aeronáutica e do Espaço"; e a seção 2303 desse título 10 é emendada com o corte de "O Comitê Consultivo Nacional para a Aeronáutica" e a inserção, em seu lugar, de "A Administração Nacional da Aeronáutica e do Espaço".

(c) A primeira seção da lei de 26 de agosto de 1950 (5 U.S.C. 22-1) é emendada com o corte de "o diretor, Comitê Consultivo Nacional para a Aeronáutica" e a inserção, em seu lugar, de "o administrador da Administração Nacional da Aeronáutica e do Espaço", e com o corte de "ou Comitê Consultivo Nacional para a Aeronáutica" e a inserção, em seu lugar, de "ou administrador Nacional da Aeronáutica e do Espaço".

(d) A Lei do Plano de Túnel de Vento Unitário de 1949 (50 U.S.C. 511-515) é emendada (1) com o corte de "o Comitê Consultivo Nacional para a Aeronáutica (daqui em diante referido como Comitê)" e a inserção, em seu lugar, de "o administrador da Administração Nacional da Aeronáutica e do Espaço (daqui em diante referido como administrador)"; (2) com o corte de Comitê ou do Comitê, sempre que aparecerem, e a inserção, em seu lugar, de administrador e do administrador, respectivamente; e (3) com o corte de "seu", sempre que aparecer, e a inserção, em seu lugar, de "dele".

(e) Esta seção deve entrar em vigor noventa dias depois da data da promulgação desta lei, ou em qualquer data anterior que o administrador determinar, e anunciar por proclamação publicada no Registro Federal que a Administração foi organizada e está preparada para cumprir os deveres e exercer os poderes a ela conferidos por esta lei.

TRANSFERÊNCIA DE FUNÇÕES CORRELATAS

Sec. 302. (a) Sujeito às provisões desta seção, o presidente, por um período de quatro anos depois da data da promulgação desta lei, pode transferir para a Administração quaisquer funções (inclusive poderes, deveres, atividades, centros e partes de funções) de qualquer outro departamento ou agência dos Estados Unidos ou de qualquer funcionário oficial ou entidade organizacional do país, que tiverem relação primária com as funções, poderes e deveres da Administração, conforme prescritos pela seção 203 desta lei. Em conexão com qualquer uma dessas transferências, o presidente pode, sob esta seção ou outra autoridade aplicável, viabilizar transferências apropriadas de registros, propriedade, pessoal civil e fundos.

(b) Sempre que qualquer uma dessas transferências for efetuada antes de 1º de janeiro de 1959, o presidente deve transmitir para o presidente da Câmara dos Deputados e o presidente *pro tempore* do Senado um relatório pleno e completo a respeito da natureza e efeito dessa transferência.

(c) Depois de 31 de dezembro de 1958, nenhuma transferência será feita sob esta seção até que (1) um relatório pleno e completo a respeito da natureza e efeito da transferência proposta tenha sido transmitido pelo presidente ao Congresso, e (2) o primeiro período de sessenta dias corridos de sessão regular do Congresso após a data de recebimento do relatório pelo Congresso tenha expirado sem a adoção pelo Congresso de uma resolução coincidente afirmando que o Congresso não está de acordo com essa transferência.

ACESSO À INFORMAÇÃO

Sec. 303. (a) Informações obtidas ou desenvolvidas pelo administrador no desempenho de suas funções sob esta lei devem ser disponibilizadas para inspeção pública; exceto (A) informações que a lei federal autoriza ou requer que sejam recusadas, (B) informações classificadas como confidenciais para proteger a segurança nacional; e (C) informações descritas na subseção (b); sob condição de que, nada nesta lei deve autorizar a recusa de informações pelo administrador aos comitês devidamente autorizados do Congresso.

(b) O administrador, por um período de até cinco anos depois do desenvolvimento de informação resultante das atividades realizadas sob um acordo firmado sob a seção 203(c)(5) e (6) desta lei, e que seria um segredo comercial ou uma informação comercial e financeira que é privilegiada ou confidencial sob o significado da seção 552(b)(4) do título 5, Código dos Estados Unidos, se a informação tivesse sido obtida de um grupo não federal participante do acordo, pode fornecer proteções apropriadas contra a disseminação dessa informação, inclusive dispensa do subcapítulo II do capítulo 5 do título 5, Código dos Estados Unidos.

REQUISITOS DE SEGURANÇA

Sec. 304. (A) O administrador deve estabelecer os requisitos, as restrições e salvaguardas de segurança que achar necessários no interesse da segurança nacional. O administrador pode organizar com o diretor do Departamento de Gestão de Pessoal a condução dessa segurança ou outras investigações de funcionários graduados, empregados e consultores da Administração, e de suas empresas contratantes e subcontratantes com seus funcionários graduados e empregados, reais ou prospectivos, que ele julgar apropriadas; e se alguma dessas investigações apresentar quaisquer dados refletindo que o indivíduo sujeito à investigação possui lealdade questionável, a questão será reportada ao Bureau Federal de Investigação para a realização de uma investigação de campo inteiro, cujos resultados devem ser fornecidos ao administrador.

(b) A Comissão de Energia Atômica pode autorizar qualquer um de seus empregados, ou empregados de qualquer contratante, contratante prospectivo, licenciado ou licenciado prospectivo da Comissão de Energia Atômica, ou qualquer outra pessoa autorizada a ter acesso aos dados restritos da Comissão de Energia Atômica sob a subseção 145b, da Lei de Energia Atômica de 1954 (42 U.S.C. 215(b)), a permitir que qualquer membro, funcionário graduado ou empregado do Conselho, ou o administrador, ou qualquer funcionário graduado, empregado, membro de um comitê consultivo, contratante, subcontratante, ou funcionário graduado ou empregado de um contratante ou subcontratante da Administração, tenha acesso a dados restritos relativos às atividades espaciais e aeronáuticas, por ser algo requerido no desempenho de suas funções e assim certificado pelo Conselho do administrador, conforme for o caso, mas apenas se (1) o Conselho ou o administrador ou o designado por eles tenha determinado, de acordo com os padrões e procedimentos de segurança do pessoal estabelecidos no Conselho ou Administração, que permitir a esse indivíduo o acesso aos dados restritos não colocará em perigo a defesa e segurança comum, e se (2) o Conselho ou o administrador ou alguém designado por eles achar que os padrões e procedimentos de segurança, relativos ao pessoal ou de outra natureza, estabelecidos no Conselho ou Administração são adequados e estão em conformidade razoável com os padrões estabelecidos pela Comissão de Energia Atômica sob a seção 145 da

Lei de Energia Atômica de 1954 (42 U.S.C. 2165). Qualquer indivíduo a quem for concedido o acesso a esses dados restritos nos termos desta subseção pode trocar esses dados com qualquer indivíduo que (A) seja um funcionário graduado ou empregado do Departamento de Defesa, ou de qualquer um de seus departamentos ou agências, ou um membro das forças armadas, ou um contratante ou subcontratante de qualquer um desses departamentos, agências ou forças armadas, ou um funcionário graduado ou empregado de qualquer um desses contratantes ou subcontratantes, e que (B) tenha sido autorizado a ter acesso aos dados restritos sob as provisões da seção 143 da Lei de Energia Atômica de 1954 (42 U.S.C. 2163).

(c) o Capítulo 37 do título 18 do Código dos Estados Unidos (intitulado Espionagem e Censura) é emendado:

(1) acrescentando-se no final a seguinte nova seção:

"§799. Violação de regulamentos da Administração Nacional do Espaço e da Aeronáutica."

"Quem voluntariamente violar, tentar violar ou conspirar para violar qualquer regulamento ou ordem promulgada pelo administrador da Administração Nacional do Espaço e da Aeronáutica para a proteção ou segurança de qualquer laboratório, estação, base ou outra instalação, ou parte deles, ou qualquer aeronave, míssil, espaçonave, ou veículo similar, ou partes deles, ou outra propriedade ou equipamento sob a custódia da Administração, ou qualquer propriedade imóvel ou móvel ou equipamento sob a custódia de qualquer contratante que tenha algum contrato com a Administração, ou de qualquer subcontratante de qualquer um desses contratantes, deve ser multado em não mais que 5 mil dólares, ou preso por não mais que um ano, ou ambas as coisas."

(2) acrescentando-se no final da análise desta seção o seguinte novo item:

"§799. Violação de regulamentos da Administração Nacional do Espaço e da Aeronáutica."

(d) A seção 1114 do título 18 do Código dos Estados Unidos é emendada pela inserção, imediatamente antes de "enquanto envolvidos no desempenho de seus deveres oficiais", do seguinte: "Ou qualquer funcionário graduado ou empregado da Administração Nacional do Espaço e da Aeronáutica com ordens para guardar e proteger a propriedade dos Estados Unidos sob a administração e controle da Administração Nacional do Espaço e da Aeronáutica".

(e) O administrador pode orientar os funcionários graduados e os empregados da Administração, se julgar necessário para o interesse público, a portar armas de fogo durante o desempenho de seus deveres oficiais. O administrador também pode autorizar aqueles empregados dos contratantes e subcontratantes da Administração, engajados na proteção de propriedade pertencente aos Estados Unidos e localizada em instalações pertencentes aos, ou contratadas pelos, Estados Unidos, a portar armas de fogo no desempenho de seus deveres oficiais, se julgar necessário para o interesse público.

(f) Sob regulamentos a serem prescritos pelo administrador e aprovados pelo procurador-geral dos Estados Unidos, aqueles empregados da Administração e de suas empresas contratantes e subcontratantes autorizados a portar armas de fogo sob a subseção (e) podem prender uma pessoa sem mandado de prisão por qualquer delito contra os Estados Unidos cometido em sua presença, ou por qualquer crime grave cognoscível sob as leis dos Estados Unidos, se tiverem motivos razoáveis para acreditar que a pessoa a ser presa cometeu ou está cometendo esse crime grave. As pessoas a quem se concedeu a autoridade de realizar prisões por esta subseção só podem exercer essa autoridade ao guardar e proteger propriedade pertencente aos, ou arrendada pelos, ou sob o controle dos, Estados Unidos sob a administração e controle da Administração ou de uma de suas empresas contratantes ou subcontratantes, em instalações pertencentes à, ou contratadas para a, Administração.

DIREITOS AUTORAIS DAS INVENÇÕES

Sec. 305. (a) Sempre que qualquer invenção for criada no desempenho de qualquer trabalho sob um contrato da Administração, e o administrador determinar que:

(1) a pessoa que criou a invenção era empregada ou designada a executar pesquisa, desenvolvimento ou trabalho de exploração, e a invenção for relacionada ao trabalho que ela estava empregada ou designada a executar, ou estiver dentro do escopo de seus deveres funcionais, quer tenha sido feita durante as horas de trabalho quer não, ou com uma contribuição do governo no uso de instalações governamentais, equipamento, materiais, fundos alocados, informações pertencentes ao governo, ou serviços de funcionários do governo durante as horas de trabalho; ou

(2) a pessoa que criou a invenção não era empregada ou designada a executar pesquisa, desenvolvimento ou trabalho de exploração, mas a invenção ainda assim tiver relação com o contrato, ou com o trabalho ou deveres que ela era empregada ou designada a cumprir, e tiver sido feita durante as horas de trabalho, ou com uma contribuição do governo do tipo referido na cláusula (1), essa invenção deve ser propriedade exclusiva dos Estados Unidos, e se essa invenção for patenteável, uma patente será emitida para os Estados Unidos depois que o administrador protocolar um requerimento para esse fim, a menos que o administrador renuncie a toda ou qualquer parte dos direitos dos Estados Unidos em relação a essa invenção em conformidade com as provisões da subseção (f) desta seção.

(b) Cada contrato estabelecido pelo administrador com qualquer grupo para o desempenho de qualquer trabalho deve conter provisões efetivas sob as quais esse grupo deve fornecer prontamente ao administrador um relatório por escrito contendo informações técnicas plenas e completas a respeito de qualquer invenção, descoberta, melhoramento ou inovação que possa ser alcançado no desempenho de qualquer um desses trabalhos.

(c) Nenhuma patente pode ser concedida a nenhum requerente que não o administrador para qualquer invenção que parecer ao subsecretário do Comércio de

Propriedade Intelectual e diretor do Escritório de Marcas e Patentes dos Estados Unidos (daqui em diante referido nesta seção como diretor) ter utilidade significativa na condução de atividades espaciais e aeronáuticas, a menos que o requerente protocole junto ao diretor, com o requerimento ou dentro de trinta dias depois do pedido feito pelo diretor, uma declaração por escrito, feita sob juramento, apresentando os fatos completos a respeito das circunstâncias em que essa invenção foi criada e especificando a relação (se houver) dessa invenção com o desempenho de qualquer trabalho sob qualquer contrato da Administração. Cópias dessa declaração e do requerimento a que se relaciona devem ser transmitidas pelo diretor ao administrador.

(d) Sobre qualquer requerimento relacionado com qualquer uma dessas declarações transmitidas ao administrador, o diretor pode, se a invenção for patenteável, conceder uma patente para o requerente, a menos que o administrador, dentro de noventa dias depois do recebimento desse pedido e declaração, requeira que essa patente seja concedida a ele em nome dos Estados Unidos. Se, dentro desse tempo, o administrador protocolar esse requerimento ao diretor, o diretor deve transmitir aviso dessa medida ao requerente, e deve conceder a patente ao administrador, a menos que o requerente dentro de trinta dias depois do recebimento do aviso requeira uma audiência perante o Conselho de Apelações e Interferências do Escritório de Patentes, caso o administrador tenha direito sob esta seção de receber a patente. O Conselho pode ouvir e determinar, de acordo com as regras e os procedimentos estabelecidos para os casos de interferência, a questão assim apresentada, e sua determinação deve estar sujeita a uma apelação do requerente ou do administrador na Corte de Apelações do Circuito Federal dos Estados Unidos de acordo com os procedimentos que regem as apelações de decisões do Conselho de Apelações e Interferências do Escritório de Patentes em outros processos judiciais.

(e) Sempre que qualquer patente for concedida a qualquer requerente em conformidade com a subseção (d), e o administrador depois tiver razão em acreditar que a declaração protocolada pelo requerente em conexão com o pedido continha qualquer representação falsa de qualquer fato material, o Administrador dentro de cinco anos depois da data da concessão dessa patente pode protocolar junto ao diretor um pedido para transferir ao administrador o título dessa patente nos registros do diretor. Um aviso desse pedido deve ser transmitido pelo diretor ao proprietário do registro da patente, e o título dessa patente deve ser assim transferido ao administrador, a menos que dentro de trinta dias depois do recebimento desse aviso o proprietário do registro requeira uma audiência perante o Conselho de Apelações e Interferências do Escritório de Patentes, caso houvesse representação falsa na declaração. Essa questão deve ser ouvida e determinada, e sua determinação deve estar sujeita a revisão, na maneira prescrita pela subseção (d) para questões dela decorrentes. Nenhum pedido feito pelo administrador sob esta subseção para a transferência de título de qualquer patente, e nenhum processo pela violação de qualquer lei penal, deve ser barrado por qualquer fracasso do Administrador em fazer um pedido sob a subseção (d) para a concessão dessa patente para ele, ou por qualquer aviso previamente dado pelo administrador afirmando não ter objeções à concessão dessa patente para o requerente dela.

(f) Sob os regulamentos em conformidade com esta subseção que o administrador deve prescrever, ele pode renunciar à totalidade ou alguma parte dos direitos dos Estados Unidos sob esta seção com respeito a qualquer invenção ou classe de invenções feita ou que pode ser feita por qualquer pessoa ou classe de pessoas no desempenho de qualquer trabalho requerido por qualquer contrato da Administração, se o administrador determinar que os interesses dos Estados Unidos serão com isso observados. Essa renúncia pode ser feita nos termos e nas condições que o administrador determinar que devem ser exigidos para a proteção dos interesses dos Estados Unidos. Cada renúncia feita com respeito a qualquer invenção deve estar sujeita à reserva pelo administrador de uma licença irrevogável, não exclusiva, não transferível, isenta de royalties, para a prática dessa invenção em todo o mundo pelos, ou em nome dos, Estados Unidos ou de qualquer governo estrangeiro nos termos de qualquer tratado ou acordo com os Estados Unidos. Cada proposta para qualquer renúncia sob esta subseção deve ser referida a um Conselho de Contribuições e Invenções que deve ser estabelecido pelo administrador dentro da Administração. Esse Conselho deve dar a cada grupo interessado uma oportunidade de ser escutado, e deve transmitir ao administrador suas conclusões com relação a essa proposta e suas recomendações sobre a ação a ser tomada a esse respeito.

(g) [Revogado]

(h) O administrador é autorizado a tomar todos os passos adequados e necessários para proteger qualquer invenção ou descoberta a que tem direito, e requerer que contratantes ou pessoas que retêm o título de invenções ou descobertas sob esta seção protejam as invenções ou descobertas para as quais a Administração tem ou pode adquirir uma licença de uso.

(i) A Administração deve ser considerada uma agência de defesa dos Estados Unidos para os fins do capítulo 17 do título 35 do Código dos Estados Unidos.

(j) Conforme usado nesta seção:

(1) o termo "pessoa" significa qualquer indivíduo, parceria, corporação, associação, instituição ou outra entidade;

(2) o termo "contrato" significa qualquer contrato, acordo, entendimento ou outro arranjo, real ou proposto, e inclui qualquer designação, substituição de grupos, ou subcontrato executado ou celebrado nesse sentido;

(3) o termo "criada", quando usado em relação a qualquer invenção, significa a concepção ou a primeira reprodução real a praticar essa invenção.

(k) Qualquer objeto destinado a lançar, ser lançado ou montado no espaço exterior deve ser considerado um veículo para os fins da seção 272 do título 35, Código dos Estados Unidos.

(l) O uso ou a manufatura de qualquer invenção patenteada, incorporada num veículo espacial lançado pelo governo dos Estados Unidos, para uma pessoa que não os Estados Unidos, não deve ser considerado um uso ou manufatura pelos, ou para os, Estados Unidos dentro do significado da seção 1498(a) do título 28, Código dos Estados Unidos, a menos que a Administração der uma autorização ou consentimento expresso para esse uso ou manufatura.

PRÊMIOS PARA CONTRIBUIÇÕES

Sec. 306. (a) Sujeito às provisões desta seção, o administrador é autorizado, por sua própria iniciativa ou por solicitação de qualquer pessoa, a criar um prêmio monetário, num montante e nos termos que ele deve determinar como justificáveis, para qualquer pessoa (conforme definida pela seção 305) por qualquer contribuição técnica ou científica para a Administração, que o administrador determinar ter valor significativo na condução das atividades espaciais e aeronáuticas. Cada requerimento de qualquer um desses prêmios deve ser encaminhado ao Conselho de Contribuições e Invenções estabelecido sob a seção 305 desta lei. Esse Conselho deve dar a cada requerente uma oportunidade de ser ouvido sobre o requerimento, e deve transmitir ao administrador sua recomendação quanto aos termos do prêmio, se houver, a ser concedido ao requerente por essa contribuição. Ao determinar os termos e as condições de qualquer prêmio o administrador deve levar em consideração:

(1) o valor da contribuição para os Estados Unidos;

(2) o montante agregado das somas que foram gastas pelo requerente para o desenvolvimento dessa contribuição;

(3) a quantia de qualquer compensação (outra que não o salário recebido por serviços prestados como um funcionário graduado ou um empregado do governo) previamente recebida pelo requerente para ou por causa do uso dessa contribuição pelos Estados Unidos;

(4) outros fatores que o administrador determinar serem materiais.

(b) Se mais de um requerente sob a subseção (a) reivindicar participação na mesma contribuição, o administrador deve verificar e determinar as respectivas participações dos requerentes, e deve dividir qualquer prêmio a ser concedido com respeito a essa contribuição entre os requerentes nas proporções que ele determinar serem equitativas. Nenhum prêmio pode ser concedido sob a subseção (a) com respeito a qualquer contribuição:

(1) a menos que o requerente desista, pelos meios que o administrador determinar serem efetivos, de todas as reivindicações que o requerente possa ter quanto a receber qualquer compensação (outra que não o prêmio concedido sob esta seção) pelo uso dessa contribuição ou de qualquer um de seus elementos, em qualquer momento, pelos, ou em nome dos, Estados Unidos, ou por ou em nome de qualquer governo estrangeiro nos termos de qualquer tratado ou acordo com os Estados Unidos, dentro dos Estados Unidos ou em qualquer outro lugar.

(2) em qualquer quantia superior a 100 mil dólares, a menos que o administrador tenha transmitido para os comitês apropriados do Congresso um relatório pleno e

completo sobre a quantia e os termos do, e a base para o, prêmio proposto, e trinta dias corridos de sessão regular do Congresso tenham se expirado depois do recebimento desse relatório por esses comitês.

DEFESA DE CERTOS PROCESSOS POR IMPERÍCIA E NEGLIGÊNCIA

Sec. 307. (a) O remédio legal contra os Estados Unidos fornecido pelas seções 1346(b) e 2672 do título 28, Código dos Estados Unidos, para danos por lesão pessoal, inclusive morte, causados por ato ou omissão negligente ou imperito de qualquer médico, dentista, enfermeiro, farmacêutico, paramédico ou outro pessoal de suporte à vida (inclusive técnicos médicos e dentários, auxiliares de enfermagem e terapeutas) da Administração no desempenho de funções médicas, dentárias ou de assistência médica correlata (inclusive estudos e investigações clínicos) ao agirem dentro do escopo de seus deveres ou emprego na ou para a Administração, deve excluir daqui em diante qualquer outra ação ou processo civil por razão do mesmo argumento contra esse médico, dentista, enfermeiro, farmacêutico, paramédico ou outro pessoal de suporte à vida (ou os bens dessa pessoa) cujo ato ou omissão deu origem a essa ação ou processo.

(b) O procurador-geral deve defender qualquer ação ou processo civil aberto em qualquer corte contra qualquer pessoa referida na subseção (a) desta seção (ou os bens dessa pessoa) por qualquer um desses danos. Essa pessoa contra quem é aberta essa ação ou processo civil deve entregar, dentro de um período de tempo após a data da citação ou conhecimento da citação determinado pelo procurador-geral, toda a documentação do processo movido contra essa pessoa ou uma cópia verdadeira certificada desses documentos ao superior imediato dessa pessoa ou a quem quer que tenha sido designado pelo administrador para receber esses documentos, e essa pessoa deve fornecer prontamente cópias do pleito e do processo a esse respeito ao procurador dos Estados Unidos para o distrito que abrange o lugar onde o processo foi aberto perante o procurador-geral e o administrador.

(c) Com uma certificação pelo procurador-geral de que qualquer pessoa descrita na subseção (a) estava agindo no escopo dos deveres ou do emprego dessa pessoa na época do incidente que deu origem ao processo, qualquer ação ou processo civil iniciado numa corte estadual deve ser remetido sem caução, em qualquer momento antes do julgamento pelo procurador-geral, à corte distrital dos Estados Unidos do distrito e divisão que abrange o lugar onde ele está pendente, e o processo deve ser considerado uma ação de ilícito civil movida contra os Estados Unidos sob as provisões do título 28, Código dos Estados Unidos, e todas as referências a esse título. Se uma corte distrital dos Estados Unidos determinar numa audiência sobre uma moção de remessa do processo, realizada antes do julgamento sobre o mérito da causa, que o caso assim remetido é um processo em que um remédio legal por ação dentro do significado da subseção (a) desta seção não é possível contra os Estados Unidos, o caso deve ser remetido de volta à corte estadual.

(d) O procurador-geral pode entrar em acordo ou aceitar qualquer alegação afirmada nessa ação ou processo civil à maneira determinada na seção 2677 do título 28, Código dos Estados Unidos, e com o mesmo efeito.

(e) Para fins desta seção, as provisões da seção 2680(h) do título 28, Código dos Estados Unidos, não devem se aplicar a nenhuma causa de ação que se origine de um ato de omissão negligente ou errôneo no desempenho de funções médicas, dentárias ou de assistência médica correlata (inclusive estudos e investigações clínicos).

(f) O administrador ou seu designado podem, na medida em que o administrador ou seu designado julgarem apropriado, considerar inócuo ou providenciar seguro de responsabilidade civil para qualquer pessoa descrita na subseção (a) por danos de lesão pessoal, inclusive morte, causados por um ato ou omissão negligente ou errôneo dessa pessoa no desempenho de funções médicas, dentárias ou de assistência médica correlata (inclusive estudos e investigações clínicos) ao agir dentro do escopo dos deveres dessa pessoa, se essa pessoa for designada para um país estrangeiro ou designada para serviço especial em outro departamento, agência ou organismo governamental que não sejam federais, ou se as circunstâncias forem tais que provavelmente impeçam os remédios de terceiros contra os Estados Unidos descritos na seção 2679(b) do título 28, Código dos Estados Unidos, para esse dano ou prejuízo.

SEGURO E INDENIZAÇÃO

Sec. 308. (a) O administrador é autorizado, nesses termos e na medida em que possa considerar apropriado, a fornecer seguro de responsabilidade civil a qualquer usuário de um veículo espacial para compensar a totalidade ou uma porção de reclamações de terceiros por morte, lesão corporal, ou perda ou dano à propriedade resultantes de atividades realizadas em conexão com o lançamento, operações ou recuperação do veículo espacial. Os fundos à disposição da Administração podem ser utilizados para adquirir esse seguro, mas esses fundos devem ser reembolsados no máximo grau viável pelos usuários sob as políticas de reembolso estabelecidas nos termos da seção 203(c) desta lei.

(b) Sob os regulamentos em conformidade com esta seção que o administrador deve prescrever levando em consideração a disponibilidade, o custo e os termos do seguro de responsabilidade civil, qualquer acordo entre a Administração e o usuário de um veículo espacial pode determinar que os Estados Unidos indenizarão o usuário contra reclamações (incluindo despesas razoáveis de litígio ou acordo) de terceiros por morte, lesão corporal, ou perda ou dano à propriedade resultantes de atividades realizadas em conexão com o lançamento, operações ou recuperação do veículo espacial, mas apenas na medida em que essas reclamações não sejam compensadas pelo seguro de responsabilidade civil do usuário, sob condição de essa indenização poder ser limitada a reclamações resultantes de outra causa que não uma negligência real ou má conduta proposital do usuário.

(c) Um acordo selado sob a subseção (b) que proporciona indenização deve também providenciar:

(1) notificação aos Estados Unidos de qualquer reclamação ou ação contra o usuário por morte, lesão corporal, ou perda ou dano à propriedade;

(d) nenhum pagamento pode ser feito sob a subseção (b) a menos que o administrador ou seu designado certifique que o montante é justo e razoável.

(e) Com aprovação do administrador, os pagamentos sob a subseção (b) podem ser feitos, por escolha do administrador, quer de fundos disponíveis para pesquisa e desenvolvimento sem outra alocação obrigatória, quer de fundos apropriados para esses pagamentos.

(f) Conforme usados nesta seção:

(1) o termo "veículo espacial" significa um objeto criado para lançar, ser lançado ou montado no espaço exterior, inclusive o ônibus espacial e outros componentes de um sistema de transporte espacial, junto com equipamento, dispositivos, componentes e peças relacionados;

(2) o termo "usuário" inclui qualquer um que entra num acordo com o administrador para usar a totalidade ou uma porção de um veículo espacial, que possui ou fornece propriedade a ser transportada num veículo espacial, ou que emprega uma pessoa a ser transportada num veículo espacial;

(3) o termo "terceiro" significa qualquer pessoa que pode instituir uma reivindicação contra um usuário por morte, lesão corporal ou perda ou dano à propriedade.

VEÍCULO AEROESPACIAL EXPERIMENTAL

Sec. 309. (a) O administrador pode fornecer seguro de responsabilidade civil ou indenização para o desenvolvedor de um veículo aeroespacial experimental desenvolvido ou usado na execução de um acordo entre a Administração e o desenvolvedor.

(b) Termos e Condições.

(1) Exceto quando concedidos de outra maneira nesta seção, o seguro e a indenização concedidos pelo administrador sob a subseção (a) para um desenvolvedor devem ser concedidos nos mesmos termos e condições que o seguro e a indenização concedidos pelo administrador sob a seção 308 desta lei para o usuário de um veículo espacial.

(2) Seguro.

(A) Um desenvolvedor deve obter seguro de responsabilidade civil ou demonstrar responsabilidade financeira em somas que compensem ao máximo uma provável perda de reivindicações de:

(i) um terceiro por morte, lesão corporal, ou dano à propriedade ou perda resultantes de uma atividade executada em conexão com o desenvolvimento ou o uso de um veículo aeroespacial experimental;

(ii) o governo dos Estados Unidos por dano ou perda infligida a uma propriedade do governo resultante dessa atividade.

(B) O administrador deve determinar a quantidade de seguro requerida, mas, exceto estabelecido no subparágrafo (C), essa quantia não deve ser superior à quantia requerida sob a seção 70112(a)(3) do título 49, Código dos Estados Unidos, para um lançamento. O administrador deve publicar uma notificação da determinação do administrador e a quantia ou quantias aplicáveis no Registro Federal dentro de dez dias depois de fazer a determinação.

(C) O administrador pode aumentar as quantias em dólares apresentadas na seção 70112(a) (3)(A), Código dos Estados Unidos, com o objetivo de aplicar aquela seção nos termos desta seção a um desenvolvedor, depois de consultar o controlador-geral e os peritos e consultores que possam ser apropriados, e após publicar notificação do aumento no Registro Federal em não menos de 180 dias antes de o aumento entrar em vigor. O administrador deve disponibilizar para inspeção pública, sem ultrapassar a data da publicação dessa notificação, um registro completo de qualquer correspondência recebida pela Administração, e uma transcrição de quaisquer encontros em que a Administração participou, a respeito do aumento proposto.

(D) O administrador não pode conceder um seguro de responsabilidade civil ou indenização sob a subseção (a), a menos que o desenvolvedor estabeleça a contento do administrador que os procedimentos e práticas de segurança apropriados estão sendo observados no desenvolvimento do veículo aeroespacial experimental.

(3) Não obstante a subseção (a), o administrador não pode indenizar um desenvolvedor de um veículo aeroespacial experimental sob esta seção, a menos que haja um acordo entre o administrador e o desenvolvedor descrito na subseção (c).

(4) Se o administrador requerer fundos adicionais para fazer pagamentos sob esta seção, como os pagamentos que podem ser feitos sob a seção 308(b) desta lei, o pedido para esses fundos deve ser feito de acordo com os procedimentos estabelecidos pelas subseções (d) e (e) da seção 70113 do título 49, Código dos Estados Unidos.

(c) Renúncias Cruzadas ao Exercício de um Direito.

(1) O administrador, em nome dos Estados Unidos, e seus departamentos, agências e organismos governamentais, pode renunciar reciprocamente ao exercício de um direito com um desenvolvedor ou parte colaboradora e com as entidades correlatas desse desenvolvedor ou parte colaboradora, ajuste pelo qual cada participante da renúncia concorda ser responsável, e concorda em assegurar que suas próprias entidades correlatas são responsáveis, por dano ou perda causado a uma propriedade de sua responsabilidade, ou por perdas resultantes de qualquer lesão ou morte sofridas por seus próprios empregados ou agentes, como resultado de atividades ligadas ao acordo ou uso do veículo aeroespacial experimental.

(2) Limitações.

(A) Uma renúncia recíproca a um direito sob o parágrafo (1) não pode impedir uma reivindicação feita por qualquer pessoa física (inclusive, mas não limitado a, uma pessoa física que seja um empregado dos Estados Unidos, do desenvolvedor, da parte colaboradora, ou de seus respectivos subcontratantes), ou os bens dessa pessoa física, sobreviventes ou sub-rogados por lesão ou morte, exceto com respeito a um sub-rogado que participa da renúncia ou concordou de outra maneira a cumprir os termos da renúncia.

(B) Uma renúncia recíproca a um direito sob o parágrafo (1) não pode absolver qualquer grupo da responsabilidade civil para com qualquer pessoa física (inclusive, mas não limitado a, uma pessoa física que seja empregada dos Estados Unidos, do desenvolvedor, da parte colaboradora, ou de seus respectivos subcontratantes) ou os bens dessa pessoa física, sobreviventes ou sub-rogados por negligência, exceto com respeito a um sub-rogado que é participante da renúncia ou concordou de outra maneira cumprir os termos da renúncia.

(C) Uma renúncia recíproca a um direito sob o parágrafo (1) não pode ser usada como base de um pedido, pela Administração, ou pelo desenvolvedor ou parte colaboradora, de indenização contra o outro por danos pagos a uma pessoa física, ou aos bens dessa pessoa física, sobreviventes ou sub-rogados, por lesão ou morte sofridas por essa pessoa física como resultado das atividades ligadas ao acordo ou uso do veículo aeroespacial experimental.

(D) Uma renúncia recíproca a um direito sob o parágrafo (1) não pode desobrigar os Estados Unidos, o desenvolvedor, a parte colaboradora, ou as entidades relacionadas do desenvolvedor ou parte colaboradora, da responsabilidade civil por dano ou perda resultante de má conduta intencional.

(3) A subseção (c) se aplica a qualquer renúncia a reivindicações iniciadas pela Administração, sem considerar se foi iniciada antes, no dia ou depois da data da promulgação desta lei.

(d) Definições. Nesta seção:

(1) Parte Colaboradora. – O termo "parte colaboradora" significa qualquer pessoa que celebra um acordo com a Administração para o desempenho de atividades científicas, aeronáuticas ou espaciais que colaboram para cumprir os propósitos desta lei.

(2) Desenvolvedor. – O termo "desenvolvedor" significa uma pessoa dos Estados Unidos (que não seja uma pessoa física) que:

(A) é uma das partes num acordo com a Administração com o objetivo de desenvolver nova tecnologia para um veículo aeroespacial experimental;

(B) possui ou fornece propriedade a ser transportada ou situada naquele veículo; ou

(C) emprega uma pessoa física para estar no voo daquele veículo.

(3) Veículo Aeroespacial Experimental. – O termo "veículo aeroespacial experimental" significa um objeto destinado a voar, ou ser lançado, num voo orbital ou suborbital, com o objetivo de demonstrar as tecnologias necessárias para um veículo de lançamento reutilizável, desenvolvido sob um acordo entre a Administração e um desenvolvedor.

(4) Entidade Relacionada. – O termo "entidade relacionada" inclui um contratante ou subcontratante em qualquer nível, um fornecedor, um subvencionado, e um investigador ou empregado emprestado dos Estados Unidos.

(e) Relação a Outras Leis.

(1) Seção 308. – Esta seção não se aplica a nenhum objeto, transação ou operação a que a seção 308 desta lei se aplica.

(2) Capítulo 701 do Título 49, Código dos Estados Unidos. – O administrador não pode fornecer indenização a um desenvolvedor sob esta seção para lançamentos sujeitos a licença sob a seção 70117(g)(1) do título 49, Código dos Estados Unidos.

(f) Término.

(1) Em geral. As provisões desta seção devem terminar em 31 de dezembro de 2010, exceto que o administrador pode estender a data do término a uma data não posterior a 30 de setembro de 2005, se o administrador determinar que essa extensão é do interesse dos Estados Unidos.

(2) Efeito do Término no Acordo. O término desta seção não deve terminar ou afetar de outra maneira qualquer acordo de renúncia cruzada a um direito, acordo de seguro, acordo de indenização, ou outro acordo celebrado sob esta seção, exceto se determinado naquele acordo.

APROPRIAÇÕES

Sec. 310. (a) Estão pelo presente autorizadas a serem apropriadas as somas que podem ser necessárias para cumprir esta lei, exceto que nada nesta lei deve autorizar a apropriação de qualquer quantia para (1) a aquisição ou condenação de qualquer bem imóvel, ou (2) qualquer outro item de natureza do capital (como a aquisição, construção ou expansão de uma fábrica ou instalação) que exceda 250 mil dólares. As somas apropriadas nos termos desta subseção para a construção de instalações, ou para atividades de pesquisa e desenvolvimento, devem permanecer disponíveis até serem gastas.

(b) Quaisquer fundos apropriados para a construção de instalações podem ser usados para reparos de emergência de instalações existentes, quando essas instalações existentes se tornarem inoperantes por grande avaria, acidente ou outras circunstâncias, e esses reparos forem considerados pelo administrador mais urgentes que a construção de novas instalações.

(c) Não obstante qualquer outra provisão da lei, a autorização de qualquer apropriação para a Administração deve expirar (a menos que uma expiração anterior seja especificamente determinada) no final do terceiro ano fiscal depois do ano fiscal em que a autorização foi promulgada, na medida em que essa apropriação não tenha sido, portanto, realmente feita.

MAU EMPREGO DO NOME E DA SIGLA DA AGÊNCIA

Sec. 311. (a) Nenhuma pessoa (conforme definição da seção 305) pode (1) usar deliberadamente as palavras Administração Nacional do Espaço e da Aeronáutica ou as letras Nasa, ou qualquer combinação, variação, ou imitação dissimulada dessas palavras ou letras, quer sozinhas, quer em combinação com outras palavras ou letras, como um nome de uma firma ou negócio, de maneira razoavelmente calculada para transmitir a impressão de que essa firma ou negócio tem alguma ligação com, ou endosso de, ou autorização de, a Administração Nacional do Espaço e da Aeronáutica, o que, de fato, não existe; ou (2) usar deliberadamente essas palavras ou letras ou qualquer combinação, variação ou imitação dissimulada delas, quer sozinhas, quer em combinação com outras palavras ou letras em ligação com qualquer produto ou serviço oferecido ou disponibilizado ao público de modo razoavelmente calculado para transmitir a impressão de que esse produto ou serviço tem a autorização, apoio, patrocínio ou endosso de/ou desenvolvimento, uso ou manufatura de/ou em nome da Administração Nacional do Espaço e da Aeronáutica, o que de fato não existe.

(b) Sempre que parecer ao procurador-geral que qualquer pessoa está envolvida com um ato ou uma prática que constitui ou constituirá conduta proibida pela subseção (a), o procurador-geral pode abrir um processo civil numa corte distrital dos Estados Unidos para vetar esse ato ou prática.

CONTRATOS REFERENTES A VEÍCULOS DE LANÇAMENTO DESCARTÁVEIS

Sec. 312. (a) O administrador pode celebrar contratos para serviços de veículo de lançamento descartável destinados a períodos que excedem o período para o qual os fundos estão de outro modo disponíveis por obrigação, providenciar o pagamento do passivo contingente que pode acumular além das apropriações disponíveis no caso de o governo para sua conveniência terminar esses contratos, e viabilizar pagamentos adiantados razoavelmente relacionados com o veículo de lançamento e equipamento, fabricação e custos de aquisição correlatos, se qualquer um desses contratos limitar a quantia dos pagamentos que o governo federal tem a permissão de realizar sob esse contrato, a quantias providas de antemão nas leis de apropriação. Esses contratos podem ser limitados a fontes dentro dos Estados Unidos, quando o administrador determinar que essa limitação é de interesse público.

(b) Se não houver fundos disponíveis para continuar esse contrato, o contrato deve ser terminado para conveniência do governo, e os custos desse contrato devem ser pagos com apropriações originalmente disponíveis para a execução do contrato, com outras apropriações não empenhadas então disponíveis para a aquisição dos serviços de lançamento, ou com fundos apropriados para esses pagamentos.

ESTRUTURA DA CONTA DAS APROPRIAÇÕES PARA OS CUSTOS PLENOS

Sec. 313. (a) (1) As apropriações para a Administração relativas ao ano fiscal de 2007 e dessa data em diante devem ser feitas em três contas, Ciência, Aeronáutica e

Educação, Sistemas de Exploração e Operações Espaciais, e uma conta para quantias reservadas para as despesas necessárias do escritório do inspetor-geral.

(2) Dentro da conta do Sistemas de Exploração e Operações Espaciais, não mais que 10% dos fundos de um ano fiscal para os Sistemas de Exploração podem ser reprogramados para Operações Espaciais, e não mais que 10% dos fundos de um ano fiscal para Operações Espaciais podem ser reprogramados para Sistemas de Exploração. Este parágrafo não deve se aplicar à reprogramação para os fins descritos na subseção (b)(2).

(3) As apropriações devem permanecer disponíveis para dois anos fiscais, a menos que especificado de outra forma na lei. Cada conta deve incluir os custos plenos planejados das atividades da Administração.

(b) (1) Para assegurar a realização segura, oportuna e bem-sucedida das missões da Administração, a Administração pode transferir quantias para salários e benefícios federais; treinamento, viagem e prêmios; instalação e custos correlatos; serviços de tecnologia da informação; serviços de publicação; ciência, engenharia, serviços de fabricação e testes; e outros serviços administrativos entre contas, conforme necessário.

(c) Os balanços não expirados de reservas anteriores da Administração para atividades autorizadas sob esta lei podem ser transferidos para a nova conta estabelecida para essa atividade na subseção (a). Os balanços assim transferidos podem ser fundidos com os fundos na conta recém-estabelecida, e daí em diante podem ser considerados um único fundo sob os mesmos termos e condições.

AUTORIDADE DOS PRÊMIOS

Sec. 314. (a) Em Geral. – A Administração pode realizar um programa que conceda competitivamente prêmios monetários para estimular a inovação em pesquisa básica e aplicada, desenvolvimento de tecnologia e demonstração de protótipos, que tenha o potencial de ser aplicada ao desempenho das atividades espaciais e aeronáuticas da Administração. A Administração pode realizar um programa para conceder prêmios apenas em conformidade com esta seção.

(b) Tópicos. – Ao selecionar os tópicos para as competições dos prêmios, o administrador deve consultar amplamente tanto dentro como fora do governo federal, e pode formar comitês consultivos.

(c) Divulgação. – O administrador deve divulgar amplamente as competições dos prêmios para estimular a participação.

(d) Requerimentos e Registro. – Para cada competição de prêmio, o administrador deve publicar uma notificação no Registro Federal anunciando o tema da competição, as regras para poder participar da competição, a quantia do prêmio e a base dos critérios pelos quais o vencedor será selecionado.

(e) Elegibilidade. – Para ser elegível a ganhar um prêmio sob esta seção, um indivíduo ou entidade:

(1) deve ter se registrado para participar da competição nos termos das regras promulgadas pela Administração sob a subseção (9);

(2) deve ter concordado em obedecer a todos os requerimentos sob esta seção;

(3) no caso de uma entidade privada, ela deve ser incorporada e manter um lugar primário em negócios nos Estados Unidos, e no caso de um indivíduo, quer participando sozinho, quer num grupo, ele deve ser um cidadão ou residente permanente dos Estados Unidos;

(4) não deve ser uma entidade federal ou um empregado federal atuando dentro do escopo de seu emprego;

(f) Responsabilidade. – (1) os participantes registrados devem concordar em assumir todo e qualquer risco e renunciar ao direito de reclamar contra o governo federal e suas entidades relacionadas, exceto no caso de má conduta deliberada, por qualquer lesão, morte, dano ou perda de propriedade, renda ou lucros, quer diretos, indiretos ou consequenciais, resultantes de sua participação numa competição, quer essa lesão, morte, dano ou perda ocorra por negligência ou de outra maneira. Para os fins deste parágrafo, o termo "entidade relacionada" significa um contratante ou subcontratante em qualquer nível, e um fornecedor, usuário, cliente, parte colaboradora, beneficiado por doação, investigador ou servidor público emprestado.

(2) Os participantes devem obter seguro de responsabilidade civil ou demonstrar responsabilidade financeira, em quantias determinadas pelo administrador, para satisfazer reivindicações de:

(A) um terceiro por morte, lesão corporal ou dano ou perda de propriedade resultantes de uma atividade exercida em conexão com a participação numa competição, com o governo federal nomeado como um segurado adicional sob a política de seguro do participante registrado, e os participantes registrados concordando em indenizar o governo federal contra reivindicações de terceiros por danos ocorridos nas, ou relativos às, atividades da competição;

(B) o governo federal por dano ou perda de propriedade do governo resultante dessa atividade.

(g) Juízes. – Para cada competição, a Administração, quer diretamente, quer por meio de um acordo sob a subseção (b), deve montar um painel de juízes qualificados para selecionar o vencedor ou os vencedores da competição pelo prêmio de acordo com a base descrita nos termos da subseção (d). Os juízes para cada competição devem incluir indivíduos de fora da Administração, inclusive do setor privado. Um juiz não pode:

(1) ter interesses pessoais ou financeiros em, ou ser empregado, funcionário graduado, diretor ou agente de qualquer entidade que seja participante registrada numa competição; ou

(2) ter uma relação familiar ou financeira com um indivíduo que seja participante registrado.

(h) Administrar a Competição. – O administrador pode celebrar um acordo com uma entidade privada sem fins lucrativos para administrar a competição do prêmio, sujeito às provisões desta seção.

(i) Financiamento. – (1) Os prêmios sob esta seção podem consistir em fundos apropriados federais e fundos fornecidos pelo setor privado para esses prêmios monetários. O administrador pode aceitar fundos de outras agências federais para esses prêmios monetários. O administrador não pode dar nenhuma consideração especial a nenhuma entidade do setor privado em troca de uma doação.

(2) Não obstante qualquer outra provisão da lei, os fundos apropriados para a concessão de prêmios sob esta seção devem permanecer disponíveis até serem gastos, e só podem ser transferidos, reprogramados ou gastos para outros fins depois da expiração de dez anos fiscais após o ano fiscal para o qual os fundos foram originalmente apropriados. Nenhuma provisão nesta seção permite empenho ou pagamento de fundos em violação da Lei Antideficiência (31 U.S.C. 1341).

(3) Nenhum prêmio pode ser anunciado sob a subseção (d) até que todos os fundos necessários para pagar a anunciada quantia do prêmio tenham sido apropriados ou empenhados por escrito por uma fonte privada. O administrador pode aumentar a quantia de um prêmio depois que um anúncio inicial é feito sob a subseção (d) se:

(A) o aviso do aumento é dado na mesma maneira que o aviso inicial do prêmio;

(B) os fundos necessários para pagar a quantia do aumento anunciada tiverem sido apropriados ou empenhados por escrito por uma fonte privada.

(4) Nenhuma competição de prêmio sob esta seção pode oferecer um prêmio com uma quantia superior a 10 milhões de dólares a menos que trinta dias tenham se passado depois de um aviso por escrito ser transmitido ao Comitê sobre Ciência da Câmara dos Deputados e ao Comitê sobre Comércio, Ciência e Transporte do Senado.

(5) Nenhuma competição de prêmio sob esta seção pode resultar na concessão de mais que 1 milhão de dólares em prêmios em dinheiro vivo sem a aprovação do administrador.

(j) Uso do Nome e Insígnias da Nasa. – Um participante registrado numa competição sob esta seção só pode usar o nome, as iniciais ou as insígnias da Administração depois de uma inspeção prévia e uma aprovação escrita da Administração.

(k) Observância à Lei Existente. – O governo federal não deve ser responsável, em virtude de oferecer ou conceder um prêmio sob esta seção, pelos participantes registrados numa competição de prêmio observarem ou não a lei federal, inclusive concessão de licenças, controle de exportações e leis de não proliferação e regulamentos correlatos.

ARRENDAMENTO DE PROPRIEDADE NÃO EXCEDENTE

Sec. 315. (a) Em geral. O administrador pode fazer um arrendamento sob esta seção para qualquer pessoa ou entidade (inclusive outro departamento ou agência do governo federal, ou uma entidade de um Estado ou governo local) com respeito a qualquer propriedade imóvel e propriedade móvel correlata que não seja excedente sob a jurisdição da Administração.

(b) Contrapartidas.

(1) Uma pessoa ou entidade que faz um arrendamento sob esta seção deve providenciar contrapartida em dinheiro para o arrendamento num valor de mercado justo conforme determinado pelo administrador.

(2)

(A) O administrador pode utilizar quantias de contrapartida em dinheiro recebidas sob esta subseção por um arrendamento realizado sob esta seção para cobrir os custos totais para a Nasa em conexão com o arrendamento. Esses fundos devem permanecer disponíveis até serem gastos.

(B) Quaisquer quantias de contrapartida em dinheiro recebidas sob esta subseção que não forem utilizadas de acordo com o subparágrafo (A) devem ser depositadas numa conta de ativos de capital a ser estabelecida pelo administrador, devem estar disponíveis para revitalização de capital e projetos de construção e melhorias em ativos de propriedade imóvel e propriedade móvel correlata sob a jurisdição da Administração, e devem permanecer disponíveis até serem gastas.

(C) As quantias utilizadas sob o subparágrafo (B) não podem ser utilizadas para custos operacionais diários.

(c) Termos e condições adicionais. O administrador por requerer esses termos e condições em conexão com um arrendamento sob esta seção, quando o administrador considerar apropriado para proteger os interesses dos Estados Unidos.

(d) Relação com outra autoridade de arrendamento. A autoridade sob esta seção para arrendamento de propriedade da Nasa está além de qualquer outra autoridade que arrendar propriedade da Nasa ao abrigo da lei.

(e) Restrições de Arrendamento.

(1) A Nasa não está autorizada a arrendar propriedade com cláusula de recompra sob esta seção durante o período do arrendamento ou celebrar outros contratos com o arrendatário relativos à propriedade.

(2) A Nasa não está autorizada a arrendar sob esta seção propriedade imóvel controlada pelo governo temporariamente não requisitada para fins de missão, a menos que o administrador certifique que esse arrendamento não terá um impacto negativo sobre a missão.

(f) Prescrição. – A autoridade para fazer arrendamentos sob esta seção deve expirar na data que marca dez anos depois da data da promulgação da Lei de Apropriações do Comércio, Justiça, Ciência e Agências Correlatas de 2008. A expiração sob esta subseção da autoridade para fazer arrendamentos não deve afetar a validade ou o período dos arrendamentos ou a retenção pela Nasa da renda proveniente dos arrendamentos feitos sob esta seção antes da data da expiração dessa autoridade.

RETROCESSÃO DA JURISDIÇÃO

Sec. 316. (a) Não obstante qualquer outra provisão da lei, o administrador pode ceder para um Estado a totalidade ou parte da jurisdição legislativa dos Estados Unidos sobre terras ou interesses sob o controle do administrador naquele Estado.

(b) Para fins desta seção, o termo "Estado" significa qualquer um dos vários Estados, o distrito de Columbia, o Estado Livre Associado de Porto Rico, as Ilhas Virgens Americanas, Guam, a Samoa Americana, as Ilhas Mariana do Norte, e qualquer outro estado livre associado, território ou possessão dos Estados Unidos.

AUTORIDADE DE RECUPERAÇÃO E ELIMINAÇÃO

Sec. 317. (a) Em Geral.

(1) Controle de restos. – Sujeito aos parágrafos (2) e (3), quando houver um acidente ou infortúnio que resulte na morte de um membro da tripulação de um veículo aeroespacial tripulado da Nasa, o administrador pode assumir o controle sobre os restos mortais do tripulante e ordenar autópsias e outros testes científicos ou médicos.

(2) Tratamento. – Cada tripulante deve apresentar ao administrador sua preferência quanto ao tratamento dispensado a seus restos mortais, e o administrador deve respeitar, na medida do possível, essas preferências declaradas.

(3) Constructo. – Esta seção não deve ser interpretada como permissão para que o administrador interfira em qualquer investigação federal de um infortúnio ou acidente.

(b) Definições. – Nesta seção:

(1) Membro da tripulação. – O termo "membro da tripulação" significa um astronauta ou outra pessoa designada a um veículo aeroespacial tripulado da Nasa.

(2) Veículo aeroespacial tripulado da Nasa. – O termo "veículo aeroespacial tripulado da Nasa" significa um veículo espacial, conforme definido na seção 308(f) (1), que:

(A) é destinado a transportar uma ou mais pessoas;

(B) é projetado para operar no espaço exterior;

(C) é ou propriedade da Nasa, ou propriedade de um contratante ou parte colaboradora da Nasa, e operado como parte de uma missão da Nasa ou uma missão em conjunto com a Nasa.

TÍTULO IV – PESQUISA ATMOSFÉRICA SUPERIOR

OBJETIVO E POLÍTICA

Sec. 401. (a) O objetivo deste título é autorizar e dirigir a Administração para desenvolver e executar um programa abrangente de pesquisa, tecnologia e monitoramento dos fenômenos da atmosfera superior de modo a viabilizar uma compreensão, e manter a integridade química e física, da atmosfera superior da Terra.

(b) O Congresso declara que é política dos Estados Unidos empreender um programa imediato e apropriado de pesquisa, tecnologia e monitoramento que viabilizará a compreensão da física e química da atmosfera superior da terra.

DEFINIÇÕES

Sec. 402. Para os fins deste título, o termo "atmosfera superior" significa aquela porção da atmosfera sensível da Terra acima da troposfera.

PROGRAMA AUTORIZADO

Sec. 403. (a) Para realizar os objetivos deste título, a Administração em cooperação com outras agências federais deve iniciar e executar um programa de pesquisa, tecnologia, monitoramento e outras atividades apropriadas para compreender a física e a química da atmosfera superior.

(b) Ao cumprir as provisões deste título, o administrador deve:

(1) providenciar uma participação da comunidade de ciência e engenharia, tanto nas organizações industriais da nação como nas instituições de educação superior, para planejar e executar a pesquisa apropriada, para desenvolver a tecnologia necessária e para fazer as observações e medições necessárias.

(2) fornecer, por meio de subvenção, contratos, bolsas de estudo ou outros arranjos, de maneira mais viável e coerente com outras leis, a participação mais amplamente viável e apropriada da comunidade de ciência e engenharia no programa autorizado por este título;

(3) disponibilizar todos os resultados do programa autorizado por este título para as agências regulatórias apropriadas e viabilizar a disseminação mais amplamente viável desses resultados.

COOPERAÇÃO INTERNACIONAL

Sec. 404. Ao cumprir as provisões deste título, a Administração, sujeita à direção do presidente e depois de consulta ao secretário de Estado, deve fazer todo e qualquer esforço para angariar o apoio e a cooperação de cientistas e engenheiros apropriados de outros países e organizações internacionais.

APÊNDICE B*

UMA SELEÇÃO DE REQUISITOS ESTATUTÁRIOS APLICÁVEIS À NASA

Lei Nacional de Bolsas de Estudos e Subvenções a Universidades para a Pesquisa do Espaço
Utilização de Acordos Cooperativos de Desenvolvimento e Pesquisa – Tecnologia Federal (CRDAs)
Arrendamento de estabelecimento âncora e responsabilidade pelo término do contrato
Uso das instalações do governo
Jurisdição territorial e marítima especial dos Estados Unidos definida
Revelação de informações confidenciais em geral
Invenções no espaço exterior
Proibição de subvenção ou contrato fornecendo clientela garantida para novos serviços ou hardware espaciais comerciais
Recuperação do valor justo de colocar cargas úteis do Departamento de Defesa em órbita com o ônibus espacial
Política do uso do ônibus espacial
Definições
Outras atividades da Administração Nacional do Espaço e da Aeronáutica
Política de preços do ônibus espacial: juízos do Congresso e declaração de propósito
Aquisição de dados de ciência do espaço
Fontes de dados de ciência da Terra
Comissão sobre o Futuro da Indústria Aeroespacial dos Estados Unidos
Plano de Contingência da Estação Espacial Internacional
Integração da Tecnologia de Transporte Aeroespacial
Tecnologias Inovadoras para o Voo Espacial Humano
Vida no Universo
Pesquisa das Aplicações da Teledetecção do Ciclo do Carbono
100º Aniversário da Iniciativa Educacional do Voo
Lei da Autorização da Administração Nacional do Espaço e da Aeronáutica de 2000
Fundo de Capital de Giro
Nomeação de um oficial comissionado como vice-administrador

---

* Fonte: Administração Nacional do Espaço e da Aeronáutica.

Notificação de Reprogramação e Reorganização
Compra de Equipamento e Produtos Fabricados nos Estados Unidos
Aperfeiçoamento dos programas de Ciência e Matemática
Lei de Flexibilidade da Nasa de 2004

LEI NACIONAL DE BOLSAS DE ESTUDO E SUBVENÇÕES A UNIVERSIDADES PARA A PESQUISA DO ESPAÇO

Título II, Pub. L. n. 100-147
101 Estat. 860, 869-875 (30 out. 1987)
Codificada em 42 U.S.C. §§ 2486-24861

SEC. 2486. DECLARAÇÃO DE JUÍZOS DO CONGRESSO

O Congresso julga que:

(1) a vitalidade da nação e a qualidade de vida dos cidadãos da nação dependem cada vez mais da compreensão, avaliação, desenvolvimento e utilização dos recursos do espaço;

(2) a pesquisa e o desenvolvimento da ciência do espaço, tecnologia do espaço e comercialização do espaço vão contribuir para a qualidade de vida, segurança nacional e intensificação do comércio;

(3) a compreensão e o desenvolvimento das fronteiras espaciais requerem um amplo compromisso e um intenso envolvimento da parte do governo federal em parceria com os governos estaduais e locais, a indústria privada, as universidades, as organizações e os indivíduos implicados na exploração e utilização do espaço;

(4) A Administração Nacional do Espaço e da Aeronáutica, por meio do programa de bolsas de estudo e subvenções a universidades para a pesquisa do espaço, oferece o meio mais adequado para esse compromisso e envolvimento pela promoção de atividades que resultarão em maior compreensão, avaliação, desenvolvimento e utilização;

(5) o apoio federal ao estabelecimento, desenvolvimento e operação de programas e projetos, pelas subvenções às universidades, consórcios regionais de subvenções para o espaço, instituições de educação superior, institutos, laboratórios e outras entidades públicas e privadas apropriadas, é o meio mais eficiente em termos de custo-benefício para promover essas atividades.

SEC. 2486a. DECLARAÇÃO DE PROPÓSITO DO CONGRESSO

Os propósitos deste título são:

(1) aumentar a compreensão, a avaliação, o desenvolvimento e a utilização dos recursos do espaço promovendo uma forte base educacional, uma pesquisa responsiva e atividades de treinamento, e uma disseminação ampla e rápida de conhecimento e técnicas;

(2) utilizar as capacidades e talentos das universidades da nação para sustentar e contribuir à exploração e ao desenvolvimento dos recursos e oportunidades proporcionados pelo ambiente do espaço.

(3) encorajar e apoiar a existência de programas interdisciplinares e multidisciplinares de pesquisa espacial dentro da comunidade universitária da nação, para participar de atividades integradas de treinamento, pesquisa e serviço público, para ter

programas de colaboração com a indústria, e para estar coordenado com o programa global da Administração Nacional do Espaço e da Aeronáutica.

(4) estimular e apoiar a existência de consórcios, compostos de membros da universidade e da indústria, para fazer avançar a exploração e o desenvolvimento dos recursos espaciais em casos nos quais os objetivos nacionais possam ser mais bem realizados desse modo do que por meio de programas de universidades isoladas;

(5) estimular e apoiar o financiamento federal para bolsas de estudo de pós-graduação em áreas relacionadas ao espaço;

(6) apoiar atividades em escolas de nível superior e universidades com o objetivo de criar e operar uma rede de programas institucionais que vão intensificar as realizações resultantes dos trabalhos sob este título.

SEC. 2486b. DEFINIÇÕES

Conforme usado neste título, o termo:

(1) "Administração" significa a Administração Nacional do Espaço e da Aeronáutica;

(2) "Administrador" significa o administrador da Administração Nacional do Espaço e da Aeronáutica;

(3) "atividades espaciais e aeronáuticas" tem o significado dado a esse termo na seção 103(1) da Lei Nacional do Espaço e Aeronáutica de 1958 *[42 U.S. C- 2452(1)]*;

(4) "área relacionada ao espaço" significa qualquer disciplina ou área de estudo (incluindo ciências físicas, naturais e biológicas, e engenharia, tecnologia do espaço, educação, economia, sociologia, comunicações, planejamento, direito, relações internacionais e administração pública) que esteja interessada ou disposta a melhorar a compreensão, a avaliação, o desenvolvimento e a utilização do espaço.

(5) "painel" significa painel de análise da subvenção para o espaço estabelecido nos termos da seção 210 deste título *(42 U.S. C § 2486b)*.

(6) "pessoa" significa qualquer indivíduo, qualquer corporação pública ou privada, parceria ou outra associação ou entidade (inclusive qualquer universidade subvencionada para a pesquisa do espaço, consórcio regional subvencionado para a pesquisa do espaço, instituição de educação superior, instituto ou laboratório), ou qualquer Estado, subdivisão política de um Estado, ou agência ou funcionário graduado de um Estado ou subdivisão política de um Estado.

(7) "ambiente do espaço" significa o meio ambiente além da atmosfera sensível da Terra.

(8) "universidade subvencionada para pesquisa do espaço" significa qualquer instituição pública ou privada de educação superior designada como tal pelo administrador nos termos da seção 208 deste título *(42 U.S. C § 2486f)*.

(9) "programa de subvenção para a pesquisa do espaço" significa qualquer programa que:

(A) é administrado por qualquer universidade subvencionada para a pesquisa do espaço, consórcio regional subvencionado para a pesquisa do espaço, instituição de educação superior, instituto, laboratório ou agência estadual ou local;

(B) inclui dois ou mais projetos envolvendo educação, e uma ou mais das seguintes atividades nas áreas relativas ao espaço:

(i) pesquisa,
(ii) treinamento ou
(iii) serviços de consultoria

(10) "consórcio regional subvencionado para a pesquisa do espaço" significa qualquer associação ou outra aliança que é designada como tal pelo administrador nos termos da seção 208 deste título *(42 U.S. C. § 2486)*;

(11) "recurso do espaço" significa qualquer benefício tangível ou intangível, que pode ser obtido de:

(A) atividades espaciais e aeronáuticas; ou
(B) progressos em qualquer área relativa ao espaço

(12) "Estado" significa qualquer estado dos Estados Unidos, o distrito de Columbia, o Estado Livre Associado de Porto Rico, as Ilhas Virgens, Guam, a Samoa Americana, as Ilhas Marianas do Norte, ou qualquer outro território ou possessão dos Estados Unidos.

SEC, 2486c. PROGRAMA NACIONAL DE BOLSAS DE ESTUDO E SUBVENÇÃO ÀS UNIVERSIDADES PARA A PESQUISA DO ESPAÇO

(a) Estabelecimento de prioridades e diretivas de longo alcance; avaliação do programa

O administrador deve estabelecer e manter, dentro da Administração, um programa a ser conhecido como programa nacional de bolsas de estudo e subvenção às universidades para a pesquisa do espaço. O programa nacional de bolsas de estudo e subvenção às universidades para a pesquisa do espaço deve consistir em assistência financeira e outras atividades proporcionadas neste título. O administrador deve estabelecer prioridades e diretivas de planejamento de longo alcance, e avaliar adequadamente o programa.

(b) Funções

Dentro da Administração, o programa deve:

(1) aplicar as diretivas de planejamento de longo alcance e as prioridades estabelecidas pelo administrador sob a subseção (a) desta seção;

(2) aconselhar o administrador com respeito ao talento e às capacidades que se tornam disponíveis por meio do programa nacional de bolsas de estudo e subvenção às universidades para a pesquisa do espaço, e disponibilizar esses talentos para a Administração conforme ordenado pelo administrador;

(3) avaliar atividades realizadas sob as subvenções e contratos concedidos nos termos das seções 206 e 207 deste título *(42 U.S. C §§ 2486d e 2486e)* para assegurar que os objetivos apresentados na seção 203 *(42 U.S. C § 2486a)* deste título sejam implementados;

(4) estimular outros departamentos, agências e organismos federais a usar e aproveitar o talento e as capacidades que estão disponíveis por meio do programa nacional de bolsas de estudo e subvenção a universidades para a pesquisa do espaço, numa base cooperativa ou de outra natureza;

(5) estimular a cooperação e a coordenação com outros programas federais interessados no desenvolvimento dos recursos espaciais e áreas relativas ao espaço;

(6) aconselhar o administrador sobre a designação de beneficiários sustentados pelo programa nacional de bolsas de estudo e subvenção às universidades para a pesquisa do espaço e, em casos apropriados, sobre o término ou a suspensão de qualquer uma dessas designações;

(7) estimular a formação e o crescimento de programas de bolsas de estudo e subvenções para a pesquisa do espaço.

(c) Aceitação de presentes e doações; fundos de outras agências federais; emissão de regras e regulamentos

Para cumprir as provisões deste título, o administrador pode

(1) aceitar presentes ou doações condicionais ou incondicionais de serviços, dinheiro ou propriedade, imóvel, móvel ou mista, tangível ou intangível;

(2) aceitar e usar fundos de outros departamentos, agências e organismos federais para pagar bolsas de estudo, subvenções, contratos e outras transações;

(3) emitir as regras e os regulamentos que possam ser necessários e apropriados.

SEC. 2486d. SUBVENÇÕES OU CONTRATOS

(a) Autoridade do administrador; quantia

O administrador pode estabelecer subvenções e celebrar contratos ou outras transações sob esta subseção para ajudar qualquer programa ou projeto de bolsas de estudo e subvenções para a pesquisa do espaço, se o administrador achar que esse programa ou projeto realizará os objetivos apresentados na seção 203 deste título *(42 U.S. C § 2486a)*. A quantia total paga nos termos de qualquer uma dessas subvenções ou contratos pode chegar a 66%, ou a qualquer percentual menor, do custo total do programa ou projeto de bolsas de estudo ou subvenções para a pesquisa do espaço envolvidos, exceto que essa limitação não deve se aplicar no caso de subvenções ou contratos pagos com fundos aceitos pelo administrador nos termos da seção 205(c)(2) deste título *[42 U.S. C § 2486c(c)(21)]*.

(b) Subvenções especiais; quantia; pré-requisitos

O administrador pode estabelecer subvenções especiais sob esta subseção para realizar os objetivos apresentados na seção 203 deste título *(42 U.S.C. § 2486a)*. A quantia de qualquer uma dessas subvenções pode ser igual a 100%, ou qualquer percentual menor, do custo total do projeto implicado. Nenhuma subvenção pode ser estabelecida sob esta subseção, a menos que o administrador achar que:

(1) não existe nenhum meio razoável pelo qual o candidato possa satisfazer o requisito correspondente para uma subvenção sob a subseção (a) desta seção;

(2) o benefício provável desse projeto supere o interesse público nesse requisito correspondente;

(3) o mesmo benefício ou um benefício equivalente não pode ser obtido por meio da concessão de um contrato ou subvenção sob a subseção (a) desta seção ou seção 207 deste título *(42 U.S.C. § 2486e)*.

(c) Aplicação

Qualquer pessoa pode requerer ao administrador uma subvenção ou um contrato sob esta seção. O requerimento deve ser feito na forma e maneira, e com o conteúdo e outras propostas, que o administrador deve prescrever por regulamento.

(d) Termos e condições: limitações; auditorias de arrendamento e manutenção de registros

(1) Qualquer subvenção concedida, ou contrato celebrado, sob esta seção deve estar sujeito às limitações e provisões apresentadas nos parágrafos (2) e (3) desta subseção e nos outros termos, condições e requisitos que o administrador considerar necessários ou apropriados.

(2) Nenhum pagamento de acordo com qualquer subvenção ou contrato sob esta seção pode ser aplicado a:

(A) compra de qualquer terreno;

(B) compra, construção, preservação ou reparo de qualquer edifício; ou

(C) compra e construção de qualquer instalação de lançamento ou veículo de lançamento.

(3) Não obstante, o parágrafo (2) desta subseção, os itens nos subparágrafos (A), (B) e (C) deste parágrafo podem ser arrendados com a aprovação por escrito do administrador.

(4) Qualquer pessoa que receba ou utilize qualquer rendimento de qualquer subvenção ou contrato sob esta seção deve manter os registros que o administrador deve, por regulamento, prescrever como sendo necessários e apropriados para facilitar auditoria e avaliação efetivas, inclusive registros que revelem plenamente a quantia e o emprego pelo recipiente desses rendimentos, o custo total do programa ou projeto em conexão com os quais esses rendimentos foram usados, e a quantia, se houver, do custo que foi pago por meio de outras fontes. Esses registros devem ser mantidos por três anos após a conclusão desse programa ou projeto. O administrador e o controlador geral dos Estados Unidos, ou qualquer um de seus representantes devidamente autorizados, deve ter acesso, para fins de auditoria e avaliação, a quaisquer livros contábeis, documentos, papéis e registros de recibos que, na opinião do administrador ou do controlador geral, podem ser relacionados ou pertinentes a essas subvenções e contratos.

SEC. 2486e. IDENTIFICAÇÃO DAS NECESSIDADES E PROBLEMAS NACIONAIS ESPECÍFICOS RELATIVOS AO ESPAÇO; SUBVENÇÕES OU CONTRATOS COM RESPEITO A ESSAS NECESSIDADES OU PROBLEMAS, QUANTIA, APLICAÇÃO, TERMOS E CONDIÇÕES

(a) O administrador deve identificar as necessidades e os problemas específicos relativos ao espaço. O administrador pode estabelecer subvenções ou celebrar contratos sob esta seção com respeito a essas necessidades ou problemas. A quantia de qualquer uma dessas subvenções ou contratos pode ser igual a 100%, ou qualquer percentual menor, do custo total do projeto implicado.

(b) Qualquer pessoa pode requerer ao administrador uma subvenção ou contrato sob esta seção. Além disso, o administrador pode atrair candidatos que tenham propostas a respeito das necessidades ou problemas nacionais específicos identificados sob a subseção (a) desta seção. Os requerimentos devem ser feitos na forma e maneira, e com o conteúdo e outras propostas, que o administrador deve prescrever por regulamento. Qualquer subvenção estabelecida ou contrato celebrado sob esta seção deve estar sujeito às limitações e provisões apresentadas na seção 206(d) (2) e (4) deste título *[42 U.S. C § 2486d(d)(2) e (4)]* e segundo outros termos, condições e requisitos que o administrador considerar necessários ou apropriados.

SEC. 2486f. CONSÓRCIO REGIONAL DE SUBVENÇÃO AO ESPAÇO E SUBVENÇÕES A UNIVERSIDADES PARA A PESQUISA DO ESPAÇO

(a) Qualificações para as designações

(1) O administrador pode designar:

(A) qualquer instituição de educação superior como uma universidade que recebe subvenção para a pesquisa do espaço;

(B) qualquer associação ou outra aliança de duas ou mais pessoas, que não indivíduos, como um consórcio regional que recebe subvenção para a pesquisa do espaço.

(2) Nenhuma instituição de educação superior pode ser designada como uma universidade que recebe subvenção para a pesquisa do espaço, a menos que o administrador considere que essa instituição:

(A) está mantendo um programa equilibrado de pesquisa, educação, treinamento e serviços consultivos em áreas relacionadas ao espaço;

(B) vai agir de acordo com as diretivas que são prescritas sob a subseção (b)(2) desta seção;

(C) satisfaz outras qualificações que o administrador considerar necessárias ou apropriadas.

(3) Nenhuma associação ou outra aliança de duas ou mais pessoas pode ser designada como um consórcio regional de subvenção para o espaço, a menos que o administrador considerar que essa associação ou aliança:

(A) está estabelecida com o objetivo de partilhar conhecimento, pesquisa, instalações educacionais ou instalações de treinamento, e outras competências para facilitar a pesquisa, a educação, o treinamento e serviços consultivos, em qualquer área relacionada ao espaço;

(B) vai estimular e observar uma abordagem regional para resolver problemas ou satisfazer necessidades em relação ao espaço, em cooperação com as universidades que recebem subvenções para o espaço, programas de subvenção ao espaço, e outras pessoas apropriadas na região.

(C) vai agir de acordo com as diretivas que são prescritas sob a subseção (b)(2) desta seção;

(D) satisfaz outras qualificações que o administrador considerar necessárias ou apropriadas.

(b) Outras qualificações e diretivas necessárias sobre as atividades e responsabilidades; regulamentos

A Administração deve por regulamento prescrever:

(1) as qualificações que se requer sejam preenchidas sob a subseção (a) (2)(C) e (3)(D) desta seção;

(2) as diretivas relativas às atividades e responsabilidades das universidades que recebem subvenções para o espaço e dos consórcios regionais que recebem subvenções para o espaço.

(c) Suspensão ou término da designação; audiência

O administrador pode suspender ou terminar, por justa causa e depois de uma oportunidade de audiência, qualquer designação sob a subseção (a) desta seção.

SEC. 2486G. PROGRAMA DE CONCESSÃO BOLSAS DE ESTUDOS PARA O ESPAÇO

(a) Concessão de bolsas de estudo; diretivas; ampla diversidade geográfica e institucional

O administrador deve apoiar um programa de concessão de bolsas de estudo sobre o espaço a fim de viabilizar assistência de educação e treinamento para indivíduos qualificados em nível de pós-graduação em áreas relativas ao espaço. Essas bolsas de estudo devem ser concedidas nos termos das diretivas estabelecidas pelo administrador. As bolsas de estudo sobre o espaço devem ser concedidas a indivíduos nas universidades que recebem subvenção para a pesquisa do espaço, em consórcios regionais que recebem subvenção para a pesquisa do espaço, outros estabelecimentos e instituições de educação superior, associações profissionais e institutos, de modo a assegurar uma ampla diversidade institucional e geográfica no empenho de pesquisa sob o programa de bolsas de estudo.

(b) Limitação da quantia que abastece a concessão de bolsas de estudo

A quantia total que pode ser destinada a concessões do programa de bolsas de estudo para a pesquisa do espaço durante qualquer ano fiscal não deve ser superior a 50% dos fundos totais apropriados para esse ano nos termos deste título.

(c) Autoridade para patrocinar outros programas de bolsas de estudo para pesquisa não é afetada

Nada nesta seção deve ser interpretado como uma medida que proíbe o administrador de patrocinar qualquer programa de bolsas de estudo para pesquisa, inclusive qualquer programa de ênfase especial que esteja estabelecido sob outra autoridade que não este título.

SEC. 2486h. PAINEL DE ANÁLISE DE SUBVENÇÕES PARA O ESPAÇO

(a) Estabelecimento

O administrador deve estabelecer um comitê independente conhecido como o painel de análise das subvenções para o espaço, que não deve estar sujeito às provisões da Lei do Comitê Consultivo Federal (5 U.S. C App. 1 et seq.; Public Law 92-463).

(b) Deveres

O painel deve tomar os passos que possam ser necessários para a análise, e deve aconselhar o administrador com relação a:

(1) requerimentos de inscrição ou propostas para (e desempenho em) subvenções e contratos concedidos nos termos das seções 206 e 207 deste título (42 U.S. C §§ 2486d e 2486e);

(2) o programa de concessão de bolsas de estudo para o espaço;

(3) a designação e a operação das universidades que recebem subvenções para o espaço e os consórcios regionais que recebem subvenções para o espaço, e a operação de programas de concessão de bolsas de estudo para o espaço;

(4) a formulação e a aplicação das diretivas e prioridades de planejamento nos termos da seção 205(a) e (b)(1) deste título *[42 US. C § 2486c(a) e (b)(1)]*;

(5) outros assuntos a respeito dos quais o administrador recorre ao painel em busca de análise e aconselhamento.

(c) Pessoal e serviços administrativos

O administrador deve disponibilizar para o painel qualquer informação, pessoal e serviços administrativos e assistência que sejam razoáveis para cumprir os deveres do painel.

(d) Nomeação de membros votantes; presidente e vice-presidente; reembolso de membros empregados não federais; reuniões; poderes

(1) O administrador deve nomear os membros votantes do painel. A maioria dos membros votantes deve ser composta de indivíduos que, em virtude de seu conhecimento, experiência ou treinamento, são especialmente qualificados numa ou mais disciplinas e áreas relativas ao espaço. Os outros membros votantes devem ser indivíduos que, em virtude de seu conhecimento, experiência ou treinamento, são especialmente qualificados ou representativos da educação, serviços de extensão, governo do estado, indústria, economia, planejamento ou qualquer outra atividade relacionada aos esforços para aumentar a compreensão, a avaliação, o desenvolvimen-

to ou a utilização dos recursos espaciais. O administrador deve considerar o conflito potencial de interesses de qualquer indivíduo ao fazer as nomeações para o painel.

(2) O administrador deve selecionar um membro votante para atuar como presidente e outro membro votante para atuar como vice-presidente. O vice-presidente deve atuar como presidente na ausência ou incapacidade dele.

(3) Os membros votantes do painel que não são empregados federais devem ser reembolsados pelas despesas reais e razoáveis incorridas no desempenho desses deveres.

(4) O painel deve se reunir numa base bienal e, em qualquer outra data, por uma convocação do presidente ou a pedido da maioria dos membros votantes ou do administrador.

(5) O painel pode exercer os poderes que são razoavelmente necessários para cumprir os deveres enumerados na subseção (b) desta seção.

SEC. 2486i. DISPONIBILIDADE DE OUTRO PESSOAL E DADOS FEDERAIS; COOPERAÇÃO COM A ADMINISTRAÇÃO

Cada departamento, agência ou outro organismo do governo federal que estiver engajado ou interessado em, ou que tenha autoridade sobre, questões relativas ao espaço:

(1) pode disponibilizar, em resposta a um pedido por escrito do administrador, numa base de reembolso ou de outra natureza, qualquer membro do pessoal (com seu consentimento e sem prejuízo para sua posição e classificação), serviço ou instalação que o administrador considerar necessário para cumprir qualquer provisão deste título;

(2) pode fornecer, em resposta a um requerimento do administrador, quaisquer dados existentes ou outras informações que o administrador considerar necessários para cumprir qualquer provisão deste título; e

(3) pode cooperar com a Administração.

SEC. 2486j. RELATÓRIOS AO CONGRESSO E AO PRESIDENTE; COMENTÁRIOS E RECOMENDAÇÕES

[Revogada por Pub. l. n. 105-362, Título XI. § 1101 (a), 112 Stat. 3280, 3292 (10 nov. 1998).]

SEC. 2486k DESIGNAÇÃO OU CONCESSÃO DE PRÊMIO DEVE SER NUMA BASE COMPETITIVA

O administrador não deve designar sob este título nenhuma universidade que recebe subvenções para o espaço ou consórcio regional que recebe subvenções para o espaço, nem conceder nenhuma bolsa de estudos, subvenção ou contrato a menos que essa designação ou concessão seja feita de acordo com o processo de análise competitivo, baseado no mérito, empregado pela Administração na data da promulgação desta lei.

SEC. 2486l. AUTORIZAÇÃO DE APROPRIAÇÕES

(a) Estão autorizadas a ser apropriadas para cumprir as provisões deste título somas que não sejam superiores a:

(1) 10 milhões de dólares para cada um dos anos fiscais 1988 e 1989;

(2) 15 milhões de dólares para cada um dos anos fiscais 1990 e 1991.

(b) As somas que podem ser apropriadas sob esta seção devem permanecer disponíveis até serem gastas.

15 U.S.C. § 3710
Utilização de Acordos Cooperativos de Desenvolvimento e
Pesquisa – Tecnologia Federal (CRDAs)

(a) Política

(1) É responsabilidade contínua do governo federal assegurar o pleno uso dos resultados do investimento federal da nação em pesquisa e desenvolvimento. Para esse fim, o governo federal deve se empenhar, quando for apropriado, para transferir tecnologia de propriedade ou origem federal para os governos estaduais e locais e para o setor privado.

(2) A transferência de tecnologia, coerente com as responsabilidades da missão, é uma responsabilidade de cada laboratório de ciência e de cada profissional de engenharia.

(3) Cada diretor de laboratório deve assegurar que os esforços para transferir tecnologia sejam considerados positivamente nas descrições de tarefas do laboratório, políticas de promoção de empregados, e avaliação do desempenho de cientistas e engenheiros nas tarefas do laboratório.

(b) Estabelecimento de Escritórios de Aplicações de Tecnologia e Pesquisa. Os laboratórios que já têm estruturas organizacionais que executam as funções desta seção podem optar por combinar com o Escritório de Aplicações de Tecnologia e Pesquisa dentro da organização existente. Os níveis de financiamento e seleção da equipe para esses escritórios devem ser determinados entre cada laboratório federal e a agência federal que opera ou dirige o laboratório, exceto que (1) cada laboratório que tiver 200 ou mais cargos de tempo integral equivalentes na área de ciência, engenharia ou técnica correlata deve prover um ou mais cargos equivalentes de tempo integral como equipe para seu Escritório de Aplicações de Tecnologia e Pesquisa, e (2) cada agência federal que opera ou dirige um ou mais laboratórios federais deve disponibilizar financiamento suficiente, quer como uma rubrica separada do orçamento, quer a partir do orçamento de desenvolvimento e pesquisa da agência, para sustentar a função de transferência de tecnologia na agência e em seus laboratórios, inclusive fornecer apoio aos Escritórios de Aplicações de Tecnologia e Pesquisa.

Além disso, os indivíduos que ocupam cargos num Escritório de Aplicações de Tecnologia e Pesquisa devem ser incluídos no programa global de desenvolvimento administrativo do laboratório/agência para assegurar que gerentes técnicos altamente competentes sejam participantes plenos do processo de transferência de tecnologia.

O chefe da agência deve submeter ao Congresso, na mesma época em que o presidente submete o orçamento ao Congresso, uma explicação do programa de transferência de tecnologia no ano precedente e os planos da agência para realizar sua função de transferência de tecnologia no ano vindouro, incluindo planos para assegurar os direitos de propriedade intelectual nas inovações do laboratório com potencial comercial, e planos para gerenciar essas inovações com o objetivo de beneficiar a competitividade da indústria dos Estados Unidos.

(c) Funções dos Escritórios de Aplicações de Tecnologia e Pesquisa

Deve ser função de cada Escritório de Aplicações de Tecnologia e Pesquisa:

(1) preparar avaliações de aplicação para projetos de desenvolvimento e pesquisa selecionados em que o laboratório estiver empenhado e que, na opinião do laboratório, possam ter aplicações comerciais potenciais;

(2) fornecer e disseminar informações sobre produtos, processos e serviços, de propriedade ou origem federal, e com aplicação potencial para os governos estaduais e locais e para a indústria privada;

(3) cooperar e ajudar o Serviço Nacional de Informação Tecnológica, o Consórcio Federal de Laboratórios para Transferência de Tecnologia, e outras organizações que ligam os recursos de pesquisa e desenvolvimento do laboratório e do governo federal como um todo a usuários potenciais nos governos estaduais e locais e na indústria privada.

(4) providenciar assistência técnica para os servidores dos governos estaduais e locais e (5) participar, quando viável, em programas locais, estaduais e regionais destinados a facilitar e estimular a transferência de tecnologia para o benefício da região, estado ou jurisdição local em que o laboratório federal está localizado. As agências que estabeleceram estruturas organizacionais fora dos laboratórios federais, que têm como seu objetivo principal a transferência de tecnologia, de propriedade ou de origem federal, para o governo estadual ou local e para o setor privado, podem optar por executar as funções desta subseção nessas estruturas organizacionais. Nenhum Escritório de Aplicações de Tecnologia e Pesquisa ou outras estruturas organizacionais que executam as funções desta subseção devem competir substancialmente com serviços similares existentes no setor privado.

(d) Disseminação de informações técnicas

O Serviço Nacional de Informações Técnicas deve:

(1) servir como um órgão central para a coleta, disseminação e transferência de informações sobre tecnologias de propriedade ou origem federal, com potencial de aplicação, para os governos estaduais e locais e para a indústria privada.

(2) utilizar o conhecimento e os serviços da Fundação Nacional da Ciência e do Consórcio de Laboratórios Federais para Transferência de Tecnologia, particularmente ao lidar com os governos estaduais e locais;

(3) receber pedidos de assistência técnica dos governos estaduais e locais, responder a esses pedidos com as informações publicadas disponíveis ao Serviço, e encaminhar esses pedidos para o Consórcio de Laboratórios Federais para Transferência de Tecnologia, quando esses pedidos exigirem uma resposta que envolve algo mais do que as informações publicadas disponíveis ao Serviço;

(4) providenciar financiamento, a critério do secretário, para que os laboratórios federais forneçam a assistência especificada da subseção (c) (3) desta seção;

(5) usar mecanismos apropriados de transferência de tecnologia como trocas de pessoal e sistemas baseados em computador;

(6) manter um repositório permanente de arquivos e um órgão central para a coleta e disseminação de informações não confidenciais de ciência, técnica e engenharia.

(e) Estabelecimento de um Consórcio de Laboratórios Federais para a Transferência de Tecnologia.

(1) Pelo presente fica estabelecido o Consórcio de Laboratórios Federais para Transferência de Tecnologia (daqui em diante referido como o consórcio) que, em cooperação com laboratórios federais e o setor privado, deve:

(A) desenvolver e (com o consentimento do laboratório federal implicado) administrar técnicas, cursos de treinamento e materiais concernentes à transferência de tecnologia para aumentar a percepção dos empregados do laboratório federal a respeito do potencial comercial da tecnologia e inovações do laboratório;

(B) fornecer aconselhamento e assistência requeridos pelas agências e laboratórios federais para uso em seus programas de transferência de tecnologia (inclusive o planejamento de seminários para pequenas empresas e outras atividades industriais);

(C) providenciar um órgão central para os pedidos de assistência técnica, recebidos em nível de laboratório, dos Estados e unidades de governos locais, empresas, organizações de desenvolvimento industrial, organizações não lucrativas, inclusive universidades, agências e laboratórios federais, e outras pessoas, e (i) na medida em que esses pedidos possam ser atendidos com informações publicadas disponíveis ao Serviço Nacional de Informações Técnicas, encaminhar esses pedidos para esse serviço e (ii), do contrário, encaminhar esses pedidos aos laboratórios e às agências federais apropriados;

(D) facilitar a comunicação e a coordenação entre os Escritórios de Aplicações de Pesquisa e Tecnologia dos laboratórios federais;

(E) utilizar (com o consentimento da agência envolvida) o conhecimento e os serviços da Fundação Nacional de Ciência, do Departamento de Comércio, da Administração Nacional do Espaço e da Aeronáutica, e de outras agências federais, conforme necessário;

(F) com o consentimento de qualquer laboratório federal, facilitar o uso, por esse laboratório, dos mecanismos apropriados de transferência de tecnologia como trocas de pessoal e sistemas baseados em computador;

(G) com o consentimento de qualquer laboratório federal, ajudar esse laboratório a estabelecer programas que usem voluntários técnicos para fornecer assistência técnica a comunidades relacionadas com esse laboratório;

(H) facilitar a comunicação e a cooperação entre os Escritórios de Aplicações de Pesquisa e Tecnologia de laboratórios federais e organizações de transferência de tecnologia regionais, estaduais e locais;

(I) quando solicitado, ajudar escolas superiores ou universidades, empresas, organizações não lucrativas, governos estaduais ou locais, ou organizações regionais a estabelecer programas para estimular a pesquisa e promover a transferência de tecnologia em áreas como desenvolvimento do programa de tecnologia, delineamento de currículo, planejamento de pesquisa de longo prazo, projeções de necessidades de pessoal, e avaliações de produtividade;

(J) procurar, em cada região do consórcio de laboratórios federais, aconselhamento junto a representantes dos governos estaduais e locais, grandes e pequenas empresas, universidades e outras pessoas apropriadas, sobre a eficácia do programa (e qualquer conselho desse tipo deve ser fornecido sem custo para o governo);

(K) trabalhar com o diretor do Instituto Nacional de Pesquisas sobre Invalidez e Reabilitação para compilar um compêndio dos projetos e tecnologias atuais e projetados do Laboratório Federal, que têm ou terão impacto intentado ou reconhecido sobre a série existente de tecnologias de ajuda para indivíduos com deficiências físicas (conforme definição na seção 3002 do Título 29), inclusive tecnologias e projetos que incorporam os princípios do desenho universal (conforme definido na seção 3002 do Título 29), quando apropriado.

(2) Os membros do consórcio devem consistir nos laboratórios federais descritos na cláusula (1) da subseção (b) desta seção e em outros laboratórios que podem optar por fazer parte do consórcio. Os representantes do consórcio devem incluir um membro sênior da equipe de cada laboratório federal que seja membro do consórcio, e um representante sênior nomeado a partir de cada agência federal com um ou mais laboratórios membros.

(3) Os representantes do consórcio devem eleger um presidente.

(4) O diretor do Instituto Nacional de Padrões e Tecnologia deve fornecer ao consórcio, numa base de possível reembolso, serviços administrativos como espaço de escritório, pessoal e serviços de apoio do instituto, quando requeridos pelo consórcio e aprovados por esse diretor.

(5) Cada laboratório ou agência federal deve transferir tecnologia diretamente para os usuários ou representantes dos usuários, e não deve transferir tecnologia diretamente para o consórcio. Cada laboratório federal só deve conduzir e transferir

tecnologia de acordo com as práticas e políticas da agência federal que possui, arrenda ou utiliza de outra maneira esse laboratório federal.

(6) Sem ultrapassar o prazo de um ano depois de 20 de outubro de 1986, e em cada ano daí em diante, o presidente do consórcio deve submeter um relatório ao presidente, aos comitês apropriados de autorização e apropriação das duas casas do Congresso, e a cada agência com respeito à qual é feita uma transferência de financiamento (para o ano ou anos fiscais envolvidos) sob o parágrafo (7), concernente às atividades do consórcio e às despesas incorridas por ele sob esta subseção durante o ano que é objeto do relatório. Esse relatório deve incluir uma auditoria independente anual das declarações financeiras do consórcio, realizada de acordo com princípios de contabilidade geralmente aceitos.

(7)(A) Sujeita ao subparágrafo (B), uma quantia igual a 0,008% do orçamento de cada agência federal proveniente de qualquer fonte federal, inclusive a relacionada acima, destinada a ser utilizada pelos, ou em nome dos, laboratórios dessa agência num ano fiscal referido no subparágrafo (B)(ii), deve ser transferida por essa agência para o Instituto Nacional de Padrões e Tecnologia no início do ano fiscal envolvido. As quantias assim transferidas devem ser fornecidas pelo Instituto ao Consórcio, com a finalidade de executar atividades do consórcio sob esta subseção.

(B) Uma transferência deve ser feita por qualquer agência federal sob o subparágrafo (A), para qualquer ano fiscal, apenas se a quantia assim transferida por essa agência (conforme determinado sob esse subparágrafo) for superior a 10 mil dólares.

(C) Os chefes das agências federais e seus designados, e os diretores de laboratórios federais, podem fornecer o apoio adicional às operações do consórcio que julgarem apropriado.

(f) Revogado. Pub. I., 104-66, Título III, § 3001(f), 21 dez. 1995, 109 Stat. 734.

(g) Funções do secretário

(1) O secretário, por meio do subsecretário, e consultando outras agências federais pode:

(A) disponibilizar para as agências interessadas o conhecimento do Departamento de Comércio concernente ao potencial comercial de invenções, métodos e opções para comercialização que estão disponíveis aos laboratórios federais, inclusive parcerias limitadas de desenvolvimento e pesquisa;

(B) desenvolver e disseminar, para o pessoal da agência e do laboratório apropriado, modelo de provisões para uso numa base voluntária em acordos cooperativos de pesquisa e desenvolvimento;

(C) fornecer conselho e assistência, se pedidos, a agências federais sobre seus programas e projetos cooperativos de desenvolvimento e pesquisa.

(2) Dois anos depois de 20 de outubro de 1986 e a cada dois anos daí em diante, o secretário deve submeter um relatório resumido ao presidente e ao Congresso sobre o uso, pelas agências e pelo secretário, das autoridades especificadas neste capítulo. Outras agências federais devem cooperar na preparação do relatório.

(3) Sem ultrapassar o prazo de um ano depois de 20 de outubro de 1986, o Secretário deve submeter ao presidente e ao Congresso um relatório sobre:

(A) quaisquer provisões de copyright ou outros tipos de barreiras que tendem a restringir ou limitar a transferência de software de computador financiado pelo governo federal para o setor privado e os governos estaduais e locais, e para as agências desses governos estaduais e locais;

(B) a viabilidade e o custo de compilar e manter um inventário atual e abrangente de todo o software de treinamento financiado pelo governo federal.

(h) Revogado. Pub.I., 100-519, Título II, § 212(a)(4), 24 out. 1988, 102 Stat. 2595.

(i) Equipamento de pesquisa

O diretor de um laboratório, ou o chefe de qualquer agência ou departamento federal, pode emprestar, arrendar ou dar o equipamento de pesquisa que exceder às necessidades do laboratório, agência ou departamento, a uma instituição educacional ou organização não lucrativa para a realização de atividades de pesquisa e educação técnica e científica. O título de propriedade deve ser transferido com uma doação à seção.

15 U.S.C. § 5806
Arrendamento de estabelecimento âncora e responsabilidade pelo término do contrato

(a) Contratos de arrendamento de estabelecimentos âncora

Sujeito a apropriações, o administrador ou o administrador da Administração Atmosférica e Oceânica Nacional pode fazer contratos de arrendamento de estabelecimentos âncora por muitos anos para a compra de um bem ou serviço, se o administrador apropriado determinar que:

(1) o bem ou o serviço satisfaz os requisitos da missão da Administração Nacional do Espaço e da Aeronáutica ou da Administração Atmosférica e Oceânica Nacional, conforme apropriado;

(2) o bem ou serviço comercialmente obtido tem uma boa relação custo-benefício;

(3) o bem ou serviço é obtido por meio de um processo competitivo;

(4) outros clientes existentes ou potenciais para o bem ou serviço, que não o governo dos Estados Unidos, tenham sido especificamente identificados;

(5) a viabilidade a longo prazo do empreendimento não é dependente de um mercado governamental continuado ou de outro apoio governamental não reembolsável;

(6) o capital privado está em risco no empreendimento.

(b) Responsabilidade pelo término

(1) Os contratos celebrados sob a subseção (a) desta seção podem prover o pagamento da responsabilidade pelo término no caso de o governo encerrar esses contratos para sua conveniência.

(2) Os contratos que proveem o pagamento da responsabilidade pelo término, conforme descrito no parágrafo (1), devem incluir um plano fixo desses pagamentos da responsabilidade pelo término. A responsabilidade sob esses contratos não deve ser superior aos pagamentos totais que o governo teria feito depois da data do término para comprar o bem ou o serviço, se o contrato não tivesse terminado.

(3) Sujeitos a apropriações, os fundos disponíveis para os pagamentos da responsabilidade pelo término do contrato podem ser usados para a compra do bem ou serviço depois da entrega bem-sucedida do bem ou serviço nos termos do contrato. Nesse caso, os fundos suficientes devem permanecer disponíveis para cobrir qualquer responsabilidade remanescente pelo término do contrato.

(c) Limitações

(1) Os contratos celebrados sob esta seção não devem ser superiores a dez anos de duração.

(2) Esses contratos devem providenciar a entrega do bem ou serviço numa base de preço fixa e firme.

(3) Na medida do possível, especificações razoáveis de desempenho devem ser usadas para definir os requisitos técnicos nesses contratos.

(4) Em qualquer um desses contratos, o administrador apropriado deve se reservar o direito de terminar completa ou parcialmente o contrato, sem o pagamento da responsabilidade pelo término, por causa do fracasso real ou antecipado do contratante em cumprir suas obrigações contratuais.

15 U.S.C. § 5807
Uso das instalações do governo

(a) As agências de autoridade federal, inclusive a Administração Nacional do Espaço e da Aeronáutica e o Departamento de Defesa, podem permitir que entidades não federais usem suas instalações relativas ao espaço numa base reembolsável, se o administrador, o secretário da Defesa ou o chefe da agência apropriada determinar que:

(1) as instalações serão usadas para apoiar atividades espaciais comerciais;

(2) esse uso pode ser sustentado por recursos federais existentes ou planejados;

(3) esse uso é compatível com as atividades federais;

(4) os serviços comerciais não têm equivalentes em termos razoáveis;

(5) esse uso é coerente com a segurança pública, a segurança nacional e as obrigações de tratados internacionais. Ao cumprir o parágrafo (5), cada chefe de agência deve consultar os funcionários federais apropriados.

(b) Pagamento de reembolso

(1) O reembolso referido na subseção (a) desta seção pode ser uma quantia igual aos custos diretos (inclusive salários do pessoal civil e do contratante dos Estados Unidos) contraídos pelos Estados Unidos como resultado do uso dessas instalações

pelo setor privado. Para as finalidades deste parágrafo, o termo "custos diretos" significa os custos reais que podem ser inequivocamente associados com esse uso, e que não seriam assumidos pelo governo dos Estados Unidos na ausência desse uso.

(2) A quantia de qualquer pagamento recebido pelos Estados Unidos pelo uso de instalações sob esta subseção deve ser creditada à apropriação pela qual foi pago o custo de prover essas instalações.

18 U.S.C. § 7
Jurisdição territorial e marítima especial dos Estados Unidos definida

O termo "jurisdição territorial e marítima especial dos Estados Unidos", conforme usado neste título, inclui:

(1) O alto-mar, quaisquer outras águas dentro da jurisdição marítima e do almirantado dos Estados Unidos e fora da jurisdição de qualquer Estado particular, e qualquer nau pertencente em sua totalidade ou em parte aos Estados Unidos ou a qualquer cidadão americano, ou a qualquer corporação criada pelas ou sob as leis dos Estados Unidos, ou de qualquer Estado, território, distrito ou possessão dos Estados Unidos, quando essa nau estiver dentro da jurisdição marítima ou do almirantado dos Estados Unidos e fora da jurisdição de qualquer Estado particular.

(2) Qualquer nau registrada, licenciada, ou alistada sob as leis dos Estados Unidos, e estando numa viagem sobre as águas de qualquer um dos Grandes Lagos, ou qualquer trecho das águas que os conectam, ou sobre o rio Saint Lawrence onde ele constitui a linha de fronteira internacional.

(3) Quaisquer terras reservadas ou adquiridas para uso dos Estados Unidos, e sob a jurisdição exclusiva ou concorrente dos Estados Unidos, ou qualquer lugar comprado ou adquirido de outra maneira pelos Estados Unidos por consentimento da legislatura do Estado em que ele deve estar, para a construção de um forte, depósito de munições, arsenal, estaleiro ou outro edifício necessário.

(4) Qualquer ilha, rocha ou baixio contendo depósitos de guano, que podem ser considerados, a critério do presidente, pertencentes aos Estados Unidos.

(5) Qualquer aeronave pertencente em sua totalidade ou em parte aos Estados Unidos, ou a qualquer cidadão americano, ou a qualquer corporação criada pelas ou sob as leis dos Estados Unidos, ou de qualquer Estado, território, distrito ou possessão dos Estados Unidos, enquanto essa aeronave estiver em voo sobre o alto-mar, ou sobre quaisquer outras águas dentro da jurisdição marítima ou do almirantado dos Estados Unidos e fora da jurisdição de qualquer Estado particular.

(6) Qualquer veículo usado ou projetado para voo ou navegação no espaço ou sob a bandeira dos Estados Unidos nos termos do Tratado sobre os Princípios que Regem as Atividades dos Estados na Exploração e Uso do Espaço Exterior, Inclusive a Lua e Outros Corpos Celestes e da Convenção sobre Registro de Objetos Lançados

no Espaço Exterior, enquanto esse veículo estiver em voo, isto é, desde o momento em que todas as portas externas são fechadas na Terra depois do embarque até o momento em que uma dessas portas é aberta na Terra para o desembarque ou, no caso de uma aterrissagem forçada, até que as autoridades competentes assumam a responsabilidade pelo veículo e pelas pessoas e propriedades a bordo.

(7) Qualquer lugar fora da jurisdição de qualquer nação com respeito a um delito cometido pelo ou contra um cidadão dos Estados Unidos.

(8) Qualquer nau estrangeira, dentro do que é permitido pela lei internacional, durante uma viagem com partida programada dos Estados Unidos ou chegada programada aos Estados Unidos com respeito a um delito cometido por ou contra um cidadão dos Estados Unidos.

18 U.S.C. § 1905
Revelação de informações confidenciais em geral

Quem for funcionário graduado ou empregado dos Estados Unidos ou de qualquer departamento ou agência dos Estados Unidos, qualquer pessoa agindo em nome do Escritório de Fiscalização de Empreendimentos Imobiliários Federais, ou agente do Departamento de Justiça conforme definido na Lei de Processo Civil Antitruste (15 U.S.C. 1311-1314), publicar, divulgar, revelar ou tornar conhecida, de qualquer maneira e em qualquer medida não autorizada pela lei, qualquer informação que lhe vier às mãos no curso de seu emprego ou deveres oficiais, ou em virtude de qualquer exame ou investigação realizada por, ou qualquer resposta, relatório ou registro feito para ou protocolado junto a esse departamento ou agência, ou a um funcionário graduado ou empregado desse departamento ou agência, informação essa que diga respeito ou tenha relação a segredos comerciais, processos, operações, estilo de trabalho ou aparelhos, ou à identidade, dados estatísticos confidenciais, quantia ou fonte de qualquer renda, lucros, perdas ou gastos de qualquer pessoa, firma, parceria, corporação ou associação; ou permitir que qualquer declaração de renda ou cópia dessa declaração, ou qualquer registro contendo qualquer resumo ou dados particulares dessa declaração, seja vista e examinada por qualquer pessoa exceto como determinado pela lei, deve ser multado sob este título, ou aprisionado por não mais que um ano, ou ambas as coisas, e deve ser afastado do cargo ou emprego.

35 U.S.C. § 105
Invenções no espaço exterior

(a) Qualquer invenção feita, usada ou vendida no espaço exterior num objeto espacial ou componente desse objeto espacial sob a jurisdição ou controle dos Estados Unidos deve ser considerada como feita, usada ou vendida dentro dos Estados Unidos para os fins deste título, exceto com respeito a qualquer objeto espacial ou componente desse objeto espacial que seja especificamente identificado e fornecido de outra maneira por um acordo internacional de que os Estados Unidos participam, ou com respeito a qualquer objeto espacial ou componente desse objeto espacial que seja carregado sob a bandeira de um estado estrangeiro de acordo com a Convenção sobre Registro de Objetos Lançados no Espaço Exterior.

(b) Qualquer invenção feita, usada ou vendida no espaço exterior num objeto espacial ou componente desse objeto espacial, que for carregada sob a bandeira de um estado estrangeiro de acordo com a Convenção sobre Registro de Objetos Lançados no Espaço Exterior, deve ser considerada como feita, usada ou vendida dentro dos Estados Unidos para os fins deste título, se assim acordado especificamente num acordo internacional entre os Estados Unidos e o estado da bandeira.

42 U.S.C. § 2459d
Proibição de subvenção ou contrato fornecendo clientela garantida para novos serviços ou hardware espaciais comerciais

Nenhuma quantia apropriada para a Administração Nacional do Espaço e da Aeronáutica nesta ou em qualquer outra lei com respeito a qualquer ano fiscal pode ser usada para financiar subvenções, contratos ou outros acordos com uma duração esperada de mais de um ano, quando um efeito principal da subvenção, contrato ou acordo for proporcionar uma clientela garantida para, ou estabelecer um arrendamento de estabelecimento âncora em, novos serviços ou hardware espaciais comerciais, a menos que uma lei de apropriações especifique os novos serviços ou hardware espaciais comerciais a serem desenvolvidos ou usados, ou a subvenção, contrato ou acordo for de outra maneira identificado nessa lei.

42 U.S.C. § 2464
Recuperação do valor justo de colocar cargas úteis do Departamento de Defesa em órbita com o ônibus espacial

Não obstante qualquer outra provisão de lei, ou qualquer acordo entre agências, o administrador da Administração Nacional do Espaço e da Aeronáutica deve cobrar os preços necessários para recuperar o valor justo de colocar cargas úteis do Departamento de Defesa em órbita por meio do ônibus espacial.

42 U.S.C. § 2465a
Política do uso do ônibus espacial

(a) Política de uso
(1) Deve ser a política dos Estados Unidos usar o ônibus espacial para fins que (i) requerem a presença do homem, (ii) requerem as capacidades únicas do ônibus espacial ou (iii) quando existem outras circunstâncias prementes.

(2) O termo "circunstâncias prementes" inclui, mas não é limitado a, ocasiões em que o administrador determinar, em consulta com o secretário de Defesa e o secretário de Estado, que interesses importantes da segurança nacional ou da política externa seriam atendidos pelo lançamento de um ônibus espacial.

(3) A política afirmada na subseção (a)(1) desta seção não deve impedir o uso do espaço de carga disponível numa missão de ônibus espacial do contrário coerente com a política descrita sob a subseção (a)(1) desta seção, com o objetivo de transportar cargas úteis secundárias (conforme definidas pelo administrador) que não requerem a presença do homem, se essas cargas úteis forem coerentes com os requisitos de programas científicos, comerciais e educacionais de pesquisa, desenvolvimento, demonstração autorizados pelo administrador.

(b) Plano de implementação

O administrador deve, dentro de seis meses depois de 16 de novembro de 1990, submeter um relatório ao Congresso apresentando um plano para a implementação da política descrita na subseção (a)(1) desta seção. Esse plano deve incluir:

(1) detalhes do plano de implementação;

(2) uma lista de objetivos que atendem essa política;

(3) uma proposta de cronograma para a implementação dessa política;

(4) uma estimativa dos custos para os Estados Unidos de implementar essa política;

(5) um processo para informar o Congresso de maneira conveniente e regular de como o plano está sendo implementado.

(c) Relatório anual

Ao menos anualmente, o administrador deve submeter ao Congresso um relatório atestando que as cargas úteis programadas para serem lançadas no ônibus espacial nos quatro anos seguintes são coerentes com a política apresentada na subseção (a)(1) desta seção. Para cada carga útil programada para ser lançada do ônibus espacial sem que seja requerida a presença do homem, o administrador deve apresentar, no relatório certificado ao Congresso, as circunstâncias específicas que justificaram o uso do ônibus espacial. Se, durante o período entre os relatórios programados ao Congresso, quaisquer adições forem feitas à lista de cargas úteis certificadas que se pretende lançar do ônibus espacial, o administrador deve informar ao Congresso as adições e as razões para cada uma dentro de 45 dias dessa mudança.

(d) Cargas úteis da Nasa

O relatório descrito na subseção (c) desta seção deve incluir também aquelas cargas úteis da Administração Nacional do Espaço e da Aeronáutica, destinadas unicamente a voar no ônibus espacial, que começaram a fase C/D de seu ciclo de desenvolvimento.

42 U.S.C. § 2465c
Definições

Para as finalidades deste título:
(1) o termo "veículo de lançamento" significa qualquer veículo construído com o objetivo de operar no, ou colocar uma carga útil no, espaço exterior;
(2) o termo "carga útil" significa um objeto que uma pessoa procura colocar no espaço exterior por meio de um veículo de lançamento, e inclui subcomponentes do veículo de lançamento especificamente projetado ou adaptado para esse objeto.

42 U.S.C. § 2465f
Outras atividades da Administração Nacional do Espaço e da Aeronáutica

As cargas úteis comerciais não podem ser aceitas para lançamento como cargas úteis principais no ônibus espacial, a menos que o administrador da Administração Nacional do Espaço e da Aeronáutica determinar que:
(1) a carga útil requer as capacidades únicas do ônibus espacial ou
(2) o lançamento da carga útil no ônibus espacial é importante para fins de segurança nacional ou da política externa.

42 U.S.C. § 2466
Política de preços do ônibus espacial: juízos do Congresso e declaração de propósito

O Congresso acha e declara que:
(1) o Sistema de Transporte Espacial é um elemento vital para o programa espacial dos Estados Unidos, contribuindo para a liderança dos Estados Unidos na pesquisa, tecnologia e desenvolvimento espacial;
(2) o Sistema de Transporte Espacial é o sistema de lançamento espacial principal tanto para a segurança nacional dos Estados Unidos como para as missões civis do governo;
(3) o Sistema de Transporte Espacial contribui para a expansão do investimento e envolvimento do setor privado no espaço e, portanto, deveria servir aos usuários comerciais;
(4) a disponibilidade do Sistema de Transporte Espacial a usuários estrangeiros para fins pacíficos é um meio importante de promover atividades cooperativas internacionais em prol do interesse nacional e mantendo o acesso ao espaço para atividades que aumentam a segurança e o bem-estar da humanidade;
(5) os Estados Unidos têm o compromisso de manter a liderança mundial no transporte espacial;

(6) o Sistema de Transporte Espacial deverá ser plenamente operacional e com boa relação de custo-benefício, ao fornecer acesso rotineiro ao espaço, para maximizar os benefícios econômicos nacionais do sistema;

(7) as metas e os objetivos nacionais para o Sistema de Transporte Espacial podem ser incrementados por uma política de preços justa para o Sistema de Transporte Espacial.

42 U.S.C. § 14713
Aquisição de dados de ciência do espaço

(a) Aquisição proveniente de provedores comerciais

O administrador deve adquirir, na medida do possível e desde que satisfaça os requisitos educacionais ou científicos da Administração Nacional do Espaço e da Aeronáutica e, quando for apropriado, de outras agências federais e pesquisadores científicos, e sempre que for boa a relação custo-benefício, dados de ciência do espaço de um provedor comercial.

(b) Tratamento dos dados de ciência do espaço como item comercial sob as leis da aquisição

As aquisições de dados de ciência pelo administrador devem ser executadas de acordo com as leis e regulamentos de aquisição aplicáveis (inclusive os capítulos 137 e 140 do título 10, Código dos Estados Unidos). Para fins dessa lei e regulamentos, os dados de ciência do espaço devem ser considerados um item comercial. Nada nesta subseção deve ser interpretado para impedir os Estados Unidos de adquirir, por meio de contratos com provedores comerciais, direitos suficientes em dados para satisfazer as necessidades da comunidade educacional e científica ou as necessidades de outras atividades do governo.

(c) Definição

Para fins desta seção, o termo "dados de ciência do espaço" inclui dados científicos concernentes a:

(1) recursos mineralógicos e elementais da Lua, asteroides, planetas e suas luas e cometas;

(2) aceleração em microgravidade;

(3) monitoramento de tempestade solar.

(d) Padrões de segurança

Nada nesta seção deve ser interpretado para proibir o governo federal de requerer obediência a padrões de segurança aplicáveis.

(e) Limitação

Esta seção não autoriza a Administração Nacional do Espaço e da Aeronáutica a fornecer assistência financeira para o desenvolvimento de sistemas comerciais de coleta de dados de ciência do espaço.

42 U.S.C. § 14715
Fontes de dados de ciência da Terra

(a) Aquisição

O administrador deve adquirir, na medida do possível e desde que satisfaça os requisitos educacionais ou científicos da Administração Nacional do Espaço e da Aeronáutica e, quando for apropriado, de outras agências federais e pesquisadores científicos, e sempre que for boa a relação custo-benefício, dados de teledetecção da Terra transportados pelo ar e colhidos com base no espaço, serviços, distribuição e aplicações desses dados a partir de um provedor comercial.

(b) Tratamento como item comercial sob as leis de aquisição

As aquisições pelo administrador dos dados, serviços, distribuição e aplicações referidos na subseção (a) devem ser realizados de acordo com as leis e regulamentos de aquisição aplicáveis (inclusive os capítulos 137 e 140 do título 10, Código dos Estados Unidos). Para fins dessa lei e regulamentos, esses dados, serviços, distribuição e aplicações devem ser considerados um item comercial. Nada nesta subseção deve ser interpretado para impedir os Estados Unidos de adquirir, por meio de contratos com provedores comerciais, direitos suficientes em dados para satisfazer as necessidades da comunidade educacional e científica ou as necessidades de outras atividades do governo.

(c) Estudo

(1) O administrador deve realizar um estudo para determinar até que ponto os requisitos científicos da linha de base da ciência da Terra podem ser preenchidos pelos provedores comerciais, e como a Administração Nacional do Espaço e da Aeronáutica satisfará os requisitos que não podem ser preenchidos pelos provedores comerciais.

(2) O estudo realizado sob esta subseção deve:

(A) fazer recomendações para promover a disponibilidade de informações da Administração Nacional do Espaço e da Aeronáutica para provedores comerciais a fim de capacitar os provedores comerciais a atender melhor os requisitos científicos da linha de base da ciência da Terra;

(B) fazer recomendações para promover a disseminação, entre os provedores comerciais, de informações sobre pesquisa e desenvolvimento de tecnologia avançada executado pela ou para a Administração Nacional do Espaço e da Aeronáutica;

(C) identificar barreiras legislativas, regulatórias e políticas para a implementação das recomendações feitas sob esta subseção.

(3) Os resultados do estudo realizado sob esta subseção devem ser transmitidos ao Congresso dentro de seis meses depois da data da promulgação desta lei.

(d) Padrões de segurança

Nada nesta seção deve ser interpretado para proibir o governo federal de exigir obediência aos padrões de segurança aplicáveis.

(e) Administração e execução

Esta seção deve ser executada como parte do programa de Teledetecção Comercial no Centro Espacial Stennis.

(f) [Omitido] (Pub. L. 105-303, Título I § 107, 20 out. 1998, 112 Stat. 2853.)

**Comissão sobre o Futuro da Indústria Aeroespacial dos Estados Unidos
Pub. L. 106-398, § 1 [[div. A], título X, § 1092], 30 out. 2000, 114 Stat. 1654, 1654ª-300, emendado por Pub. L. 107-107, div. A, título X, § 1062, 28 dez. 2001, 115 Stat. 1232
Codificado em 42 U.S.C. § 2451 nota**

SEC. 2451

(a) Estabelecimento. – É estabelecida uma comissão a ser conhecida como a "Comissão sobre o Futuro da Indústria Aeroespacial dos Estados Unidos" (nesta seção referida como a comissão).

(b) Membros

(1) A Comissão deve ser composta de 12 membros nomeados, até 1º de março de 2001, da seguinte forma:

(A) Até seis membros devem ser nomeados pelo presidente.

(B) Dois membros devem ser nomeados pelo presidente da Câmara dos Deputados.

(C) Dois membros devem ser nomeados pelo líder da maioria do Senado.

(D) Um membro deve ser nomeado pelo líder da minoria do Senado.

(E) Um membro deve ser nomeado pelo líder da minoria da Câmara dos Deputados.

(2) Os membros da Comissão devem ser nomeados entre pessoas com extensa experiência e reputações nacionais em manufatura aeroespacial, economia, finanças, segurança nacional, comércio internacional ou política externa, e pessoas que são representativas de organizações trabalhistas associadas com a indústria aeroespacial.

(3) Os membros devem ser nomeados para todo o período de existência da comissão. Uma vaga na comissão não deve afetar seus poderes, mas deve ser preenchida na mesma maneira que as nomeações originais.

(4) O presidente deve designar um membro da comissão para servir como presidente da comissão.

(5) A comissão deve se reunir ao ser convocada pelo presidente. A maioria dos membros deve constituir um quórum, mas um número menor pode realizar audiências.

(c) Deveres.

(1) A comissão deve:

(A) estudar as questões associadas com o futuro da indústria aeroespacial dos Estados Unidos na economia global, particularmente em relação com a segurança nacional dos Estados Unidos;

(B) avaliar a futura importância da indústria aeroespacial doméstica para a segurança nacional e econômica dos Estados Unidos.

(2) Para cumprir suas responsabilidades, a comissão deve estudar o seguinte:

(A) O processo orçamentário do governo dos Estados Unidos, particularmente com vistas a avaliar a adequação dos orçamentos projetados dos departamentos e agências federais para a pesquisa, desenvolvimento e aquisição aeroespaciais.

(B) O processo de aquisição do governo, particularmente com vistas a avaliar:

(i) a adequação do atual processo de aquisição dos departamentos e agências federais;

(ii) os procedimentos para desenvolver e improvisar sistemas aeroespaciais que incorporam novas tecnologias de modo conveniente.

(C) As políticas, os procedimentos e os métodos para financiar e pagar os contratos do governo.

(D) Os estatutos e regulamentos que regem o comércio internacional e a exportação de tecnologia, particularmente com vistas a avaliar:

(i) até que ponto o sistema atual de controlar a exportação de bens, serviços e tecnologias aeroespaciais reflete um equilíbrio adequado entre a necessidade de proteger a segurança nacional e a necessidade de assegurar um acesso sem barreiras ao mercado global;

(ii) a adequação das políticas e leis comerciais multilaterais e dos Estados Unidos para manter a competitividade internacional da indústria aeroespacial dos Estados Unidos.

(E) As políticas que regem a tributação, particularmente com vista a avaliar o impacto das leis e práticas tributaristas atuais sobre a competitividade internacional da indústria aeroespacial.

(F) Os programas para a manutenção da infraestrutura nacional de lançamento espacial, particularmente com vista a avaliar a adequação dos programas projetados e atuais para manter a infraestrutura nacional de lançamento espacial.

(G) Os programas de apoio à educação de ciência e engenharia, inclusive programas atuais para apoiar os esforços da engenharia e ciência aeroespacial em instituições de ensino superior, com vista a determinar a adequação desses programas.

(d) Relatório.

(1) Sem ultrapassar o prazo de um ano depois da data da primeira reunião oficial da comissão, a comissão deve submeter um relatório sobre suas atividades ao presidente e ao Congresso.

(2) O relatório deve incluir o seguinte:

(A) os juízos e conclusões da comissão.

(B) as recomendações da comissão para ações dos departamentos e agências federais que sustentem a manutenção de uma robusta indústria aeroespacial nos Estados Unidos no século XXI, e quaisquer recomendações para mudanças estatutárias e regulatórias que sustentem a implementação das ideias da comissão.

(C) Uma discussão dos meios apropriados para implementar as recomendações da comissão.

(e) Requisitos e Autoridades Administrativos.

(1) O diretor do Escritório de Gerência e Orçamento deve assegurar que a comissão seja provida com os serviços administrativos, instalações, equipe e outros serviços de apoio que possam ser necessários. Quaisquer despesas da comissão devem ser pagas com fundos disponíveis ao diretor.

(2) A comissão pode realizar audiências, reunir-se e julgar em certos tempos e lugares, acatar testemunhos e receber evidências que a comissão considera aconselháveis para executar os propósitos desta seção.

(3) A comissão pode requerer diretamente de qualquer departamento ou agência dos Estados Unidos qualquer informação que a comissão considerar necessária para executar as provisões desta seção. Na medida em que for coerente com os requisitos da lei e os regulamentos aplicáveis, o chefe desse departamento ou agência deve fornecer essa informação para a comissão.

(4) A comissão pode usar os correios dos Estados Unidos na mesma maneira e sob as mesmas condições que outros departamentos e agências dos Estados Unidos.

(f) Questões do Pessoal da Comissão.

(1) os membros da comissão devem trabalhar sem compensação adicional por seu serviço na comissão, exceto que os membros nomeados entre os cidadãos privados podem receber uma quantia para despesas de viagem, inclusive uma diária de subsistência, conforme autorizado por lei para pessoas que trabalham intermitentemente no serviço do governo sob o subcapítulo I do capítulo 57 do título 5, Código dos Estados Unidos, quando distantes de suas residências e lugares de negócios no desempenho de serviços para a comissão.

(2) O presidente da comissão pode nomear a equipe da comissão, requisitar um grupo de empregados federais, e aceitar serviços temporários e intermitentes de acordo com a seção 3161 do título 5, Código dos Estados Unidos (conforme acrescentado pela seção 1101 desta lei).

(g) Término. – A comissão deve terminar sessenta dias depois da data da submissão de seu relatório sob a subseção (d).

Plano de Contingência da Estação Espacial Internacional
P.L., 106-391 título II, 114 Stat. 1586 (30 out. 2000)
Codificado em 42 U.S.C. § 2451 nota

SEC. 2451. Plano de Contingência da Estação Espacial Internacional

(a) Relatório bimensal sobre o *status* russo. – Sem ultrapassar o primeiro dia do primeiro mês que começa mais de sessentas dias após a data da promulgação desta lei [30 out. 2000], e sem ultrapassar o primeiro dia de cada segundo mês daí em diante até 1º de outubro de 2006, o administrador [da Administração Nacional do Espaço e da Aeronáutica] deve enviar um relatório ao Congresso informando se os russos executaram ou não o trabalho deles esperado e necessário para completar a Estação Espacial Internacional. Cada um desses relatórios deve também incluir uma declaração do julgamento do administrador a respeito da capacidade de a Rússia realizar o trabalho antecipado e requerido para completar a Estação Espacial Internacional antes do próximo relatório sob esta subseção.

(b) Decisão sobre os itens do caminho crítico russo. – O presidente deve notificar o Congresso dentro de noventa dias após a data da promulgação desta lei [30 out. 2000] da decisão sobre prosseguir ou não com a substituição permanente de quaisquer elementos russos no caminho crítico [conforme definido na seção 3 de Pub. L, 106-391, 42 U.S.C. 2452 nota] da Estação Espacial Internacional ou quaisquer serviços de lançamento russos. Essa notificação deve incluir as razões e justificações para a decisão e os custos associados com a decisão. Essa decisão deve incluir um julgamento de quando todos os elementos identificados na revisão E da sequência de montagem de junho de 1999 estarão em órbita e operacionais. Se o presidente decidir prosseguir com uma substituição permanente de qualquer elemento russo no caminho crítico ou quaisquer serviços de lançamento russos, o presidente deve notificar o Congresso das razões e da justificação para a decisão de realizar a substituição permanente e arcar com os custos associados com a decisão.

(c) Garantias. – Os Estados Unidos devem procurar junto ao governo russo garantias de que ele atribui uma prioridade mais elevada a cumprir os compromissos com a Estação Espacial Internacional do que a atribuída a estender a vida da Estação Espacial Mir, inclusive garantias de que a Rússia não utilizará ativos alocados pela Rússia na Estação Espacial Internacional para outros fins, inclusive estender a vida da Mir.

(d) Utilização Equitativa. – No caso de qualquer parceiro internacional no Programa da Estação Espacial Internacional violar deliberadamente qualquer um de seus compromissos ou acordos para a provisão do acordado sobre hardware relacionado à Estação Espacial ou bens ou serviços correlatos, o administrador deve procurar, de forma coerente com os acordos internacionais relevantes, uma redução comensurável dos direitos de utilização desse parceiro até o momento em que os compromissos ou acordos violados tenham sido cumpridos.

(e) Custos da Operação. – O administrador deve procurar, de forma coerente com os acordos internacionais relevantes, reduzir a cota da Administração Nacional do Espaço e da Aeronáutica nos custos operacionais comuns da Estação Espacial Internacional, baseado em quaisquer capacidades adicionais fornecidas para a Estação Espacial Internacional por meio das atividades de Garantia do Programa Russo da Administração Nacional do Espaço e da Aeronáutica.

LIMITAÇÃO DE CUSTOS PARA A ESTAÇÃO ESPACIAL INTERNACIONAL

(a) Limitação de Custos.

(1) Em geral. – Exceto conforme determinado nas subseções (c) e (d), a quantia total empenhada pela Administração Nacional do Espaço e da Aeronáutica para:

(A) os custos da Estação Espacial Internacional não podem ser superiores a 25 bilhões de dólares;

(B) os custos do lançamento do ônibus espacial em conexão com a montagem da Estação Espacial Internacional não podem ser superiores a 17,7 bilhões de dólares.

(2) Cálculo dos custos de lançamento. – Para os objetivos do parágrafo (1)(B):

(A) não mais que 380 milhões de dólares em custos para qualquer lançamento de ônibus espacial devem ser levados em consideração;

(B) se os custos do lançamento do ônibus espacial levados em consideração para qualquer lançamento de ônibus espacial forem inferiores a 380 milhões de dólares, então o administrador (da Administração Nacional do Espaço e da Aeronáutica) deve arranjar uma verificação, pelo Escritório de Contabilidade Geral, da contabilidade usada para determinar esses custos e deve submeter essa verificação ao Congresso dentro de sessenta dias após a data em que o pedido do próximo orçamento for transmitido ao Congresso.

(b) Custos a que a Limitação se Aplica.

(1) Custos de desenvolvimento. – A limitação imposta pela subseção (a)(1)(A) não se aplica ao financiamento de operações, pesquisa ou atividades de retorno da tripulação subsequentes à conclusão substancial da Estação Espacial Internacional.

(2) Custos de lançamento. – A limitação imposta pela subseção (a)(1)(B) não se aplica:

(A) aos custos de lançamento do ônibus espacial em conexão com as operações, pesquisa ou atividades de retorno da tripulação subsequentes à conclusão substancial da Estação Espacial Internacional;

(B) aos custos de lançamento do ônibus espacial em conexão com o lançamento para uma missão em que ao menos 75%, em massa, da carga útil do ônibus espacial são destinados à pesquisa;

(C) a quaisquer custos adicionais incorridos ao assegurar ou aumentar a segurança e a confiabilidade do ônibus espacial.

(3) Conclusão substancial. – Para fins desta subseção, a Estação Espacial Internacional é considerada substancialmente concluída quando os custos do desenvolvimento compreendem 5% ou menos dos custos totais da Estação Espacial Internacional para o ano fiscal.

(c) Notificação de Mudanças nos Custos da Estação Espacial. – O administrador deve fornecer, junto com todo pedido anual de orçamento, uma notificação e análise por escrito de quaisquer mudanças sob a subseção (d) nas quantias apresentadas na subseção (a) para os Comitês do Senado sobre Apropriações e sobre Comércio,

Ciência e Transporte e para os Comitês da Câmara dos Deputados sobre Apropriações e sobre Ciência. Além disso, essa notificação pode ser fornecida em outras datas, conforme for considerado necessário pelo administrador. A notificação por escrito deve incluir:

(1) uma explicação da base para a mudança, inclusive os custos associados com a mudança e o benefício esperado para o programa, a ser derivado da mudança;

(2) uma análise do impacto, de não receber os aumentos pedidos, sobre o cronograma da montagem e as estimativas de financiamento anuais;

(3) uma explicação das razões por que essa mudança não foi antecipada nos orçamentos do programa anteriores.

(d) Financiamento para Contingências.

(1) Notificação requerida. – Se um financiamento superior à limitação determinada na subseção (a) for requerido para lidar com as contingências descritas no parágrafo (2), o administrador deve apresentar a notificação por escrito requerida pela subseção (c). No caso do financiamento descrito no parágrafo (3)(A), essa notificação deve ser requerida antes de se empenhar qualquer porção do financiamento. No caso do financiamento descrito no parágrafo (3)(B), essa notificação deve ser requerida dentro de 15 dias após a tomada de decisão de implementar uma mudança que aumenta os custos de lançamento do ônibus espacial em conexão com a montagem da Estação Espacial Internacional.

(2) Contingências. – As contingências referidas no parágrafo (1) são as seguintes:

(A) A falta de desempenho ou o término da participação de qualquer um dos países internacionais que fazem parte do Acordo Intergovernamental.

(B) A perda ou o fracasso de um elemento fornecido pelos Estados Unidos durante o lançamento ou em órbita.

(C) Problemas de montagem em órbita.

(D) Novas tecnologias ou treinamento para melhorar a segurança na Estação Espacial Internacional.

(E) A necessidade de lançar um ônibus espacial para garantir a segurança da tripulação ou para manter a integridade da estação.

(3) Quantias. – A quantia total empenhada pela Administração Nacional do Espaço e da Aeronáutica para lidar com as contingências descritas no parágrafo (2) é limitada a:

(A) 5 bilhões de dólares para a Estação Espacial Internacional;

(B) 3,5 bilhões de dólares para os custos do lançamento do ônibus espacial em conexão com a montagem da Estação Espacial Internacional.

(e) Relatório e Revisão.

(1) Identificação de custos.

(A) Ônibus espacial. – Como parte do pedido de orçamento global do programa do ônibus espacial para cada ano fiscal, o administrador deve identificar separadamente:

(i) as quantias do financiamento requerido que devem ser usadas para a conclusão da montagem da Estação Espacial Internacional;

(ii) qualquer missão de pesquisa no ônibus espacial descrita na subseção (b)(2).

(B) Estação Espacial Internacional. – Como parte do pedido de orçamento global da Estação Espacial Internacional para cada ano fiscal, o administrador deve identificar a quantia a ser usada para o desenvolvimento da Estação Espacial Internacional.

(2) Explicação das limitações de custos. – Como parte do pedido de orçamento anual ao Congresso, o administrador deve explicar as limitações de custos impostas pela subseção (a).

(3) Verificação da contabilidade. – O administrador deve arranjar uma verificação, pelo Escritório de Contabilidade Geral, da contabilidade submetida ao Congresso dentro de sessenta dias após a data em que o pedido de orçamento for transmitido ao Congresso.

(4) Inspetor geral. – Dentro de sessenta dias depois que o administrador apresentar uma notificação e análise ao Congresso sob a subseção (c), o inspetor geral da Administração Nacional do Espaço e da Aeronáutica deve revisar a notificação e a análise, e informar os resultados da revisão aos comitês para os quais a notificação e a análise foram enviadas.

PESQUISA NA ESTAÇÃO ESPACIAL INTERNACIONAL

(a) Estudo. – O administrador [da Administração Nacional do Espaço e da Aeronáutica] deve celebrar um contrato com o Conselho Nacional de Pesquisa e a Academia Nacional de Administração Pública para realizar em conjunto um estudo do *status* de vida e pesquisa da microgravidade relativos à Estação Espacial Internacional. O estudo deve incluir:

(1) uma avaliação da presteza da comunidade científica dos Estados Unidos em usar a Estação Espacial Internacional para a pesquisa sobre a vida e a microgravidade;

(2) uma avaliação dos fatores atuais e projetados que limitam a capacidade da comunidade científica dos Estados Unidos para maximizar a pesquisa potencial da Estação Espacial Internacional, incluindo, mas não se limitando a, uma disponibilidade presente e passada dos recursos nas contas da pesquisa da vida e microgravidade dentro do Escritório de Voo Espacial Humano e do Escritório das Ciências e Aplicações da Vida e Microgravidade, e o acesso passado, presente e projetado da comunidade científica ao espaço;

(3) recomendações para melhorar a capacidade da comunidade científica dos Estados Unidos para maximizar o potencial de pesquisa da Estação Espacial Internacional, inclusive uma avaliação dos custos e benefícios relativos a:

(A) dedicar uma missão anual do ônibus espacial para a pesquisa da vida e microgravidade durante a montagem da Estação Espacial Internacional;

(B) manter o cronograma da montagem em vigor na época da promulgação [30 out. 2000].

(b) Relatório. – Sem ultrapassar o prazo de um ano depois da data da promulgação desta lei [30 out. 2000], o administrador deve transmitir para o Comitê sobre Ciência da Câmara dos Deputados e para o Comitê sobre Comércio, Ciência e Transporte do Senado um relatório sobre os resultados do estudo realizado sob esta seção.

ADMINISTRAÇÃO DA UTILIZAÇÃO E COMERCIALIZAÇÃO DA PESQUISA DA ESTAÇÃO ESPACIAL

(a) Atividades de Administração da Utilização e Comercialização da Pesquisa. – O administrador da Administração Nacional do Espaço e da Aeronáutica deve firmar um acordo com uma organização não governamental para realizar atividades de administração da utilização e comercialização da pesquisa da Estação Espacial Internacional subsequentes à conclusão substancial conforme definida na seção 202 (b)(3). O acordo não pode entrar em vigor menos de 120 dias após o plano de implementação do acordo ser submetido ao Congresso sob a subseção (b).

(b) Plano de Implementação. – Sem ultrapassar a data de 30 de setembro de 2001, o administrador deve submeter ao Comitê sobre Comércio, Ciência e Transporte do Senado e ao Comitê sobre Ciência da Câmara dos Deputados um plano de implementação para incorporar o uso de uma organização não governamental para a Estação Espacial Internacional. O plano de implementação deve incluir:

(1) uma descrição dos papéis e responsabilidades respectivos da Administração e da organização não governamental;

(2) uma estrutura proposta para a organização não governamental;

(3) uma declaração dos recursos requeridos;

(4) um cronograma para a transição das responsabilidades;

(5) uma declaração da duração do acordo.

**Integração da Tecnologia de Transporte Aeroespacial
Pub. L, 106-391, título III, § 308, 30 out. 2000, 114 Stat. 1592
Codificado em 42 U.S.C. § 2451 nota**

SEC. 2451

(a) Plano de Integração. – O administrador [da Administração Nacional do Espaço e da Aeronáutica] deve desenvolver um plano para a integração das atividades de pesquisa, desenvolvimento e demonstração experimental nas áreas de tecnologia de transporte aeronáutico e tecnologia de transporte espacial, quando for apropriado. O plano deve assegurar que a integração seja realizada sem perder as capacidades únicas que sustentam as missões definidas da Administração Nacional do Espaço e da Aeronáutica. O plano também deve incluir estratégias apropriadas para usar centros aeronáuticos nos esforços de integração.

(b) Relatórios ao Congresso. – Sem ultrapassar noventa dias após a data da promulgação desta lei [30 out. 2000], o administrador deve transmitir ao Congresso um relatório contendo o plano desenvolvido sob a subseção (a). A partir de então, o administrador deve transmitir ao Congresso anualmente, por cinco anos, um relatório sobre o progresso em realizar esse plano, a ser transmitido com o pedido anual de orçamento.

Tecnologias Inovadoras para o Voo Espacial Humano
Pub. L, 106-391, título III, § 313, 30 out. 2000, 114 Stat. 1594
Codificado em 42 U.S.C. § 2451 nota

SEC. 2451:

(a) Estabelecimento do Programa. – A fim de promover uma abordagem "mais rápida, mais barata, melhor" da exploração e desenvolvimento humanos do espaço, o administrador [da Administração Nacional do Espaço e da Aeronáutica] deve estabelecer um programa das Tecnologias Inovadoras do Voo Espacial Humano focado em pesquisa e desenvolvimento de tecnologias inovadoras com base na Terra e no espaço. O programa deve fazer parte do programa de Tecnologia e Comercialização.

(b) Prêmios. – Ao menos 75% da quantia apropriada para Tecnologia e Comercialização sob a seção 101 (b)(4) [114 Stat. 1581] para qualquer ano fiscal devem ser concedidos em forma de prêmios por meio de anúncios de oportunidades amplamente distribuídos, que solicitam propostas de instituições educacionais, indústria, instituições não lucrativas, Centros da Administração Nacional do Espaço e da Aeronáutica, o Laboratório de Propulsão a Jato, outras agências federais e outras organizações interessadas, e que permitem parcerias entre qualquer combinação dessas entidades, com avaliação, priorização e recomendações feitas por painéis externos com revisão pelos pares.

(c) Plano. – O administrador deve enviar ao Comitê sobre Ciência da Câmara dos Deputados e ao Comitê sobre Comércio, Ciência e Transporte do Senado, sem ultrapassar a data de 1º de dezembro de 2000, um plano para implementar o programa estabelecido sob a subseção (a).

Vida no Universo
Pub. L, 106-391, título III, § 314, 30 out. 2000, 114 Stat. 1595
Codificado em 42 U.S.C. § 2451 nota

SEC. 2451

(a) Revisão – O administrador da Administração Nacional do Espaço e da Aeronáutica deve empreender arranjos apropriados com a Academia Nacional de Ciências para a realização de uma revisão dos:

(1) esforços internacionais para determinar a extensão da vida no universo;

(2) aperfeiçoamentos que podem ser feitos nos esforços da Administração Nacional do Espaço e da Aeronáutica para determinar a extensão da vida no universo.

(b) Elementos. – A revisão requerida pela subseção (a) deve incluir:

(1) uma avaliação da direção das iniciativas de astrobiologia da Administração Nacional do Espaço e da Aeronáutica dentro do programa Origens;

(2) uma avaliação da direção de outras iniciativas executadas por outras entidades que não a Administração Nacional do Espaço e da Aeronáutica para determinar a extensão da vida no universo, inclusive outras agências federais, agências espaciais estrangeiras e grupos privados como o Instituto de Busca de Inteligência Extraterrestre;

(3) recomendações sobre aperfeiçoamentos científicos e tecnológicos que poderiam ser feitos nas iniciativas de astrobiologia da Administração Nacional do Espaço e da Aeronáutica para utilizar efetivamente as iniciativas das comunidades técnicas e científicas;

(4) recomendações para uma possível coordenação ou integração das iniciativas da Administração Nacional do Espaço e da Aeronáutica com iniciativas de outras entidades descritas no parágrafo (2).

(c) Relatório ao Congresso. – Sem ultrapassar vinte meses após a data da promulgação desta lei [30 out. 2000]. O administrador deve transmitir ao Congresso um relatório sobre os resultados da revisão executada sob esta seção.

Pesquisa das Aplicações da Teledetecção do Ciclo do Carbono
Pub. L, 106-391, título III, § 315, 30 out. 2000, 114 Stat. 1595
Codificado em 42 U.S.C. § 2451 nota

SEC. 2451

(a) Programa de Pesquisa das Aplicações da Teledetecção do Ciclo do Carbono

(1) Em geral. – O administrador [da Administração Nacional do Espaço e da Aeronáutica] deve desenvolver um programa de pesquisa das aplicações da teledetecção do ciclo do carbono:

(A) para fornecer uma visão abrangente das condições da vegetação;

(B) para avaliar e modelar sequestros de carbono agrícolas;

(C) para estimular o desenvolvimento de produtos comerciais, conforme apropriado.

(2) Uso de centros. – O administrador da Administração Nacional do Espaço e da Aeronáutica deve usar centros regionais de aplicação da ciência da terra para realizar a pesquisa de aplicações sob esta seção.

(3) Áreas pesquisadas. – As áreas que devem ser objeto da pesquisa realizada sob esta seção incluem:

(A) o mapeamento do uso da terra de sequestro de carbono e da ocupação da terra;

(B) o monitoramento de mudanças na ocupação e administração da terra;

(C) novas abordagens para a teledetecção do carbono do solo;

(D) a estimativa do sequestro de carbono em escala de regiões.

(b) Autorização de Apropriações. – É autorizada, para executar esta seção, a apropriação de 5 milhões de dólares de fundos autorizados pela seção 102 [114 Stat. 1581] para os anos fiscais de 2001 até 2002.

100º Aniversário da Iniciativa Educacional do Voo
Pub. L, 106-391, título III, § 317, 30 out. 2000, 114 Stat. 1596
Codificado em 42 U.S.C. § 2451 nota

SEC. 2451

(a) Iniciativa Educacional. – Em reconhecimento ao 100º aniversário do primeiro voo motorizado, o administrador [da Administração Nacional do Espaço e da Aeronáutica], em coordenação com o secretário de Educação, deve desenvolver e viabilizar a distribuição, para uso no ano acadêmico de 2001-2002 e daí em diante, de materiais educacionais apropriados para cada faixa etária, para uso no jardim de infância, níveis elementares e secundários, sobre a história do voo, a contribuição do voo para o desenvolvimento global no século XX, os benefícios práticos do voo aeronáutico e espacial para a sociedade, os princípios matemáticos e científicos usados no voo, e quaisquer outros tópicos correlatos que o administrador considerar apropriados. O administrador deve integrar nos materiais educacionais os planos para o desenvolvimento e voo do aeroplano de Marte.

(b) Relatório ao Congresso. – Sem ultrapassar a data de 1º de dezembro de 2000, o administrador deve transmitir um relatório ao Congresso sobre as atividades empreendidas nos termos desta seção.

Lei de Autorização da Administração Nacional do Espaço e da Aeronáutica de 2000
Pub. L, 106-391, § 3, 30 out. 2000, 114 Stat. 1579
Codificado em 42 U.S.C. § 2451 nota

SEC. 2451. Para fins desta lei:

(1) o termo "administrador" significa o administrador da Administração Nacional do Espaço e da Aeronáutica;

(2) o termo "provedor comercial" significa qualquer pessoa que fornece serviços de transporte espacial ou outras atividades relacionadas ao espaço, serviços e atividades submetidos ao controle básico de pessoas que não fazem parte de um governo federal, estadual, local ou estrangeiro;

(3) o termo "caminho crítico" significa a sequência de eventos, de um cronograma de eventos, na qual uma demora em qualquer evento causa uma demora no cronograma global;

(4) o termo "acordo de subvenção" tem o significado dado a esse termo na seção 6302 (2) do título 31, Código dos Estados Unidos;

(5) o termo "instituição de educação superior" tem o significado dado a esse termo na seção 101 da Lei da Educação Superior de 1965 (20 U.S.C. 1001);

(6) o termo "Estado" significa cada um dos vários estados dos Estados Unidos, o distrito de Columbia, o Estado Livre Associado de Porto Rico, as Ilhas Virgens, Guam, a Samoa Americana, as Ilhas Marianas do Norte, e qualquer outra comunidade nacional, território ou possessão dos Estados Unidos;

(7) o termo "provedor comercial dos Estados Unidos" significa um provedor comercial, organizado sob as leis dos Estados Unidos ou de um Estado, que seja:

(A) mais de 50% propriedade de cidadãos americanos; ou

(B) a subsidiária de uma companhia estrangeira e o secretário do Comércio achar que:

(i) essa subsidiária evidenciou no passado um compromisso substancial com o mercado dos Estados Unidos por meio de:

(I) investimentos nos Estados Unidos em pesquisa, desenvolvimento e manufatura (inclusive a manufatura de componentes importantes e submontagens) de longo prazo;

(II) contribuições significativas para o nível de emprego nos Estados Unidos;

(ii) o país ou países em que essa companhia estrangeira é incorporada ou organizada, e, se apropriado, em que ela realiza principalmente seus negócios, proporciona tratamento recíproco a companhias descritas no subparágrafo (A) comparável ao proporcionado a essa subsidiária de companhia estrangeira nos Estados Unidos, como evidenciado por:

(I) viabilizar oportunidades comparáveis para companhias descritas no subparágrafo (A) de participar em pesquisa e desenvolvimento patrocinados pelo governo, similares aos autorizados sob esta lei;

(II) não criar barreiras às companhias descritas no subparágrafo (A) com relação a oportunidades de investimento locais que não são viabilizadas para companhias estrangeiras nos Estados Unidos;

(III) providenciar uma proteção adequada e efetiva para os direitos de propriedade intelectual de companhias descritas no subparágrafo (A).

Fundo de Capital de Giro
Pub. L, 108-7, Div. K, Título III, 117 Stat. 520, em 20 fev. 2003
Não Codificado

É, pelo presente, estabelecido no Tesouro dos Estados Unidos um fundo de capital de giro da Administração Nacional do Espaço e da Aeronáutica. As quantias no fundo estão disponíveis para financiar atividades, serviços, equipamento, informações e instalações, autorizados por lei a serem viabilizados dentro da Administração; para outras agências ou organismos dos Estados Unidos; para qualquer Estado, território, ou possessão ou subdivisão política dos Estados Unidos; para outras agências públicas ou privadas; ou para qualquer pessoa, firma, associação, corporação ou instituição educacional numa base reembolsável. O fundo também deve estar disponível para a finalidade de financiar reparos, renovações, reabilitação, sustentação, demolição ou substituição capitais de propriedades imóveis da Nasa, numa base reembolsável dentro da Administração. As quantias no fundo estão disponíveis independentemente da limitação do ano fiscal. O capital do fundo consiste em quantias apropriadas para o fundo; o valor razoável de provisões de suprimentos, equipamento e outros ativos e inventários encomendados que o administrador transfere para o fundo, menos as responsabilidades correlatas e as obrigações não pagas; quantias recebidas da venda de troca de propriedade; e pagamentos recebidos pela perda ou pelo dano a propriedades do fundo. O fundo deve ser reembolsado, de antemão, pelos suprimentos e serviços a taxas que vão chegar perto das despesas da operação, como o acréscimo das férias anuais, a depreciação da maquinaria, propriedade e equipamento, e as despesas gerais.

Nomeação de um oficial comissionado como vice-administrador
Pub. L, 107-117, div. B, § 307, 10 jan. 2002, 115 Stat. 2301
Codificado em 42 U.S.C. § 2472 nota

SEC. 2472
Durante o ano fiscal de 2002, o presidente, agindo pelo e com o consentimento do Senado, é autorizado a nomear um oficial comissionado das Forças Armadas, na ativa, para o cargo de vice-administrador da Administração Nacional do Espaço e da Aeronáutica, não obstante a seção 202(b) da Lei da Aeronáutica e Espaço Nacional de 1958 (42 U.S.C. 2472 (b)). Se assim nomeado, as provisões da seção 403 (c)(3), (4) e (5) do título 50, Código dos Estados Unidos, devem ser aplicáveis enquanto o oficial comissionado servir como vice-administrador, na mesma maneira e medida como se o oficial estivesse servindo numa posição especificada na seção 403 (c) do título 50, Código dos Estados Unidos, exceto que o pagamento e compensações militares do oficial devem ser reembolsados a partir dos fundos disponíveis para a Administração Nacional do Espaço e da Aeronáutica.

Notificação de Reprogramação e Reorganização
Pub. L, 106-391, título III, § 311, 30 out. 2000, 114v Stat. 1594
Codificado em n42 U.S.C. § 2473 nota

SEC. 2473
(a) Notificação de Reprogramação. – Se quaisquer fundos autorizados por esta lei [ver tabelas de classificação] estiverem sujeitos a uma ação de reprogramação que requer notificação a ser enviada aos Comitês de Apropriações da Câmara dos Deputados e do Senado, a notificação dessa ação deve ser enviada simultaneamente

ao Comitê sobre Ciência da Câmara dos Deputados e ao Comitê sobre Comércio, Ciência e Transporte do Senado.

(b) Notificação de Reorganização. – O administrador [da Administração Nacional do Espaço e da Aeronáutica] deve enviar notificação aos Comitês sobre Ciência e Apropriações da Câmara dos Deputados, e aos Comitês sobre Comércio, Ciência e Transporte e Apropriações do Senado, respeitando o prazo de trinta dias antes de qualquer reorganização importante de qualquer programa, projeto ou atividade da Administração Nacional do Espaço e da Aeronáutica.

Compra de Equipamento e Produtos Fabricados nos Estados Unidos
Pub. L, 106-391, título III, § 319, 30 out. 2000, 114 Stat. 1597
Codificado em 42 U.S.C. § 2473 nota

SEC. 2473

(a) Compra de Equipamento e Produtos Fabricados nos Estados Unidos. No caso de qualquer equipamento ou produtos autorizados a serem comprados com assistência financeira providenciada sob esta lei [ver tabelas para classificação], é entendimento do Congresso que as entidades que recebem essa assistência deveriam comprar, ao utilizar a assistência, apenas equipamento e produtos fabricados nos Estados Unidos.

(b) Notificação aos Recebedores da Assistência. – Ao viabilizar assistência financeira sob esta lei, o administrador [da Administração Nacional do Espaço e da Aeronáutica] deve fornecer a cada recebedor da assistência uma notificação descrevendo a afirmação feita na subseção (a) pelo Congresso.

Aperfeiçoamento dos Programas de Ciência e Matemática
Pub. L., 106-391, título III, § 321, 30 out. 2000, 114 Stat. 1597
Codificado em 42 U.S.C. § 2473 nota

SEC. 2473

(a) Definições. – Nesta seção:

(1) Equipamento federal educacionalmente útil. – O termo "equipamento federal educacionalmente útil" significa computadores e instrumentos periféricos correlatos, e equipamento de pesquisa que seja apropriado para uso nas escolas.

(2) Escola. – O termo "escola" significa uma instituição educacional pública ou privada que oferece qualquer um dos graus desde o jardim de infância até o terceiro ano do ensino médio [nos EUA, grade 12].

(b) Entendimento do Congresso

(1) Em geral. – É entendimento do Congresso que o administrador [da Administração Nacional do Espaço e da Aeronáutica] deve doar, no mais alto grau possível e de maneira coerente com a lei federal aplicável (inclusive a Ordem Executiva

n. 12999 [40 U.S.C. 549 nota]), equipamento federal educacionalmente útil para as escolas a fim de aperfeiçoar os programas de ciência e matemática dessas escolas.

(2) Relatórios. – Sem ultrapassar o prazo de um ano após da data da promulgação desta lei [30 out. 2000], e anualmente desse ponto em diante, o administrador deve preparar e submeter ao Congresso um relatório descrevendo qualquer doação de equipamento federal educacionalmente útil a escolas, feita durante o período coberto pelo relatório.

Lei de Flexibilidade da Nasa de 2004
Pub. L, 108-201, § 2 (b), 118 Stat. 461, 24 fev. 2004
Codificado em 5 U.S.C. § 101 nota, emendado em 42 U.S.C. § 2473

A lei [acrescentando o capítulo 98 do título 5 e emendando 42 U.S.C. § 2473 e a parte de análise que precede 5 U.S.C. § 2101] pode ser citada como a "Lei de Flexibilidade da Nasa de 2004".

Data efetiva. A emenda feita por esta seção deve entrar em vigor no primeiro dia do primeiro período de pagamento que começa na data, ou após a data, de promulgação desta desta [sic] lei.

APÊNDICE C*

Meio século de gastos da Nasa 1959-2010: Despesas da Nasa em relação às despesas totais do governo federal dos EUA e ao PIB

Ano	Despesas Federais Totais dos EUA em dólares correntes (milhões de dólares)	Despesas da Nasa em dólares correntes (milhões de dólares)	Despesas da Nasa como parte das despesas federais totais dos EUA (%)	Despesas da Nasa em dólares constantes em 2010 (milhões de dólares)	PIB dos EUA em dólares correntes (bilhões de dólares)	Despesas da Nasa como PIB nos EUA (%)
1959	92.098	146	0,16	871	506,6	0,03
1960	92.191	401	0,43	2.370	526,4	0,08
1961	97.723	744	0,76	4.340	544,8	0,14
1962	106.821	1257	1,18	7.240	585,7	0,21
1963	111.316	2552	2,29	14.500	617,8	0,41
1964	118.528	4171	3,52	23.400	663,6	0,63
1965	118.228	5092	4,31	28.100	719,1	0,71
1966	134.532	5933	4,41	31.800	787,7	0,75
1967	157.464	5425	3,45	28.200	832,4	0,65
1968	178.134	4722	2,65	23.500	909,8	0,52
1969	183.640	4251	2,31	20.200	984,4	0,43
1970	195.649	3752	1,92	16.900	1.038,3	0,36
1971	210.172	3382	1,61	14.500	1.126,8	0,30
1972	230.681	3423	1,48	14.100	1.237,9	0,28
1973	245.707	3312	1,35	12.900	1.382,3	0,24
1974	269.359	3255	1,21	11.700	1.499,5	0,22
1975	332.332	3269	0,98	10.700	1.637,7	0,20
1976	371.792	3671	0,99	11.400	1.824,6	0,20
1977	409.218	4002	0,98	11.600	2.030,1	0,20
1978	458/.46	4164	0,91	11.300	2.293,8	0,18
1979	504.028	4380	0,87	11.000	2.562,2	0,17
1980	590.941	4959	0,84	11.400	2.788,1	0,18

* Fontes: Departamento de Tabelas Históricas do Orçamento e Administração 1.1 (para despesas do governo federal) e 4.1 (para despesas da Nasa 1962-2010), em abril de 2011; *Nasa Historical Data Book 1958-1968: Volume I, Nasa Resources* (para as despesas da Nasa 1959-1961); Bureau de Análise Econômica (para dados do PIB).

Ano	Despesas Federais Totais dos EUA em dólares correntes (milhões de dólares)	Despesas da Nasa em dólares correntes (milhões de dólares)	Despesas da Nasa como parte das despesas federais totais dos EUA (%)	Despesas da Nasa em dólares constantes em 2010 (milhões de dólares)	PIB dos EUA em dólares correntes (bilhões de dólares)	Despesas da Nasa como PIB nos EUA (%)
1980	590.941	4959	0,84	11.400	2.788,1	0,18
1981	678.241	5537	0,82	11.600	3.126,8	0,18
1982	745.743	6155	0,83	12.200	3.253,2	0,19
1983	808.364	6853	0,85	13.100	3.534,6	0,19
1984	851.805	7055	0,83	13.00	3.930,9	0,18
1985	946.344	7251	0,77	12.900	4.217,5	0,17
1986	990.382	7403	0,75	12.900	4.460,1	0,17
1987	1.004.017	7591	0,76	12.900	4.736,4	0,16
1988	1.064.416	9092	0,85	14.900	5.100,4	0,18
1989	1.143.744	11.036	0,96	17.400	5.482,1	0,20
1990	1.252.994	12.429	0,99	19.000	5.800,5	0,21
1991	1.324.226	13.878	1,05	20.500	5.992,1	0,23
1992	1.381.529	13.961	1,01	20.200	6.342,3	0,22
1993	1.409.386	14.305	1,01	20.200	6.667,4	0,21
1994	1.461.753	13.694	0,94	19.000	7.085,2	0,19
1995	1.515.742	13.378	0,88	18.200	7.414,7	0,18
1996	1.560.484	13.881	0,89	18.500	7.838,5	0,18
1997	1.601.116	14.360	0,90	18.800	8.332,4	0,17
1998	1.652.458	14.194	0,86	18.400	8.793,5	0,16
1999	1.701.842	13.636	0,80	17.400	9.353,5	0,15
2000	1.788.950	13.428	0,75	16.800	9.951,5	0,13
2001	1.862.846	14.092	0,76	17.200	10.286,2	0,14
2002	2.210.894	14.405	0,72	17.300	10.642,3	0,14
2003	2.159.899	14.610	0,68	17.200	22.142,1	0,13
2004	2.292.841	15.152	0,66	17.300	11.867,8	0,13
2005	2.471.957	15.602	0,63	17.300	12.638,4	0,12
2006	2.655.050	15.125	0,57	16.200	13.398,9	0,11
2007	2.728.686	15.861	0,58	16.500	14.061,8	0,11
2008	2.982.544	17.833	0,50	18.200	14.369,1	0,12
2009	3.517.677	19.168	0,54	19.400	14.119,0	0,14
2010	3.456.213	18.906	0,55	18.900	14.660,4	0,13

APÊNDICE D*

Gastos da Nasa 1959-2010 (milhões de dólares)

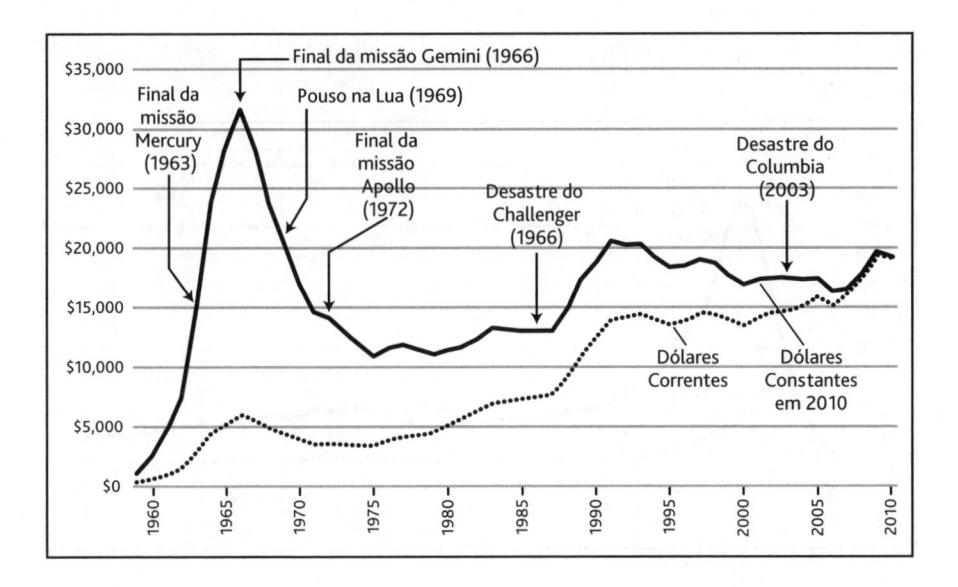

[Gráfico: Gastos da Nasa de 1959 a 2010, com eixo vertical de $0 a $35.000 milhões e eixo horizontal de 1960 a 2010. Linha contínua representa Dólares Constantes em 2010 e linha pontilhada representa Dólares Correntes. Marcações no gráfico: Final da missão Mercury (1963); Final da missão Gemini (1966); Pouso na Lua (1969); Final da missão Apollo (1972); Desastre do Challenger (1966); Desastre do Columbia (2003).]

---

* Fontes: Departamento de Tabelas Históricas do Orçamento e Administração 1.1 (para despesas do governo federal) e 4.1 (para despesas da Nasa 1962-2010), em abril de 2011; *Nasa Historical Data Book 1958-1968: Volume I, Nasa Resources* (para despesas da Nasa 1959-1961).

APÊNDICE E*

Despesas da Nasa como percentual dos gastos do governo federal dos EUA e do PIB (Produto Interno Bruto) dos EUA 1959-2010

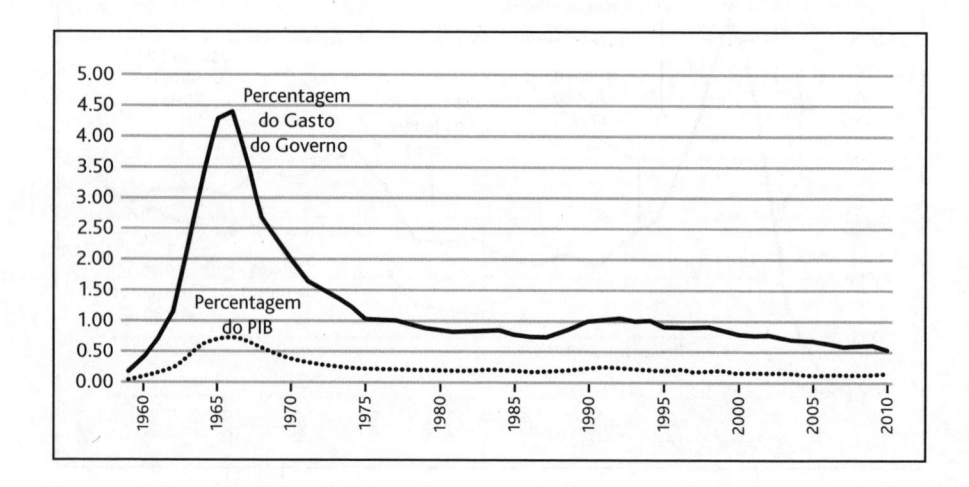

* Fontes: Bureau de Tabelas Históricas do Orçamento e da Administração 1.1 (para despesas do governo federal) e 4.1 (para despesas da Nasa 1962-2010), em abril de 2011; *Nasa Historical Data Book 1958-1968: Volume I, Nasa Resources* (para despesas da Nasa 1959-1961); Bureau de Análise Econômica (para dados do PIB).

APÊNDICE F*

ORÇAMENTOS ESPACIAIS: AGÊNCIAS DO GOVERNO DOS EUA EM 2013

Agência	Orçamento	Fonte
Departamento de Defesa (DoD)	21,717 bilhões	DoD & Futron
Administração Nacional do Espaço e da Aeronáutica (Nasa)	16,865	Nasa
Administração Atmosférica e Oceânica Nacional (NOAA)	1,886	NOAA
Departamento de Energia (DOE)	0,060	DOE
Administração da Aviação Federal (FAA)	0,060	DOT
Fundação Nacional de Ciência (NSF)	0,565	NSF
Comissão de Comunicações Federal (FCC)	0,010	Estimativa
Departamento de Estado	0,003	DoS
Levantamento geológico dos Estados Unidos (USGS)	0,135	Departamento do Interior
Total	41,257 bilhões de dólares	

* Fonte: *The Space Report 2014*, ©The Space Foundation, usado com permissão.

APÊNDICE G*

A ECONOMIA ESPACIAL GLOBAL EM 2013

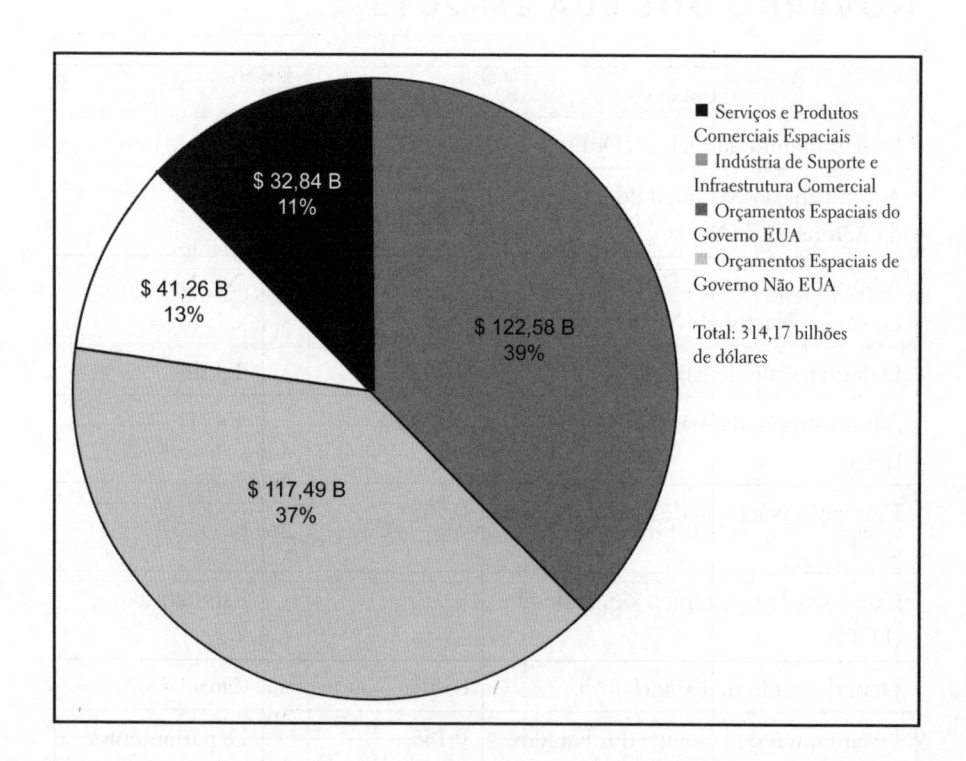

- Serviços e Produtos Comerciais Espaciais: $ 122,58 B — 39%
- Indústria de Suporte e Infraestrutura Comercial: $ 117,49 B — 37%
- Orçamentos Espaciais do Governo EUA: $ 41,26 B — 13%
- Orçamentos Espaciais de Governo Não EUA: $ 32,84 B — 11%

Total: 314,17 bilhões de dólares

* Fonte: *The Space Report 2014*, © The Space Foundation, usado com permissão.

APÊNDICE H*

ORÇAMENTOS ESPACIAIS GOVERNAMENTAIS DE 2013

País/Agência	Orçamento (US$)	Fonte	Descrição
Estados Unidos	41,257 bilhões	[ver Apêndice F]	Ano Fiscal 2013 promulgado
Agência Espacial	5,571 bilhões	Agência Espacial Europeia	Ano Calendário 2013 Apropriação
União Europeia*	0,295 bilhão	Comissão Europeia	Ano Calendário 2013 Apropriação
EUMETSAT*	0,262	EUMETSAT	Ano Calendário 2013 Gastos
Brasil	0,157 bilhão	Governo do Brasil	Ano Calendário 2013 Autorização
Canadá*	0,431 bilhão	Governo do Canadá	Ano Fiscal 2013/2014 Apropriação
China	3,468 bilhões	Estimativa de Gastos	Ano Calendário 2013 Estimativa
França*	0,966 bilhão	Governo da França	Ano Calendário 2013 Apropriação
Alemanha*	0,786 bilhão	Governo da Alemanha	Ano Calendário 2013 Apropriação
Índia	1,144 bilhão	Governo da Índia	Ano Fiscal 2013/2014 Alocação

*˙ Fonte: *The Space Report 2014*, © The Space Foundation, usado com permissão.

País/Agência	Orçamento (US$)	Fonte	Descrição
Israel	0,049 bilhão	The Marker	Ano Calendário 2013 Gastos Estimados
Itália*	0,307 bilhão	Governo da Itália	Ano Calendário 2013 Gastos Planejados
Japão	2,565 bilhões	Governo do Japão	Ano Fiscal 2013/2014 Apropriação
Rússia	5,482 bilhões	RIA Novosti	Ano Calendário 2013 Gastos Planejados
Coreia do Sul	0,304 bilhão	Instituto de Pesquisa Aeroespacial da Coreia (KARI)	Ano Calendário 2013 Gastos Planejados
Espanha*	0,028 bilhão	Governo da Espanha	Ano Calendário 2013 Apropriação
Reino Unido*	0,087 bilhão	Estimado com base em Planejamento UK BIS	Ano Fiscal 2013/2014 Apropriação
Países Emergentes	0,720 bilhão	[múltiplas]	
Espaço Militar Não EUA	10,216 bilhões	Estimativa da Fundação do Espaço com base em dados da Euroconsult	Ano Calendário 2013 Gastos Estimados
Total	74,095 bilhões de dólares		

* Exclui os gastos da Agência Espacial Europeia (ESA).

Nota: *O gasto com defesa para todos os países não americanos está incluído em Espaço Militar não EUA.*

AGRADECIMENTOS

Ann Rae Jonas transcreveu a maioria dos discursos contidos neste livro, desempenhando essa tarefa com grande compreensão do que eu disse e, mais importante, do que eu quis dizer. John M. Logsdon, um historiador da exploração do espaço sem igual, forneceu informações e *insights* valiosos. Richard W. Bulliet, da Universidade de Columbia, editou meu primeiro ensaio sobre exploração espacial, "Caminhos para a descoberta", que me fez inovar e me lançar como comentarista sobre o espaço, carreira que mantenho até hoje. Ao longo dessa trajetória, desfrutei conversas sobre nosso passado, presente e futuro no espaço com os astronautas Neil Armstrong, Buzz Aldrin, Tom Jones, Eileen Collins e Kathy Sullivan; com o parlamentar Robert Walker; com o autor Andy Chaikin; com os cientistas Steven Weinberg e Robert Lupton; e com o engenheiro Lou Friedman. Ainda aproveitei outras conversas sobre segurança nacional com os generais da Força Aérea Americana Lester Lyles e John Douglass, a comandante da Marinha dos Estados Unidos Sue Hegg e a analista aeroespacial Heidi Wood; e sobre a Nasa com os entusiastas do espaço Lori Garver, Stephanie Schierholz, Elaine Walker, Elliot. Pulham e Bill Nye, o Science Guy [Eureka no Brasil]. Ainda sou grato ao cientista de computação Steve Napear pelas conversas esclarecedoras sobre a era dos grandes exploradores oceânicos e sua correspondência com a era da exploração espacial. John Stockton forneceu comentários e correções proveitosos para a primeira impressão. Por fim, *Crônicas espaciais* não existiria sem o apoio e o entusiasmo pelo meu trabalho expresso por Avis Lang, por muito tempo editora de meus ensaios para a revista *Natural History* e editora deste volume.

NDT

* * *

Além de agradecer a Neil Tyson por oferecer tantos encontros inesperados com o cosmos, sou grata pela assistência literária e culinária de Elliot Podwill; pelos talentos gráficos do economista Anwar Shaikh; pela perspectiva do especialista canadense do espaço Surendra Parashar; pela análise de Norton Lang, Nivedita Majumdar, Fran Nesi, Julia Scully e Eleanor Wachtel; e pela arte de encontrar soluções para os problemas de Elizabeth Stachow.
AL

ÍNDICE

Os números das páginas em itálico se referem a ilustrações.

2001: *uma odisseia no espaço* (filme), 144

A Descendência do Homem (Darwin), 114
ABC, 254
Academia Nacional de Administrações Públicas, 348
Academia Nacional de Ciências, 22, 350
Acordos Cooperativos de Pesquisa e Desenvolvimento (CRDAs), 317
"Argumento da ignorância", 200
Aeroespacial dos Estados Unidos
Aerofrenagem, 172
África do Sul, 10
Agência de Exploração Espacial do Japão (JAXA), 184
Agência de Projetos de Pesquisa Avançada em Defesa (DARPA), 141
Agência de Proteção Ambiental, 247
Agência Espacial Americana (Nasa), 10, 15, 18, 20, 317
    100º aniversário da iniciativa de voo e, 317, 352
    aquisição de dados da ciência do espaço e, 317
    atividades adicionais da, 317
    caneta Astronauta da, 214
    cargas úteis da, 24
    contratos de arrendamento de estabelecimentos âncora e, 317
    criação da, 16, 84
    declaração da visão da, 83
    divisões da, 20
    fontes de dados da ciência da Terra e, 317
    fundo de capital de giro da, 317
    futuro e, 277
    gastos(despesas) da, 11, 19, 37, 357, 359, 360
    impacto econômico da, 259
    informações de especialistas e, 162
    jipes de Marte e, 150
    movimento dos direitos civis e, 82, 197
    nova missão para a Lua e, 84
    nova missão para Marte e
    número de empregados da, 28
    Obama sobre o papel da, 22
    objetivo da, 289
    orçamento da, 10, 21, 230
    plano de integração da tecnologia de transporte aeroespacial da, 317
    Política de Exploração da, 162
    política internacional e, 13
    política partidária e, 14

programa de pesquisa do ciclo de carbono da, 351
programa de Tecnologia Inovadora para
o Voo Espacial Humano da, 94, 162
reorganização da, 317
requisitos estatutárias aplicáveis a, 317
tomada de decisões na, 347
uso de instalações do governo e, 317
valor científico da, 21
ver também centros, programas e veículos específicos
vice-administrador da, 24
visão de Obama da, 25
Agência Espacial Europeia, 17
Agua, 40, 62, 93, 108, 145, 283
cometas e, 62
em Marte, 249
moléculas de, 40, 43, 62
vida extraterrestre e, 40
Airbus, 88
Albaugh, James, 243
Álcool etílico, 108
Aldrin, Buzz, 241
Alemanha, 10, 221
Algarismos arábicos, 227
Álgebra, 227
ALH-84001 (meteorito), 62
Almagesto (Ptolomeu), 80
Alpha Centauri, 196
Amônia, 22, 43, 108
Anderson, Carl D., 188
Anderson, John D., 272
Anomalia das *Pioneer*, 268, 269, 275
Antártica, 91
Antimatéria, 181, 188
Apófis, 67
detectando e desviando, 99, 222, 258
ecossistemas e impacto de, 59, 61
faixa de altitude "fechadura", 67
formação de planetas e, 59
ondas de choque de, 61
predizendo, 68
próximos à Terra, 60
registro de crateras de, 64
registros de impacto de, 59, 61
risco de impacto de, 61
troianos, 133
ver também cometas
Apófis (asteroide), 67
Apple Computer, 51, 153
Aquecimento global, 73
Aristarco, 47, 114
Aristóteles, 47
Armstrong, Neill, 15, 25, 81, 102, 128, 165, 241, 242, 365
Asteroides, 9, 25, 59, 60, 118, 195, 291
assassinos, 59 , 277
asteroides troianos, 133, 194
composição de, 60
taxas de impacto, 59
Astronautas, 9, 157, 161
Astronomy Explained (Ferguson), 279
Atrito, 51, 168, 171, 172
Augustine, Norm, 162
Ausência de peso, 135
Austrália, 237, 240, 254

Bactéria, 267
Balística, *ver* órbitas
Barreira do som, 125, 236
Bean, Alan, 15
Bélgica, 17
Bell Telephones Laboratories, 106
Bell X-1 (avião foguete), 125
Bell, Jocelyn, 41
Benz Patent-Motorwagen, 235
Biomarcadores, 43
Blériot, Louis, 126
Blob, The (filme) [A bolha assassina], 224

Blue Marble, The [A bolinha azul], 206
Boeing, 230, 258
Bolden, Charles F., Jr., 162
Bolha assassina, A, 224
Bolsas de Estudo da Defesa Nacional, 141
Bomba atômica, 64, 103, 113,
Book of Predictions, The (Truax), 240
Brasil, 10, 17, 35, 363
Brooklyn Daily Eagle, 237
Bruno, Giordano, 239
Buracos negros,110, 158, 383
Bush, George H. W., 215
Bush, George W., 146, 215, 246
  governo de, 75, 230

Cálculo, 131, 271
Calisto (lua), 186
Câmara dos Deputados, EUA, 354
Câmera Avançada para Pesquisas, 156
Canadá, 186
Canal do Panamá, 103
Canal National Geographic, 253
Caneta Astronauta, 214
Capital Space LLC, 146
Carbono, 43, 49, 53, 118, 261, 262
Carolina do Norte, 125, 216
Castelo Hearst, 103
Cazaquistão,137, 139
CBS Evening News, 161
Centro Americano do Foguete e do Espaço, 242
Centro de Pesquisa Ames, 165
Centro de Voo Espacial Goddard, 156
Centro de Voo Espacial Marshall, 82
Centro Espacial Johnson, 18, 242
Centro Espacial Kennedy, 178, 242, 251
Centro Lombardi de Compreensão do Câncer, 36

CERN (Organização Europeia para Pesquisa Nuclear), 96
Cernan, Eugene, 25
Chaffee, 81
Challenger ônibus especial, 23, 113
  ode a, 265
Cheney, 24
Chernobyl desastre, 186
Chicxulub crater, 65, 66
China, 255, 257, 278
  conhecimento científico básico na, 252
  Grande Muralha da, 38, 103
  hidrelétrica das Três Gargantas, 235
  população da, 35, 257
  programa espacial da, 17, 95
China antiga, 257
Cianeto de hidrogênio, 108Cidade das Estrelas (centro de treinamento), 88, 89, 229 Ciência, 18, 20, 227, 248
  conhecimentos básicos de, 73, 252, 255
  descoberta e, 18, 115
  disciplinas múltiplas e, 231
  mercados emergentes e, 231
  muculmanos e, 227
Cinturão de asteroides, 269
Cinturão de Kuiper, 185, 269
Clarke, Arthur C., 183, 193
Clinton, Bill, 16
Clorofluorcarbonetos, 43
Colbert, Stephen, 204
Collier's,127
Colombo, Cristóvão, 18, 103
Columbia ônibus especial, 146, 159, 220, 222, 223, 232
Combustíveis fósseis, 43
Cometa Halley, 104
Cometa Hyakutake, 61
Cometa Ikeya-Seki, 104
Cometa Shoemaker-Levy 9, 99, 104,119
Cometas de longo período, 60, 61

Cometas, 60, 63
  água e, 62
  de curto período, 60
  de longo período, 60, 61
  ecossistemas e impacto dos, 65
  órbitas excêntricas dos, 131
  risco de impacto por, 61
  taxa de impacto dos, 59
Comissão da Energia Atômica, 298
Comissão Nacional sobre a Excelência em Educação, 73
Comissão Presidencial sobre a Implementação da Política de Exploração Espacial dos Estados Unidos, 75, 162
Comissão sobre Educação Superior do presidente, 141
Comissão sobre o Futuro da Indústria Aeroespacial dos Estados Unidos, 162
  estabelecimento da, 342
  nomeações para, 344
  questões do pessoal e, 344
  término de, 344
Comitê Consultivo sobre o Futuro do Programa Espacial americano, 243
Congresso, EUA, 10, 15, 20, 22, 23, 26, 64, 83, 88, 89, 94, 164, 211, 250, 261, 289, 290, 295, 319, 327, 349
  ver também Câmara dos Deputados, EUA;
  Senado, Estados Unidos
Conselho de Engenharia do Espaço e da Aeronáutica, 187
Conselho de Estudos Espaciais, 187
Conselho de Segurança Nacional, 141
Conselho Nacional de Nacional, 187
Consórcio de Laboratórios Federais para Transferência de Tecnologia, 330
Contato (filme), 41
Contatos imediatos de terceiro grau (filme), 50
Contratos de arrendamento de estabelecimentos âncora, 333

Convenção sobre o Registro de Objetos Lançados ao Espaço Exterior, 335-337
Cook, capitão, 177
Copérnico, Nicolau, 47, 114, 131
Coreia, República da (Coreia do Sul), 10
Corey, Cyrus, 233
Corrente de Deriva do Atlântico Norte, 109
Cosmoquímica, 42
Cosmos (programa de TV), 281
Cosmos 1 espaçonave, 183, 187
Cosmos 954 satélite, 186
Cowboys do espaço (filme), 178
Cronkite, Walter, 161
Cultura, 87, 98, 232
Curie, Marie, 113
Curtis, Heber, 115
Cyrano de Bergerac, Savinien de, 239

Da Terra à Lua (Verne), 188
Daniels, George H., 237
Darwin, Charles, 114
De Forest, Lee, 240
De Revolutionibus Copérnico), 131
Deep Space 1 espaçonave, 181
Deep Space Network, 270
Democratas, 14, 15, 24, 246, 247
Departamento de Comércio, EUA, 330, 332
Departamento de Defesa, EUA, 289, 295, 317, 334, 337
Departamento de Energia, EUA, 22
Departamento de Estado, 336
Departamento do Tesouro, EUA, 353
Derretimento de Three Mile Island, 186
Descoberta, 17, 46
  caminhos para a, 100
  científica, 47, 103, 115
  ego humano e, 114
  exploração espacial e, 120

financiamento para, 103
futuro da, 118
impulso para, 17
incentivos para, 202
recompensas de, 104
sentidos humanos e, 105
sociedade e, 111
Descoberta de um Mundo na Lua (Wilkins), 33
Despesas, *ver* orçamentos; Nasa, orçamento da
Dinamarca, 17
Dinossauros, 61, 69, 120
Dióxido de carbono, 42, 53
Dirac, Paul A. M., 188
Diretoria de Missão de Sistemas de Exploração, 187
Discovery Channel, 253
Disney World, 246
DNA, 263
Drake, Frank, 54
Druyan, Ann, 281
Dubai, 15
Dulles, John Foster, 140

Earthrise [Nascer da Terra], 85
Eddington, Arthur, 123
Efeito de estilingue, 135
Efeito estufa, 222, 249
Einstein, Albert, 111, 113 118
Eisenhower, Dwight D., 15, 22
Embraer, 88
Endeavour ônibus espacial, 176, 177, 178
Energia escura, 280
Energia nuclear, 68, 164, 185
ENIAC, 235
Equação de Drake, 54
Equação do foguete, 169, 173
Era da Exploração, 101
Escritório de Aplicações de Tecnologia e Pesquisa, 328

Escritório de Aplicações e Ciências d a Vida e Microgravidade, 348
Escritório de Contabilidade Geral, 346
Escritório de Gerência e Orçamento, 344
Escritório de Supervisão de Empreendimentos Imobiliários Federais, 336
Escritório de Voo Espacial Humano, 348
Escudo térmico, 172
Espaço, exploração espacial
  berçários de estrelas no, 109
  colonização do, 72
  cultura e, 29
  empenho de disciplinas cruzadas no, 37
  estatuto de invenções e, 336
  facções contra, 19
  guerra como impulsionadora do, 241
  inovação tecnológica e, 22
  interesses especiais e, 259
  justificativaas para o financiamento do, 90
  militarização do, 9, 76
  motivação econômica para, 97
  na entrevista do autor feita por Galef/Pigliucci, 90
  números empregados no, 258
  política e, 10, 13
  primeiras atitudes para com, 239
  programas e missões propostos para, 222
  radiação cósmica de fundo em micro-ondas no, 108, 110, 11, 194
  realizações soviéticas no, 137
  rivalidade EUA-Soviética e, 15,74, 94, 103, 137, 138, 241
  robôs e, 37, 72, 93, 105, 144, 146, 147, 150, 218, 220
  significado (era de ouro), 222
Espanha, 17, 88, 103, 218
Espectro eletromagnético, 44, 52, 98, 106, 109

Espectroscopia, 42
Estação Espacial Internacional (EEI), 241, 250
 administração da comercialização de, 349
 custos operacionais de, 345
 financiamento de contingência de, 317, 344
 pesquisa na, 348
 plano de contingência para custos de ançamento de, 346
Estação Espacial Liberdade, 16, 18
Estação espacial Mir, 345
Estados Unidos, 9, 10, 16, 223, 259
 desmoramento da infraestrutura dos, 257, 258
 conhecimentos científicos básicos nos, 73
 estudantes estrangeiros nos, 76, 83
 jurisdição territorial e marítima dos, 335
 orçamentos espaciais dos, 11, 361
 política espacial dos, 24, 93
 primeiro satélite dos, 130, 139
 reação ao Sputnik nos, 74
 rivalidade soviética com, 143, 241, 248
 sistema educacional dos, 23
 transporte nos, 112
Etanol, 174
Europa, 16, 34, 88, 96, 149, 260
Evolução, 53, 63, 226
 religião e, 226
Exobiologia, 49
Exoplanetas, 38, 40
 biomarcadores em, 43
 busca de, 44
Explorer I satélite, 142
Extinção em massa 66

Faubus, Orval, 140
Federação Internacional de Aeronáutica, 35

Ferguson, James, 279
Fisher Pen Company, 214
Foch, Ferdinand, 239
Foguetes
 desenho fálico de, 245
 movido a combustível líquido, 169
 propulsão por, *ver* propulsão
 sobrevoos e, 128
Força Aérea, 124, 184
Força centrífuga, 192
Formaldeído, 108
Fotossíntese, 43
França, 10, 17, 65
Freedom 7 espaçonave, 130
Friedman, Louis, 213
Fukushima Daiichi desastre, 186
Fundação do Espaço, 244
Fundação Nacional da Ciência, 22, 36, 141, 241
Futurist, The, 240

Gagarin, Yuri, 88, 94, 130, 138
Galáxia Andrômeda, 134galáxia Via Láctea e, 134-135
 Nebulosa em, 117
Galáxia Via Láctea, 47, 106, 114, 116, 159, 196
 debate Shapley e Curtis sobre, 115
 galáxia Andrômeda e, 134
 órbita de estrelas na, 131
 sinais de rádio a partir do centro da, 106
Galáxias, 42, 44, 47, 56, 133, 155
 buracos negros em, 159
 elementos em, 261
 expansão do universo e, 117
 órbitas de estrelas de, 131
Galef, Julia, 90
Galileo sistema de navegação, 230
Galileo sonda espacial, 219
Galileu Galilei, 101, 163, 186, 235, 247

Gallagher, 14
Ganimedes, 186
Garbedian, H. Gordon, 126
Garver, Lori B., 162
Gás xenônio, 175, 182
Gates, Bill, 153
    riqueza de, 251
Gemini programa, 18, 82
General Dynamics, 258
Genesis missão, 154
Geradores termoelétricos de radioisótopos (RTGs), 185, 279
Ghazali, Al- (teólogo), 227
Glenn, John, 15, 20, 81
Gnedin, Oleg, 214
Goddard Memorial Dinner [Jantar do Memorial Goddard], 224
Goddard, Robert H.
Good Morning America (programa de TV), 254
Gott, J. Richard, 214
Governo Obama, 90
Grã-Bretanha, 271
Grande Barreira de Coral, 254
Grande Colisor de Hádrons, 96
Grande Muralha da China, 38, 103, 255
Grandeza de números grandes, 260
Gravidade
    anomalia das Pioneer e, 268, 269, 275
    e a descoberta de Urano, 271
    pontos lagrangianos e, 87
Gravitação, lei universal da, 212
Gregory, Fred, 243
Grissom, 81
Guerra da Coreia, 165
Guerra do Golfo de 1991, 39
Guerra do Vietnã, 197
Guerra dos mundos (filme), 56
Guerra Fria, 16, 68, 74, 96, 103, 127, 141, 212, 221, 241
Gupta, Sanjay, 56

Haldane, Richard Burdon, 239
Hall da Fame da Tecnologia Espacial, 243
Hawking, Stephen, 281
Hazards Due to Comets and Asteroids [Riscos devidos a cometas e asteroides], 65
Hélio, 43, 49, 118, 262
Helios-B (sonda solar), 216
Henson, Carolyn, 193
Henson, Keith, 193
Herschel, William, 271
Hertz, Heinrich, 106
Hewish, Anthony, 41
Hidrelétrica das Três Gargantas, 255
Hidrogênio, 43, 49, 50, 107, 118, 174, 283
    no Sol, 118
High Frontier, The: Human Colonies in Space (O'Neill) [A fronteira no alto: colônias humanas no espaço], 193
History of the Conquest of Peru (Prescott) [História da conquista do Peru], 217
História da conquista do Peru (Prescott), 217
Holanda, 17, 247
Hornet, USS, 15
Hubble, Edwin, 117
Humanos, 51, 120
    DNA dos, 263
    inteligência dos, 263
    universo dentro dos, 263
Huygens sonda, 154

IKAROS (Veículo Pipa Interplanetário Acelerado pela Radiação do Sol), 184
In the Shadow of the Moon (filme) [Na sombra da Lua], 15

Independence day (filme), 51
Índia, 143, 248
Indústria aeroespacial, 88
  Comitês de Apropriações da, 354
  Comitê sobre Ciência e Aeronáutica da, 355
Informação, 112
Iniciativa de Exploração Espacial, 18
Instituto de Ciência do Telescópio Espacial,152
Instituto Nacional de Padrões e Tecnologia, 22, 331
Instituto Nacional de Pesquisa sobre Invalidez e Reabilitação, 331
Instituto Nacional do Espaço, 193
Instituto Smithsonian, 239Institutos Nacionais de Saúde, 230
Integral, satélite, 155
Inteligência. 42, 50, 161, 263, 282
Internet, 15, 157
Io, 186
Irã, 10
Israel, 10, 35
Itália, 10, 17, 87

Jackson, Michael, 224
Jansky, Karl, 106
Jantar do Memorial Goddarad, 224
Japão, 10,17, 34, 186, 237, 260
  bombardeamento atômico do, 112
Jarvis, Greg, 266
Jobs, Steve, 153
John F. Kennedy, USS, 15
Johnson, Lyndon B., 140
Journey to Inspire, Innovate, and Discover, A: Moon,
  Mars and Beyond [Uma viagem para inspirar,
    inovar e descobrir: Lua, Marte e além], 162

Júpiter, 44, 50, 60, 66, 101, 131, 133, 144, 174, 185
  efeito estilingue e, 135
Júpiter-C foguete, 142

Kelvin, Lorde, 124
Kennedy, John F., 15, 153
  discurso da "Lua" de, 164
Kepler, Johannes, 131
Kinsella, Gary, 273
Korolev, Sergei, 139
Kubrick, Stanley, 144, 145
Kuwait, 39

Laboratório de Propulsão a Jato (JPL), 272, 350
Lagrange, Joseph-Louis, 191
Laika (cadela), 138
Lançando a ciência, 187
Langley, Samuel P., 239
Laplace, Pierre-Simon de, 134
Lasers, 54, 76, 175, 185
Lauer, Matt, 232
Launching Science (Lançando a ciência), 187
Le Verrier, Urbain-Jean-Joseph, 272
Lei Antideficiência, 313
Lei da Autorização da Administração do Espaço e da Aeronáutica de 2000, 317
Lei da Classificação de 1949, 292
Lei da Educação para Defesa Nacional de 1958, 141
Lei da Educação Superior de 1965, 353
Lei da Energia Atômica de 1954, 298
Lei da Flexibilidade da Nasa de 2004, 356, 318
Lei da Pesquisa, Desenvolvimento e Demonstração de Veículo Híbrido e Elétrico de 1976, 292

Lei das Apropriações do Comércio, Justiça, Ciência e Agências Correlatas de 2008, 314
Lei de Processo Civil Antitruste, 336
   Anyone, Anything, Anywhere, Anytime [Qualquer um, qualquer coisa, qualquer lugar, qualquer tempo], 162
Lei de Reinvestimento e Recuperação Americana
Lei de Serviços Administrativos e Propriedade Federal de 1949, 293
Lei do Espaço e da Aeronáutica Nacional de 1958, 11, 15, 81, 287, 289
   acesso a informações na, 297
   apropriações na, 309
   arrendamentos de propriedade na, 333
   autoridade de conceder prêmio na, 311
   autoridade de recuperação na, 288
   Comitê Consultivo Nacional na, 296
   contratos de veículos de lançamento na, 288
   cooperação internacional na, 287
   direitos autorais na, 287
   invenções na, 300
   jurisdição na, 288
   ligação civil-militar na, 287
   mau emprego do nome na, 288
   pesquisa atmosférica superior na, 288
   prêmios na, 303
   processos legais na, 287
   propósito e objetivos da, 291
   relatórios ao Congresso na, 295
   segurança na, 287
   seguro na, 287
   terra excedente na, 287
   texto emendado na, 11
   transferência de funções na, 297
   veículo aeroespacial na, 208

Lei do Plano do Túnel de Vento Unitário de 1949, 297
Lei dos Lançamentos Espaciais Comerciais de 1984, 15
Lei Nacional de Bolsas de Estudo e Subvenções
   a Universidades para a Pesquisa do Espaço
   de 1987, 319
   apropriações, 328
   consórcio regional em, 319
   contratos, 326
   finalidade da, 332
   funções da, 328
   identificaçãode necessidades em, 324
   painel de análise de subvenções, 326
   prêmios competitivos, 327
   programa de bolsa de estudo em, 319
   relatórios ao Congresso em, 327
   serviços administrativos, 326
   serviços de pessoal em, 326
   subvenções em, 317
Leno, Jay, 161
LightSail-1, 184
Lindbergh, 126
Lindsay, John, 82
Lixo espacial, 194, 195
Lockheed, Martin, 243
Lovell, Jim, 128
Lua
   40º aniversário do pouso na, 160
   crateras na, 64
   proposta missão de retorno para realizações soviéticas e, 138
   rochas ejetadas da, 62
Terra vista a partir da, 39
   ver também programa Apollo, Apollo 11
Luna 9 jipe, 85
Luna 13 jupe, 83
Lunar Orbiter espaçonave, 165

Luz, 38, 40, 42, 53, 68, 105, 109, 115, 137, 183
  velocidade da, 49, 125
Luz infravermelha, 109, 155
Luz ultravioleta, 110

MacHale, Des, 256
Madonna, 224
Magalhães, Fernão de, 113
Major Mysteries of Science (Garbedian), 126
Mars Global Surveyor, 154
Marte, 19, 39, 60, 62, 66, 87, 131, 144
  água em, 154
  crateras sobre, 66
  jipe em, 148, 149
  metano em, 43
  missão proposta para, 93
  realizações soviéticas e, 139
  rochas ejetadas de, 62
  Terra vista a partir de, 39
  vida em, 63
Matéria escura, 280
McAuliffe, Christa, 266
McDonald's, 260
McNair, Ron, 267
Mécanique Celeste (Laplace), 134
Mercúrio (deus), 124
Mercúrio (planeta), 66, 131, 134, 272
  órbita de, 131
Messenger sonda, 155
Metano, 43
  em Marte, 43
  em Titã, 155
Meteoritos, 62 impacto no rio Tunguska de, 64
  ver também asteroides
Método científico, 102
México, 65
Micro-ondas, 54, 107, 157
Microscópio, 10

Microsoft, 153
Mitchell, Edgar, 13
Mongóis, 227
Monóxido de carbono, 108
Motores propulsores iônicos, 181
Movimento do Design Inteligente, 226
Movimento dos direitos civis, 82, 84, 194
Movimento planetário, primeira lei do, 131
Movimento, terceira lei do, 169, 174
Multiverso, 284
Muro de Berlim, 96
Museu Americano de História Natural, 9
Museu Nacional de História Natural, 115
Museu Nacional do Ar e do Espaço, 18, 35

"Nação em risco, uma", 73
Nações Unidas, 102-103
NanoSail-D, 184
Nascerda Terra, 85
Natural History, 9, 365, 383
Nave espacial Cassini, 154
  Igreja Católica, 47, 101
  sonda Huygens da, 154
NBC, 161, 196
Netuno, 39, 49, 60, 131, 136
  descoberta de, 272
Neutrinos, 111
New Horizons espaçonave, 185
New Scientist
New York Times, 112, 126, 140, 238, 383
Newcomb, Simon, 238
Newton, Isaac, 80, 129, 133, 169, 212, 271, 279
NEXT sistema de propulsão iônica, 188
Nigéria, 35
Nitrogênio, 43, 118, 261, 261, 283
Nixon, Richard M., 15, 247
Nobel, Alfred Bernhard, 104
Northrop, Grumman, 258

Noruega, 17
NOVA (série de TV), 253
Nova York, NY, 35, 38, 82, 87, 113
"Novas", 117
NRA.259

O'Neill, Gerard K., 19, 193
Obama, Barack. 22, 34, 204, 277
   política espacial de, 25
Observatório de Arecibo, 41, 54
Observatório Raio X Chandra, 155
Ohio, 15, 125, 202
Ondas de rádio, 41, 42, 44, 52, 106, 107, 272
Ondas gravitacionais, 111
Ônibus espacial, 18, 23, 24, 26, 37, 103, 113, 146
   combustível do, 172
   custos de lançamento do, 346
   financiamento de contingência para, 347
   partes principais do, 171
   peso do, 171
   política de preços para, 339
   política do uso do, 337
   retirada do, 25, 159
   últimos dias, 176
   velocidade do, 125, 244
   ver também veículos específicos
Ônibus espacial *Atlantis*, 163
Onizuka, Ellison, 266, 267
Onze de setembro de 2001, ataques terroristas, 227
Opportunity (jipe de exploração em Marte), 146
Órbita terrestre baixa (LEO), 10, 23
Orbitador das Luas Geladas de Júpiter (JIMO), 186
Orbitador de Reconhecimento Lunar (LRO), 165
Órbitas, 114

da Terra, 137
de estrelas, 134
de Mercúrio, 272
de Plutão, 128
de Vênus, 131
efeito estilingue e, 135
elongadas, 130, 135
problema dos muitos corpos e, 133
problema dos três corpos e, 132
queda livre e, 135
trajetórias suborbitais e, 130
Orbiter Mars express, 154
Orellana, Francisco de, 217
Origem das Espécies (Darwin), 114
Óvnis, 56, 200, 202
Oxigênio, 43, 49, 118, 168, 174, 261, 262, 283
Ozônio, 43, 65, 110

Palácio de Versalhes, 104
Panspermia, 63, 284
Paquistão, 63
Parlamento Britânico, 239
Partículas subatômicas, 111
Partido Comunista Soviético, 137"Passaporte para o Universo" (Druyan e Soter), 281
Pégaso, 124"Pelo que estamos esperando?" (*Collier's*), 127
Penzias, Arno, 108
Perspectiva cósmica, 253, 279, 283, 284, 285
Peru, 217
Pesquisa do ciclo de carbono, 351
Pfeiffer, Michelle, 224
Pigliucci, Massimo, 90, 91
Pizarro, Gonzalo, 217
Planetário Hayden, 9, 56, 82, 150, 281, 383
Plutão, 98,131,134, 133, 383, 215

órbita de, 128
Polo Sul, 91
Pontos de Lagrange, 191
   caminhos de libração e, 192
   gravidade e, 191
   lançamentos a partir de, 195
   satélites da Nasa e, 194
Pravda, 137
Prêmio Nobel, 104, 108, 110, 227
Prescott, William H., 217
Primeira Guerra Mundial, 239
Prince (cantor), 224
Principia (Newton), 129
Princípio copernicano, 47, 49
Problema de muitos corpos, 113
Problema dos três corpos, 132
Procurando um Programa de Voo Espacial Humano Digno de uma Grande Nação, 162
Programa *Apollo*, 15, 16, 18, 22, 25, 104, 148, 150, 166, 170, 197, 236, 241, 242
   Appolo 1, 28, 113
   Apollo 8, 84, 161, 190
   Apollo 11, 15, 18, 25, 33, 81, 84, 102, 104,
   128, 160, 165
   Apollo 12, 15, 218
   Apollo 13, 128
   Apollo 14, 206
   Apollo 16, 218
   Apollo 17, 149
Programa Constellation, 204
Programa de Tecnologias Inovadoras para o
Voo Espacial Humano, 350
Programa *Mercury*, 82, 130
Programa *Pioneer*
   Pioneer 0, 269
   Pioneer 3, 269
   Pioneer 4, 269
   Pioneer 5, 269
   Pioneer 9, 269

Pioneer 10, 185, 268, 269
Pioneer 11, 185, 268, 270
Pioneer 12, 269
Pioneer 13, 269
Programa *Viking*, 186
   Viking 1, 185
   Viking 2, 185
Programa *Voyager*, 186
   Voyager 1, 185
   Voyager 2, 185
Projeto de Recuperação de Imagem do orbitador Lunar, 165
Projeto Manhattan, 96
Projeto Pioneiro da Física de Propulsão, 188
Projeto Prometheus, 186Propulsão
   combustível químico para, 175
   combustíveis alternativos para, 174
   desacelerar, 171
   eletricidade e, 182
   energia nuclear e, 185
   equação do foguete e, 169, 170
   gás xenônio e, 175
   impulso da antimatéria e, 181, 188
   motor com propulsor iônico e, 182
   no espaço, 188
   terceira lei do movimento e, 174
   velas solares e, 183, 184
Propulsor Xenon Evolutivo, 188
Propulsores de foguete sólidos, 171, 176
Proxima Centauri, 215, 216
Ptolomeu, Claudio, 80
Pulsares, 42

Qualquer um, qualquer coisa, qualquer lugar, qualquer tempo, 162
Queda de Poeira Lunar, A (Clarke), 193
Queda livre, 132, 135
Química orgânica, 62

R-7 foguete, 142
Racismo, 82
Radiação cósmica de fundo em micro-ondas, 108, 110, 194
Rádio, 113
Radiotelescópios, 41, 44, 54, 58, 107
Raios gama, 86, 106, 145, 155
Raios X, 231
RAND corporation, 240
Ranger 7 espaçonave, 85
Reagan, Ronald, 15
Rede Global Contra Armas e Energia Nuclear no Espaço, 186
Reino Unido, 10, 17
Relatividade especial, teoria da, 216
Relatividade geral, teoria da, 111 118
Republicanos, 15, 24, 26, 246
Resnik, Judith, 266
Revolução Industrial, 111, 278
Rio Tunguska, 64
Robôs, 37, 72, 93, 94, 105,106, 147, 148, 149
    na exploração espacial, 37, 105, 144, 145, 146, 147, 153, 219, 220
Rodriguez, Alex, 130
Röntgen, Wilhelm, 110, 113
Royal Society [Sociedade Real], 238
Rússia, 143, 186, 248, 345
    centro de treinamento Cidade das Estrelas da, 229
    EEI e, 344

Sagan, Carl, 39, 41, 214, 281
Salyut módulo espacial, 16
Sarge (comediante), 256
Satélites, 9, 17, 25, 63, 86, 130, 139, 140, 155
    de comunicação, 41, 76
    primeiro EUA, 16
Saturno, 128, 131, 154, 232, 247, 251
    emissões de rádio de, 107

Saturno V, foguete, 26, 143, 170, 190, 142
    como uma maravilha do mundo moderno, 254
Schmitt, Harrison, 84, 149
Schwarzenegger, Arnold, 169
Scientific American, 223
Scobee, Dick, 265
Secretário de Educação, EUA, 352
Seeking a Human Spaceflight Program Worthy of a Great Nation [Procurando um Programa de Voo Espacial Humano Digno de uma Grande Nação], 162
Segunda Guerra Mundial, 246
Senado, EUA, 15, 162
    Comitê de Apropriações do, 354
    Comitê de Ciências Espacial e Aeronáutica, 296
    Comitê de Comércio, Ciência e Transporte do, 350, 355
    e nomeações para a Comissão sobre o Futuro da Indústria Aeroespacial, 342 Sentimento de admiração, 79, 80
Serviço Nacional de Informações Técnicas, 329
SETI (busca de inteligência extraterrestre), 54
Shapley, Harlow, 115
Shatner, William, 198
Shaw, Brewster, 243
Shepard, Alan B., 130
Sibéria, 64
Simpósio da Viagem Espacial, 127
Simpósio Nacional do Espaço, 244
Sims, Calvin, 70
Sirius, 196
Sistema de Transporte Espacial, 291, 306, 339

Sistema do mundo, O (Newton), 129
Sistema solar, 39, 41, 60, 62, 284
  problema dos muitos corpos e, 133, 134
  teoria da perturbação e, 134
Skylab 1 (estação espacial), 236
Smith, George O., 193, 194
Smith, Michael, 265, 267
Sobrevoos, 173
Sociedade L5, 193
Sociedade Marte, 258
Sociedade Nacional do Espaço, 193, 258
Sociedade Planetária, 268, 274
Sol, 39, 41, 46, 53, 60, 61, 62, 73, 87, 110, 114, 133, 154
  energia emitida pelo, 109
  fusão no, 118
  neutrinos emitidos pelo, 111
  órbitas dos planetas e, 131
  princípio copernicano e, 47, 49
Som, velocidade do, 61, 124
Sonda Wilskinson de Anisotropia em Micro-ondas (WMAP), 194
Soter, Steven, 281
Space Cowboys (filme) [Cowboys do espaço], 178
Spaceguard Survey, The: Report of the Nasa International Near-Earth Object Detection Workshop [Levantamento de
Salvaguarda do Espaço: Relatório da Oficina Internacional da Nasa sobre
Detecção de Objeto Perto da Terra], 64
Spirit (jipe gêmeos de exploração em Marte), 146
Sputnik, 23, 74, 95, 141
  50° aniversário de, 248
  reação EUA ao, 94

Star Trek: The Motion Picture (filme) [Jornada nas estrelas, o filme], 14, 51, 196, 197
Stark Trek (série de TV), 14, 196 45° aniversário de, 196
  comportamento humano e, 198
  tecnologia de, 197
Star Wars (série de filmes) [Guerra nas estrelas]
Stars & Atoms (Eddington), 123
Stone, Sharon, 224
Suécia, 17
Sugar, Ronald, 243
Suíça, 278
Supercolisor Supercondutor, 17, 96
Swfit Gamma Rays Burst Explorer [Explorador Swift de Explosões de Raios Gama], 155
Swift, Philip W., 245
Sykes, Wanda, 28
Systems of the World, The (Newton) [O sistema do mundo], 129

Taj Mahal, 103-104
Tamayo Méndez, Arnaldo, 138
TASS, 139
Taylor, Charles E., 241
Tecnologia, 19, 27
  atraso EUA em, 33-34
  conservação de energia e, 112
  de *Jornada nas estrelas*, 197
  engenharia, 111
  exploração espacial e, 151
  filosofias não sectárias e, 227
  informação, 112
  liderança e, 36
  na observação alienígena da Terra, 41
  outras disciplinas e, 151
  plano de integração aeroespacial para, 349

política de CDRAs sobre transferência de, 328
predizendo o futuro da, 237
pregresso na, 240
Revolução Industrial e, 111
Telescópio de micro-ondas, 108
Telescópio Espacial Hubble, 87, 89, 152
    era do universo e, 158
    imagens enviadas por, 152
    legado científico do, 98
    missões de conserto para, 89
    preço do, 95 Telescópio Espacial James Webb, 155, 159, 194
Telescópio Espacial Spitzer, 155
Telescópios, 15, 36, 37, 39, 40, 66, 86, 101, 107, 111, 155
    micro-onda, 108
    ultravioleta, 110
Teoria da perturbação, 134
Teoria do Big Bang, 108
Tereshkova, Valentina, 122
Terra, 38, 40, 43, 50, 66, 85, 93, 101, 114, 130, 138, 283
taxa de colisão de asteroide na, 64
    órbita da, 60
    risco de impactos com a, 64
    estudo da, 249
    vista a partir do espaço, 39
    vida na, 18, 46, 47, 49, 52, 62
Testemunho ocular, 201
Texas, 6, 130, 148
Thompson, David, 243
Tiranossauro rex, 222
Titã, 44
    sonda Huygens para, 154
    metano em, 155
Today Show (programa de TV), 210
Tonight Show (programa de TV), 144
Toth, Viktor, 275
Townsend, W.W., 238
Transporte, 112

Tratado sobre os Princípios que Regem as Atividades dos Estados na Exploração e Uso do Espaço Exterior, 335
Truax, Robert C., 241
Tsiolkovsky, Konstantin Eduardovich, 169, 170
Turyshev, Slava, 273, 274

Ucrânia, 10, 186
Ulysses espaçonave, 185
Uma viagem para inspirer, novar e desbrir:
    Lua, Marte e Além, 162
Unesco, 248
União Europeia, 143, 248
União Soviética, 9, 16, 94, 103, 138, 140, 183rivalidade EUA com, 16, 19, 74, 94, 138,
150, 212, 241
    ver também Sputnik
Universidade de Cambridge, 41, 282
Universo, perspectiva cósmica e, 282-283
Urano, 88, 136, 174descoberta de, 271
"Universos ilhas", 115

V-2 foguete, 130
van Leeuwenhoek, Anto, 101, 108
Vega, 196
Velas solares, 183, 184, 188
Vento solar, 183, 194, 257
Vênus (deusa), 249
Vênus (planeta), 53, 131, 249
    crateras em, 66
    fenômeno do efeito estufa de, 53
    órbita de, 131
Venus equilateral (Smith), 193
"vento solar, O" (Clarke), 183
Verne, Jules, 188
Viagem espacial, 204, 211
    costeagem na, 271
    em filmes de Hollywood, 48, 215

financiamento da, 213
missões da Lua e, 212
na entrevista feita por Colbert, 204
perigo da, 218
relatividade especial e, 216
robôs e, 219
Vida
busca de, 44
componentes químicos da, 49
diversidade da, 47
em Marte, 63
episódios de extinção da, 63
extraterrestre, *ver* Vida extraterrestre
Vida extraterrestre, 46
água e, 52, 53
água líquida e, 40
autopercepção humana e
busca de, 54, 351
composição química de, 49
equação de Drake e, 54
inteligência de, 50, 54
na entrevista feita por Gupta, 56
órbitas estáveis e, 53
princípio copernicano e, 49
probabilidade de, 47
sinais de televisão e, 196
visão de Hawking sobre, 56
Vila Sésmo (programa de TV), 282

Visão islâmica do mundo natural, 227
Visão para a Exploração Espacial, 24, 27, 37, 75
von Braun, Wernher, 82, 112, 130
Voo, 148, 162, 2239
barreira do som e, 125, 236
foguete V-2 e, 130, 170
irmãos Wright e, 237
mísseis balísticos e, 130, 139
primeiras atitudes para com, 239

Wall street (filme), 250
Wall Street Journal, 240
Webb, James, 82
ver também Telescópio Espacial James Webb
Weinberg, Steven, 365
White, 81
Wilkins, John, 33
Wilson, Robert, 108
Wise, Donald U., 21
Woods, Tiger, 130
Woolley, Richard van der Riet, 240
Wright Flyer, 126, 160, 216, 238
Wright, Orville, 114, 125
Wright, Wilbur, 114, 125

Yang Liwei, 17
Yeager, Charles E. "Chuck", 125
Yeah, I said It (Sykes) [Sim, eu disse], 28"Zona de exclusão", 116

NOTA BIOGRÁFICA

SOBRE A EDITORA

Avis Lang é escritora, editora freelance e professora de inglês na Universidade da Cidade de Nova York. Ela também colabora com Neil deGrasse Tyson. De 2002 a 2007, como editora sênior na revista *Natural History*, ela supervisionou a coluna mensal de Tyson, "Universo". Originalmente formada como historiadora de arte, Lang tem escrito muitos ensaios sobre arte e atuado como curadora de grandes exposições de grupos. Antes de se mudar de Vancouver para Nova York em 1983, ela lecionou por quinze anos em universidades e escolas superiores de arte pelo Canadá.

Este livro foi composto em Electra e impresso pela
Geográfica para a Editora Planeta do Brasil em junho de 2019.